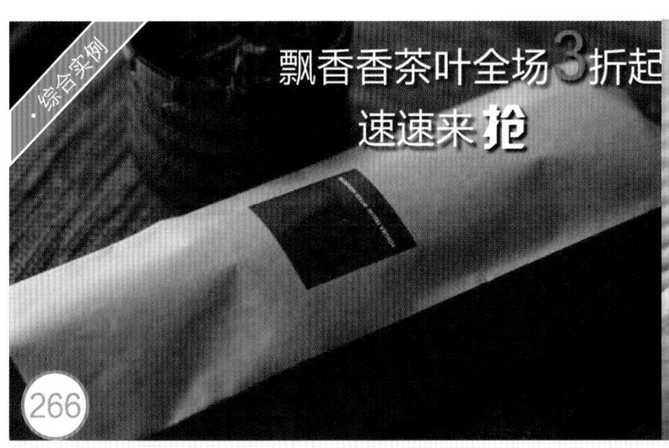

综合实例　商业网络广告
技术掌握　学习遮罩动画与元件的使用方法

即学即用　太阳出来啦
技术掌握　学习“椭圆工具”和“渐变变形工具”的使用方法

即学即用　将位图转换为矢量图
技术掌握　学习将位图转换为矢量图的方法

即学即用　小蚂蚁
技术掌握　学习“翻转帧”的使用方法

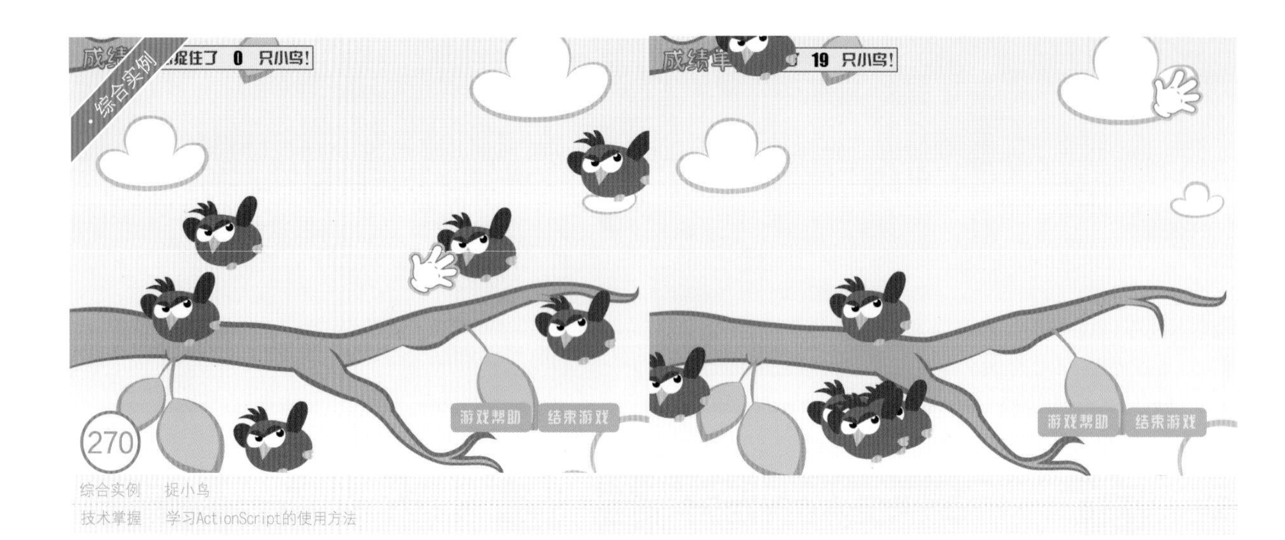

综合实例　捉小鸟

技术掌握　学习ActionScript的使用方法

即学即用　美丽城市

技术掌握　学习"分散到图层"的使用方法

即学即用　乡间的小汽车

技术掌握　学习"动作补间动画"的创建方法

综合实例 制作生日贺卡

技术掌握 学习综合使用元件、动画功能制作贺卡的方法

即学即用 变形文字特效

技术掌握 学习“形状补间动画”的创建方法

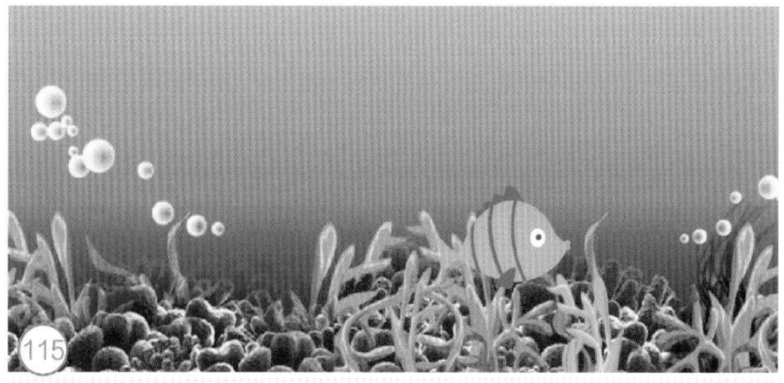

即学即用 小鱼儿

技术掌握 学习“引导动画”的创建方法

即学即用 鲜花文字

技术掌握 学习“遮罩动画”的创建方法

即学即用　网页菜单特效

技术掌握　学习"范例文件"模板的使用

即学即用　雪花

技术掌握　学习"雪景脚本"模板的使用

即学即用　相册

技术掌握　学习"媒体播放"模板的使用

中文版 Flash CC
从入门到精通
实用教程

微课版

互联网＋数字艺术教育研究院 策划
王小君 范莹 编著

人民邮电出版社
北京

图书在版编目（CIP）数据

中文版Flash CC从入门到精通实用教程 ： 微课版 /
王小君，范莹编著. -- 北京 ： 人民邮电出版社，
2018.2(2021.1重印)
ISBN 978-7-115-47054-6

Ⅰ. ①中… Ⅱ. ①王… ②范… Ⅲ. ①动画制作软件
－教材 Ⅳ. ①TP391.414

中国版本图书馆CIP数据核字(2017)第250093号

内 容 提 要

本书全面系统地介绍了 Flash CC 的基本功能，以循序渐进的方式详细讲解了图形的绘制与编辑，时间轴、帧与图层的使用，Flash 中的基础动画，元件、库和实例，使用滤镜和模板，声音和视频的使用，组件的应用，ActionScript 脚本以及动画的优化和发布等。在最后一章，综合运用了前面所讲的知识进行案例制作，包括商业网络广告制作、游戏制作、贺卡制作。通过案例和综合练习的训练，读者可以使用 Flash CC 自主编辑、制作动画。

本书以“理论结合实例”的形式进行编写，共 12 章，包含 61 个实例（38 个即学即用+20 个课后习题+3 个综合案例）。每个案例都详细介绍了制作流程，图文并茂，操作性极强，除此之外，从第 2 章起每个章节都配有课后练习，方便读者在学习完当前章节后深入练习和巩固，学以致用。本书还附赠丰富的资源包，内容包括所有实战和商业案例的原始素材、实例效果、微课视频、PPT 课件。

本书不仅可作为普通高等院校的专业教材，还非常适合作为初中级读者的入门及提高参考书 。

◆ 编　　著　王小君　范　莹
责任编辑　税梦玲
责任印制　彭志环

◆ 人民邮电出版社出版发行　　北京市丰台区成寿寺路 11 号
邮编　100164　　电子邮件　315@ptpress.com.cn
网址　http://www.ptpress.com.cn
固安县铭成印刷有限公司印刷

◆ 开本：787×1092　1/16　　彩插：2
印张：18　　2018 年 2 月第 1 版
字数：528 千字　　2021 年 1 月河北第 2 次印刷

定价：79.80 元（附光盘）

读者服务热线：(010)81055256　印装质量热线：(010)81055316
反盗版热线：(010)81055315

Flash CC

编写目的

Flash CC是Adobe公司推出的矢量动画制作软件，是当今较为流行的网络多媒体制作工具。它在多媒体设计方面有着不可替代的地位，广泛应用于动画设计、多媒体设计、Web设计等领域。

为帮助读者更有效地掌握所学知识，人民邮电出版社充分发挥在线教育方面的技术优势、内容优势和人才优势，潜心研究，为读者提供一种"纸质图书+在线课程"相配套，全方位学习Flash软件的解决方案，读者可根据个人需求，利用图书和"微课云课堂"平台上的在线课程进行碎片化、移动化的学习。

平台支撑

"微课云课堂"目前包含近50 000个微课视频，在资源展现上分为"微课云""云课堂"两种形式。"微课云"是该平台中所有微课的集中展示区，用户可随需选择；"云课堂"是在现有微课云的基础上，为用户组建的推荐课程群，用户可以在"云课堂"中按推荐的课程进行系统化学习，或者将"微课云"中的内容进行自由组合，定制符合自己需求的课程。

❖ "微课云课堂"主要特点

微课资源海量，持续不断更新："微课云课堂"充分利用了出版社在信息技术领域的优势，以人民邮电出版社60多年的发展积累为基础，将资源经过分类、整理、加工以及微课化之后提供给用户。

资源精心分类，方便自主学习："微课云课堂"相当于一个庞大的微课视频资源库，按照门类进行一级和二级分类，以及难度等级分类，不同专业、不同层次的用户均可以在平台中搜索自己需要或者感兴趣的内容资源。

多终端自适应，碎片化移动化：绝大部分微课时长不超过十分钟，可以满足读者碎片化学习的需要；平台支持多终端自适应显示，除了在PC端使用外，用户还可以在移动端随心所欲地进行学习。

❖ "微课云课堂"使用方法

扫描封面上的二维码或者直接登录"微课云课堂"（www.ryweike.com）→用手机号码注册→在用户中心输入本书激活码（fd067b2e），将本书包含的微课资源添加到个人账户，获取永久在线观看本课程微课视频的权限。

此外，购买本书的读者还将获得一年期价值168元VIP会员资格，可免费学习50 000个微课视频。

内容特点

本书共分为12章，第1章为Flash软件简介，第2章~第9章为操作软件的理论知识及案例，第10章是Action Script脚本知识，第11章是优化动画相关知识，第12章是综合练习，以帮助读者综合应用所学知识。为了方便读者快速高效地学习掌握Flash软件的知识，本书在内容编排上进行了优化，按照“功能解析—即学即用—课后习题”这一思路进行编排。本书还特意设计了很多“技巧与提示”和“疑难解答”，千万不要跳读这些“小东西”，它们会给你带来意外的惊喜。

功能解析：结合实例对软件的功能和重要参数进行解析，让读者可深入掌握该功能。

即学即用：通过作者精心制作的练习，读者能快速熟悉软件的基本操作和设计基本思路。

技巧与提示：帮助读者对所学的知识进一步拓展，同时也讲解了一些实用技巧。

疑难问答：针对初学者最容易疑惑的各种问题进行解答。

课后习题：可强化刚学完的重要知识。

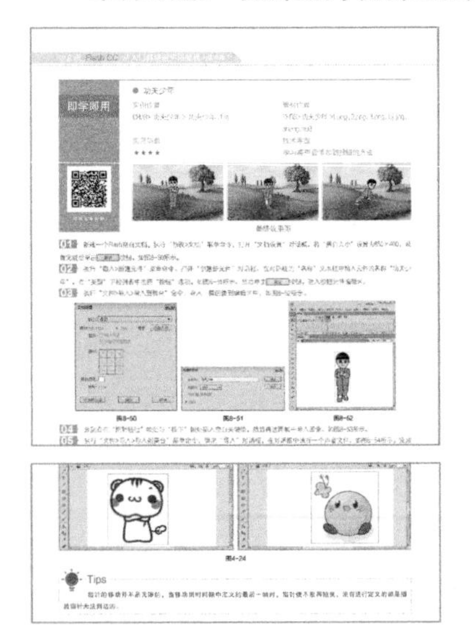

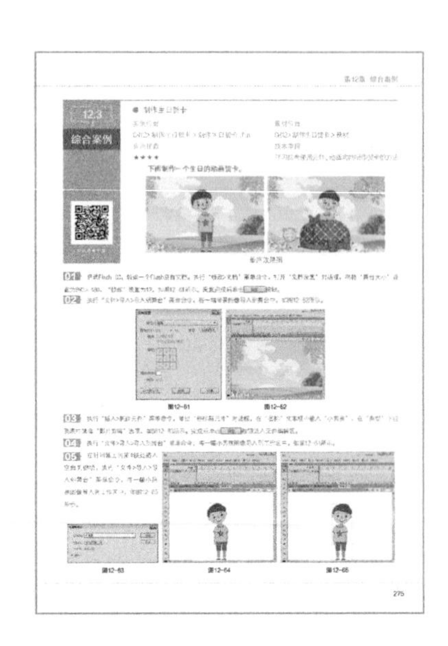

配套资源

为方便读者线下学习或教师教学，本书除了提供线上学习的支撑以外，还附赠一张光盘，光盘中包含“源文件和素材”、“微课视频”和“PPT课件”3个文件夹。

源文件和素材：包含随堂练习和商业实例中所需要的所有素材文件、psd源文件和jpg效果图片。素材文件和实例文件放在同一文件夹下以方便用户查找和使用。

微课视频：包含课堂案例、课后习题和商业实例的操作视频。

PPT课件：包含与本书配套、制作精美的PPT。

编者说明

本书由互联网+数字艺术教育研究院策划，第1~9章由王小君编写，第10~12章由范莹编写，王小君负责统稿、定稿。

编 者

2017年11月

Flash CC

CHAPTER

01 Flash CC基础入门

随着计算机技术的不断进步以及网络的迅速传播，人们对动画的需要不断升级，传统的动画制作方式已经渐渐不能满足社会的需要，Flash的出现及时缓解了这一现象，简单的操作，强大的功能，越来越多的人都喜欢使用Flash进行创作，Flash已经成为动画制作中不可缺少的一员。

* 认识Flash动画的特点
* 了解Flash动画的应用领域
* Flash CC的启动与退出
* Flash CC的工作界面
* 设置首选参数
* 设置Flash工作空间
* Flash工作区布局的调整

1.1 认识Flash动画

网络是一个精彩的世界，而网络动画让这个世界更加缤纷多彩。炫丽的广告、有趣的小游戏、个性化的主页、丰富的Flash动画电影，面对这些绚丽的画面，大家一定会按捺不住自己，想进入这个精彩的世界，通过自己激情的创作，拥有一片梦想的天空！那就来吧，先来认识一下实现这个梦想的好帮手——Flash CC。

网络动画是网络中最吸引人的部分。如果把网络比作一棵圣诞树，那网络动画则是圣诞树上美丽的彩带和闪烁的霓虹灯，可以把网络装扮得更加美丽、动人。

大家可以在网络中轻松地找到大量优秀的动画主页、精彩的Flash MTV，即使计算机上没有安装Flash的播放器程序，当浏览到插入有Flash动画内容的网页时，IE浏览器的即需即装功能也可以让用户快速享受到精彩的动感乐趣。基于这个原因，可以毫不夸张地说“世界上有多少浏览器，就有多少Flash的网络用户”。目前，各大门户网站都在主页上插入了Flash动画，来美化自己的网站，一些商业网站也大量使用了Flash动画来展示自己的产品，且取得了很好的宣传效果，如图1-1所示。

图1-1

目前，Flash已经应用在几乎所有的网络内容中，小到广告制作、课件及游戏开发，大到在线视频的播放、网站的建设，都闪现着Flash的身影。尤其是Action Script的使用，使 Flash在交互性方面拥有了更强大的开发空间。

1.1.1 Flash动画的特点

Flash CC的主要功能是制作网络动画，Flash动画的特点如下。

* Flash动画因为受网络资源的制约，所以一般比较短小，但是利用Flash制作的动画是矢量的，无论把它放大多少倍都不会失真。

* Flash动画具有交互性的优势，可以很好地满足用户的需要，让欣赏者的动作成为动画的一部分。另外，用户可以通过点击、选择等动作，决定动画的运行过程和结果，这一点是传统动画所无法比拟的。

* Flash动画可以放在网上供人欣赏和下载，由于使用的是矢量图技术，Flash 动画具有文件小、传输速度快和采用流式技术播放的特点。另外，Flash动画是边下载边播放，如果速度控制得好，用户根本感觉不到文件的下载过程，这也是Flash动画能够在网上被广泛传播的原因。

* Flash动画有崭新的视觉效果，比传统的动画更加轻便与灵巧，更加“酷”。不可否认，它已经成为一种新时代的艺术表现形式。

* Flash动画的制作成本非常低，使用Flash制作的动画能够大大地减少人力、物力资源的消耗。同时，Flash动画在制作时间上相较于传统动画也减少了很多。

↘ 1.1.2 Flash的应用领域

随着Flash的不断发展，Flash被越来越多的领域所应用，目前Flash的应用领域主要有以下几个方面。

1.网络动画

Flash有对矢量图的应用和对视频、声音的良好支持以及以流媒体的形式进行播放等特点，使其能够在文件容量不大的情况下实现多媒体的播放，也使Flash成为网络动画的重要制作工具之一。图1-2所示为一个使用Flash CC制作的MTV。

图1-2

2.网页广告

一般的网页广告都具有短小、精悍、表现力强等特点，而Flash恰到好处地满足了这些要求，因此在网页广告的制作中也得到了广泛的应用。图1-3所示为一个短小的Flash网页广告。

图1-3

3.在线游戏

Flash中的Actions语句可以编制一些游戏程序，配合Flash的交互功能，可以使用户通过网络进行在线游戏。图1-4所示为一个Flash在线游戏。

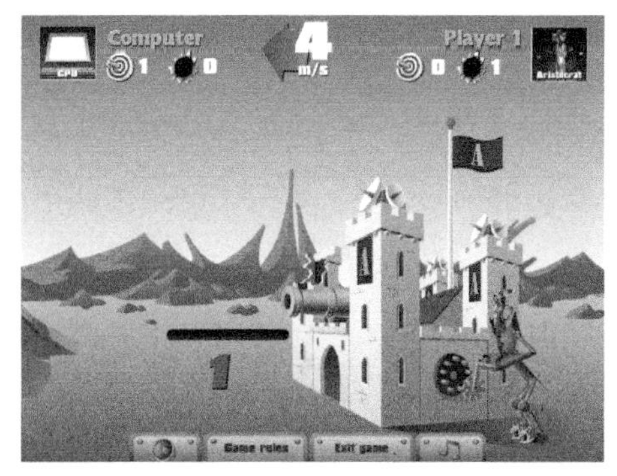

图1-4

4.多媒体课件

Flash素材的获取方法很多，可为多媒体教学提供更易操作的平台。目前，Flash多媒体课件已被越来越多的教师和学生所熟识和使用。图1-5所示为一个使用Flash制作的多媒体课件。

图1-5

5.动态网页

动态网页是目前网页设计不可或缺的一部分，Flash具备的交互功能使用户可以配合其他工具软件制作出各种形式的动态网页。图1-6所示为一个Flash制作的动态网页。

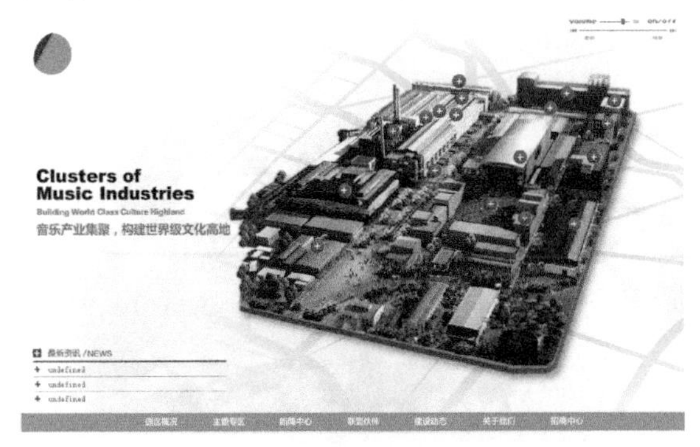

图1-6

1.2 Flash CC的启动与退出

本书使用的是版本是Flash CC，下面介绍启动和退出Flash CC的方法。

1.2.1 启动Flash CC

若要启动Flash CC，可执行下列操作之一。

* 执行“开始>程序>Adobe Flash Professional CC”菜单命令，即可启动Flash CC。
* 直接在桌面上双击■快捷图标。
* 双击Flash CC相关联的文档。

↘ 1.2.2 退出Flash CC

若要退出Flash CC，可执行下列操作之一。

* 单击Flash CC程序窗口右上角的“关闭” ✕ 按钮。
* 执行“文件>退出”菜单命令。
* 双击Flash CC程序窗口左上角的图标Fl。
* 按Ctrl+Q组合键。

1.3 Flash CC的工作界面

当启动Flash CC时，系统会出现一个开始页，在开始页中，用户可以选择新建项目、模板及最近打开的项目，如图1-7所示。

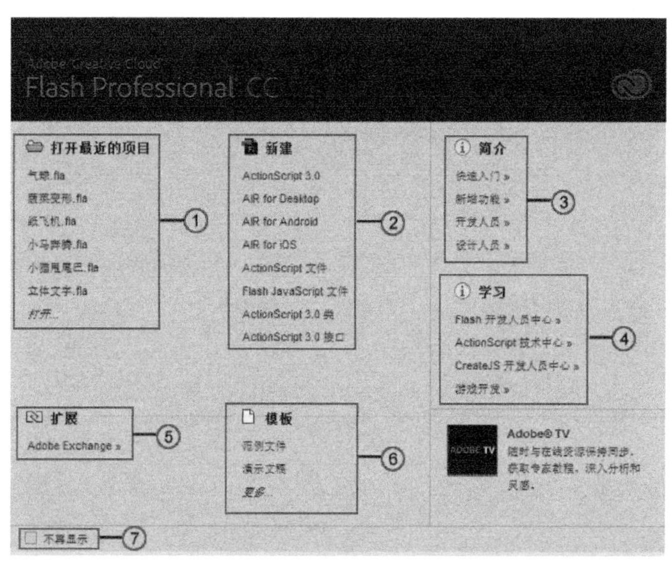

图1-7

第①部分的链接显示了最近打开的Flash源文件目录，单击该栏中的目录链接，即可将选中的Flash源文件打开。

第②部分的链接列出了Flash CC能够创建的所有新项目。在这里用户可以快速地创建出需要的编辑项目。使用鼠标单击各种新项目名，即可进入相应的编辑窗口，快速地开始新的编辑工作。

第③部分的链接用来了解Flash的入门知识、新增功能、开发人员与设计人员。

第④部分的链接用来学习Flash中的各项功能。

第⑤部分的链接用来下载扩展程序、动作文件、脚本、模板以及其他可扩展Adobe应用程序功能的项目。

第⑥部分的链接包含了多种类别Flash影片模板，这些模板可以帮助用户快速、便捷地完成Flash影片的制作。

第⑦部分是一个“不再显示”复选项，选择该复选项，可以在以后启动Flash CC时不再显示开始页。

当选择“新建”栏目下的“ActionScript 3.0”时，即可进入Flash CC的工作界面，如图1-8所示。下面介绍Flash CC的工作界面。

菜单栏
时间轴
工作箱
浮动面板
绘图工作区
属性面板

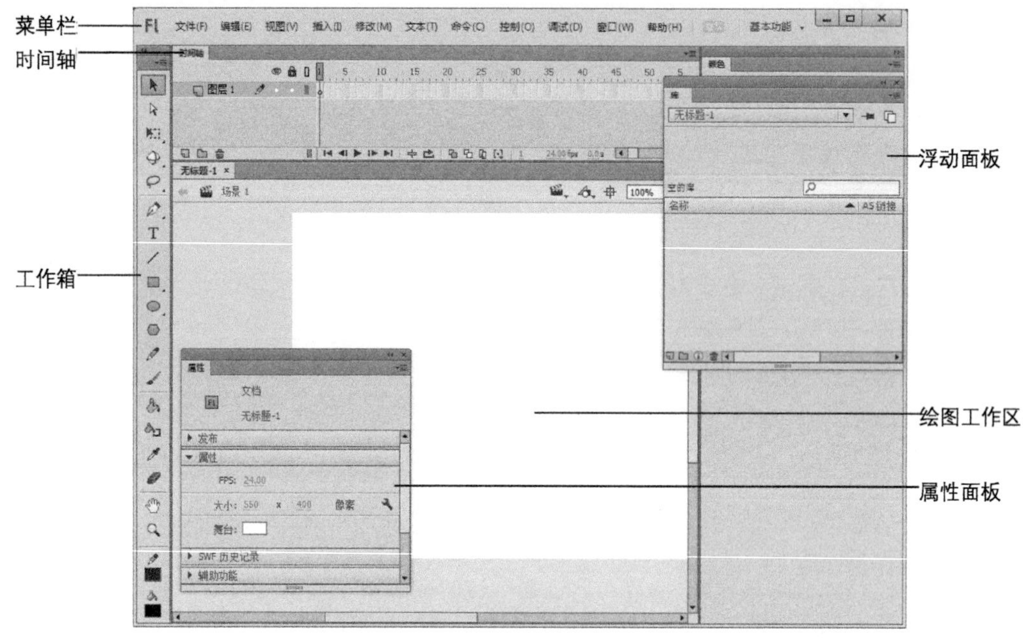

图1-8

↘1.3.1 菜单栏

在菜单栏中可以执行Flash CC的大多数功能操作，如新建、编辑和修改等。在菜单栏中包括“文件”、“编辑”、“视图”、“插入”、“修改”、“文本”、“命令”、“控制”、“调试”、“窗口”和“帮助”11个菜单项，如图1-9所示。

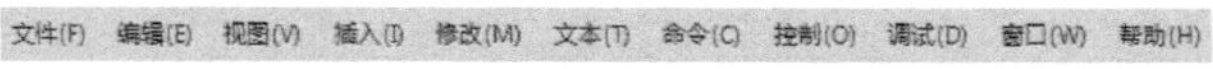

文件(F) 编辑(E) 视图(V) 插入(I) 修改(M) 文本(T) 命令(C) 控制(O) 调试(D) 窗口(W) 帮助(H)

图1-9

↘1.3.2 时间轴

“时间轴”是Flash动画编辑的基础，用于创建不同类型的动画效果和控制动画的播放预览。时间轴上的每一个小格称为帧，帧是Flash动画的最小时间单位，连续的帧中包含保持相似变化的图像内容，将它们连在一起便形成了动画，如图1-10所示。

帧
图层查看窗口
帧查看窗口
时间轴

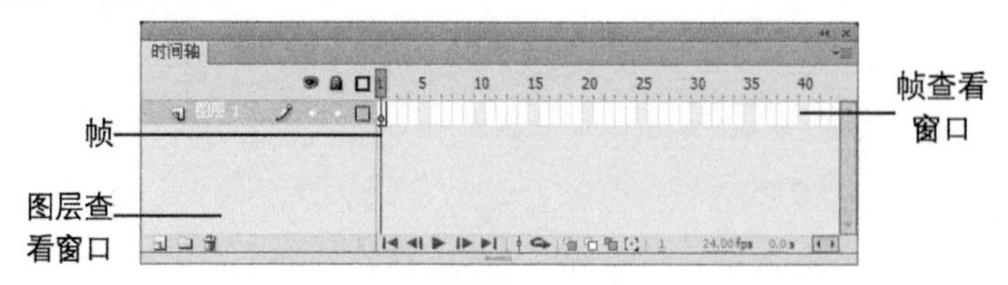

图1-10

“时间轴”面板分为两个部分：左侧为图层查看窗口，右侧为帧查看窗口。一个层中包含着若干帧，通常一部Flash动画影片又包含着若干层。

↘1.3.3 工具箱

“工具箱”是Flash CC中重要的面板，它包含绘制和编辑矢量图形的各种操作工具，主要由绘画工具、绘画调整工具、颜色工具和工具选项区等6部分构成，这些工具用于矢量图形绘制和编辑的各种操作，如图1-11所示。

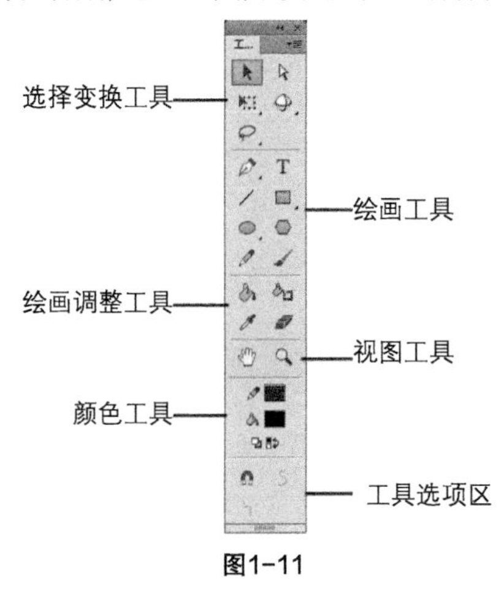

图1-11

主要工具介绍

* 选择变换工具：选择变换工具包括“选择工具”、“部分选择工具”、“变形工具组”、“3D旋转工具”和“套索工具”，利用这些工具可对工作区中的元素进行选择、变换等操作。
* 绘画工具：绘画工具包括“钢笔工具组”、“文本工具”、“线条工具”、“矩形工具组”、“椭圆工具组”、“多角星形工具”、“铅笔工具”和“刷子工具组”，这些工具的组合使用，能让设计者更方便地绘制出理想的作品。
* 绘画调整工具：绘画调整工具能对所绘制的图形、元件的颜色等进行调整。它包括“颜料桶工具”“墨水瓶工具”“滴管工具”“橡皮擦工具”。
* 视图工具：视图工具中含有“手形工具”和“缩放工具”，其中，“手形工具”用于调整视图区域；“缩放工具”用于放大缩小工作区的大小。
* 颜色工具：颜色工具主要用于“笔触颜色”与“填充颜色”的设置和切换。
* 工具选项区：工具选项区是动态区域，它会随着用户选择的工具的不同来显示不同的选项。

↘1.3.4 浮动面板

浮动面板由各种不同功能的面板组成，如“库”面板、“颜色”面板等，如图1-12所示。通过面板的显示、隐藏、组合、摆放，可以自定义工作界面。关于浮动面板的功能和使用，将在后续章节中具体讲述。

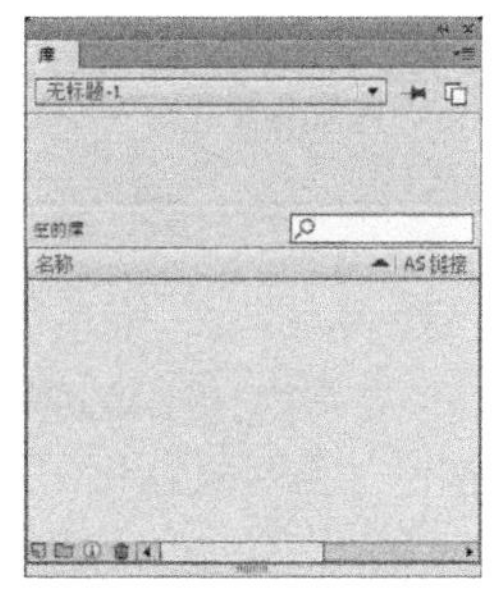

图1-12

↘ 1.3.5 绘图工作区

绘图工作区也被称作“舞台”，它是用于放置图形内容的矩形区域，这些图形内容包括矢量插图、文本框、按钮、导入的位图图形和视频剪辑等。Flash创作环境中的绘图工作区相当于Adobe Flash Player中在回放期间显示Flash文档的矩形空间。用户可以在工作时放大和缩小绘图工作区的视图。

↘ 1.3.6 “属性”面板

“属性”面板可以显示所选中对象的属性信息，在“属性”面板中对其参数进行编辑，可以有效地提高动画编辑的工作效率和准确性。当选择不同的对象时，“属性”面板将显示出相应的选项和属性值。图1-13所示分别为几种常用对象的“属性”面板。

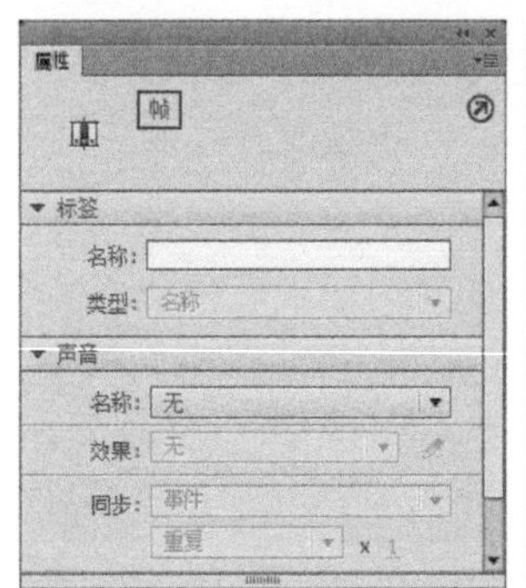

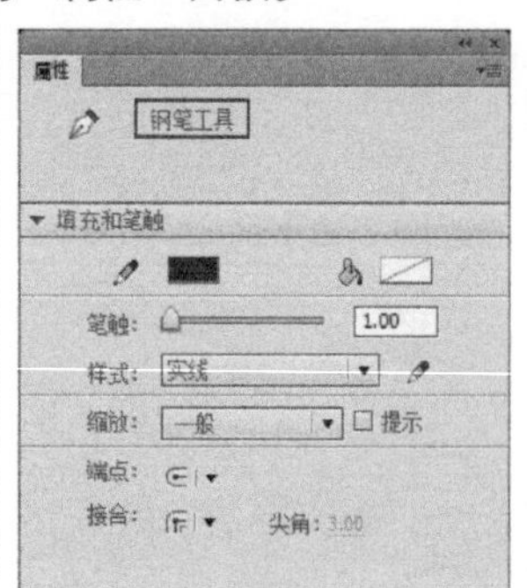

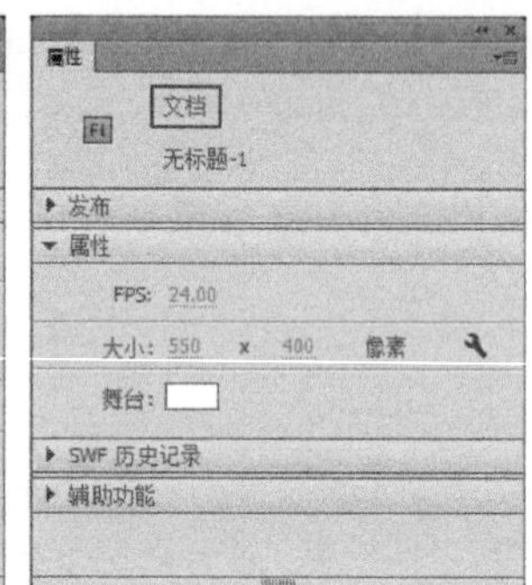

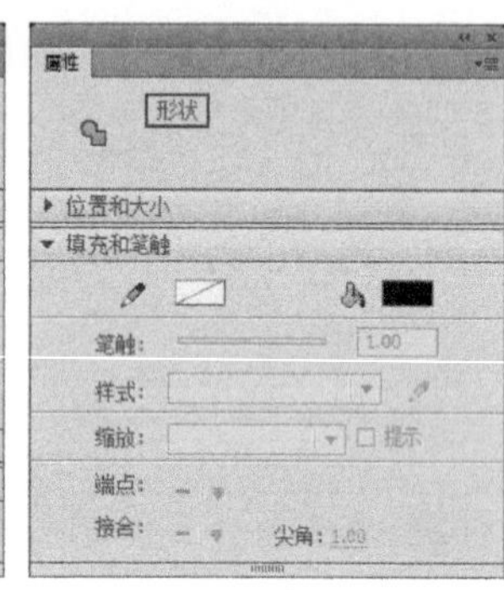

图1-13

1.4 设置首选参数

在使用Flash CC编辑影片时，通过对首选参数进行合理的设置，可以使工作环境更符合自己的习惯和特殊要求，从而有效地提高影片创作的工作效率。

执行“编辑>首选参数”菜单命令，打开“首选参数”对话框。在对话框中可以对常规显示、文本参数等进行设置。

Tips

按Ctrl+U组合键能快速打开“首选参数”对话框。

↘ 1.4.1 “常规”首选参数

打开“首选参数”对话框，选择左侧的“常规”选项，可以对使用Flash CC进行编辑工作时的一般属性进行设置，如图1-14所示。

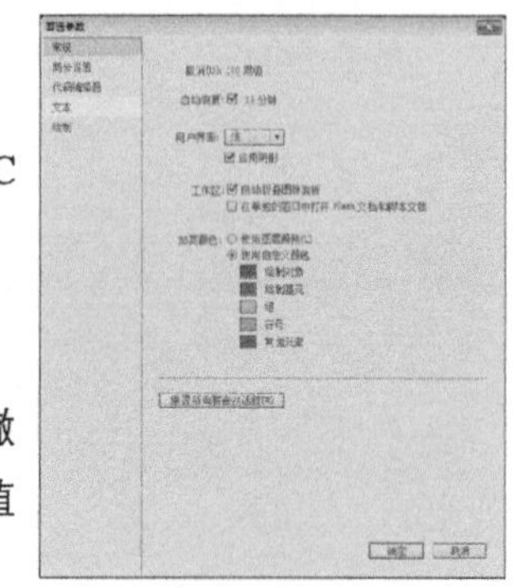

图1-14

主要参数介绍

＊ 撤销：在文本框中输入2~300，可以设置撤销/重做的级别数。注意，撤销层级需要消耗内存，使用的撤销层级越多，占用的系统内存就越多。默认值为100。

⋆ 自动恢复：指定保存数据和程序状态的频率。默认为10分钟，根据个人使用情况设置，建议设置为5分钟。

⋆ 用户界面：在下拉列表中可以选择Flash界面的颜色。

⋆ 启用阴影：选择该复选项可以使界面显示阴影。

⋆ 工作区：在“工作区”区域选择“自动折叠图标面板”复选项，则可以单击处于图标模式中的面板的外部时使这些面板自动折叠。选择“在单独的窗口中打开Flash文档和脚本文档”复选项，则会将Flash文档和脚本文档从当前窗口中分离出去。

⋆ 加亮颜色：可以从颜色按钮中选择一种颜色，或选择“使用图层颜色”单选按钮以使用当前图层的轮廓颜色。

↘1.4.2 “文本”首选参数

选择左侧的“文本”选项，如图1-15所示，这些参数主要用于设置Flash CC中文本的首选参数。

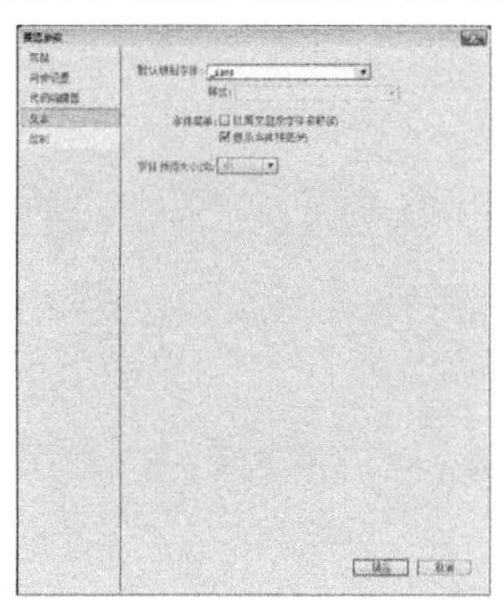

图1-15

主要参数介绍

⋆ 默认映射字体：在下拉列表中，选择在Flash中打开文档时替换缺失字体所使用的字体。

⋆ 字体菜单：选择“以英文显示字体名称”复选框，将会以英文显示字体的名称。选择“显示字体预览”复选框，可以在选择字体时，显示字体的样式，这里可以在下方的下拉列表中选择字体预览样式的大小。

⋆ 字体预览大小：在下拉列表中选择字体预览的大小，有“小”“中”“大”“特大”“巨大”5个选项，如图1-16所示。

图1-16

1.5 设置Flash工作空间

使用“标尺”、“网格”与“辅助线”设置Flash CC的工作空间，可以使动画元素的移动更为精确与方便。“标尺”是Flash中的一种绘图参照工具，通过在舞台左侧和上方显示标尺，可帮助用户在绘图或编辑影片的过程中，对图形对象进行定位。“辅助线”则通常与“标尺”配合使用，通过舞台中的“辅助线”与“标尺”的对应，使用户能更精确地对场景中的图形对象进行调整和定位。

1.5.1 标尺

通过“标尺”工具，可以让用户掌握舞台中的元素位置，对精确定位动画元素的帮助很大。在Flash CC中默认是不会显示标尺的。要在Flash中显示标尺工具，只需要执行“视图>标尺”菜单命令即可在舞台上显示标尺，如图1-17所示。

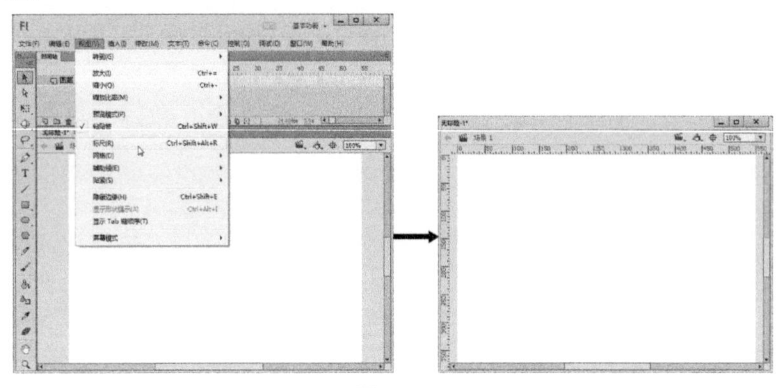

图1-17

在文档窗口中显示标尺后，移动舞台上的元素时，在标尺上会显示出元素的边框定位线，方便用户确认当前元素移动的位置。

Tips

如果不需要标尺了，再执行一次“视图>标尺”菜单命令即可。

1.5.2 网格

为工作区添加网格可以方便用户编辑动画。要在舞台上显示网格，只需要执行“视图>网格>显示网格”菜单命令即可在舞台上显示网格，如图1-18所示。

如果要对网格的参数进行设置，可以执行“视图>网格>编辑网格”菜单命令，打开“网格”对话框，然后在对话框中进行操作，如图1-19所示。

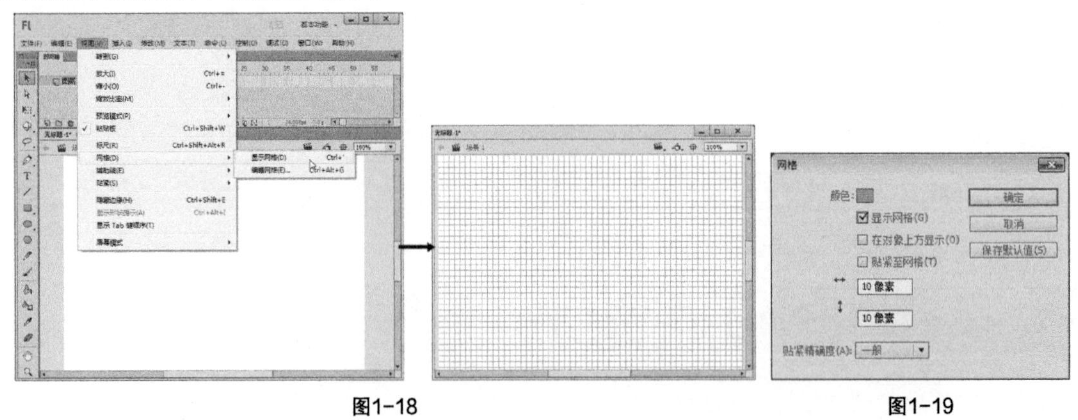

图1-18　　图1-19

主要参数介绍

* 颜色：设置网格线的颜色。单击“颜色框”打开调色板，在其中选择要应用的颜色即可，如图1-20所示。

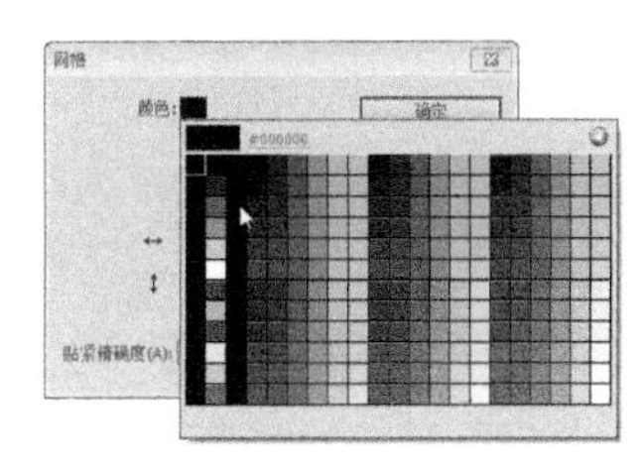

图1-20

* 显示网格：选中该项即可在工作区内显示网格。

* 在对象上方显示：选中该选项可以使网格显示在其他的动画元素上方。

* 贴紧至网格：选中该项后，工作区内的元件在拖动时，如果元件的边缘靠近网格线，就会自动吸附到网格线上。

* ↔/↕：网格宽度与网格高度。↔是设置网格中每个单元格的宽度。在“网格宽度”后面的文本框中输入一个值，设置网格的宽度，单位为像素。↕是设置网格中每个单元格的高度。在“网格高度”后面的文本框中输入一个值，设置网格的高度，单位为像素。设置网格宽度与网格高度后的效果如图1-21所示。

* 贴紧精确度：设置对象在贴紧网格线时的精确度，下拉列表中包括“必须接近”、“一般”、“可以远离”和“总是贴紧”4个选项，如图1-22所示。

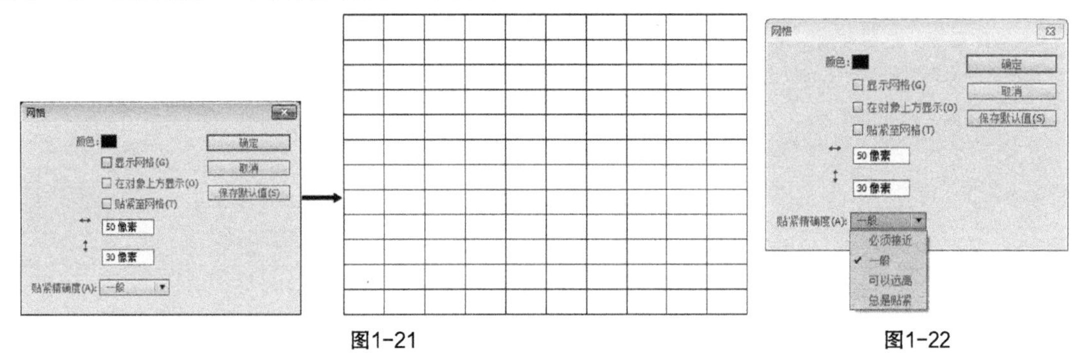

图1-21 图1-22

Tips

只有在“网格”对话框中选择“贴紧至网格”选项后，“贴紧精确度”中的选项才能起作用。如果不需要网格了，按下Ctrl+’组合键可以快速取消网格的显示。

1.5.3 辅助线

使用辅助线功能可以在工作区内添加辅助线，帮助用户定位动画元素。要使用辅助线，首先要显示标尺。然后执行“视图>辅助线>显示辅助线”菜单命令，使辅助线呈可显示状态，接着在舞台上方的标尺中向舞台中拖动鼠标，即可创建出舞台的辅助线，如图1-23所示。

Tips

Flash CC中的辅助线是需要拖动鼠标才能显示的，需要多少条就拖动多少次。

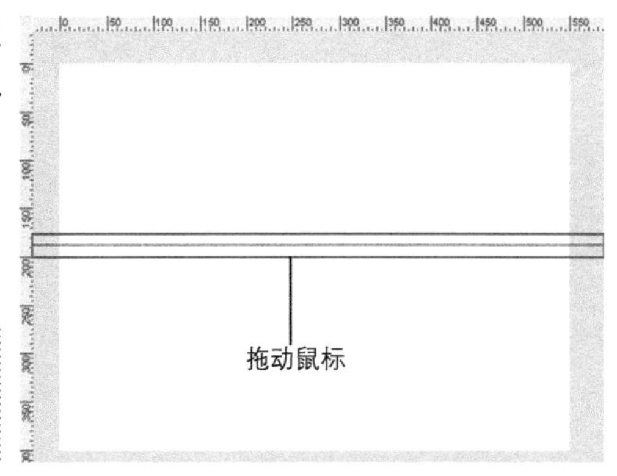

图1-23

利用同样的方法，拖动出其他的水平和垂直辅助线，然后通过鼠标对辅助线的位置进行调整，如图1-24所示。

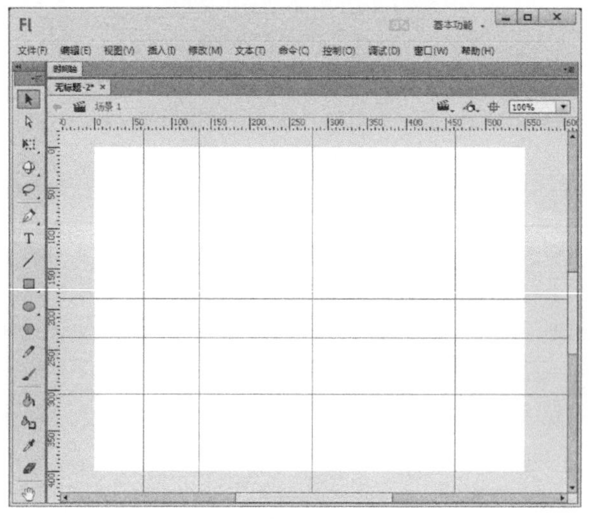

图1-24

如果不需要某条辅助线，用鼠标将其拖动到舞台外即可将其删除。用户还可通过执行“视图>辅助线>编辑辅助线”菜单命令或按Ctrl+Alt+Shift+G组合键，在打开的“辅助线”对话框中设置辅助线的颜色，如图1-25所示，并可以对辅助线进行锁定、对齐等操作。

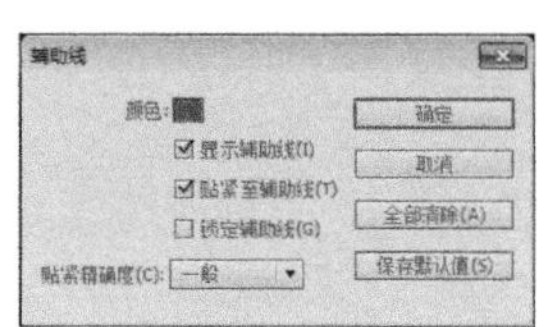

图1-25

1.6 Flash工作区布局的调整

在Flash CC中，用户可以根据自己的需要调整工作区的布局。执行“窗口>工作区”子菜单中的命令，即可选择不同的工作布局界面，如图1-26所示。下面分别介绍工作区布局模式中各个选项的含义。

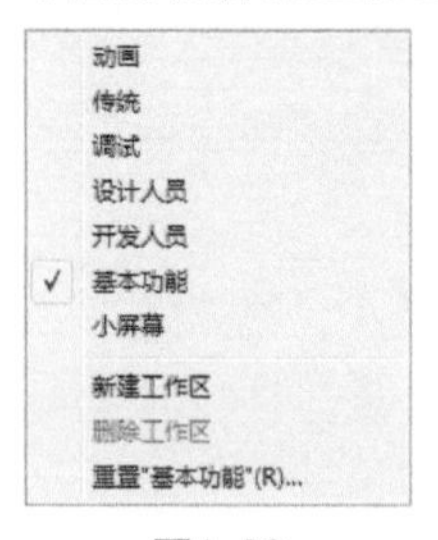

图1-26

主要命令介绍

★ **动画**：在进行动画设计时，执行“窗口>工作区>动画”菜单命令，即可进入动画设计工作区布局模式，如图1-27所示。

图1-27

＊ 传统：用户如果对新的工作界面不习惯，可执行“窗口>工作区>传统”菜单命令，即可进入传统工作区布局模式，如图1-28所示。

＊ 调试：如果要对创建中的动画进行调试，可执行“窗口>工作区>调试”菜单命令，即可进入调试工作区布局模式，如图1-29所示。

图1-28

图1-29

＊ 设计人员：如果用户是设计人员，可执行“窗口>工作区>设计人员”菜单命令，即可进入设计人员工作区布局模式，如图1-30所示。

＊ 开发人员：如果用户是开发人员，执行“窗口>工作区>开发人员”菜单命令，即可进入开发人员工作区布局模式，如图1-31所示。

图1-30

图1-31

＊ 基本功能：Flash CC最原始、最简洁的布局模式，如图1-32所示。

* 小屏幕：以小屏幕的方式显示Flash的内容，如图1-33所示。

图1-32

图1-33

* 新建工作区：如果用户想新建属于自己的工作区，可执行“窗口>工作区>新建工作区”菜单命令，打开“新建工作区”对话框，在“名称”文本框输入新工作区的名称即可，如图1-34所示。

* 删除工作区：如果对新建的工作区不满意，可以执行“窗口>工作区>删除工作区”菜单命令将其删除。

* 重置‘基本功能’：如果在实际操作中不慎弄乱了布局，要恢复到原始状态，只需要选择“重置‘工作区’”命令即可，如图1-35所示。

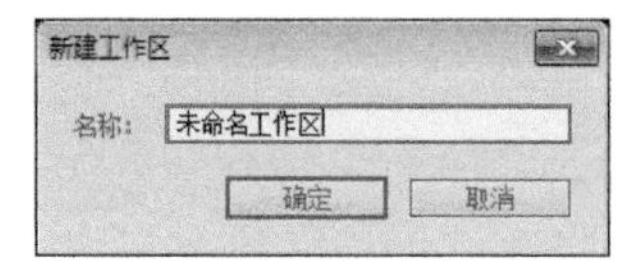

图1-34

图1-35

1.7 章节小结

本章主要介绍了Flash的特点、应用领域，带领大家认识了Flash的操作界面，重点介绍了如何设置Flash CC的工作环境，为以后的动画制作做好准备。掌握本章的知识，能使读者对Flash有一个全面系统的了解。

CHAPTER

02 图形的绘制

Flash动画中的图形分为两种，一种是从外部导入的图形，另一种是利用Flash里的绘图工具根据需要而绘制的，图形绘制是动画制作的基础，只有绘制好了静态矢量图，才可能制作出优秀的动画作品。在Flash中，图形造型工具通常包括线条工具、椭圆工具、铅笔工具以及钢笔工具等，配合选取工具、填色工具、查看工具能绘制出多种多样、绚丽多彩的图形效果。

* 绘图工具
* 选择工具
* 部分选取工具
* 铅笔工具与刷子工具
* 钢笔工具
* 查看工具
* 组合与分离图形

2.1 绘图工具

Flash中的绘图工具可以让用户在文档中绘制各种形状的图形，包括“线条工具”、“矩形工具”、“椭圆工具”、“基本矩形工具”、“基本椭圆工具”和“多角星形工具”等。

↘2.1.1 线条工具

“线条工具”的主要功能是绘制直线。单击工具箱中的“线条工具”，当鼠标移动到工作区后变成了十字形，说明此时工具已经被激活，使用该工具可以轻松绘制出平滑的直线。其“属性”面板如图2-1所示，包括笔触颜色、笔触高度、笔触样式等选项。

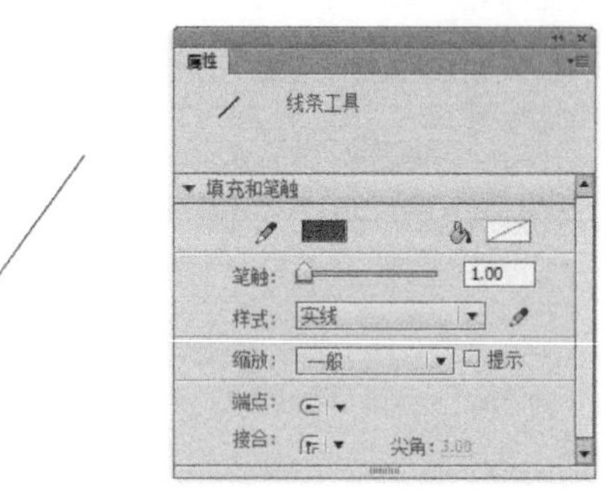

图2-1

主要参数介绍

* 笔触颜色：可以设置矩形的笔触颜色。单击属性栏中“笔触颜色”工具按钮，弹出“颜色样本”面板，如图2-2所示。在“颜色样本”面板中可以直接选取某种预先设置好的颜色作为所绘制线条的颜色，也可以在上面的文本框内输入线条颜色的十六进制RGB值，例如#009966。如果预先设置的颜色不能满足用户需要，还可以单击面板右上角的按钮，打开“颜色选择器”对话框，在对话框中设置颜色值，如图2-3所示。

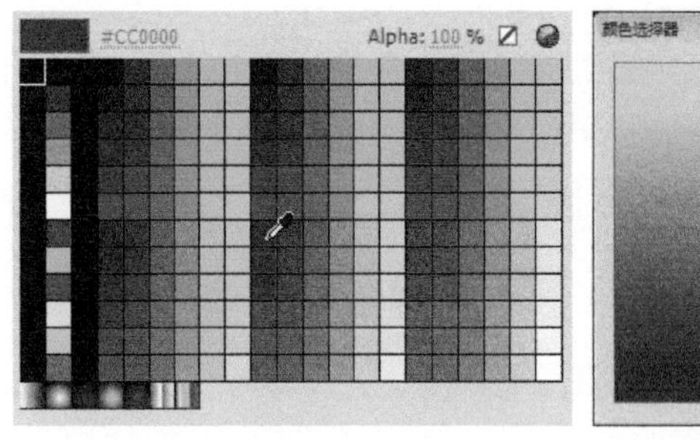

图2-2

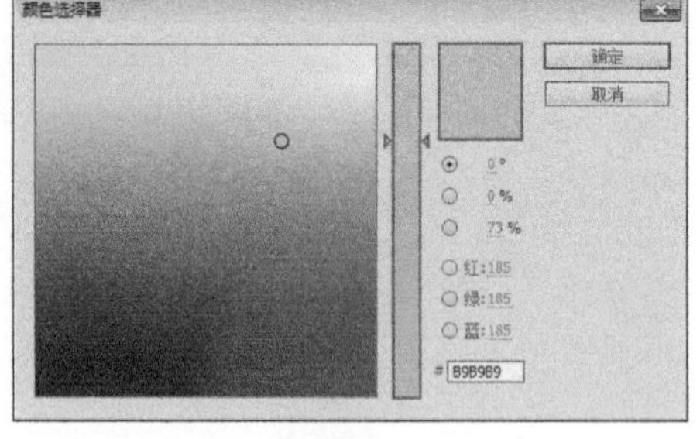

图2-3

* 笔触：设置线条的粗细，可以通过调节笔触的值来实现粗细的变化。拖动滑块来设置所绘线条的粗细程度，也可以直接在文本框中输入笔触的高度值，范围是0.1~10。Flash中的线条宽度以像素（px）为单位，高度值越小线条越细，高度值越大线条越粗。设置好笔触高度后，将鼠标移动到工作区中，在直线的起点按住鼠标不放，然后沿着要绘制的直线的方向拖动鼠标，在需要作为直线终点的位置释放鼠标左键，完成上述操作后，在工作区中就会自动绘制出一条直线。图2-4与图2-5所示分别是设置线条工具笔触高度为1px和10px时，所绘制的图像的效果。

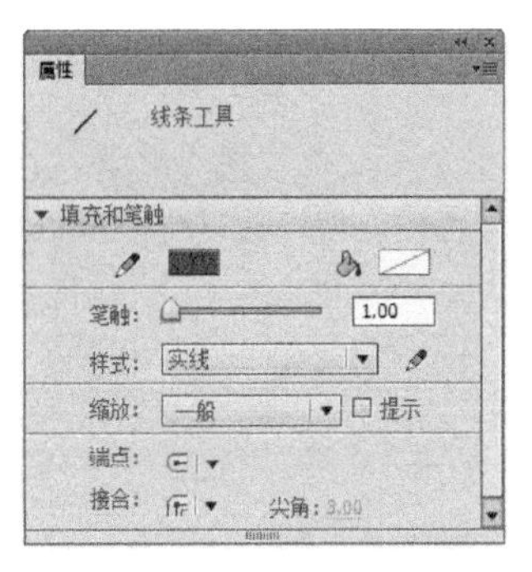

图2-4

图2-5

★ 样式：通过选择预置笔触样式和自定义笔触来实现样式的变化。在“属性”面板中的“样式”下拉列表中选择所绘的线条类型，Flash CC已经预置了一些常用的线条类型，如“实线”、“虚线”、“点状线”、“锯齿线”和“点刻线”等，如图2-6所示。

★ 编辑笔触样式：单击该按钮，打开“笔触样式”对话框，在该对话框中可以对“实线”、“虚线”、“点刻线”、“锯齿状线”、“点刻线”和“斑马线”进行相应的属性设置，“笔触样式”对话框如图2-7所示。根据需要设置好属性参数，就可以开始绘制直线了。

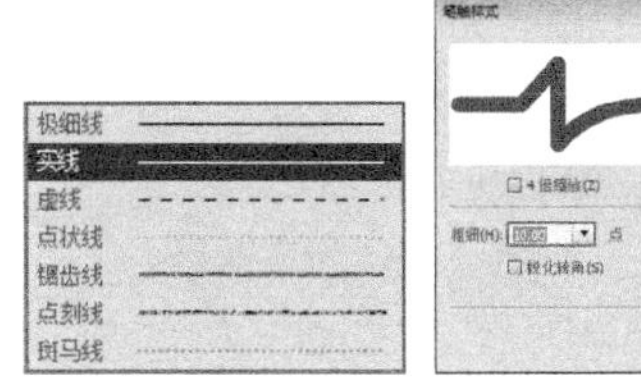

图2-6　　图2-7

★ 缩放：限制动画中线条的笔触缩放，以防止出现线条模糊。该项包括一般、水平、垂直和无4个选项。

★ 端点：单击此按钮，在下拉列表中选择线条的端点样式，共有“无”“圆角”“方形”3种样式可供选择，如图2-8所示。

★ 接合：接合就是指设置两条线段相接处，也就是拐角的端点形状。Flash CC提供了3种接合点的形状，即“尖角”、“圆角”和“斜角”，如图2-9所示。当选择了“尖角”时，可在其右侧的文本框中输入尖角的数值（1~3之间）。

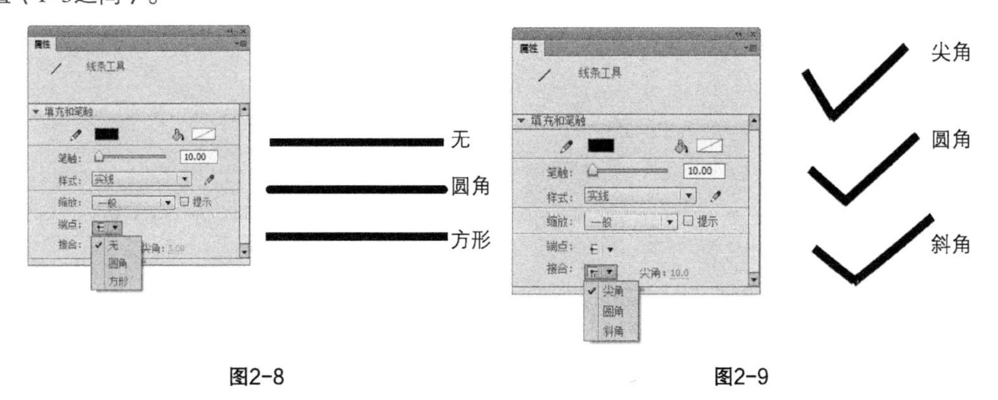

图2-8　　图2-9

Tips

使用“线条工具”绘制直线的过程中，按下Shift键的同时拖动鼠标，可以绘制出垂直、水平的直线或者45°斜线，给绘制提供了方便。按下Ctrl键可以切换到“选择工具”，对工作区中的对象进行选取，当放开Ctrl键时，又会自动回到线条工具。

↘2.1.2 矩形工具

使用“矩形工具”▭可以绘制长方形和正方形。在默认设置下，绘制出的矩形是直角的，在Flash CC中也可以绘制圆角矩形。在绘制矩形的同时按Shift键，则可以在工作区中绘制一个正方形。其“属性”面板如图2-10所示。

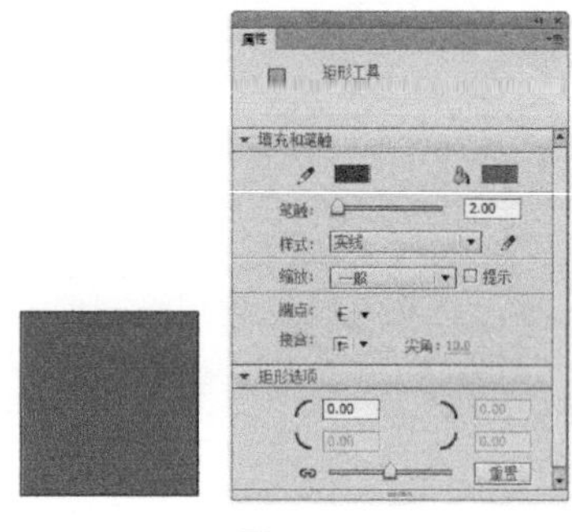

图2-10

主要参数介绍

* 矩形选项：用于指定矩形的角半径。在“矩形边角半径”文本框中可以设置圆角矩形的圆角半径，如在“矩形边角半径”文本框中输入30，在舞台中绘制的圆角矩形如图2-11所示。如果取消选择“将边角半径控件锁定为一个控件”按钮⊖，则可以分别调整每个角的半径。

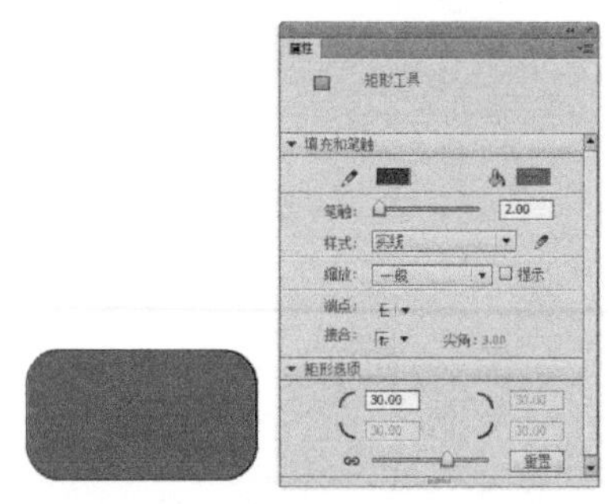

图2-11

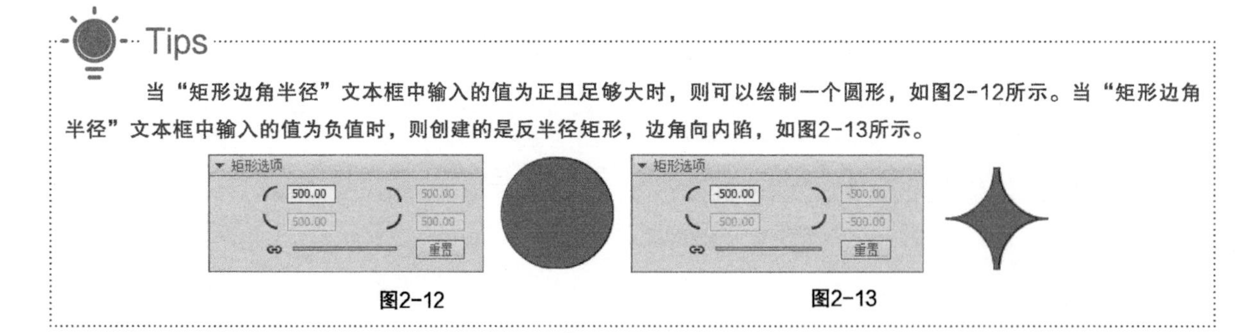

Tips

当“矩形边角半径”文本框中输入的值为正且足够大时，则可以绘制一个圆形，如图2-12所示。当“矩形边角半径”文本框中输入的值为负值时，则创建的是反半径矩形，边角向内陷，如图2-13所示。

图2-12　　图2-13

↘2.1.3 椭圆工具

使用“椭圆工具”◯绘制的图形是椭圆或圆形图案。在绘图工具箱中单击“椭圆工具”◯，然后直接在舞台上拖动鼠标，即可完成椭圆形的绘制，如图2-14所示。

如果要绘制一个正圆，只需要在使用“椭圆工具”绘制椭圆的时候，按住Shift键即可绘制一个正圆，如图2-15所示。

在绘图工具箱中选择了“椭圆工具”后，可以在“属性”面板中设置椭圆形的线条、色彩、样式、粗细及椭圆的起始角度等属性，如图2-16所示。

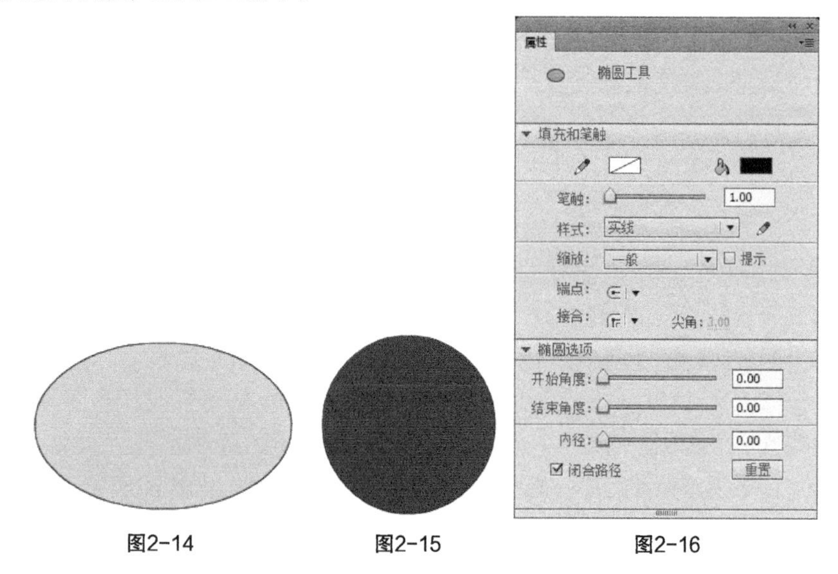

图2-14 图2-15 图2-16

主要参数介绍

* 笔触颜色：可以设置矩形的笔触颜色。单击属性栏中“笔触颜色”工具按钮，弹出“颜色样本”面板，如图2-17所示。在“颜色样本”面板中可以直接选取某种预先设置好的颜色作为所绘制线条的颜色，也可以在上面的文本框内输入线条颜色的十六进制RGB值，例如#009966。如果预先设置的颜色不能满足用户需要，还可以单击面板右上角的按钮，打开“颜色选择器”对话框，在对话框中设置颜色值，如图2-18所示。

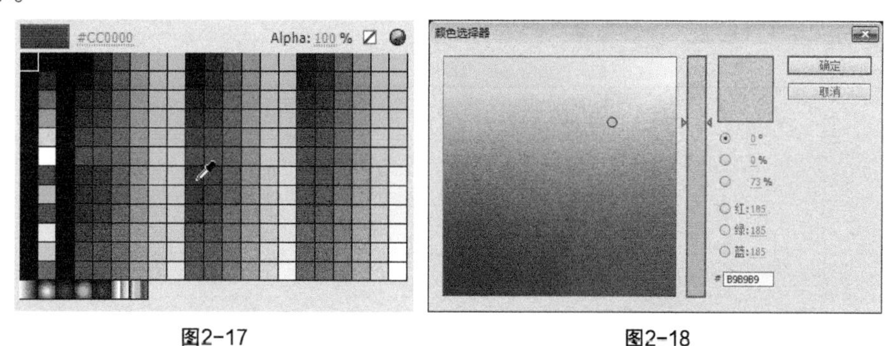

图2-17 图2-18

* 填充颜色：单击属性栏中“填充颜色”工具按钮，即可为椭圆设置填充颜色。
* 笔触：设置线条的粗细，可以通过调节笔触的值来实现粗细的变化。拖动滑块来设置所绘线条的粗细程度，也可以直接在文本框中输入笔触的高度值，范围是0.1~10。Flash中的线条宽度以像素（px）为单位，高度值越小线条越细，高度值越大线条越粗。设置好笔触高度后，将鼠标移动到工作区中，在直线的起点按住鼠标不放，然后沿着要绘制的直线的方向拖动鼠标，在需要作为直线终点的位置释放鼠标左键，完成上述操作后，在工作区中就会自动绘制出一条直线。图2-19与图2-20所示分别是设置线条工具笔触高度为1px和10px时，所绘制的图像的效果。

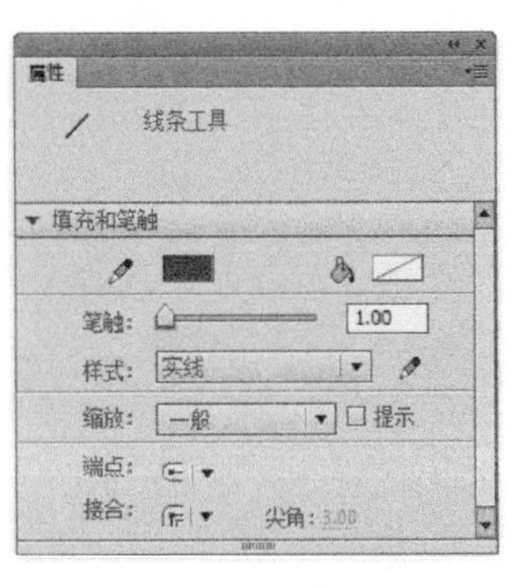

图2-19

图2-20

* 开始角度：设置椭圆开始点的角度，将椭圆和圆形的形状修改为扇形、半圆形及其他有创意的形状。起始角度的值被限定在0~360，且椭圆的形状会随着起始角度的变化而改变。

* 结束角度：设置椭圆结束点的角度，将椭圆和圆形的形状修改为扇形、半圆形及其他有创意的形状。结束角度的值被限定在0~360，且椭圆的形状会随着结束角度的变化而改变。

* 内径：用于指定椭圆的内径（即内侧椭圆）。可以在框中输入内径的数值，或单击滑块相应地调整内径的大小。允许输入的内径数值范围为0~99，表示删除的椭圆填充的百分比。

* 闭合路径：用于指定椭圆的路径是否闭合（如果指定了内径，则有多个路径）。默认情况下选择“闭合路径”，如果取消选择“闭合路径”复选框，且设置了起始或结束角度，在绘制椭圆时，将无法形成闭合路径和填充颜色。

* 重置：单击该按钮，将“开始角度”、“结束角度”和“内径”的参数恢复为默认状态。

↘2.1.4 基本矩形工具

“基本矩形工具”和“矩形工具”最大的区别在于它的圆角设置。在使用“矩形工具”绘制矩形后，不能对矩形的角度进行修改，而使用“基本矩形工具”绘制完矩形后，可以使用“选择工具”对基本矩形四周的任意控制点进行拖动，调出圆角，如图2-21所示。

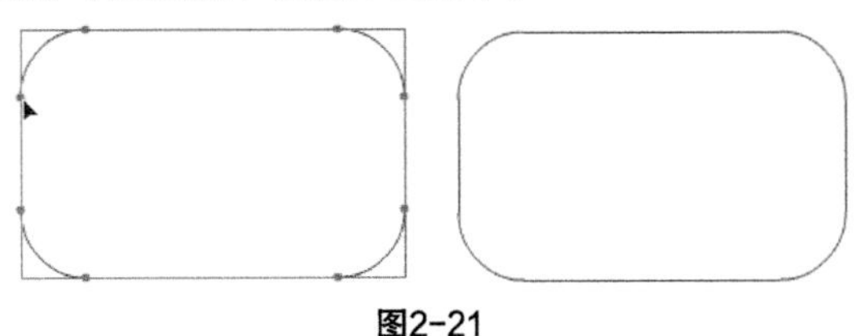

图2-21

Tips

除了直接使用“选择工具”拖动更改角半径之外，还可以通过在“属性”面板中拖动“矩形选项”区域下的滑块进行调整。当滑块处于选中状态时，按住键盘上的上方向键或下方向键可以快速调整角半径。

↘2.1.5 基本椭圆工具

如果需要绘制较复杂的椭圆，“基本椭圆工具”可以节省大量的操作时间。可以使用“基本椭圆工具”绘制基本的椭圆，然后在“属性”面板中（见图2-22）更改角度和内径以创建复杂的形状。

默认情况下，“基本椭圆工具”的“属性”面板中的“闭合路径”复选框是选中的，以创建填充的形状，但是如果想要创建轮廓形状或曲线，只需取消该复选框即可。图2-23显示的与图2-24中的形状相同，只是取消“闭合路径”复选框后的不同效果。

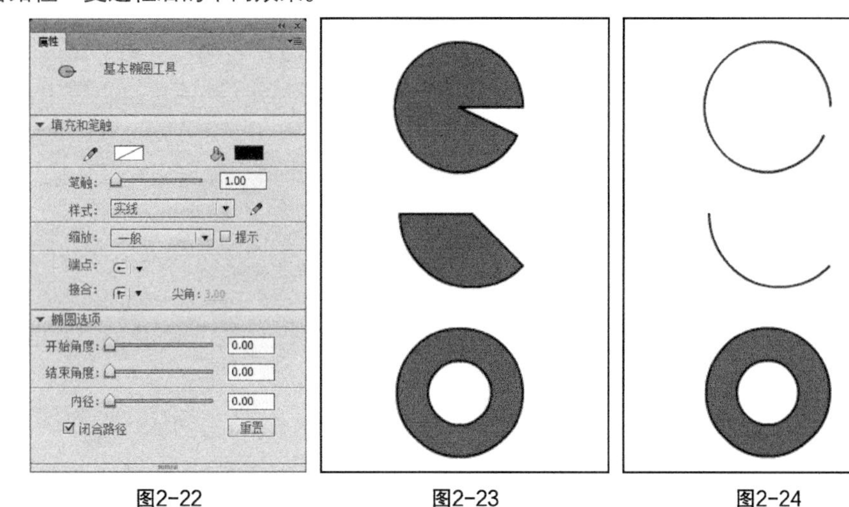

图2-22　　图2-23　　图2-24

“椭圆工具”和“基本椭圆工具”绘制出形状后都可以在“属性”面板上的“位置和大小”中设置更精确尺寸的图形，并通过X与Y坐标轴改变图形在文档中的位置，如图2-25所示。

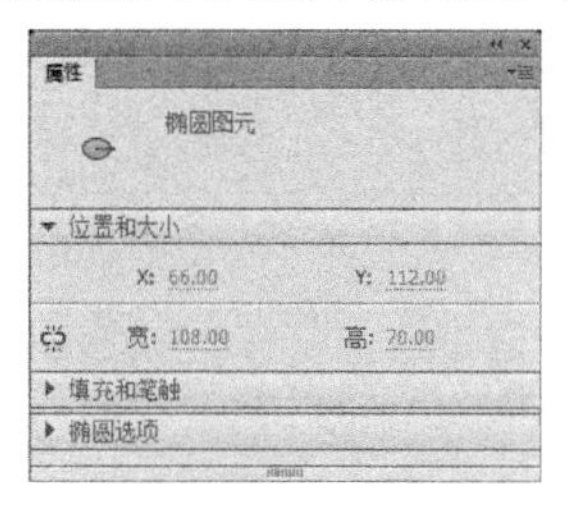

图2-25

2.1.6 多角星形工具

“多角星形工具”是一种多用途工具，使用该工具可以绘制多种不同的多边形和星形。单击“多角星形工具”后，在“属性”面板中（见图2-26）单击 选项... 按钮可以打开“工具设置”对话框，使用该对话框可以设置绘制形状的类型。在“工具设置”对话框中含有可以应用于多边形和星形的两种形状样式。在“边数”文本框中输入3~32的值可以设置多角星形的边数，如图2-27所示。

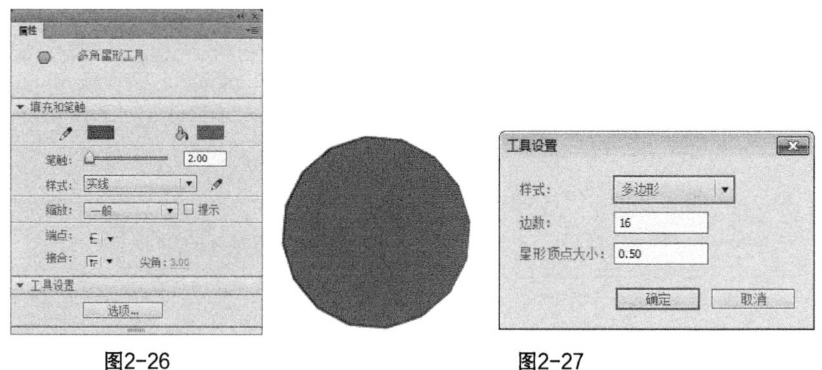

图2-26　　图2-27

重要参数介绍

* 样式：选择多角星的样式，有多边形和星形两个选项。
* 边数：设置多角星的边数，可自由输入，但其输入的数值只能为3~32。
* 星形顶点大小：如果要绘制一个星形，在“星形顶点大小”文本框中输入0~1的值可以控制星形顶点的尖锐度。如图2-28所示，该数值越接近0，星形的角就越尖锐，而该数值越接近1，星形的角就越钝。

图2-28

2.2 选择工具

Flash中编辑线条的工具主要是“选择工具”，“选择工具”主要用于选取对象并移动对象。

2.2.1 选取线条

对于由一条线段组成的图形，只需用“选择工具”单击该段线条即可。

对于由多条线段组成的图形，若只选取线条的某一段，只需单击该段线条即可，如图2-29所示。

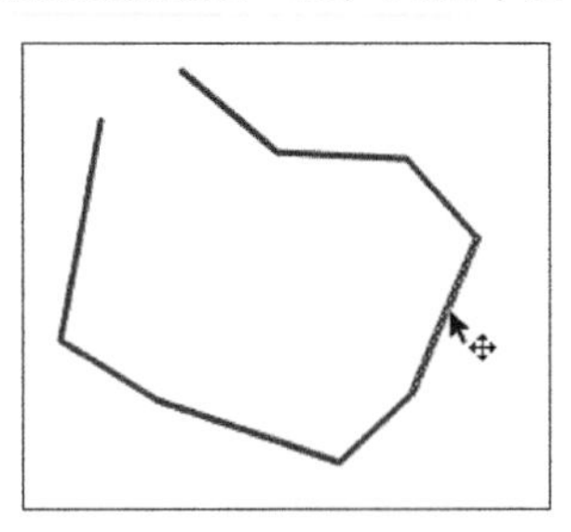

图2-29

对于由多条线段组成的图形，若要选取整个图形，只需用鼠标将要选取的舞台用矩形框选即可，如图2-30所示。

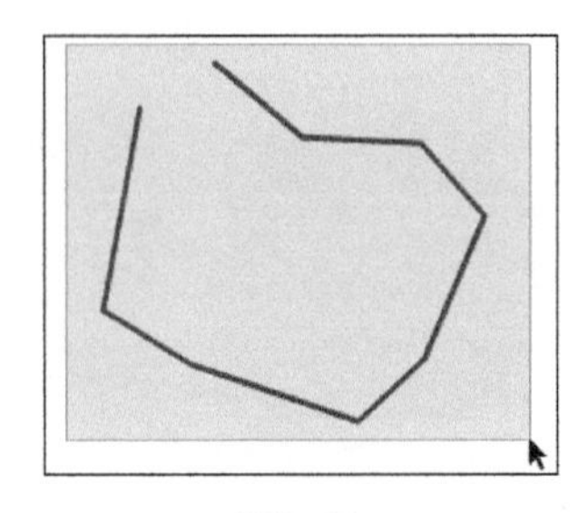

图2-30

如果要选取一个舞台中的多个对象，同样只需用鼠标将要选取的舞台用矩形框选即可。

Tips

选取时按住Shift 键，再用鼠标依次选取要选择的物体也可选取多个对象。

2.2.2 移动线条

移动线条的操作如下。

01 单击工具箱中的“选择工具”。

02 选中要移动的对象，按下鼠标左键不放，拖动该对象到要放置的位置释放鼠标即可，如图2-31所示。

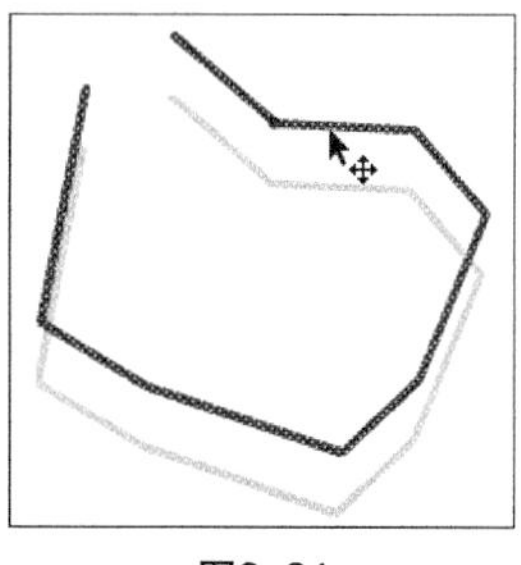

图2-31

2.2.3 复制线条

复制线条的操作如下。

01 单击工具箱中的“选择工具”。

02 按住Ctrl键不放，选中要复制的线条，拖动鼠标到要放置复制图形的位置即可，如图2-32所示。

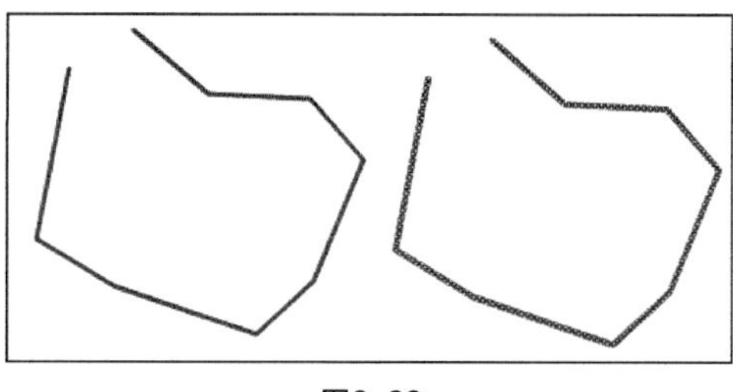

图2-32

2.2.4 调整线条

可以直接使用“选择工具”调整线条的弧度，将“选择工具”移动到线条上，当下方出现弧度标示时拖曳鼠标即可进行调整，如图2-33所示。

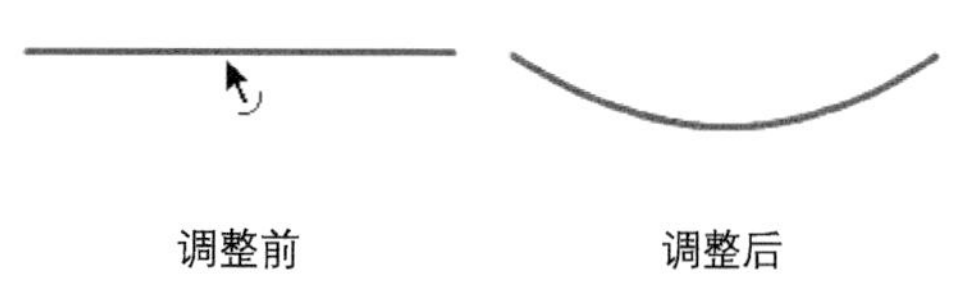

图2-33

即学即用

（扫码观看视频）

● 绘制精致铅笔

实例位置

CH02> 绘制精致铅笔 > 绘制精致铅笔 .Fla

素材位置

无

实用指数

技术掌握

学习“矩形工具”、“线条工具”和“选择工具”的使用方法

最终效果图

01 启动Flash CC，新建一个空白文档，执行“修改>文档”菜单命令，打开“文档设置”对话框，在对话框中将“舞台大小”设置为450像素×320像素，如图2-34所示。

02 单击绘图工具箱中的“矩形工具”，在舞台上绘制一个边框颜色为黑色，无填充颜色的矩形，如图2-35所示。

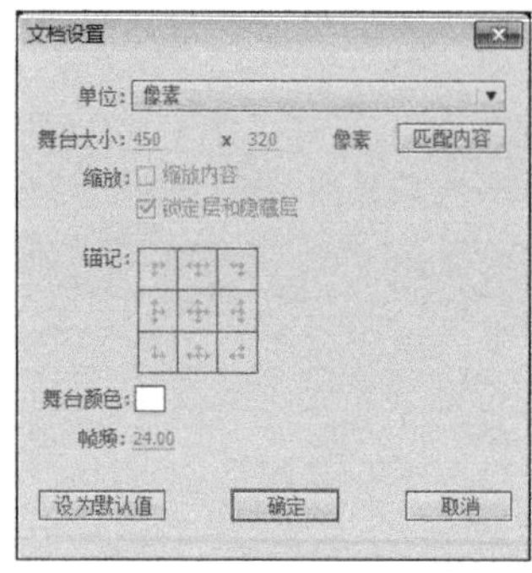

图2-34

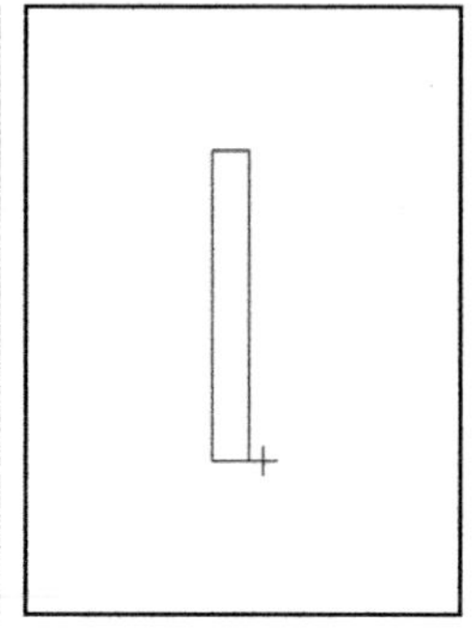

图2-35

03 单击“线条工具”，拖动鼠标在矩形下端绘制出一个笔尖的形状，如图2-36所示。

04 继续使用“线条工具”在笔尖的中上部分绘制一条横线，如图2-37所示。

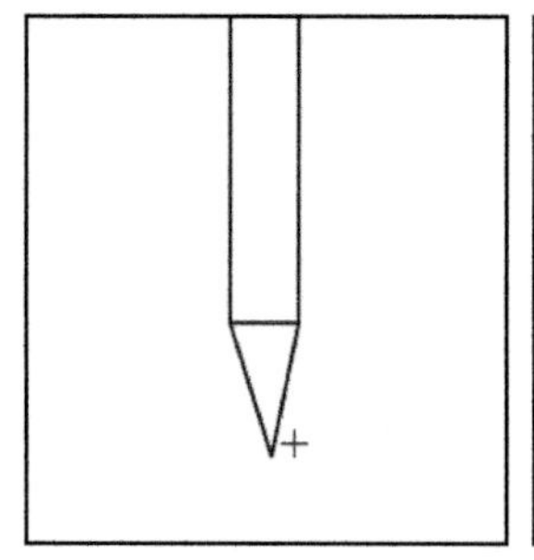

图2-36

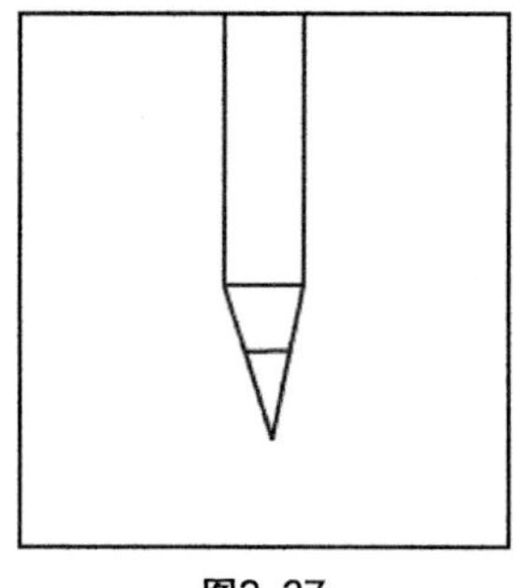

图2-37

Tips

在这里绘制一条横线是为了制作出笔头和笔芯部分。

05 单击“选择工具”，将鼠标移向刚刚绘制的横线，当鼠标变成曲线编辑方式时，向上拖动横线使其产生一定弧度，如图2-38所示。

06 选择“矩形工具”，在铅笔的合适位置绘制出橡皮套接部分的轮廓线。通常套接部分的宽度要比铅笔略宽，如图2-39所示。

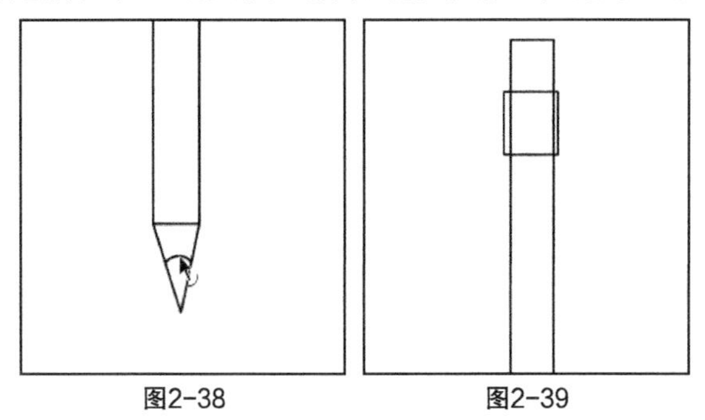
图2-38　图2-39

07 单击“选择工具”，将鼠标移动到套接线与铅笔线相交部分，用鼠标单击多余的线条将其选中，然后按下Delete键将其删除，如图2-40所示。

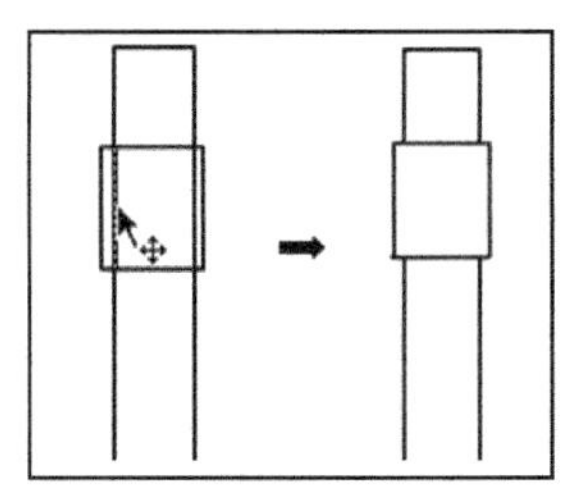
图2-40

08 单击“颜料桶工具”，然后单击填充颜色按钮，在弹出的“颜色”面板中选择蓝色，如图2-41所示。

09 在铅笔最上方的橡皮擦部分单击鼠标，即可为橡皮擦填色，如图2-42所示。

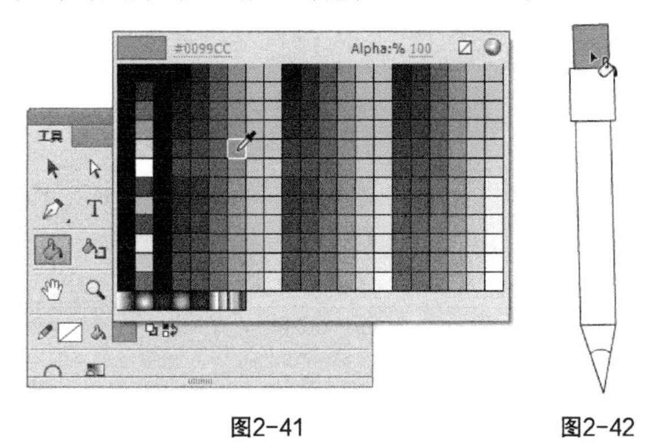

图2-41　图2-42

10 按照同样的方法为铅笔剩下的不同部分填充颜色，如图2-43所示。

11 单击“选择工具”，将鼠标移动到铅笔的轮廓上，双击鼠标，将铅笔所有轮廓线全部选中，按下Delete键将轮廓线删除，如图2-44所示。

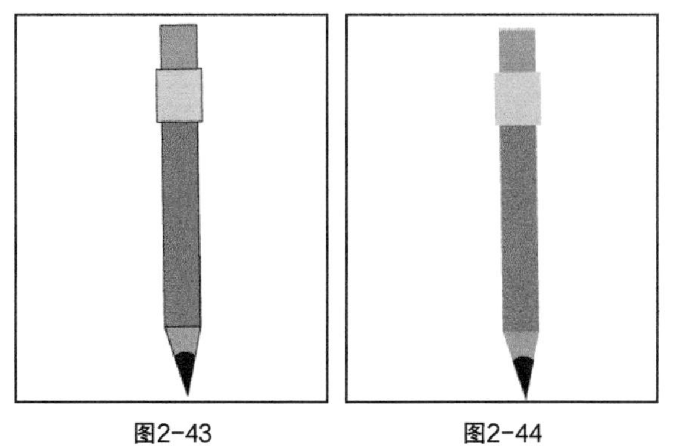
图2-43　图2-44

12 单击“任意变形工具”，将光标移动到铅笔上，在光标变成形状后按住并向左拖动鼠标，即可将铅笔向左进行旋转，如图2-45所示。

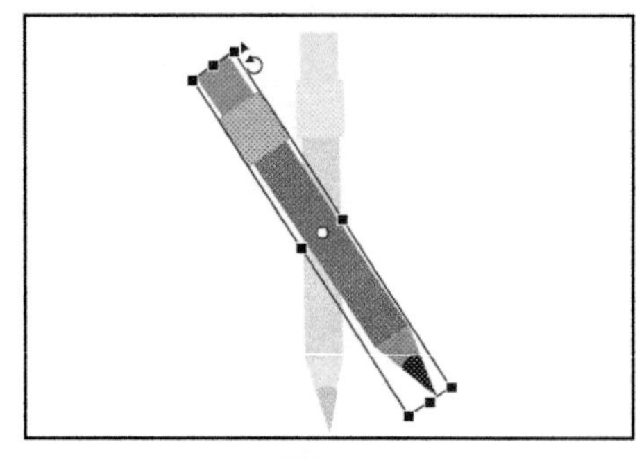

图2-45

13 执行“文件>保存”菜单命令，打开“另存为”对话框，在 “文件名”文本框中输入动画的名称，完成后单击按钮，如图2-46所示。

14 按Ctrl+Enter组合键，欣赏本例完成效果，如图2-47所示。

图2-46

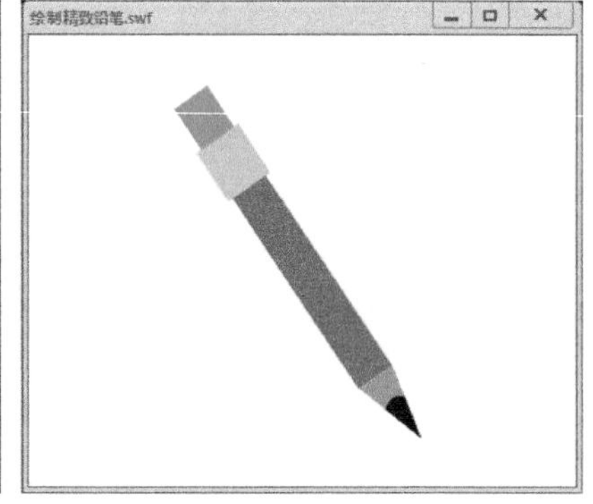

图2-47

2.2.5 其他作用

选中“选择工具”后，工具箱下面将出现如图2-48所示的工具选项区，其中各按钮的含义如下。

图2-48

主要参数介绍

* 紧贴至对象：选中该按钮后，“选择工具”具有自动吸附功能，能够自动搜索线条的端点和图形边框。
* 平滑：该按钮用于使曲线趋于平滑。
* 伸直：该按钮用于修饰曲线，使曲线趋于直线。

2.3 部分选取工具

“部分选取工具”主要用于对各对象的形状进行编辑，其使用方法如下。

若要选取线条，只需用“部分选取工具” 单击该线条即可。此时线条中间会出现如图2-49所示的节点。

若要移动线条，只需选中该线条中不是节点的部分，将其移动到需要的位置即可，如图2-50所示。

图2-49　　图2-50

若要修改线条，只需选中该线条，将鼠标指向要修改的点，当鼠标变为形状时拖动该点以调整图形，如图2-51所示，到自己想要的位置时松开鼠标，即可得到图2-52所示的效果。

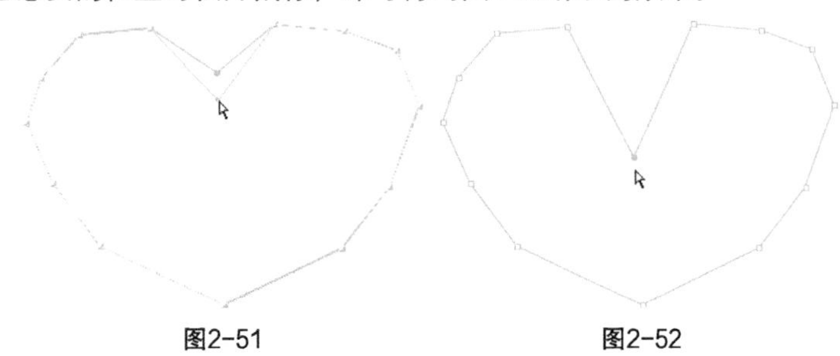

图2-51　　图2-52

2.4 铅笔工具与刷子工具

在Flash中用于绘制线条和笔触的工具带有应用不同线条处理和形状识别组合的选项，使用这类选项可以准确地绘制和操作基本形状。在使用“铅笔工具” 或“刷子工具” 绘画的时候，可以动态地应用这类选项。这些选项是Flash为草图设计者提供的用于轻松绘制精美图形的助手。

2.4.1 铅笔工具

“铅笔工具” 和“线条工具” 相比，“线条工具”在绘制线条的自由度上受到了很大的限制，只能绘制各种直线。而使用“铅笔工具”绘制线条的时候较为灵活，可以绘制直线，也可以绘制曲线。在绘制前设置铅笔的绘制参数，其中包括线条的颜色、粗细和类型。线条的颜色可以通过工具箱中的“笔触颜色”设置，也可以在“属性”面板中设置，而铅笔的粗细和直线的类型只可以在“属性”面板中设置。铅笔工具的“属性”面板如图2-53所示。

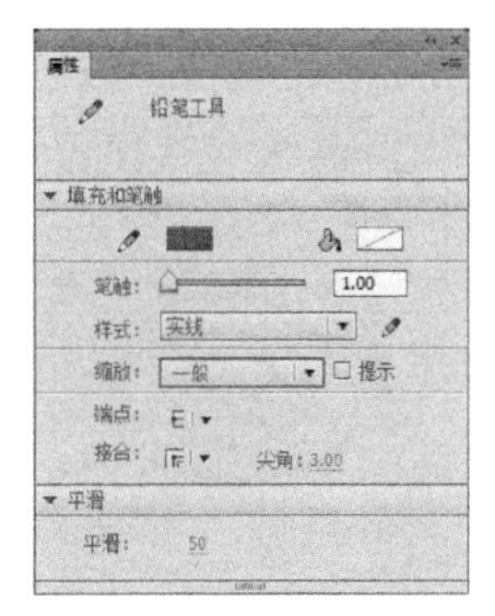

图2-53

1.颜色的修改

单击“属性”面板上的“笔触颜色”按钮，打开“颜色”面板，直接选取某种颜色作为笔触颜色或者通过文本框输入颜色的十六进制RGB值。要是颜色还不能满足用户的需要，可以通过单击右上角的按钮，打开“颜色选择器”对话框，在对话框中详细设置颜色值。

2.样式的修改

“样式”下拉列表用来选择所绘的线条类型，Flash CC已经为用户预置了一些常用的线条类型，如“实线”、“虚线”、“点状线”、“锯齿状线”、“点刻线”和“阴影线”等。单击“编辑笔触样式”按钮可以进行自定义设置，如图2-54所示是自定义用铅笔画点描线的对话框。根据需要设置好线条属性后，便可以使用“铅笔工具”绘制图形了。

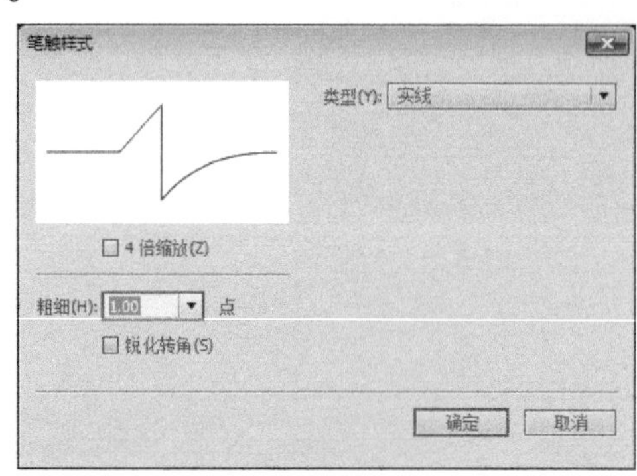

图2-54

3.选项的设置

“铅笔工具”也是用来绘制线条和形状的。与前面几种工具不同的是，“铅笔工具”可以自由绘制图形，它的使用方法和真实铅笔的使用方法大致相同。要在绘图时平滑或伸直线条，可以给“铅笔工具”选择一种绘图模式。“铅笔工具”和“线条工具”在使用方法上有许多相同点，但是也存在着一定的区别，最大的区别就是“铅笔工具”可以绘制出比较柔和的曲线，并且可以更加灵活地绘制各种矢量线条。选中“铅笔工具”后，单击工具箱“工具选项区”中的“铅笔模式”按钮，将弹出如图2-55所示的铅笔模式设置列表，其中包括“伸直”、“平滑”和“墨水”3个选项。

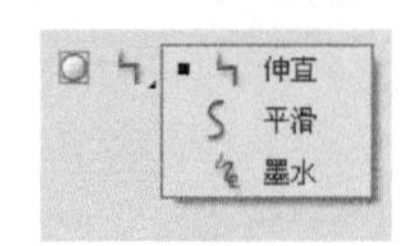

图2-55

主要参数介绍

* 伸直：可以对所绘线条进行自动校正，具有很强的线条形状识别能力，将绘制的近似直线取直，平滑曲线，简化波浪线，自动识别椭圆、矩形和半圆等。选择伸直模式的效果如图2-56所示。

图2-56

⋆ 平滑：可以自动平滑曲线，减少抖动造成的误差，从而明显地减少线条中的“细小曲线”，达到一种平滑的线条效果。选择平滑模式的效果如图2-57所示。

⋆ 墨水：可以将鼠标所经过的实际轨迹作为所绘制的线条，此模式可以在最大程度上保持实际绘出的线条形状，而只做轻微的平滑处理。选择墨水模式的效果如图2-58所示。

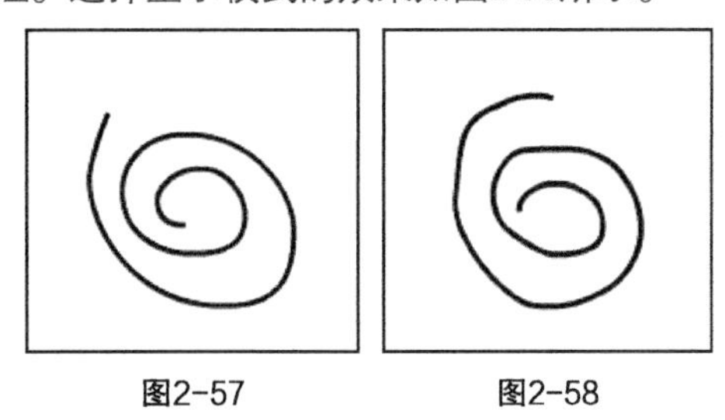

图2-57　　图2-58

Tips

使用“铅笔工具”绘制线条的时候按Shift键，可以绘制出水平或垂直的直线；按Ctrl键可以暂时切换到“选择工具”，对工作区中的对象进行选取。

即学即用

（扫码观看视频）

● 绘制表情

实例位置

CH02> 绘制表情 > 绘制表情 .fla

素材位置

无

实用指数

★★★

技术掌握

学习“椭圆工具”“铅笔工具”的使用方法

最终效果图

01 启动Flash CC，新建一个空白文档，在工具箱中单击“椭圆工具”，在“属性”面板中将笔触颜色设置为“棕色”，填充颜色设置为“黄色”，“笔触”大小设置为5，如图2-59所示。

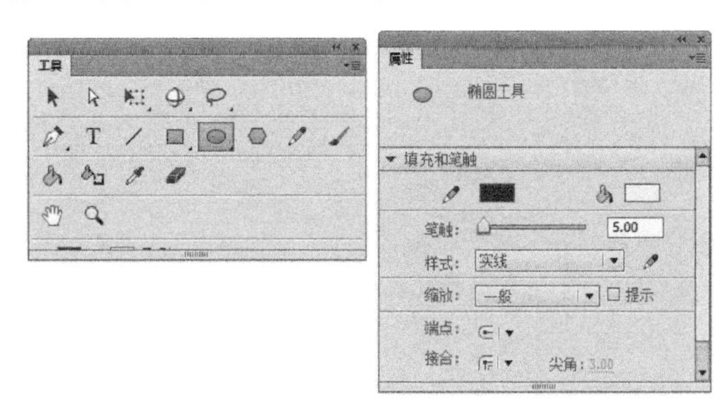

图2-59

02 按住Shift键，拖动鼠标在舞台上绘制一个正圆形，如图2-60所示。

03 使用“铅笔工具”绘制两个如图2-61所示的眼睛形状。

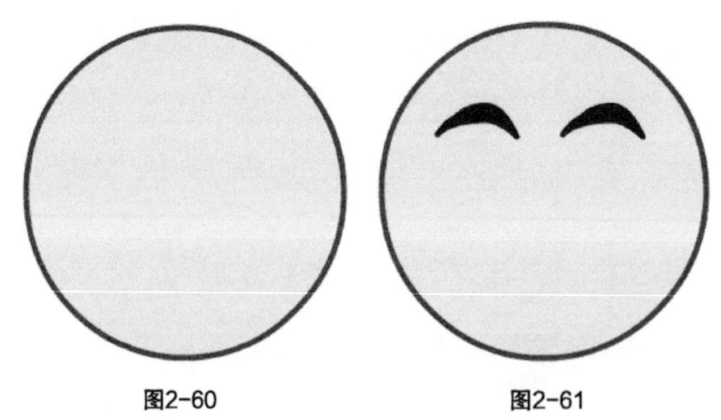

图2-60　　图2-61

04 再次使用“铅笔工具”绘制一个嘴巴形状，如图2-62所示。

05 使用“铅笔工具”在嘴巴形状中绘制三条竖线表示牙齿，如图2-63所示。

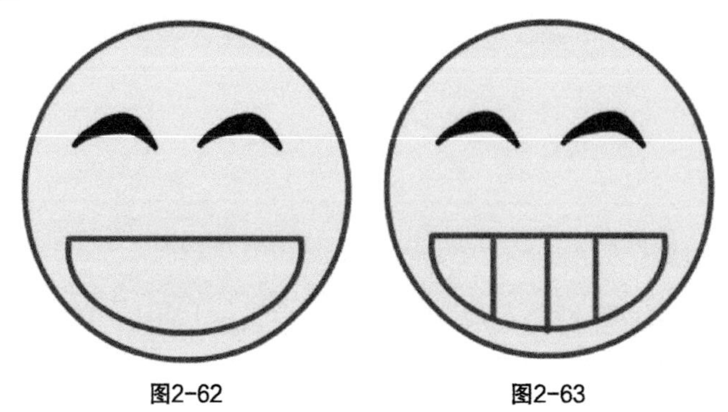

图2-62　　图2-63

06 在工具箱中单击“颜料桶工具”，将填充颜色设置为白色，在绘制的牙齿形状上单击鼠标左键进行填充，如图2-64所示。

07 按Ctrl+Enter组合键，欣赏本例完成效果，如图2-65所示。

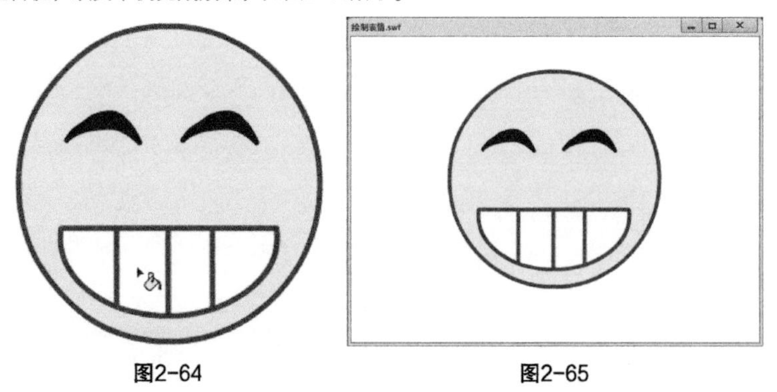

图2-64　　图2-65

2.4.2 刷子工具

“刷子工具”可以创建特殊效果，使用“刷子工具”能绘制出刷子般的笔触，是在影片中进行大面积上色时使用的。“颜料桶工具”虽然也可以给图形设置填充色，但它只能给封闭的图形上色，而使用“刷子工具”可以给任意区域和图形进行颜色填充，多用于对填充目标的填充精度要求不高的对象，使用起来非常灵活。刷子大小在更改舞台的缩放比率级别时也可以保持不变是它的特点，所以当舞台缩放比率降低时，同一个刷子大小就会显得更大。例如，用户将舞台缩放比率设置为100%，并使用“刷子工具”以最小的刷子大小涂色，然后将缩放比率更改为50%，用最小的刷子大小再绘制一次，此时绘制的新笔触就比以前的笔触粗50%。

选择“刷子工具”后，使用“刷子工具”进行绘图之前，需要设置绘制参数。在这里主要是设置填充色，可以在“属性”面板中设置。

当选中“刷子工具”时，Flash CC的“属性”面板中将出现与刷子工具有关的属性，如图2-66所示。

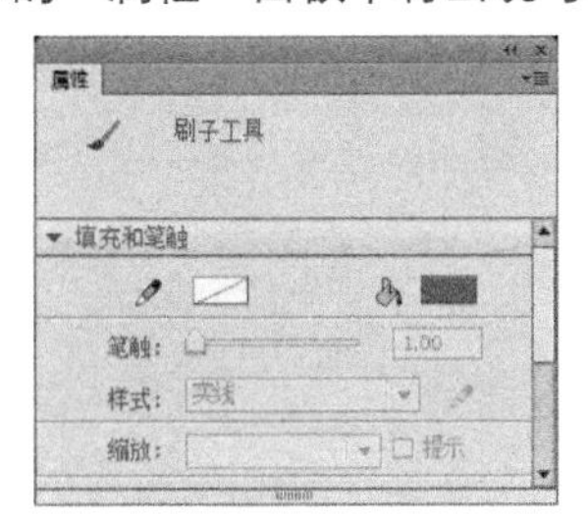

图2-66

可以看到，“刷子工具”的属性很简单，只有一个填充色的设置。其他选项都呈灰色不可设置。但“刷子工具”还有一些附加的功能选项，当选中“刷子工具”时，工具箱的“工具选项区”将出现刷子的附加功能选项，如图2-67所示。下面详细介绍选项面板中的各种选项的功能。

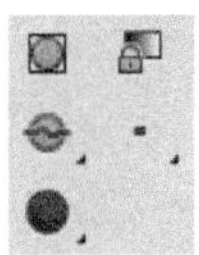

图2-67

在选项区中单击“刷子模式”按钮后，将弹出“刷子模式”下拉列表框，如图2-68所示。

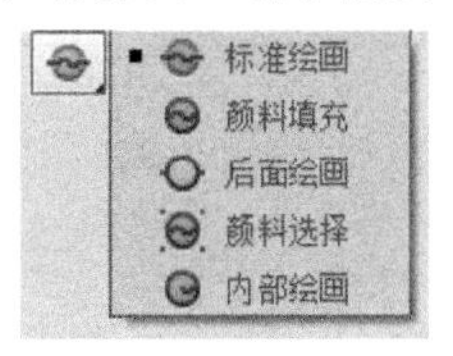

图2-68

主要参数介绍

* 标准绘画：可以涂改舞台中的任意区域，会在同一图层的线条和填充上涂色，如图2-69所示。

图2-69

* 颜料填充：只能涂改图形的填充区域，图形的轮廓线不会受其影响，如图2-70所示。

* 后面绘画：涂改时不会涂改对象本身，只涂改对象的背景，不影响线条和填充，如图2-71所示。

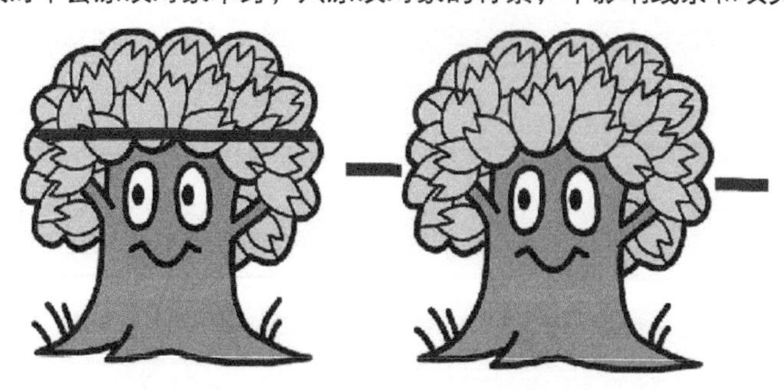

图2-70　　图2-71

* 颜料选择：涂改只对预先选择的区域起作用，如图2-72所示。
* 内部绘画：涂改时只涂改起始点所在封闭曲线的内部区域，如果起始点在空白区域，就只能在这块空白区域内涂改；如果起始点在图形内部，则只能在图形内部进行涂改，如图2-73所示。

图2-72

图2-73

Tips

如果在刷子上色的过程中按Shift 键，则可在工作区中给一个水平或者垂直的区域上色；如果按Ctrl键，则可以暂时切换到“选择工具”，对工作区中的对象进行选取。

除了可以为“刷子工具”设置绘图模式外，还可以选择刷子的大小和刷子的形状。要设置刷子的大小，可以在工具箱底部单击“刷子大小”按钮，然后在弹出的菜单中进行选择，如图2-74所示。

要选择刷子的形状，只需要在单击“刷子形状”按钮，然后在弹出的菜单中选择即可，如图2-75所示。

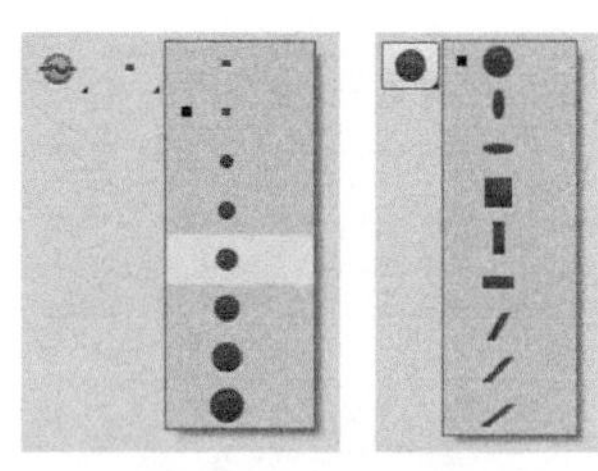

图2-74　　图2-75

Tips

在使用“刷子工具”填充颜色时，为了得到更好的填充效果，在填充颜色时还可以用“工具选项区”中的“锁定填充”按钮对图形进行锁定填充。

↘2.4.3 橡皮擦工具

“橡皮擦工具”可以方便地清除图形中多余的部分或错误的部分，是绘图编辑中常用的辅助工具。使用“橡皮擦工具”很简单，只需要在工具箱中单击“橡皮擦工具”，将鼠标移到要擦除的图像上，按住鼠标左键拖动，即可将经过路径上的图像擦除。

使用“橡皮擦工具”擦除图形时，可以在工具箱中选择需要的橡皮擦模式，以应对不同的情况。在工具箱的“工具选项区”中可以选择“标准擦除”、“擦除填色”、“擦除线条”、“擦除所选填充”和“内部擦除”5种图形擦除模式（见图2-76），它们的编辑效果与“刷子工具”的绘图模式相似。

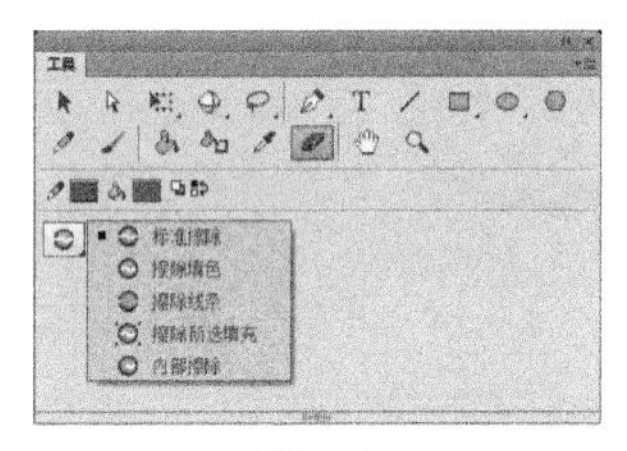

图2-76

主要参数介绍

* 标准擦除：正常擦除模式，是默认的直接擦除方式，对任何区域都有效，如图2-77所示。
* 擦除填色：只对填色区域有效，对图形中的线条不产生影响，如图2-78所示。

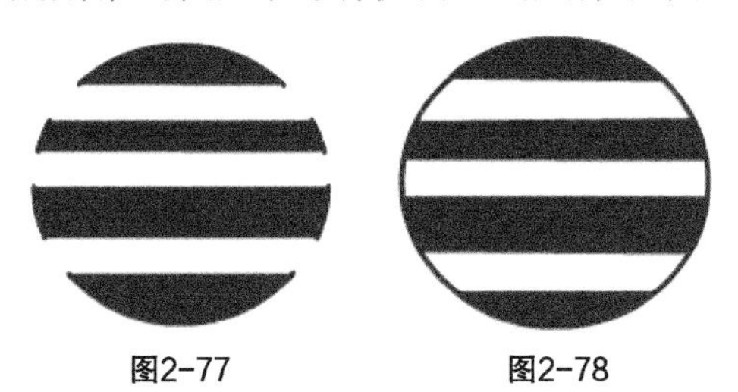

图2-77　　图2-78

* 擦除线条：只对图形的笔触线条有效，对图形中的填充区域不产生影响，如图2-79所示。
* 擦除所选填充：只对选中的填充区域有效，对图形中其他未选中的区域无影响，如图2-80所示。

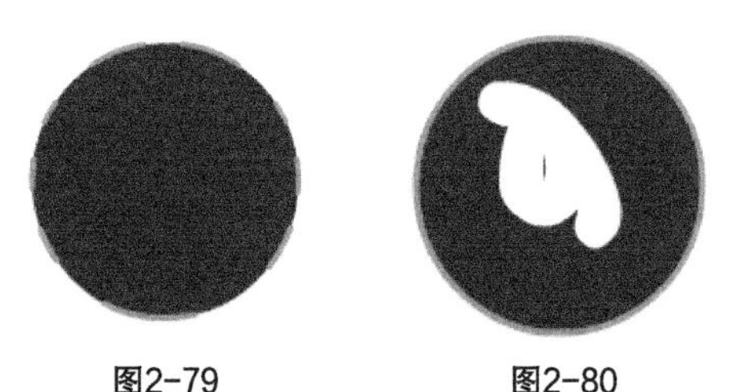

图2-79　　图2-80

* 内部擦除：只对鼠标按下时所在的颜色块有效，对其他的色彩不产生影响，如图2-81所示。

单击工具箱“工具选项区”中的“橡皮擦形状”按钮，在弹出的菜单中选择橡皮擦形状，如图2-82所示。

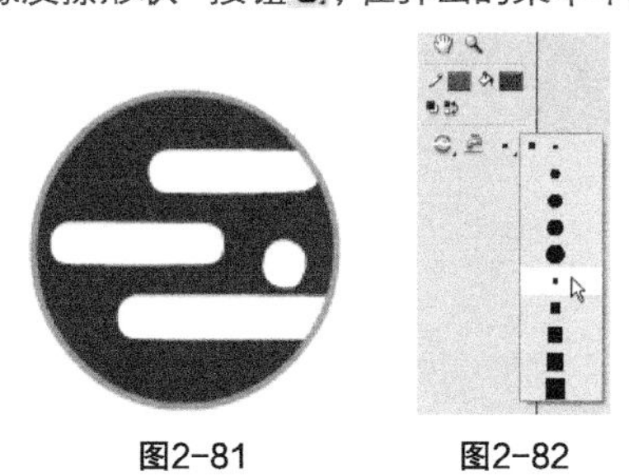

图2-81　　图2-82

将光标移到图像内部要擦除的颜色块上，按住鼠标左健来回拖动，即可将选中的颜色块擦除，而不影响图像的其他区域，如图2-83所示。

另外，在“工具选项区”中还有一个工具叫“水龙头”，它的功能类似于颜料桶和墨水瓶的反作用，也就是要将图形的填充色整体去掉，或者将图形的轮廓线全部擦除，只需在要擦除的填充色或者轮廓线上单击一下鼠标左键即可。要使用“水龙头”工具，只需在“工具选项区”中单击“水龙头”按钮即可，如图2-84所示。

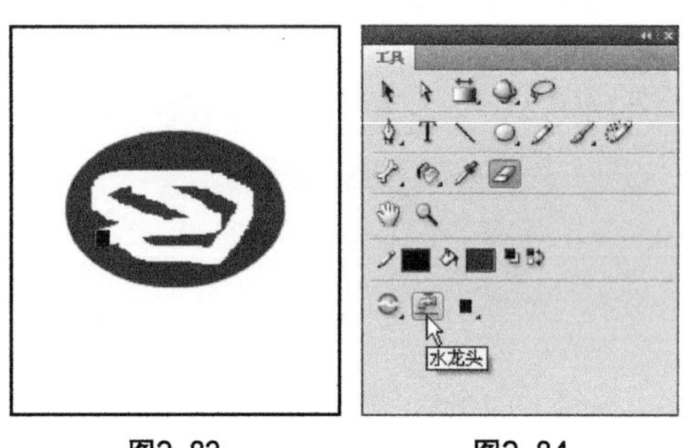

图2-83　　图2-84

Tips

“橡皮擦工具”只能对矢量图形进行擦除，对文字和位图无效，如果要擦除文字或位图，必须首先将其打散。若要快速擦除矢量色块和线段，可单击“水龙头”工具，再单击要擦除的色块即可。

2.5 钢笔工具

“钢笔工具”用于绘制精确、平滑的路径，如绘制心形等较为复杂的图案都可以通过“钢笔工具”轻松完成。

Tips

“钢笔工具”又叫“贝塞尔曲线工具”，是在许多绘图软件中广泛使用的一种重要工具，有很强的绘图功能。

“钢笔工具”的“属性”面板和“线条工具”的差不多，如图2-85所示。至于具体的“笔触”“样式”等和前面“线条工具”中介绍的完全相同。下面介绍“钢笔工具”的使用方法。

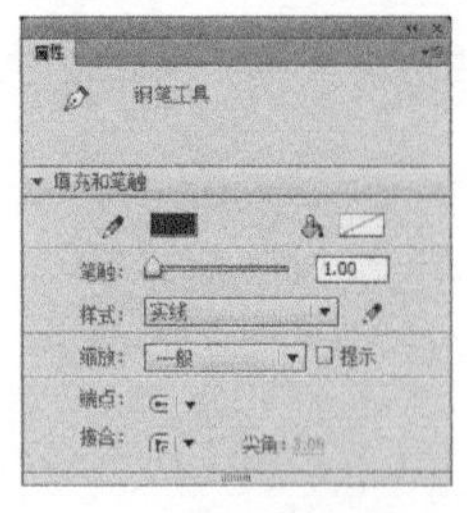

图2-85

2.5.1 绘制直线

使用“钢笔工具”绘画时，进行单击可以在直线段上创建点，进行单击和拖动可以在曲线段上创建点，如图2-86所示，也可以通过调整线条上的点来调整直线段和曲线段。

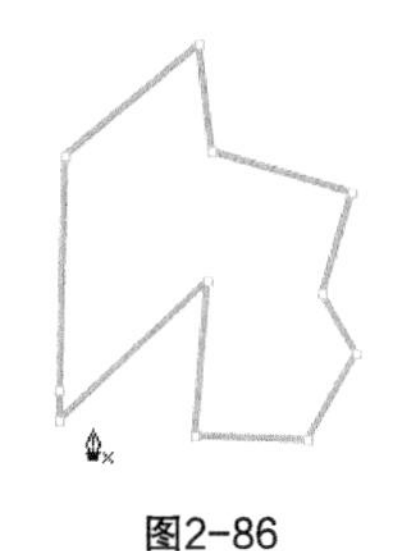

图2-86

Tips

在绘制直线的同时，按住Shift键可以以45° 角的方式绘制出如图2-87所示的折线。

图2-87

2.5.2 绘制曲线

绘制曲线时，先定义起始点，在定义终止点的时候按住鼠标的左键不放，会出现一条线，移动鼠标改变曲线的斜率，释放鼠标后，曲线的形状便确定了，如图2-88所示。

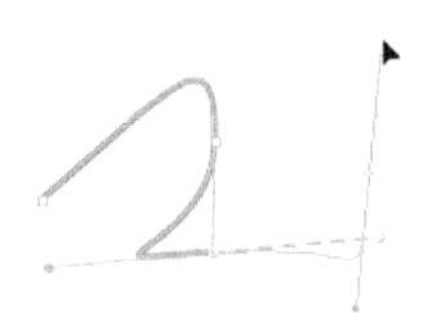

图2-88

使用“钢笔工具”还可以对存在的图形轮廓进行修改，当用钢笔单击某矢量图的轮廓线时，轮廓的所有节点会自动出现，然后就可以进行调整了。可以调整直线段以更改线段的角度或长度，或者调整曲线以更改曲线的斜率和方向。移动曲线点上的切线手柄可以调整该点两侧的曲线。移动转角点上的切线手柄，只能调整该点的切线手柄所在的那一侧的曲线。原始的矢量图如图2-89所示，图2-90所示为使用“钢笔工具”选取轮廓后的效果。

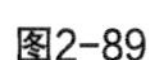

图2-89　图2-90

Tips

初学者在使用钢笔工具绘制图形时很不容易控制，要具备一定的耐心，而且要善于观察总结经验。使用钢笔工具时，鼠标指针的形状在不停地变化，不同形状的鼠标指针代表不同的含义，其具体含义如下。

：是选择钢笔工具后鼠标指针自动变成的形状，表示单击一下即可确定一个点。

：将鼠标指针移到绘制曲线上没有空心小方框（句柄）的位置时，它会变为形状，单击一下即可添加一个句柄。

：将鼠标指针移到绘制曲线的某个句柄上时，它会变为形状，单击一下即可删除该句柄。

：将鼠标指针移到某个句柄上时，它会变为形状，单击一下即可将原来是弧线的句柄变为两条直线的连接点。

使用“添加锚点工具”、“删除锚点工具”和“转换点工具”，可以对创建的路径进行编辑。

2.5.3 添加锚点

使用“添加锚点工具”可以在路径上添加锚点。单击“添加锚点工具”，将鼠标指针放在需要添加锚点的路径上，此时鼠标指针显示为，如图2-91所示。单击鼠标即可添加锚点，如图2-92所示。

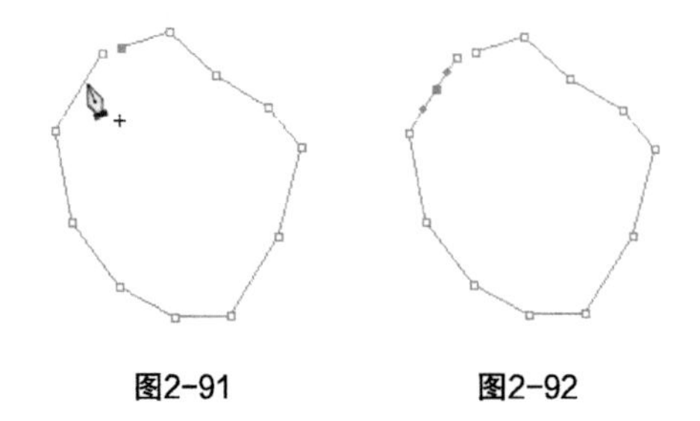

图2-91　　图2-92

Tips

按Shift键，使用鼠标单击锚点，可以在水平、45°角和垂直3个方向拖曳锚点，改变路径形状。

2.5.4 删除锚点

路径中不需要的锚点可以使用“删除锚点工具”删除。单击“删除锚点工具”，然后在路径上将鼠标放在需要删除的锚点上，此时鼠标指针显示为，如图2-93所示。单击鼠标即可删除锚点，此时路径的形状也会被改变，如图2-94所示。

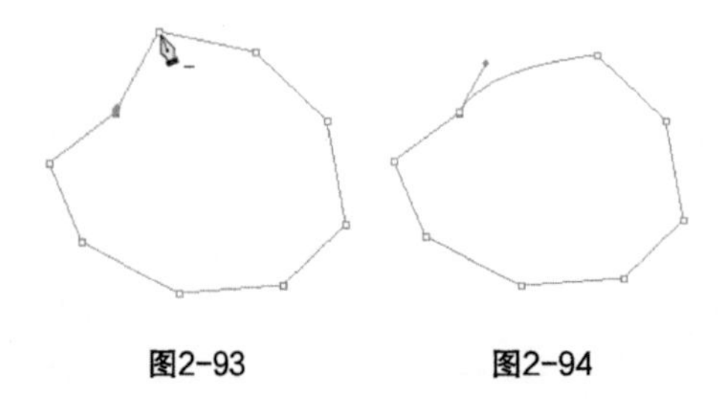

图2-93　　图2-94

2.5.5 转换锚点工具

“转换锚点工具”可以使路径在平滑曲线和直线之间相互转换，还可以调整曲线的形状。选择“转换锚点工具”，单击角锚点，可以将其转换成平滑锚点，按住鼠标左键不放并拖曳即可调整曲线的弧度，如

图2-95所示，用户也可分别拖曳控制线两边的上调节杆调整其长度和角度，从而达到修改路径形状的目的。如果用“转换锚点工具”单击平滑锚点，可以将其转换成角锚点后进行编辑。

图2-95

2.6 查看工具

在使用Flash绘图时，除了一些主要的绘图工具之外，还常常要用到视图调整工具，如“手形工具”“缩放工具”。

↘2.6.1 手形工具

“手形工具”的作用就是在工作区移动对象。在工具箱中选择“手形工具”，舞台中的鼠标指针将变为手形，按下左键不放并移动鼠标，舞台的纵向滑块和横向滑块也随之移动。“手形工具”的作用相当于同时拖动纵向和横向的滚动条。“手形工具”和“选择工具”是有所区别的，虽然都可以移动对象，但是“选择工具”的移动是指在工作区内移动绘图对象，所以对象的实际坐标值是改变的，使用“手形工具”移动对象时，表面上看到的是对象的位置发生了改变，实际移动的却是工作区的显示空间，而工作区上所有对象的实际坐标相对于其他对象的坐标并没有改变。“手形工具”的主要目的是为了在一些比较大的舞台内将对象快速移动到目标区域。显然，使用“手形工具”比拖动滚动条要方便许多。

↘2.6.2 缩放工具

“缩放工具”用来放大或缩小舞台的显示大小。在处理图形的细微之处时，使用“缩放工具”可以帮助设计者完成重要的细节设计。

在工具箱中选择“缩放工具”后，可以在“工具选项区”中选择“放大”或“缩小”，如图2-96所示。

图2-96

主要参数介绍

* 放大工具：用“放大”工具单击舞台或者用“放大”工具拉出一个选择区，如图2-97所示，可以使页面以放大的比例显示。

☆ 缩小工具：用“缩小”工具🔍单击舞台，可使页面以缩小的比例显示，如图2-98所示。

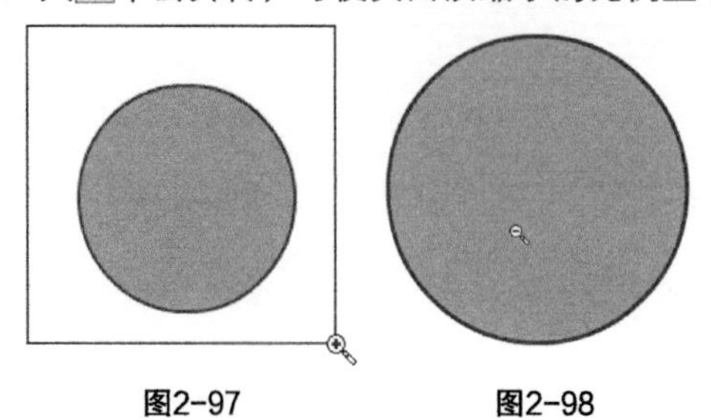

图2-97　　　　图2-98

Tips

按住Alt键，可以在“放大”和“缩小”之间进行切换。

在舞台右上角有一个“显示比例”下拉列表框，表示当前页面的显示比例，也可以在其中输入所需的页面显示比例数值，如图2-99所示。在工具箱中双击“缩放工具”按钮🔍，可以使页面以100%的比例显示。

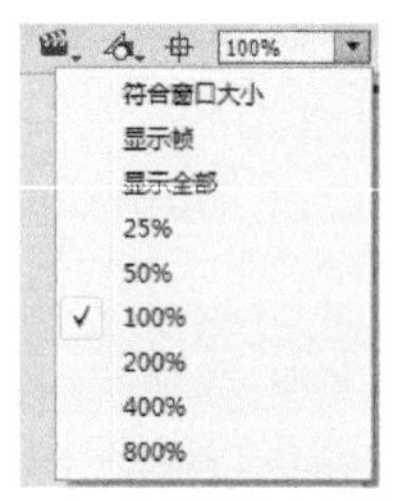

图2-99

2.7 组合与分离图形

图形绘制好以后可以进行组合与分离。组合与分离是图形编辑中作用相反的图形处理功能。用绘图工具直接绘制的图形处于矢量分离的状态，对绘制的图形进行组合的处理，可以保持图形的独立性。执行“修改>组合”菜单命令或按Ctrl+G组合键，即可对选取的图形进行组合，组合后的图形在被选中时将显示出蓝色边框，如图2-100所示。

原图

组合后

图2-100

组合后的图形作为一个独立的整体，可以在舞台上随意拖动而不发生变形。组合后的图形可以被再次组合，形成更复杂的图形整体。当多个组合了的图形放在一起时，可以执行“修改>排列”菜单命令，调整图形在舞台中的上下层位置，如图2-101所示。

小狗在下面

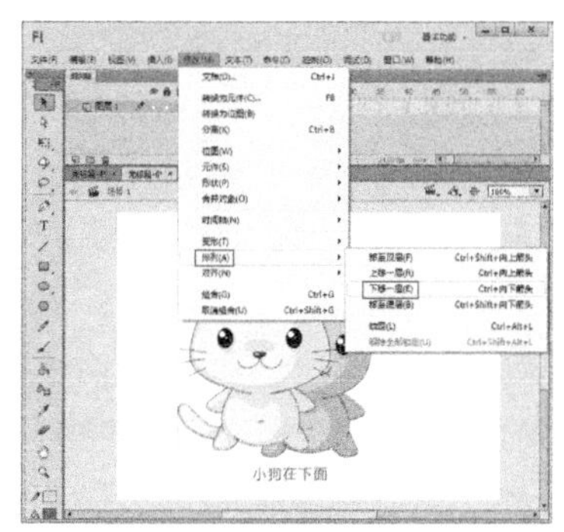

小狗在上面

图2-101

分离命令可以将组合后的图形变成分离状态，也可将导入的位图进行分离。执行“修改>分离”菜单命令或按Ctrl+B组合键可以分离（打散）图形。位图在分离状态后可以进行填色、清理等操作，如图2-102所示。

位图

分离后

背景清除后

图2-102

2.8 章节小结

本章主要介绍了Flash CC工具箱中各种工具的作用和使用方法。熟练掌握这些工具的使用方法是Flash动画制造的关键。在学习的过程中，需要清楚各工具的用途及工具所对应属性面板里每个参数的作用，并能将多种工具配合使用，从而绘制出丰富多彩的各类图形。

2.9 课后习题

本节准备了两个课后习题供大家练习。

课后习题

（扫码观看视频）

● 绘制向日葵

实例位置

CH02>绘制向日葵>绘制向日葵.fla

素材位置

无

实用指数

★★★

使用各种绘图工具来绘制向日葵。

最终效果图

主要步骤

01 在Flash CC中新建一个空白文档，单击“工具箱”中的“椭圆工具”绘制椭圆，使用“选择工具”调整椭圆并填充黄色。

02 按Ctrl+T快捷键打开“变形”面板，然后设置旋转角度为60°，再连续单击5次“重制选区和变形”按钮，复制出5朵花瓣。

03 选中所有花瓣，按Ctrl+G组合键为其建立一个组，再按Ctrl+D组合键原位复制出一份花瓣，然后单击“工具箱”中的“任意变形工具”，并将其进行适当的调整，最后采用相同的方法复制出多个花瓣。

04 使用“线条工具”和“椭圆工具”绘制出茎和叶子，执行“修改>文档”菜单命令，打开“文档设置”对话框，在对话框中将“舞台大小”设置为300像素×260像素，将“舞台颜色”设置为蓝色即可。

● 绘制海鸥

实例位置

CH02> 绘制海鸥 > 绘制海鸥 .fla

素材位置

无

实用指数

★★★

使用椭圆工具、选择工具、铅笔工具等来绘制海鸥。

最终效果图

主要步骤

01 新建一个Flash文档，打开“文档属性”对话框，在对话框中在对话框中将“尺寸”设置为700像素（宽）×300像素（高），将背景颜色设置为蓝色。

02 使用“椭圆工具”绘制一些边框颜色为“黑色”，填充颜色为白色的椭圆，然后将它们重叠在一起。

03 使用“选择工具”双击线条，即可选中线条，然后按下Delete键将线条删除。

04 使用“椭圆工具”在删除了线条的区域中绘制一些边框颜色为黑色，填充颜色为白色的椭圆。

05 将部分椭圆填充为蓝色，然后将椭圆的边框删除，形成阴影效果。

06 复制一些云朵，并使用“任意变形工具”将云朵变形，然后使其分布在舞台的不同处。

07 使用“铅笔工具”绘制出海鸥的形状，然后复制出若干个海鸥，并使用“任意变形工具”将这些海鸥调整成大小不一，并分布在舞台不同的角落。

CHAPTER

03 图形的编辑操作

要使用Flash制作出造型精美、色彩丰富、情节有趣的Flash动画影片，主要是通过Flash中的绘图编辑工具绘制出个性十足、富有变化的完美造型与从外部导入所需素材。所以必须先掌握Flash中各种绘图编辑工具的使用方法、各种图形的编辑处理技巧。

* 填充工具
* 任意变形工具
* 套索工具
* 图形对象基本操作
* 3D旋转和3D平移工具
* 图形的优化与编辑

3.1 填充工具

“填充工具”包括“颜料桶工具”、“墨水瓶工具”、“填充变形工具”和“滴管工具”。

3.1.1 颜料桶工具

“颜料桶工具”是绘图编辑中常用的填色工具，对封闭的轮廓范围或图形块区域进行颜色填充。这个区域可以是无色区域，也可以是有颜色的区域。填充颜色可以使用纯色，也可以使用渐变色，还可以使用位图。单击工具箱中的“颜料桶工具”，光标在工作区中变成一个小颜料桶，此时颜料桶工具已经被激活。

“颜料桶工具”有3种填充模式：单色填充、渐变填充和位图填充。通过选择不同的填充模式，可以使用颜料桶制作出不同的效果。在工具箱的“工具选项区”，有一些针对“颜料桶工具”特有的附加功能选项，如图3-1所示。

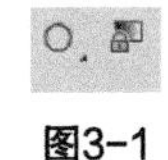

图3-1

1.间隔大小

单击“间隔大小”按钮，弹出一个下拉列表框，如图3-2所示。用户可以在此选择“颜料桶工具”判断近似封闭的空隙宽度。

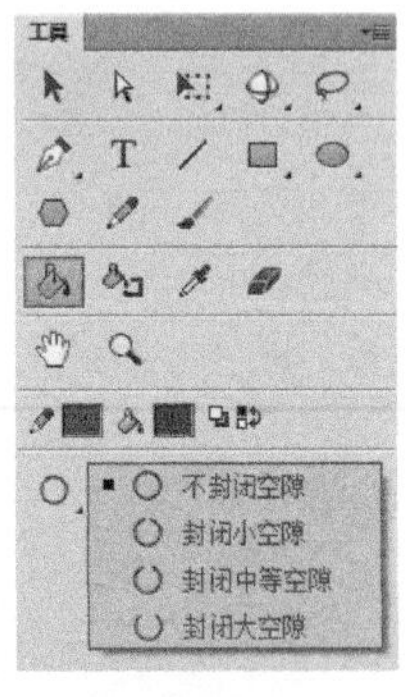

图3-2

主要参数介绍

* 不封闭空隙：颜料桶只对完全封闭的区域填充，有任何细小空隙的区域填充都不起作用。
* 封闭小空隙：颜料桶可以填充完全封闭的区域，也可对有细小空隙的区域，但是空隙太大填充仍然无效。
* 封闭中等空隙：颜料桶可以填充完全封闭的区域、有细小空隙的区域，对中等大小的空隙区域也可以填充，但有大空隙区域填充无效。
* 封闭大空隙：颜料桶可以填充完全封闭的区域、有细小空隙的区域、中等大小的空隙区域，也可以对大空隙填充，不过空隙的尺寸过大，颜料桶也是无能为力的。

2.锁定填充

单击“锁定填充”按钮，可锁定填充区域。其作用和“刷子工具”的附加功能中的填充锁定功能相同。下面介绍如何使用“颜料桶工具”填充颜色。

01 在工具箱中选择“铅笔工具”，在舞台上绘制一个不封闭的图形，如图3-3所示。

02 在工具箱中选择“颜料桶工具”，单击“工具选项区”中的“间隔大小”按钮，在下拉列表中选择“封闭大空隙”模式，如图3-4所示。

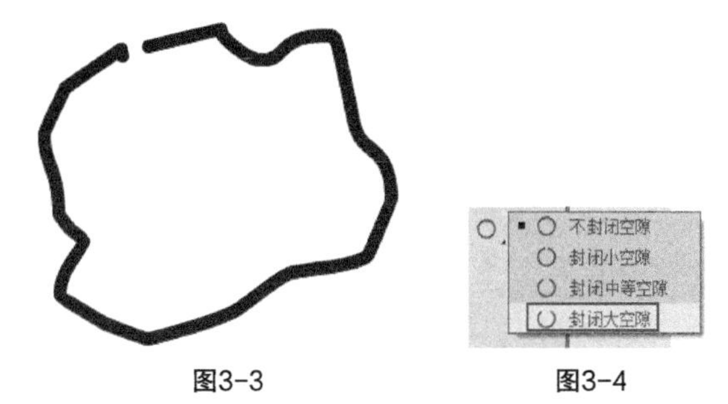

图3-3　　图3-4

03 单击“工具选项区”中的“锁定填充”按钮，然后单击“填充颜色”按钮，在弹出的“颜色”面板中选择黄色，如图3-5所示。

04 使用“颜料桶工具”在绘制的不封闭图形上单击鼠标进行填充，如图3-6所示。

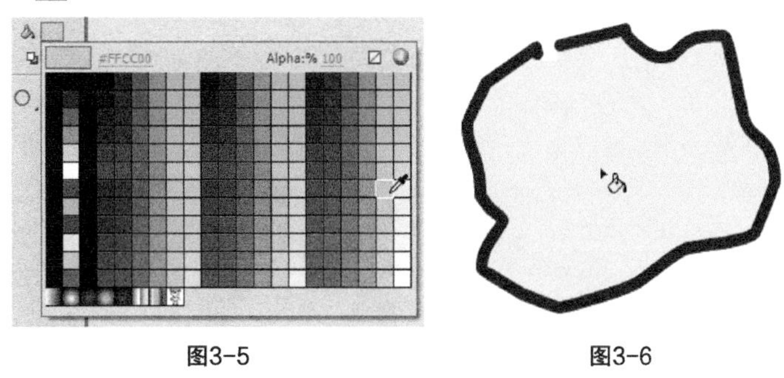

图3-5　　图3-6

Tips

填充区域的缺口大小只是一个相对的概念，即使是封闭大空隙，实际上也是很小的。

3.1.2 墨水瓶工具

使用“墨水瓶工具”可以更改线条或者形状轮廓的笔触颜色、宽度和样式，对直线或形状轮廓只能应用纯色，而不能应用渐变或位图。下面介绍使用“墨水瓶工具”进行填充的方法，其操作方法如下。

选择工具箱中的“墨水瓶工具”，打开“属性”面板，在面板中设置笔触颜色和笔触高度等参数，如图3-7所示。

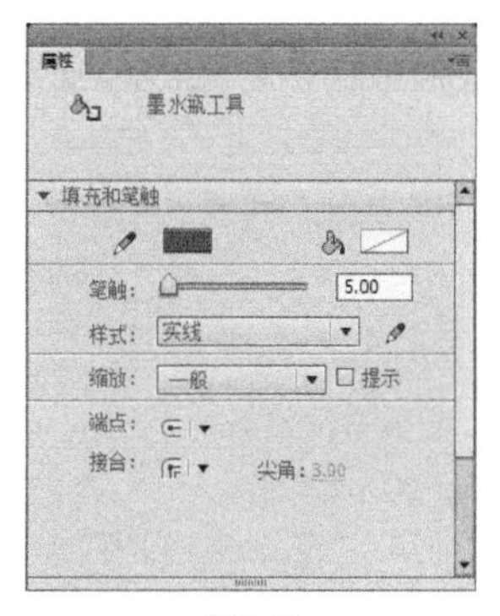

图3-7

主要参数介绍

* 笔触颜色：设置填充边线的颜色。
* 笔触：设置填充边线的粗细，数值越大，填充边线就越粗。
* 样式：设置图形边线的样式，有极细、实线和其他样式。
* 编辑笔触样式按钮：单击该按钮打开“笔触样式”对话框，在其中可以自定义笔触样式，如图3-8所示。

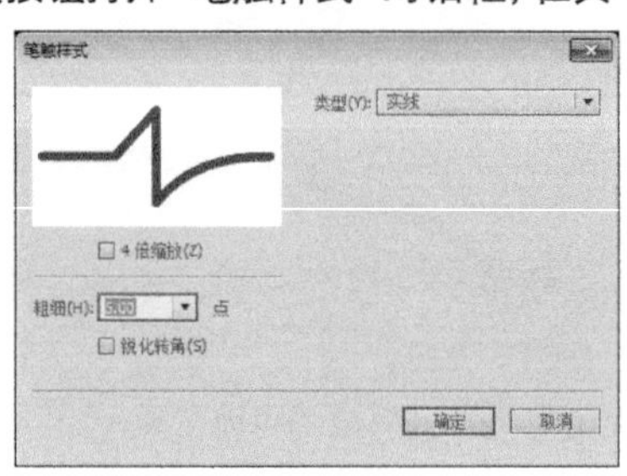

图3-8

* 缩放：限制Player中的笔触缩放，防止出现线条模糊。该项包括一般、水平、垂直和无4个选项。
* 提示：将笔触锚记点保存为全像素，以防止出现线条模糊。

选中需要使用“墨水瓶工具”来添加轮廓的图形对象，在“属性”面板中设置好线条的色彩、粗细及样式，将鼠标移至图像边缘并单击，为图像填加边框线，如图3-9所示。

图3-9

Tips

如果墨水瓶的作用对象是矢量图形，则可以直接给其加轮廓。如果对象是文本或位图，则需要先按下Ctrl+B组合键将其分离或打散，然后才可以使用墨水瓶添加轮廓。

即学即用

（扫码观看视频）

● 缤纷多彩的文字

实例位置

CH03> 缤纷多彩的文字 > 缤纷多彩的文字 .fla

素材位置

CH03> 缤纷多彩的文字 >1.jpg

实用指数

★★★★

技术掌握

学习“墨水瓶工具”的使用方法

最终效果图

01 运行Flash CC，新建一个Flash空白文档，然后执行“修改>文档”菜单命令，打开“文档设置”对话框，在对话框中将“舞台大小”设置为600像素×420像素，如图3-10所示。

02 单击“文本工具”T，在舞台中输入文字“美丽的郊外”，文字的字体为“迷你简菱心”，“大小”为70，“颜色”为黑色，“字母间距”为6，如图3-11所示。

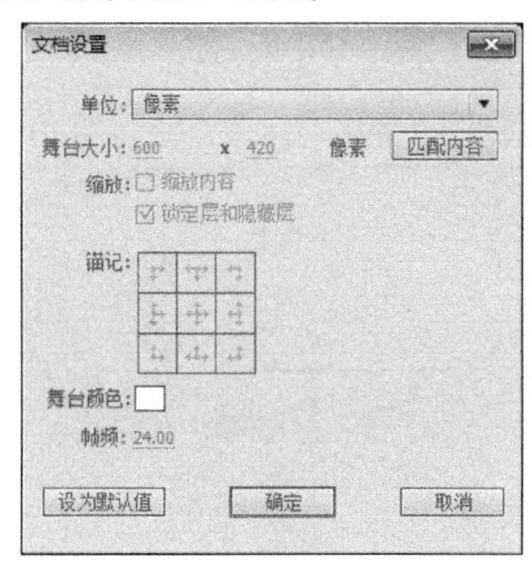

图3-10

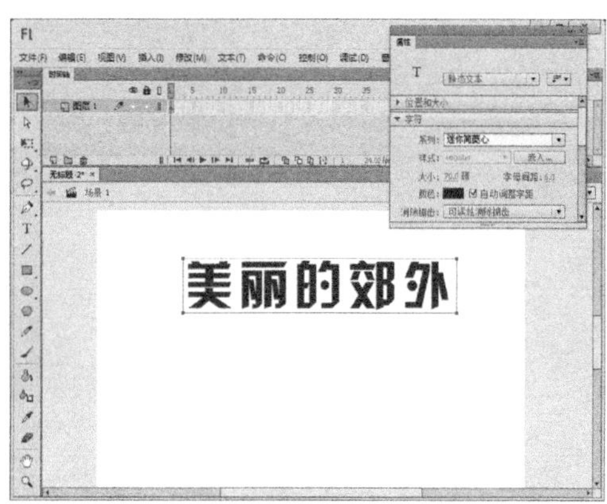

图3-11

03 选中文字，按下两次Ctrl+B组合键，将文字打散，如图3-12所示。

04 选中“美”字，单击“属性”面板上的“填充颜色”按钮，在弹出的“颜色”面板中选择蓝色，如图3-13所示。

图3-12

图3-13

05 选中“丽”字，单击“属性”面板上的“填充颜色”按钮，在弹出的“颜色”面板中选择橙黄色，如图3-14所示。

06 按照同样的方法将剩余的文字颜色设置为紫色、黄色与绿色，如图3-15所示。

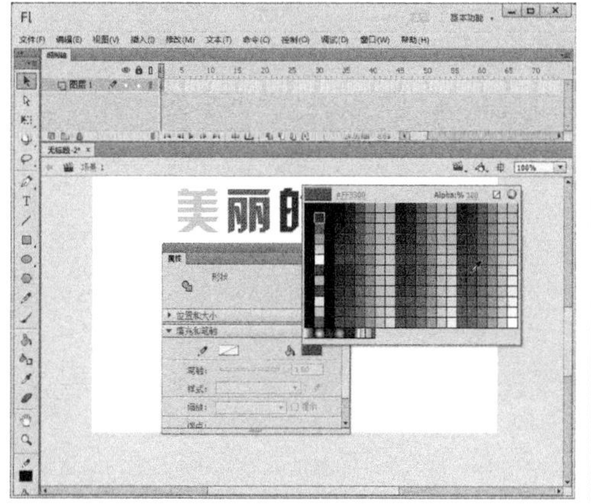

图3-14

图3-15

07 单击绘图工具箱中的“笔触颜色”按钮，在弹出的“颜色”面板中选择黑色，如图3-16所示。

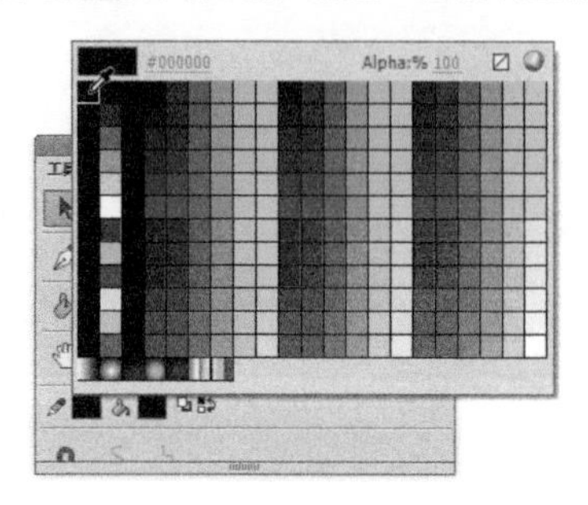

图3-16

08 选择第一个“美”字，单击“墨水瓶工具”，然后在“美”字的边缘按下鼠标左键，为文字描边，如图3-17所示。

图3-17

09 按照同样的方法将剩余的文字的描边颜色设置为黄色、绿色、紫色、橙黄色，如图3-18所示。

图3-18

10 选择所有文字，执行“修改>组合”菜单命令将文字组合，然后执行“文件>导入>导入到舞台”菜单命令，将一幅图像导入到舞台上，如图3-19所示。

图3-19

11 在导入的图像上单击鼠标右键，在弹出的快捷菜单中选择“排列>下移一层”菜单命令，如图3-20所示。

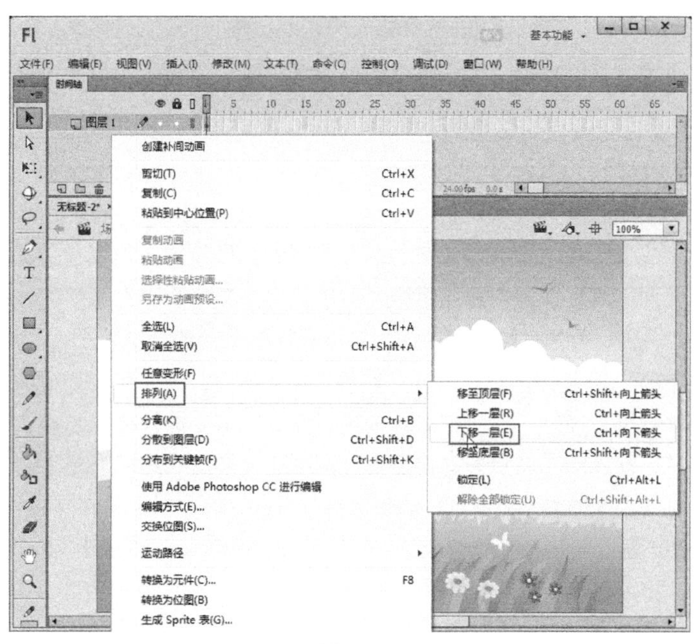

图3-20

12 执行“文件>保存”菜单命令，打开“另存为”对话框，在“文件名”文本框中输入动画的名称，完成后单击 保存(S) 按钮，如图3-21所示。

13 按Ctrl+Enter组合键，欣赏实例完成效果，如图3-22所示。

图3-21

图3-22

3.1.3 滴管工具

“滴管工具”用于对色彩进行采样，可以拾取描绘色、填充色以及位图图形等。在拾取描绘色后，“滴管工具”自动变成“墨水瓶工具”，在拾取填充色或位图图形后自动变成“颜料桶工具”。在拾取颜色或位图后，一般使用这些拾取到的颜色或位图进行着色或填充。

“滴管工具”并没有自己的属性。工具箱的选项面板中也没有相应的附加选项设置，这说明“滴管工具”没有任何属性需要设置，其功能就是对颜色的采集。

使用“滴管工具”时，将滴管的光标先移动到需要采集色彩特征的区域上，然后在需要某种色彩的区域上单击鼠标左键，即可将滴管所在那一点具有的颜色采集出来，接着移动到目标对象上，再单击左键，这样，刚才所采集的颜色就被填充到目标区域了。

3.1.4 渐变变形工具

“渐变变形工具”主要用于对填充颜色进行各种方式的变形处理，如选择过渡色、旋转颜色和拉伸颜色等。通过使用“渐变变形工具”，用户可以将选择对象的填充颜色处理为需要的各种色彩。在影片制作中经常要用到颜色的填充和调整。因此，熟练使用该工具也是掌握Flash的关键之一。

首先，单击工具箱中的“渐变变形工具”，然后选择需要进行填充形变处理的图像对象，被选择图形四周将出现填充变形调整手柄。通过调整手柄对选择的对象进行填充色的变形处理，具体处理方式可根据由鼠标显示不同形状来进行。处理后，即可看到填充颜色的变化效果。“渐变变形工具”没有任何属性需要设置，直接使用即可。下面介绍使用渐变变形工具的具体操作方法。

01 在工具箱中选择“椭圆工具”，然后在舞台上绘制一个无填充色的椭圆，如图3-23所示。

02 单击“颜料桶工具”，接着单击“填充颜色”按钮，从弹出的“颜色样本”面板中选中填充颜色为黑白径向渐变色，如图3-24所示。

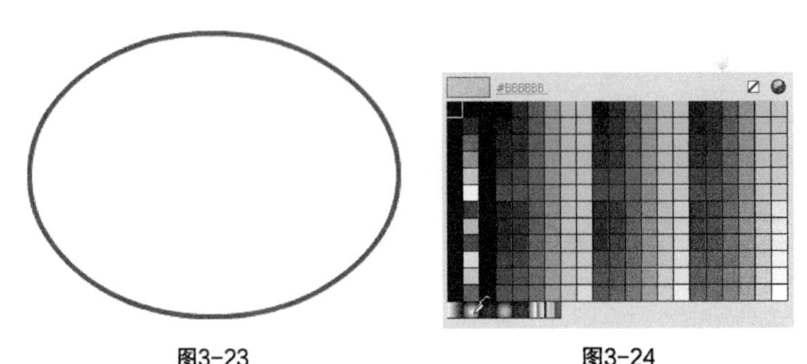

图3-23　　图3-24

03 在舞台上单击已绘制的椭圆图形，将其填充，如图3-25所示。

04 选择“渐变变形工具”，在舞台的椭圆填充区域内单击鼠标左键，这时在椭圆的周围出现了一个渐变圆圈。在圆圈上有圆形和方形的控制点，拖动这些控制点填充色会发生变化，如图3-26所示。

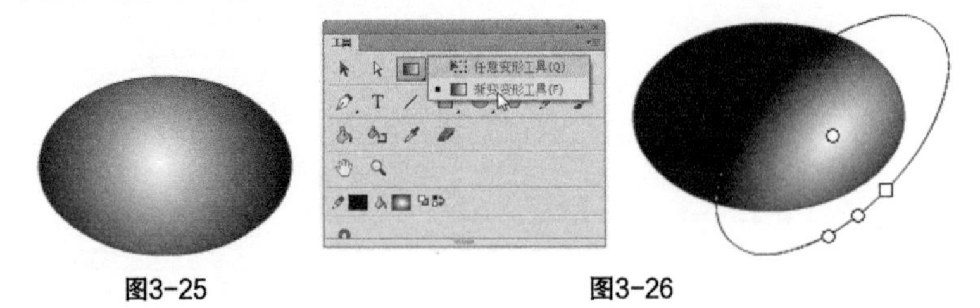

图3-25　　图3-26

下面简要介绍这4个控制点的使用方法。

第1个：调整渐变圆的中心。用鼠标拖曳位于图形中心位置的圆形控制点，可以移动填充中心的亮点的位置。

第2个：调整渐变圆的长宽比。用鼠标拖曳位于圆周上的方形控制点，可以调整渐变圆的长宽比。

第3个：调整渐变圆的大小。用鼠标拖曳位于圆周上的渐变圆大小控制点，可以调整渐变圆的大小。

第4个：调整渐变圆的方向。用鼠标拖曳位于圆周上的渐变圆方向控制点，可以调整渐变圆的倾斜方向。

即学即用

（扫码观看视频）

● 太阳出来啦

实例位置

CH03> 太阳出来啦 > 太阳出来啦 .fla

素材位置

CH03> 太阳出来啦 >1.jpg

实用指数

★★★★

技术掌握

学习“椭圆工具”和“渐变变形工具”的使用方法

最终效果图

01 新建一个Flash空白文档，然后执行“修改>文档”菜单命令，打开“文档设置”对话框，在对话框中将“舞台大小”设置为700像素×460像素，“舞台大小”设置为黑色，如图3-27所示。

02 执行“窗口>颜色”菜单命令，打开“颜色”面板，将填充样式设置为“径向渐变”，接着添加4个颜色块，将填充颜色全部设置为白色，将各颜色块的透明度依次设置为100%、10%、33%、0%，如图3-28所示。

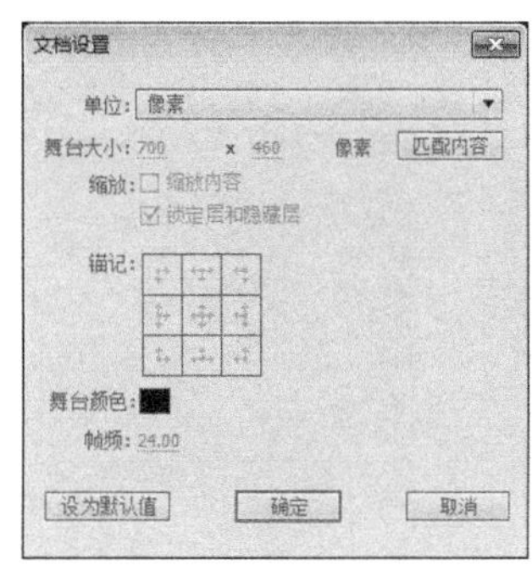

图3-27

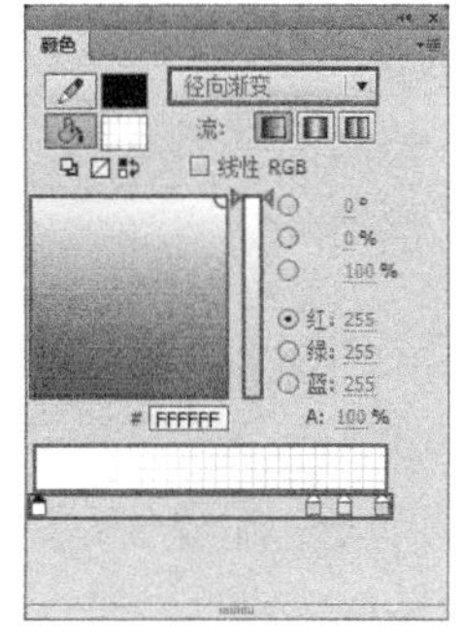

图3-28

03 选择“椭圆工具”，在“属性”面板中设置“笔触颜色”为“无”，如图3-29所示。

04 按住Shift键，在文档中按住鼠标左键拖动绘制一个正圆形，如图3-30所示。

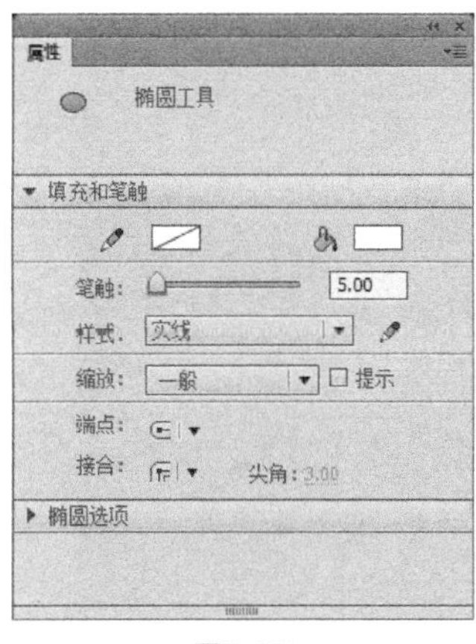

图3-29

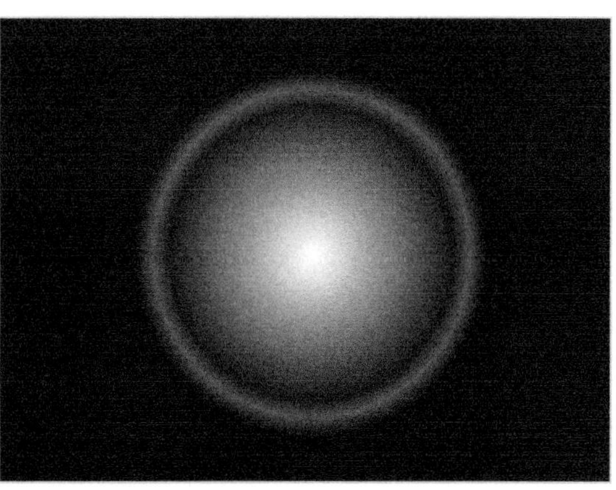

图3-30

05 选择“渐变变形工具”对正圆的填充位置进行调整，如图3-31所示。

06 选中所绘制的圆，执行“修改>组合”菜单命令或者按Ctrl+G组合键将其组合，如图3-32所示。

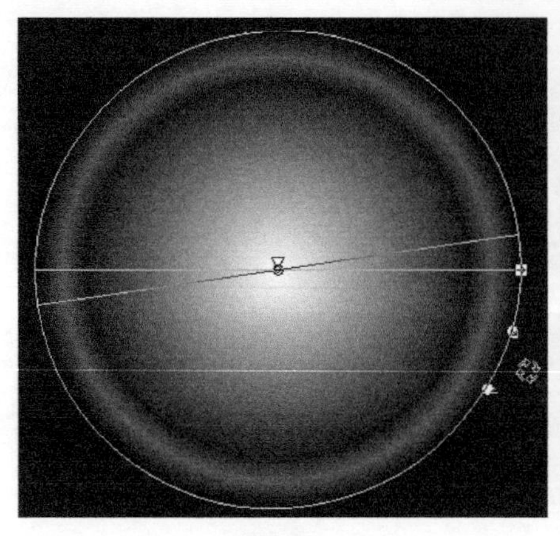

图3-31

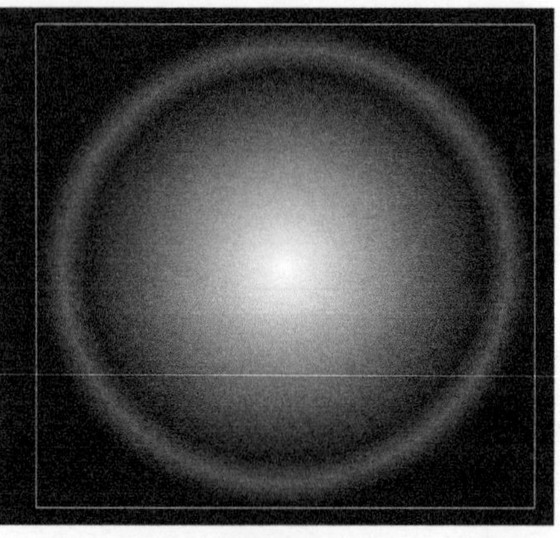

图3-32

07 执行“文件>导入>导入到舞台”菜单命令，将一幅背景图片导入到舞台上，如图3-33所示。

08 将背景图片移至下层，使绘制的正圆显示出来，如图3-34所示。

图3-33

图3-34

09 保存动画文件，按Ctrl+Enter组合键，欣赏实例完成效果，如图3-35所示。

图3-35

3.2 任意变形工具

“任意变形工具”主要用于对各种对象进行缩放、旋转、倾斜扭曲和封套等操作。通过任意变形工具，可以将对象变形为自己需要的各种样式。

选择“任意变形工具”，在工作区中单击将要进行变形处理的对象，对象四周将出现如图3-36所示的调整手柄。或者先用“选择工具”将对象选中，然后选择“任意变形工具”，也会出现调整手柄。

图3-36

通过调整手柄对选择的对象进行各种变形处理，可以通过工具箱“工具选项区”中的任意变形工具的功能选项来设置。“任意变形工具”没有相应的“属性”面板。但在工具箱的“工具选项区”中，它有一些选项设置，设有相关的工具。其具体的选项设置如图3-37所示。

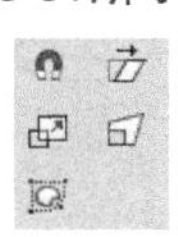

图3-37

3.2.1 旋转与倾斜

单击“工具选项区”中的“旋转与倾斜”按钮，将光标移动到所选图形边角上的黑色小方块上，在光标变成形状后按住并拖动鼠标，即可对选取的图形进行旋转处理，如图3-38所示。

图3-38

移动光标到所选图像的中心，在光标变成形状后对白色的图像中心点进行位置移动，可以改变图像在旋转时的轴心位置，如图3-39所示。

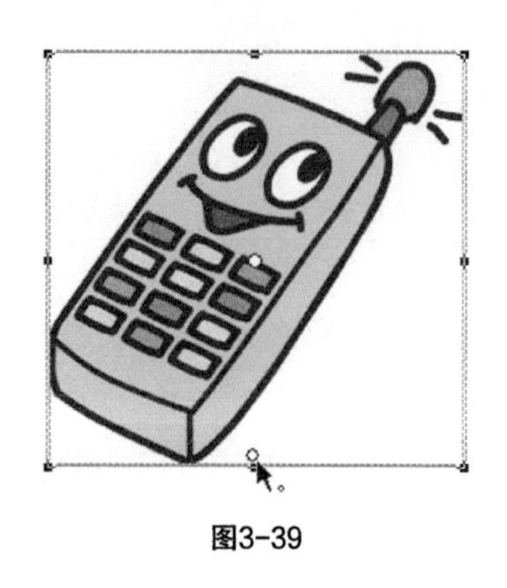

图3-39

3.2.2 缩放

单击“工具选项区”中的“缩放”按钮，可以对选取的图形做水平、垂直缩放或等比的大小缩放，如图3-40所示。

水平、垂直同时缩放　　仅水平缩放

图3-40

3.2.3 扭曲

单击“工具选项区”中的“扭曲”按钮，移动光标到所选图形边角的黑色方块上，在光标改变为▷形状时按住鼠标左键并拖动，可以对绘制的图形进行扭曲变形，如图3-41所示。

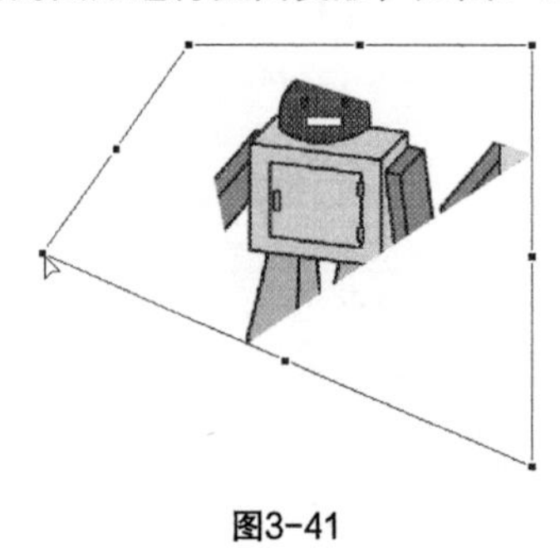

图3-41

3.2.4 封套

单击“工具选项区”中的“封套”按钮，可以在所选图形的边框上设置封套节点，用鼠标拖动这些封套节点及其控制点，可以很方便地对图形进行造型，如图3-42所示。

图3-42

Tips

使用“任意变形工具”时按住Shift键并选中四角的某个点可以等比例缩放选中对象。在Flash中“扭曲工具”和“封套工具”只针对于形状才会有相应的作用，它无法对元件或组合进行操作。

即学即用

（扫码观看视频）

● 熊猫头像

实例位置

CH03> 熊猫头像 > 熊猫头像 .fla

素材位置

无

实用指数

★★★★

技术掌握

学习“任意变形工具”的使用方法

最终效果图

01 选择“椭圆工具”，在舞台上绘制一个边框颜色为黑色，填充颜色为白色的椭圆，作为熊猫的头，如图3-43所示。

02 使用“椭圆工具”绘制一个无边框，填充颜色为黑色的椭圆，然后将熊猫头拖曳到黑色椭圆上，如图3-44所示。

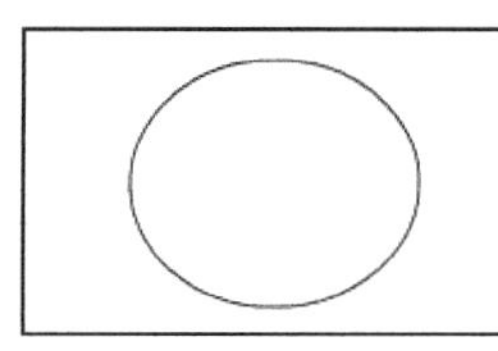

图3-43

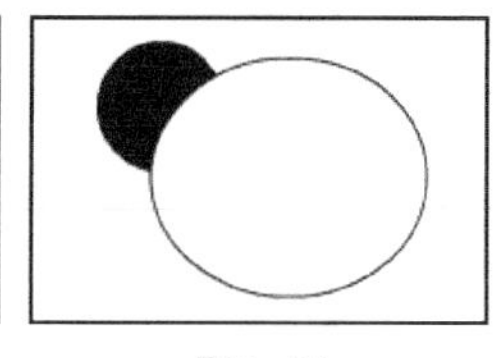

图3-44

03 选中耳朵，复制并粘贴一次，拖动到熊猫头的另外一边，完成一对耳朵的绘制，如图3-45所示。

04 使用“椭圆工具”绘制一个无边框，填充颜色为“黑色”的椭圆，然后单击“选择工具”，将椭圆调整成鸭蛋形，如图3-46所示。

图3-45

图3-46

05 选中刚绘制的椭圆，复制并粘贴一次，将复制出的椭圆的填充颜色设置为白色，并使用“任意变形工具”将其缩放为元素大小的30%，然后将其拖动到黑色椭圆的中心位置，如图3-47所示。

06 使用“椭圆工具”绘制一个无边框，填充颜色为黑色的正圆，并将其拖动到白色椭圆的中心位置，这样就绘制好了一只眼睛，如图3-48所示。

图3-47

图3-48

07 按照同样的方法绘制熊猫的另一只眼睛，如图3-49所示。

08 选择“椭圆工具”，在舞台上绘制一个边框颜色为黑色，填充颜色为白色的椭圆，作为熊猫的嘴巴，如图3-50所示。

图3-49

图3-50

09 使用“椭圆工具”绘制一个无边框，填充颜色为黑色的椭圆，作为熊猫的鼻子，如图3-51所示。

10 使用“线条工具”绘制一条黑色的竖线，然后使用“铅笔工具”绘制一条黑色的弧线，作为熊猫的嘴，如图3-52所示。

图3-51

图3-52

11 保存动画文件，按Ctrl+Enter组合键，欣赏实例完成效果，如图3-53所示。

图3-53

3.3 套索工具

“套索工具”是用来选择对象的，这一点与“选择工具”的功能相似。同“选择工具”相比，“套索工具”的选择方式有所不同。使用“套索工具”可以自由选定要选择的区域，而不像“选择工具”将整个对象都选中。

使用“套索工具”选择对象前，可以对它的属性进行设置。在“属性”面板中可以看出套索工具没有相应的“属性”面板，但在工具箱的“工具选项区”中，有一些相应的附加选项，具体的选项设置如图3-54所示。其中包括“套索工具”“多边形工具”“魔术棒”。下面对其进行介绍。

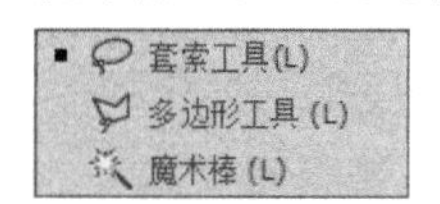

图3-54

套索工具：使用该工具在位图中单击鼠标圈选出圆形区域，如图3-55所示。

图3-55

多边形工具：单击该按钮切换到多边形套索模式，通过配合鼠标的多次单击，圈选出直线多边形选择区域，如图3-56所示。

魔术棒：单击该工具在位图中快速选择颜色近似的所有区域。在对位图进行魔术棒操作前，必须先将该位图打散，再使用魔术棒工具进行选择，如图3-57所示。只要在图上单击，就会有连续的区域被选中。

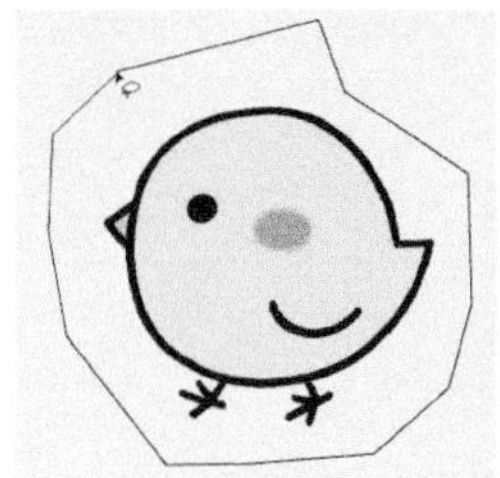

图3-56

图3-57

单击“魔术棒”后，打开“属性”面板，可以对“魔术棒”进行设置，如图3-58所示。

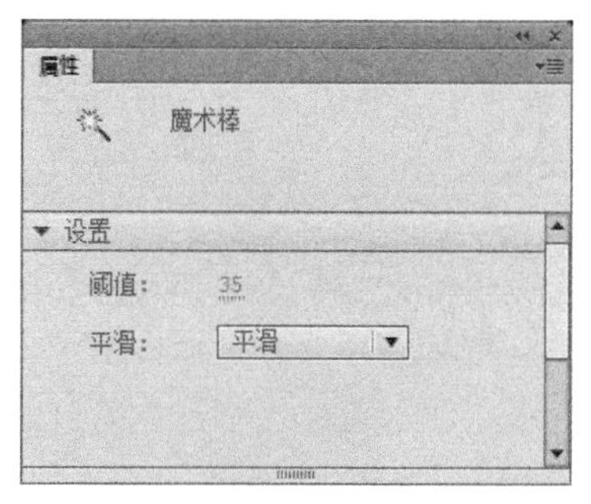

图3-58

阈值：用来设置所选颜色的近似程度，只能输入0~500的整数，数值越大，差别大的其他邻接颜色就越容易被选中。

平滑：所选颜色近似程度的单位，默认为“平滑”。

3.4 图形对象基本操作

图形对象的基本操作主要包括选取图形、移动图形、复制图形和对齐图形。

3.4.1 选取图形

选取图形时因为图形的不同主要有以下几种方法。

第1种：如果对象是元件或组合物体，只需在对象上单击即可，被选取的对象四周出现浅蓝色的实线框，如图3-59所示。

图3-59

第2种：如果所选对象是被打散的，则按下鼠标左键拖动鼠标指针框选要选取的部分，被选中的部分以点的形式显示，如图3-60所示。

图3-60

第3种：如果选取的对象是从外导入的，则以深蓝色实线框显示，如图3-61所示。

图3-61

3.4.2 移动图形

移动图形不但可以使用不同的工具，还可以使用不同的方法，下面介绍几种常用的移动图形的方法。

第1种：用“选择工具”选中要移动的图形，将图形拖动到下一个位置即可，如图3-62所示。

图3-62

第2种：用“任意变形工具”选中要移动的图形，当鼠标指针变为✥时，将图形拖动到下一个位置即可，如图3-63所示。

第3种：选中要移动的图形，单击鼠标右键，在弹出的如图3-64所示快捷菜单中选中“剪切”命令，选中要移动的目的方位，然后单击鼠标右键，在弹出的快捷菜单中选中“粘贴”命令即可。

图3-63　　图3-64

第4种：选中要移动的图形，按Ctrl+X组合键剪切图形，再按Ctrl+V组合键粘贴图形。

↘3.4.3 复制图形

Flash中复制图形的基本方法主要有以下几种。

第1种：用“选择工具”选中要复制的图形，按住Alt键的同时，鼠标指针的右下侧变为+号，将图形拖动到下一个位置即可，如图3-65所示。

图3-65

第2种：用“任意变形工具”选中要复制的图形，按住Alt键的同时，指针的右下侧变为＋号，将图形拖动要复制到的位置即可。

第3种：首先选中要移动的图形，按Ctrl+C组合键复制图形，再按Ctrl+V组合键粘贴图形。

第4种：若要将动画中某一帧中的内容粘贴到另一帧中的相同位置，只需选中要复制的图形，按Ctrl+C组合键复制图形，切换到动画的另一帧中，用鼠标右键单击空白处，在弹出的快捷菜单中选择“粘贴到当前位置”命令即可。

↘3.4.4 对齐图形

为了使创建的多个图形排列起来更加美观，Flash提供了“对齐”面板和辅助线来帮助用户排列对象。

1.使用“对齐”面板对齐图形

执行“窗口>对齐”菜单命令或按Ctrl+K组合键都可以打开如图3-66所示的“对齐”面板。

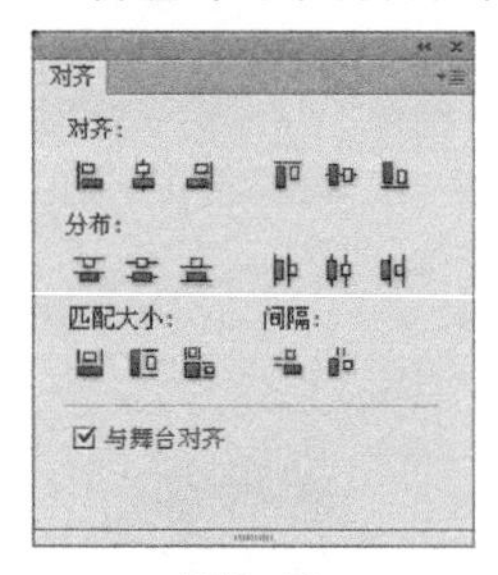

图3-66

主要按钮介绍

* 左对齐：使对象靠左端对齐。
* 水平中齐：使对象沿垂直线居中对齐。
* 右对齐：使对象靠右端对齐。
* 上对齐：使对象靠上端对齐。
* 垂直中齐：使对象沿水平线居中对齐。
* 底对齐：使对象靠底端对齐。
* 顶部分布：使每个对象的上端在垂直方向上间距相等。
* 垂直居中分布：使每个对象的中心在水平方向上间距相等。
* 底部分布：使每个对象的下端在水平方向上间距相等。
* 左侧分布：使每个对象的左端在水平方向上左端间距相等。
* 水平居中分布：使每个对象的中心在垂直方向上间距相等。
* 右侧：使每个对象的右端在垂直方向上间距相等。
* 匹配宽度：以所选对象中最长的宽度为基准，在水平方向上等尺寸变形。
* 匹配高度：以所选对象中最长的高度为基准，在垂直方向上等尺寸变形。
* 匹配宽和高：以所选对象中最长和最宽的长度为基准，在水平和垂直方向上同时等尺寸变形。
* 垂直平均间隔：使各对象在垂直方向上间距相等。
* 水平平均间隔：使各对象在水平方向上间距相等。
* 与舞台对齐：当按下该按钮时，调整图像的位置时将以整个舞台为标准，使图像相对于舞台左对齐、右对齐或居中对齐。若该按钮没有按下，图形对齐时是以各图形的相对位置为标准。

2.通过辅助线对齐图形

辅助线是Flash CC中很重要的一个对齐功能。移动图形时，图形的边缘会出现水平或垂直的虚线，该虚线自动与另一个图形的边缘对齐，以便于确定图形的新位置。其具体操作方法如下。

01 将要对齐的图形任意放置到舞台当中，如图3-67所示。

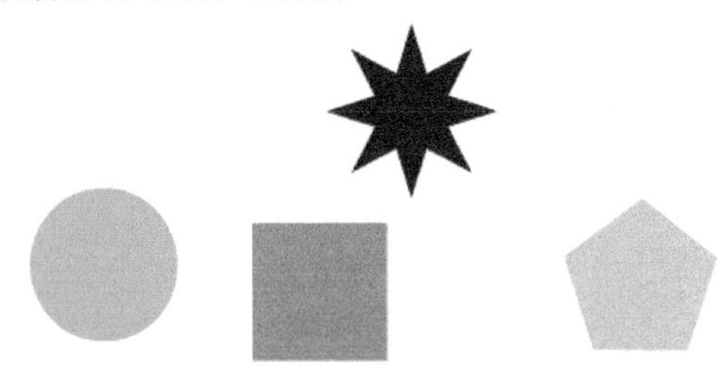

图3-67

02 下面以第2个图形的顶点为基准水平将这几个图形对齐。首先选中第1个图形，按住鼠标左键向上方拖动，它的边缘会出现水平或垂直的虚线，标明其他图形的边界线，当其上方的虚线与第2个图形的顶点重合时，如图3-68所示，松开鼠标即可。

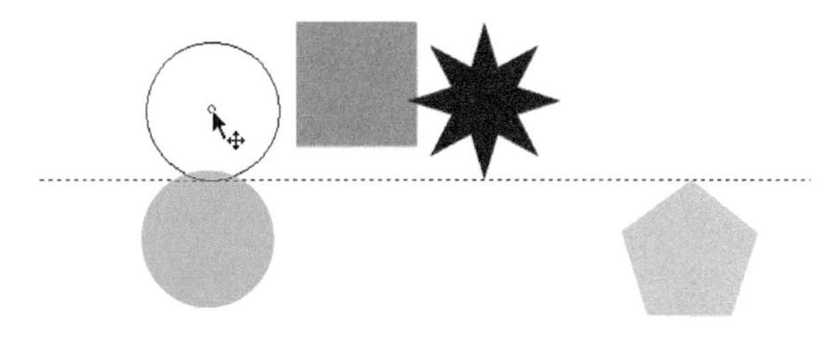

图3-68

03 用同样的方法拖动最后一个图形，如图3-69所示，即可得到最后的对齐效果。

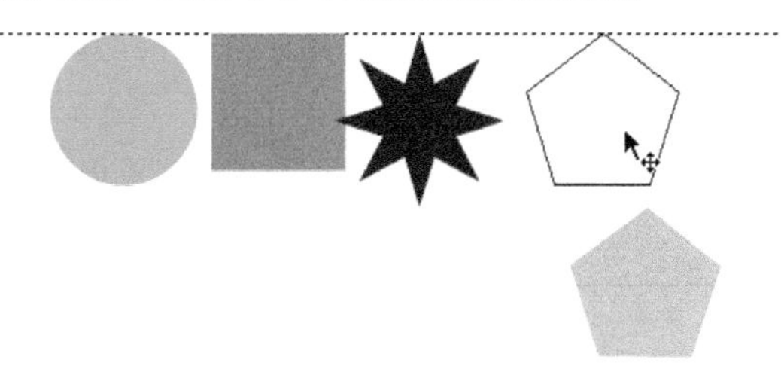

图3-69

3.5 3D旋转和3D平移工具

在Flash CC的工具箱里有两个处理3D变形的工具：3D旋转和3D平移。需要注意的是，3D旋转和3D平移工具只能对影片剪辑元件发生作用，关于影片剪辑元件的知识会在后面章节中进行详细介绍。

3.5.1 3D旋转工具

下面介绍“3D旋转工具”的使用方法。

执行“文件>导入>导入到舞台”菜单命令，将一幅图像导入到舞台上，然后选中图像，按下F8键，弹出“转换为元件”对话框，在“类型”下拉列表中选择“影片剪辑”选项，完成后单击确定按钮，如图3-70所示。

图3-70

在工具箱中单击“3D旋转工具”，这时在图像中央会出现一个类似瞄准镜的图形，十字的外围是两个圈，并且它们呈现不同的颜色，如图3-71所示。当鼠标移动到红色的中心垂直线时，鼠标右下角会出现一个X，按住鼠标左键不放进行拖动的效果如图3-72所示。

图3-71　　图3-72

当鼠标移动到绿色水平线时，鼠标右下角会出现一个Y，按住鼠标左键不放进行拖动的效果如图3-73所示。

图3-73

当鼠标移动到蓝色圆圈时，鼠标右下角出现一个Z，按住鼠标左键不放进行拖动的效果如图3-74所示。

当鼠标移动到橙色的圆圈时，可以对图像进行x、y、z轴进行综合调整，如图3-75所示。

图3-74

图3-75

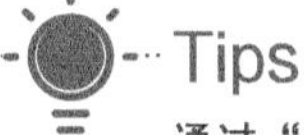

通过“属性”面板中的“3D定位和视图”可以对图像的x、y、z轴数值进行精细的调整，如图3-76所示。

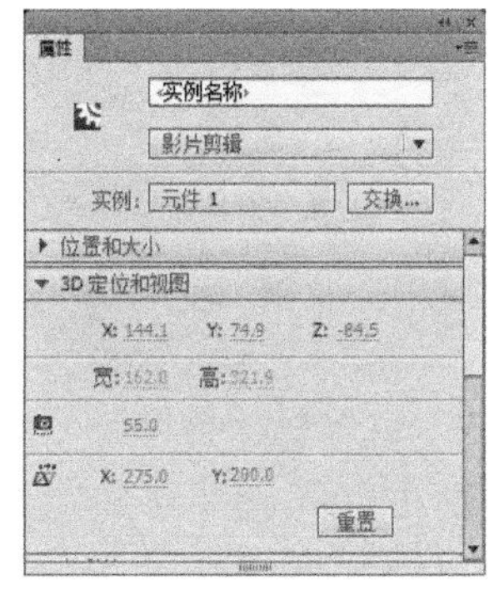

图3-76

3.5.2 3D平移工具

下面介绍“3D平移工具”的使用方法。

执行“文件>导入>导入到舞台”菜单命令，将一幅图像导入到舞台上，然后选中图像，按F8键，弹出“转换为元件”对话框，在“类型”下拉列表中选择“影片剪辑”选项，完成后单击确定按钮，如图3-77所示。

图3-77

在工具箱中单击“3D平移工具”，这时在图像中央会出现一个坐标轴，绿色的为y轴，可以对纵向轴进行调整。按住鼠标左键不放进行拖动的效果如图3-78所示。

图3-78

红色的为x轴，可以对横向轴进行调整，按住鼠标左键不放进行拖动的效果如图3-79所示。

图3-79

当鼠标移动到中间的黑色圆点时，鼠标右下角又出现一个z，表示可以对z轴进行调整。按住鼠标左键不放进行拖动的效果如图3-80所示。

图3-80

3.6 图形的优化与编辑

本节介绍图形的优化和编辑的方法，它们都是图形的重要功能，请大家注意掌握。

3.6.1 优化图形

优化图形是指将图形中的曲线和填充轮廓加以改进，减少用于定义这些元素的曲线数量来平滑曲线，同时减小Flash文档（FLA文件）和导出的Flash影片（SWF文件）的大小。

选择要优化的图形后，执行“修改>形状>优化”菜单命令，打开“优化曲线”对话框，然后在“优化强度”文本框中输入要优化的数值，如图3-81所示。完成后单击 确定 按钮，弹出如图3-82所示的提示对话框，用于显示当前的优化强度，单击 确定 按钮即可完成图形的优化操作。

图3-81

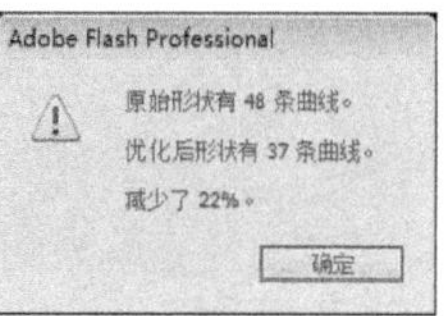

图3-82

Tips

选择图形后，按Ctrl+Alt+Shift+C组合键能快速对图形进行优化。

3.6.2 将线条转换成填充

执行“修改>形状>将线条转换成填充”菜单命令，将选中的边框线条转换成填充区域，可以对线条的色彩范围做细致的造型编辑并填色，如图3-83所示，还可避免在视图显示比例被缩小后线条出现的锯齿现象。

原图　　线条状态　　填充状态

图3-83

3.6.3 图形扩展与收缩

执行“修改>形状>扩展填充”菜单命令，在打开的“扩展填充”对话框中设置图形的扩展距离与方向，对所选图形的外形进行加粗、细化处理，如图3-84所示。

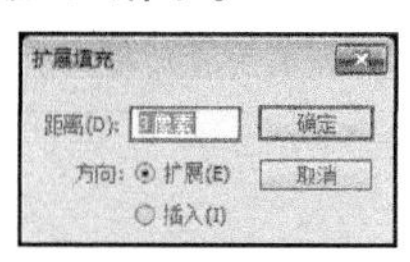

图3-84

主要参数介绍

* 距离：设置扩展宽度，以像素为单位。
* 扩展：以图形的轮廓为界，向外扩散、放大填充。图3-85所示为分别扩展10像素与插入10像素的图形对比。

（a）扩展 10 像素　　（b）原图　　（c）插入 10 像素

图3-85

* 插入：以图形的轮廓为界，向内收紧、缩小填充。

即学即用

（扫码观看视频）

● 将位图转换为矢量图

实例位置

CH03> 将位图转换为矢量图 > 将位图转换为矢量图 .fla

素材位置

CH03> 将位图转换为矢量图 >11.jpg

实用指数

★★★★

技术掌握

学习将位图转换为矢量图的方法

最终效果图

01 新建一个Flash空白文档，然后执行“修改>文档”菜单命令，打开“文档设置”对话框，在对话框中将“舞台大小”设置为830像素×430像素，如图3-86所示。

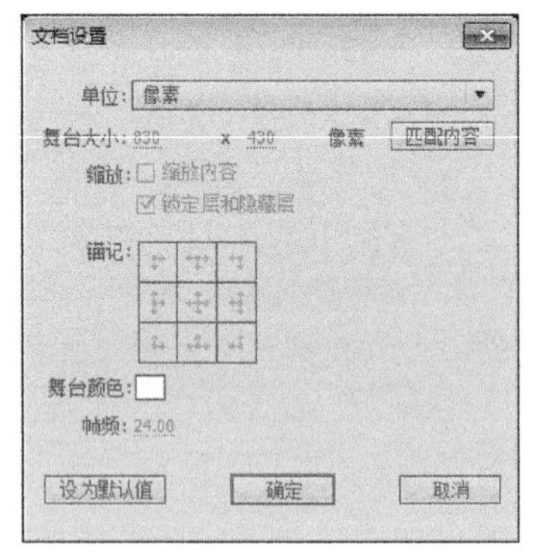

图3-86

02 执行“文件>导入>导入到舞台”菜单命令，将一幅图像导入到舞台中，如图3-87所示。

图3-87

03 选中导入的图像，执行“修改>位图>转换位图为矢量图”菜单命令，如图3-88所示。

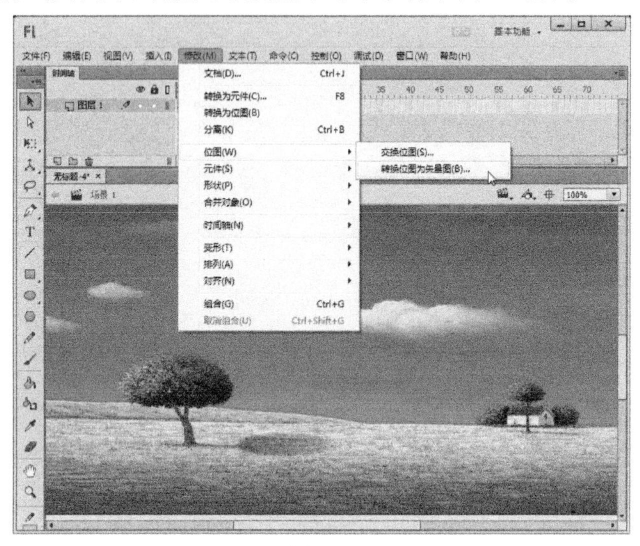

图3-88

04 在打开的“转换位图为矢量图”对话框中，进行如图3-89所示的设置。

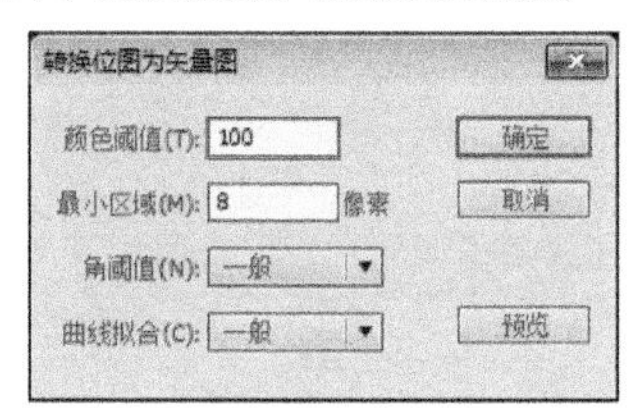

图3-89

Tips

将位图转换成矢量图时，设置的颜色阈值越高，转角越多，则取得的矢量图形越清晰，文件越大；设置的色彩阈值越低，转角越少，则转换后图形中的颜色方块越少，文件越小。

05 单击 确定 按钮，即可将位图转换为矢量图，如图3-90所示。

图3-90

06 保存动画文件，按Ctrl+Enter组合键，欣赏实例完成效果，如图3-91所示。

图3-91

Tips

Flash中的图形分为位图（又称点阵图或栅格图像）和矢量图形两大类。

1.位图

位图是由计算机根据图像中每一点的信息生成的，要存储和显示位图就需要对每一个点的信息进行处理，这样的一个点就是像素（例如，一幅200像素×300像素的位图就有60 000个像素点，计算机要存储和处理这幅位图就需要记住6万个点的信息）。位图有色彩丰富的特点，一般用在对色彩丰富度或真实感要求比较高的场合。但位图的文件较之矢量图要大得多，且位图在放大到一定倍数时会出现明显的马赛克现象，每一个马赛克实际上就是一个放大的像素点，如图3-92所示。

图3-92

2.矢量图

矢量图是由计算机根据矢量数据计算后生成的，它用包含颜色和位置属性的直线或曲线来描述图像，所以计算机在存储和显示矢量图时只需记录图形的边线位置和边线之间的颜色这两种信息即可。矢量图的特点是占用的存储空间非常小，且矢量图无论放大多少倍都不会出现马赛克，如图3-93所示。

图3-93

3.7 章节小结

Flash CC所提供的绘图工具对于制作一个大型的动画项目而言是不够的，这时就需要掌握各种图形的编辑操作。本章就介绍了各种图形编辑工具的操作方法与处理技巧。

3.8 课后习题

本节提供了两个课后习题供大家练习，请大家好好练习，掌握本章的重要知识。

● 骑白马的小王子

实例位置

CH03> 骑白马的小王子 > 骑白马的小王子 .fla

素材位置

CH03> 骑白马的小王子

实用指数

★★★★

使用魔术棒工具制作骑白马的小王子效果。

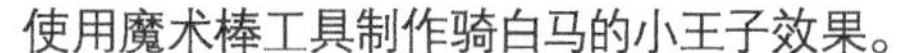

最终效果图

主要步骤

01 在Flash中导入一幅背景图像和小王子图像。

02 选择小王子图像，执行“修改>分离”菜单命令，将其分离。

03 在工具箱中单击选择“魔术棒”，打开“属性”面板，在“阈值”文本框中输入35，在“平滑”下拉列表中选择“平滑”选项，在小王子图像中使用鼠标单击白色部分，并按下Delete键将其删除。

● 制作杠铃

实例位置

CH03> 制作杠铃 > 制作杠铃 .fla

素材位置

CH03> 制作杠铃

实用指数

★★★★

本例综合使用各种绘图工具与“颜料桶工具”“任意变形工具”来制作杠铃。

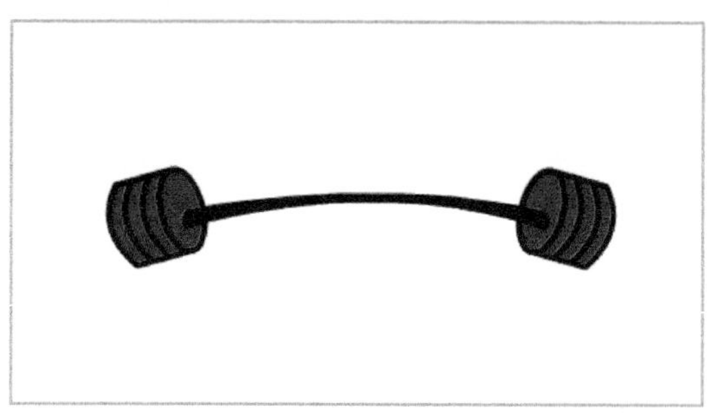

最终效果图

主要步骤

01 选择工具箱中的“矩形工具”绘制一个细长的黑色矩形，使用“选择工具”将其调整成弯曲状以表现杠铃的沉重。

02 使用“矩形工具”绘制一个边框颜色为黑色，边框宽度为4，无填充颜色的矩形，使用“椭圆工具”绘制一个边框颜色为黑色，无填充颜色的椭圆。

03 使用“选择工具”将矩形的左边框调整为曲线，然后再使用“选择工具”选中矩形的右边框，按Delete键删除。

04 选中调整出的这条曲线，复制并粘贴两次，复制出另外2条曲线并拖动，这就完成了一只杠铃的绘制。

05 使用“颜料桶工具”将杠铃填充为“红色”（#CC0033），复制一个杠铃，执行“修改>变形>水平翻转”菜单命令，并将其拖动到另外一边即可。

CHAPTER

04 时间轴、帧与图层的使用

时间轴、帧与图层的操作是制作动画的基本操作，在以后绝大多数复杂动画的制作中，时间轴、帧、图层的使用是至关重要的。希望读者通过本章内容的学习，能了解帧的类型、掌握帧与图层的编辑方法。

* 认识时间轴
* 了解帧的类型与模式
* 编辑帧
* 洋葱皮工具
* 图层的分类
* 图层的编辑

4.1 时间轴与帧

Flash动画的制作原理与电影、电视一样，也是利用视觉原理，用一定的速度播放一幅幅内容连贯的图片，从而形成动画。在Flash中，“时间轴”面板是创建动画的基本面板，而时间轴中的每一个方格称为一个帧，帧是Flash中计算动画时间的基本单位。

4.1.1 时间轴

“时间轴”面板位于工具栏的下面，也可以根据使用习惯拖移到舞台上的任意位置，成为浮动面板。如果时间轴目前不可见，可以执行“窗口>时间轴”菜单命令或按Ctrl+Alt+T组合键将其显示出来，如图4-1所示。

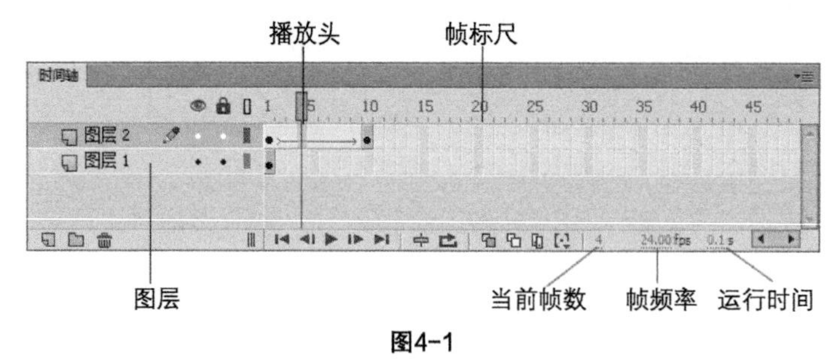

图4-1

主要参数介绍

* 图层：图层可以看成是叠放在一起的透明的胶片，如果层上没有任何东西的话，就可以透过它直接看到下一层。所以可以根据需要，在不同层上编辑不同的动画而互不影响，而在放映时得到合成的效果。
* 播放头：播放头指示当前在舞台中显示的帧。
* 帧标尺：帧标尺上显示了帧数，通常5帧一格。
* 当前帧数：显示选中的帧数。
* 帧频率：帧频率用每秒帧数（fps）来度量，表示每秒播放多少个帧，它是动画的播放速度。
* 运行时间：表示动画在当前帧的运行时间。

所有的图层均排列于“时间轴”面板的左侧，每个层排一行，每一个层都由帧组成。时间轴的状态显示在时间轴的底部，包括“当前帧数”、“帧频率”与“运行时间”。需要注意的是，当动画播放的时候，实际显示的帧频率与设定的帧频率不一定相同，这与计算机的性能有关。

4.1.2 帧

动画实际上是一系列静止的画面，利用人眼会对运动物体产生视觉残像的原理，通过连续播放给人的感官造成的一种“动画”效果。Flash中的动画都是通过对时间轴中的帧进行编辑而制作完成的。

1.帧的类型

在Flash CC的时间轴上设置不同的帧，会以不同的图标来显示。下面介绍帧的类型及其所对应的图标和用法。

* 空白帧：帧中不包含任何对象（如图形、声音和影片剪辑等），相当于一张空白的影片，表示什么内容都没有，如图4-2所示。

图4-2

⋆ 关键帧：关键帧中的内容是可编辑的，黑色实心圆点表示关键帧，如图4-3所示。

图4-3

⋆ 空白关键帧：空白关键帧与关键帧的性质和行为完全相同，但不包含任何内容，空心圆点表示空白关键帧。当新建一个层时，会自动新建一个空白关键帧，如图4-4所示。

图4-4

⋆ 普通帧：普通帧一般是为了延长影片播放的时间而使用的，在关键帧后出现的普通帧为灰色，如图4-5所示，在空白关键帧后出现的普通帧为白色。

图4-5

⋆ 动作渐变帧：在两个关键帧之间创建动作渐变后，中间的过渡帧称为动作渐变帧，用浅蓝色填充并用箭头连接，表示物体动作渐变的动画，如图4-6所示。

图4-6

⋆ 形状渐变帧：在两个关键帧之间创建形状渐变后，中间的过渡帧称为形状渐变帧，用浅绿色填充并由箭头连接，表示物体形状渐变的动画，如图4-7所示。

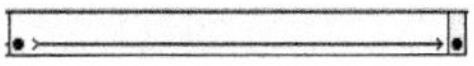

图4-7

⋆ 不可渐变帧：在两个关键帧之间创建动作渐变或形状渐变不成功，用浅蓝色填充并由虚线连接的帧，或用浅绿色填充并由虚线连接的帧，如图4-8所示。

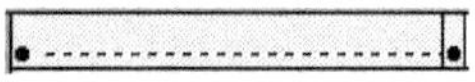

图4-8

⋆ 动作帧：为关键帧或空白关键帧添加脚本后，帧上出现字母α，表示该帧为动作帧，如图4-9所示。

图4-9

⋆ 标签帧：以一面小红旗开头，后面标有文字的帧，表示帧的标签，也可以将其理解为帧的名字，如图4-10所示。

tppt

图4-10

⋆ 注释帧：以双斜杠为起始符，后面标有文字的帧，表示帧的注释。在制作多帧动画时，为了避免混淆，可以在帧中添加注释，如图4-11所示。

//stone

图4-11

⋆ 锚记帧：以锚形图案开头，同样后面可以标有文字，如图4-12所示。

start

图4-12

2.帧的模式

在时间轴标尺的末端，有一个按钮▾≡，如图4-13所示。单击此按钮，将弹出如图4-14所示的快捷菜单，通过此菜单可以设置控制区中帧的显示状态。

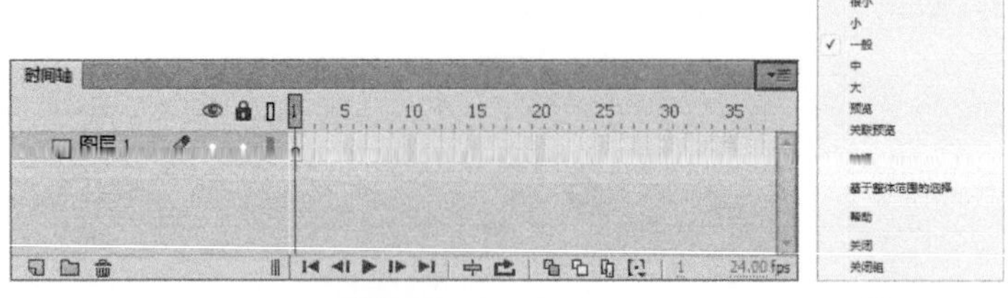

图4-13　　图4-14

主要参数介绍

* 很小：为了显示更多的帧，使时间轴上的帧以最窄的方式显示，如图4-15所示。

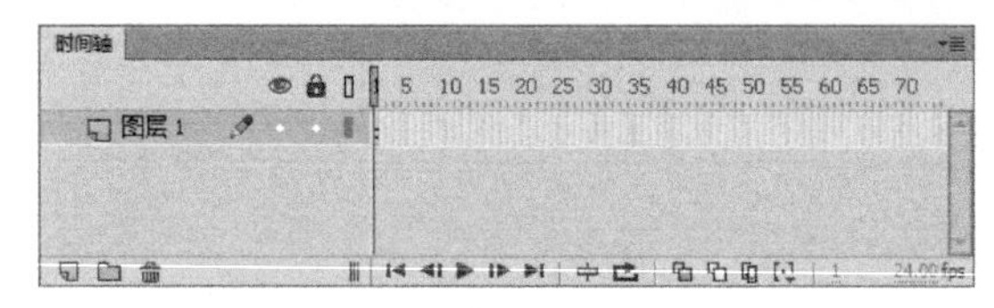

图4-15

* 小：使时间轴上的帧以较窄的方式显示，如图4-16所示。

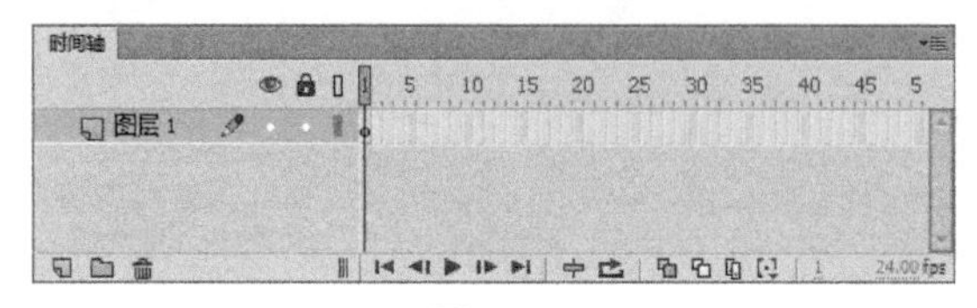

图4-16

* 一般：使时间轴上的帧以默认宽度显示，如图4-17所示。

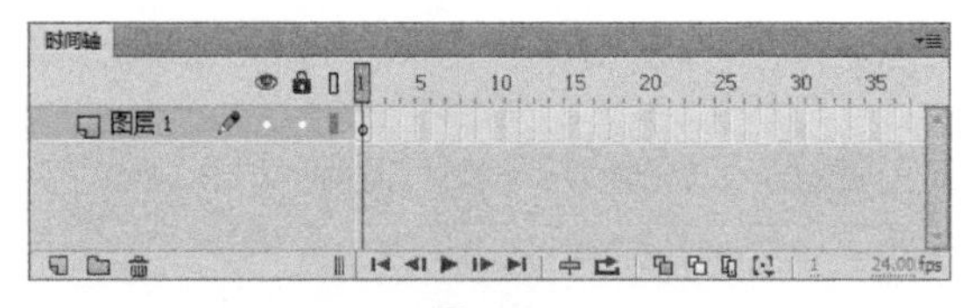

图4-17

* 中：使时间轴上的帧以较宽的方式显示，如图4-18所示。

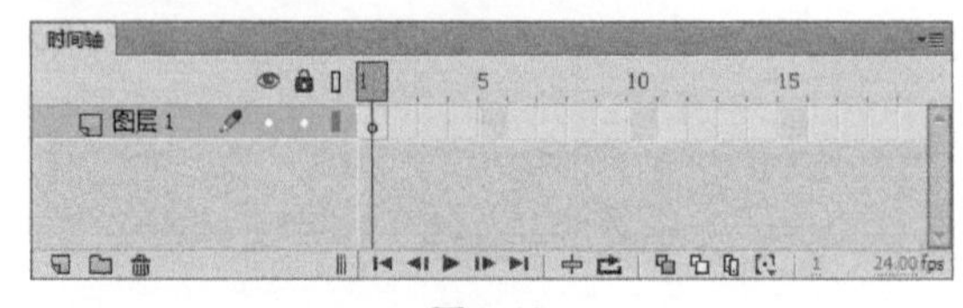

图4-18

* 大：使时间轴上的帧以最宽的方式显示，如图4-19所示。

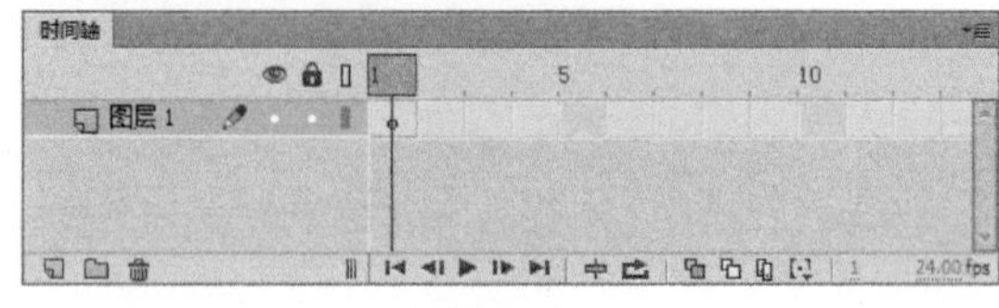

图4-19

☆ 预览：在帧中模糊地显示场景上的图案，如图4-20所示。

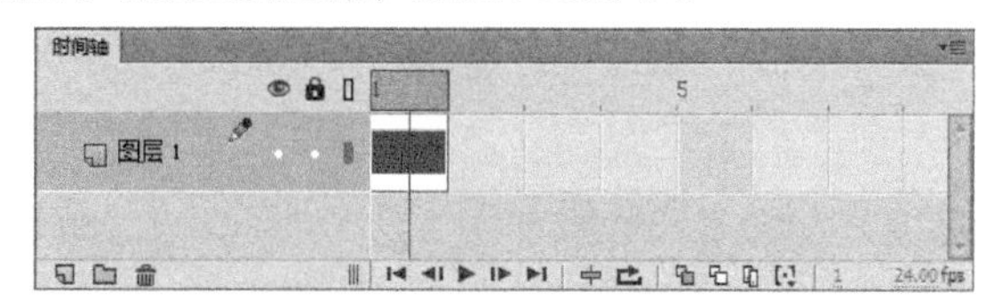

图4-20

☆ 关联预览：在关键帧处显示模糊的图案，其不同之处在于将全部范围的场景都显示在帧中，如图4-21所示。

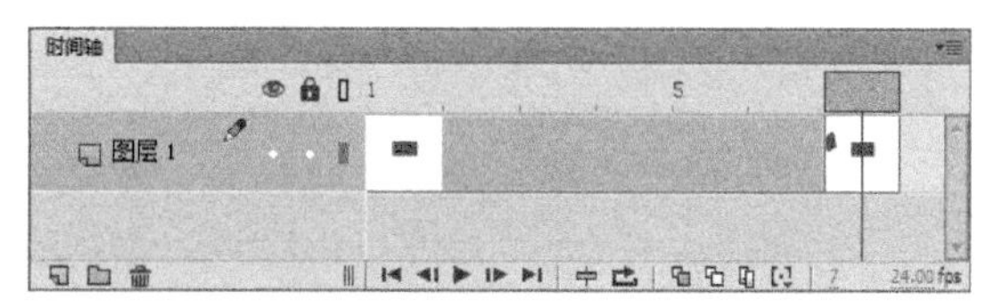

图4-21

☆ 较短：为了显示更多的图层，使时间轴上帧的高度减小，如图4-22所示。

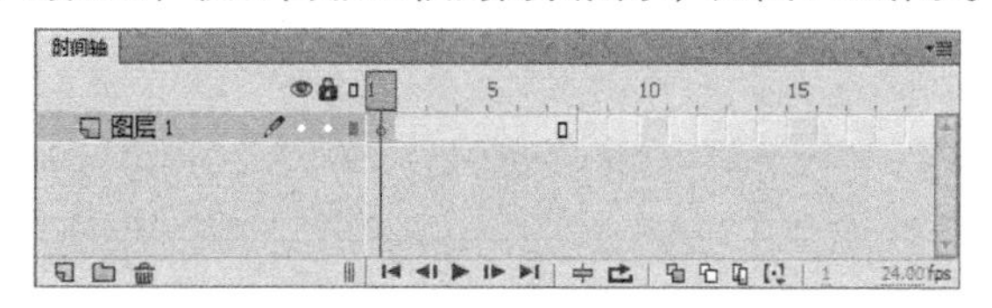

图4-22

☆ 基于整体范围的选择：选择此选项后，在单击一个关键帧到下一个关键帧之间的任何帧时，整个帧序列都将被选中，如图4-23所示。

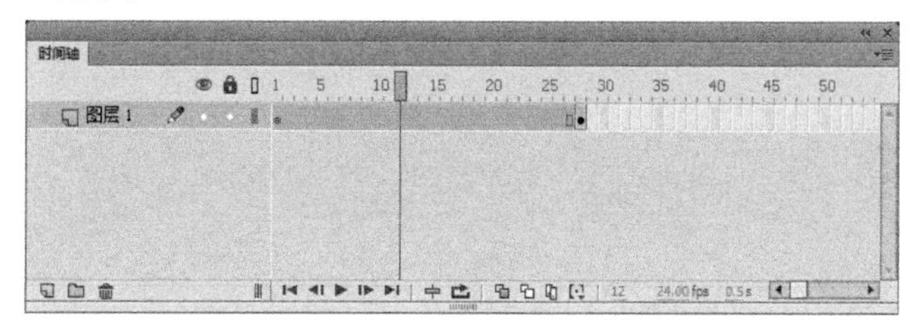

图4-23

4.2 编辑帧

编辑帧的操作是Flash CC制作动画的基础，下面来学习帧的编辑操作。

4.2.1 移动播放指针

播放指针用来指定当前舞台显示内容所在的帧。在创建了动画的时间轴上，随着播放指针的移动，舞台中的内容也会发生变化，如图4-24所示。当播放指针分别在第1帧和第35帧时，舞台中的动画元素发生了变化。

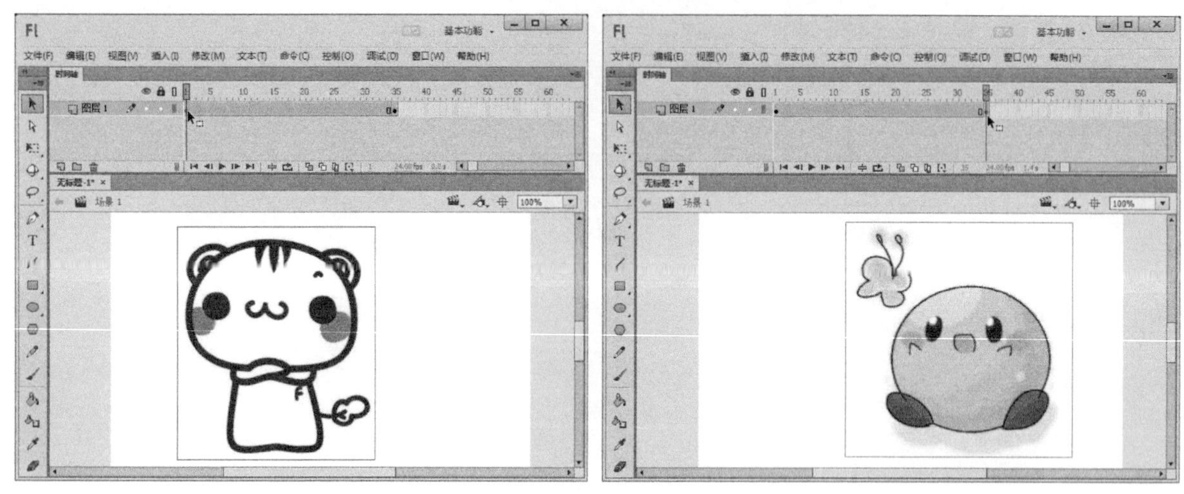

图4-24

Tips

指针的移动并不是无限的，当移动到时间轴中定义的最后一帧时，指针便不能再拖曳，没有进行定义的帧是播放指针无法到达的。

4.2.2 插入帧

在时间轴上需要插入帧的位置单击鼠标右键，在弹出的快捷菜单中选择“插入帧”命令，或在选择该帧后按F5键，即可在该帧处插入过渡帧，其功能是延长关键帧的作用和时间，如图4-25所示。

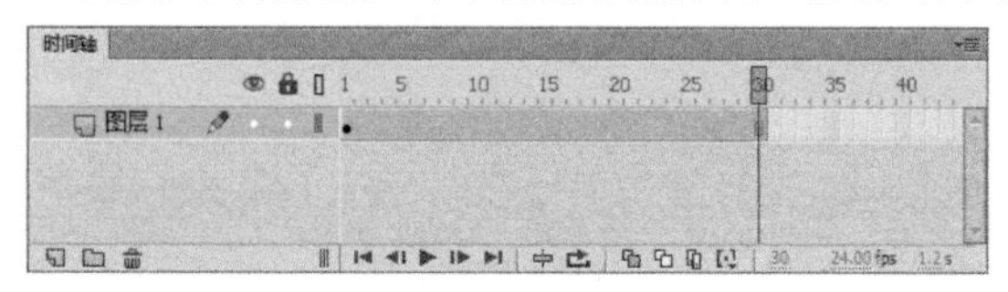

图4-25

4.2.3 插入关键帧

在时间轴上需要插入关键帧的位置单击鼠标右键，在弹出的快捷菜单中选择“插入关键帧”命令，或选择该帧后按F6键，如图4-26所示。

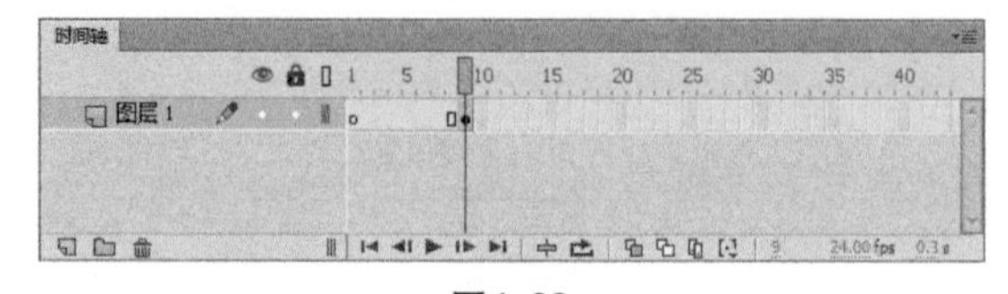

图4-26

4.2.4 插入空白关键帧

在时间轴上需要插入空白关键帧的位置单击鼠标右键，在弹出的快捷菜单中选择“插入空白关键帧”命令或按F7键，即可在指定位置创建空白关键帧，其作用是将关键帧的作用时间延长至指定位置，如图4-27所示。

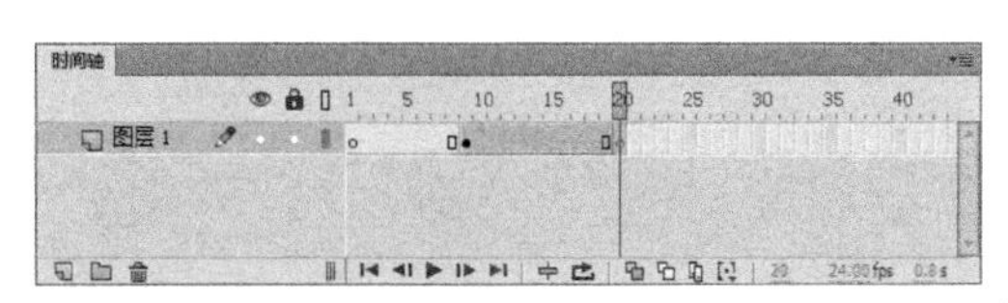

图4-27

即学即用

（扫码观看视频）

● 变换的字母

实例位置

CH04>变换的字母>变换的字母.fla

素材位置

无

实用指数

★★★

技术掌握

学习关键帧与空白关键帧的使用方法

最终效果图

01 新建一个Flash文档，单击“文本工具”[T]，在舞台中输入字母A，文字的字体为Tahoma，“大小”为150，“颜色”为红色，如图4-28所示。

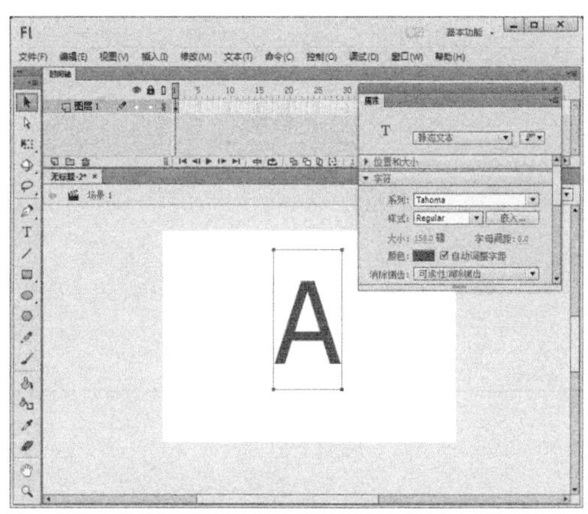

图4-28

02 在时间轴上的第20帧处按F6键，插入关键帧，如图4-29所示。

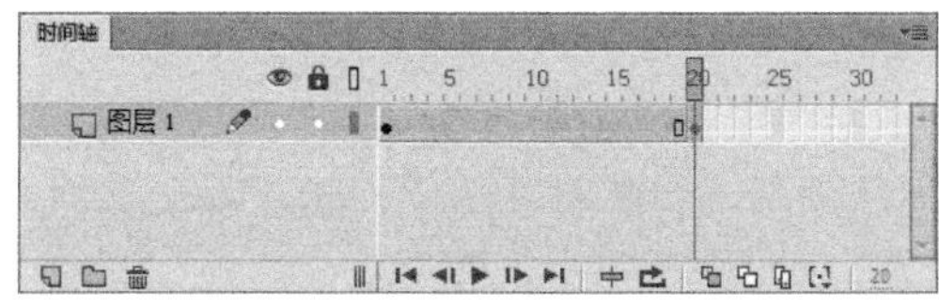

图4-29

03 分别在时间轴上的第4帧、第8帧、第12帧、第16帧处按F7键，插入空白关键帧，如图4-30所示。

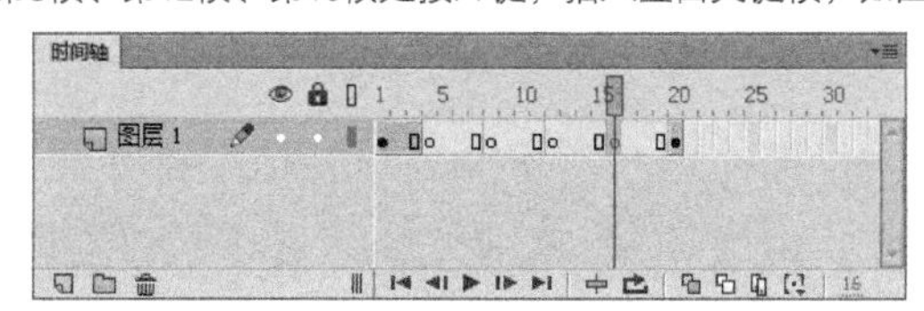

图4-30

04 选择时间轴上的第4帧，使用“文本工具” T 在舞台上输入字母B，并将字母的颜色设置为蓝色，如图4-31所示。

05 选择时间轴上的第8帧，使用“文本工具” T 在舞台上输入字母C，并将字母的颜色设置为紫色，如图4-32所示。

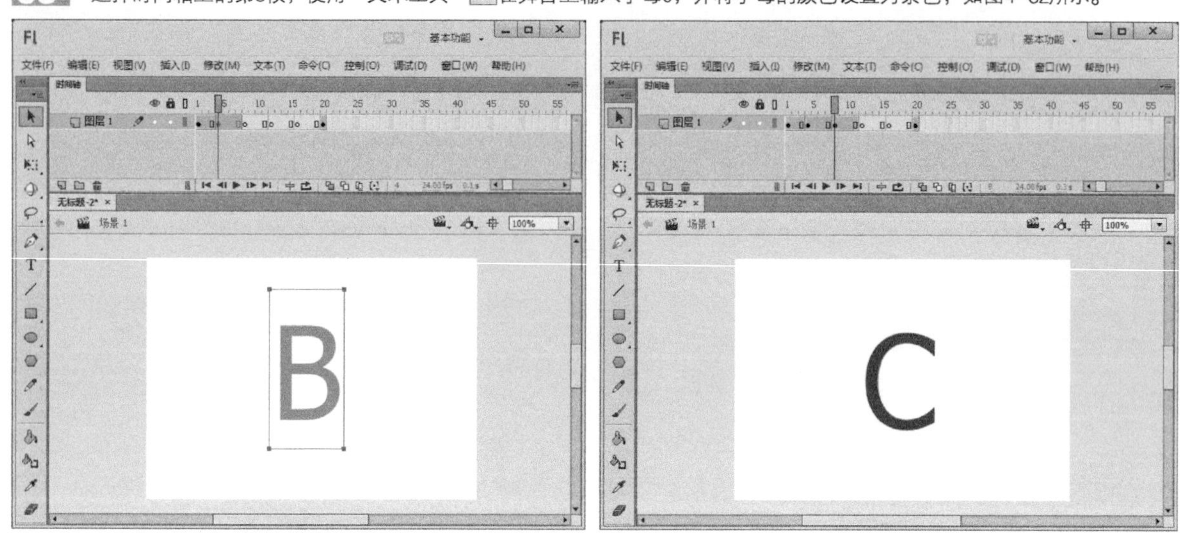

图4-31　　图4-32

06 选择时间轴上的第12帧，使用“文本工具” T 在舞台上输入字母D，并将字母的颜色设置为绿色，如图4-33所示。

07 选择时间轴上的第16帧，使用“文本工具” T 在舞台上输入字母E，并将字母的颜色设置为粉色，如图4-34所示。

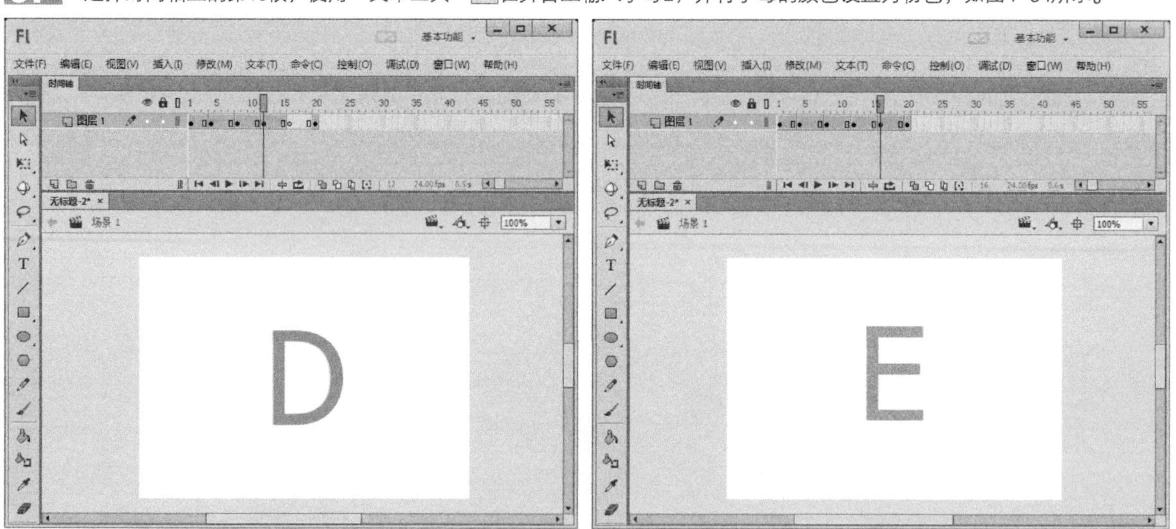

图4-33　　图4-34

08 执行“修改>文档”菜单命令，打开“文档设置”对话框，在对话框中将“舞台大小”设置为400像素×280像素，“背景颜色”设置如图4-35所示。

09 执行“文件>保存”菜单命令保存文件，按Ctrl+Enter组合键，欣赏实例完成效果，如图4-36所示。

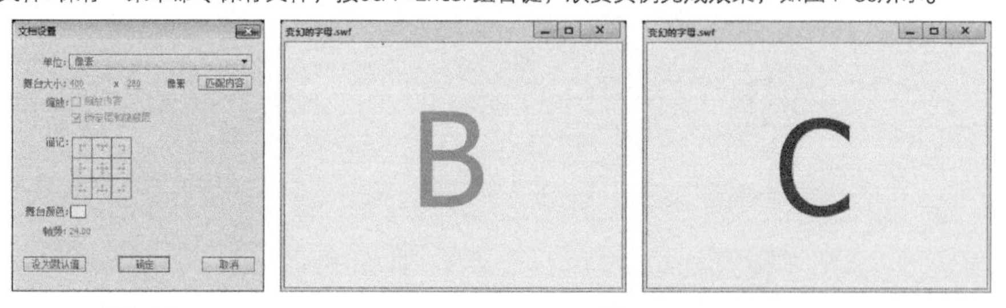

图4-35　　图4-36

4.2.5 选取帧

帧的选取可分为单个帧的选取和多个帧的选取。

单个帧的选取方法

* 单击要选取的帧。
* 选取该帧在舞台中的内容来选中帧。
* 若某图层只有一个关键帧，可以通过单击图层名来选取该帧。被选中的帧显示为蓝色，如图4-37所示。

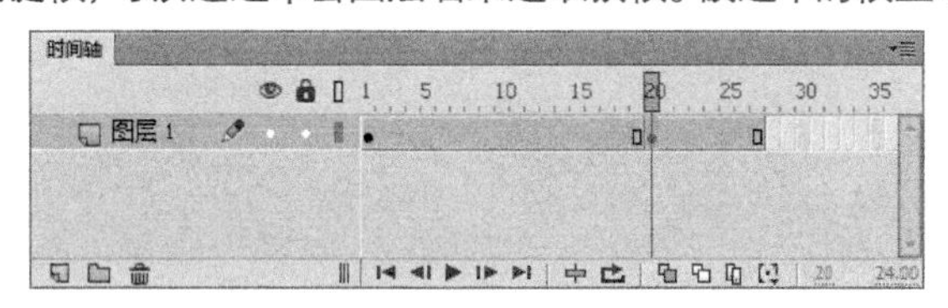

图4-37

多个帧的选取方法

* 在所要选择的帧的头帧或尾帧按下鼠标左键不放，拖曳鼠标到所要选的帧的另一端，从而选中多个连续的帧。
* 单击所要选择的帧的头帧或尾帧，按Shift键，再单击要选的多个帧的另一端，从而选中多个连续的帧。
* 单击图层，选中该图层所有定义了的帧，如图4-38所示。

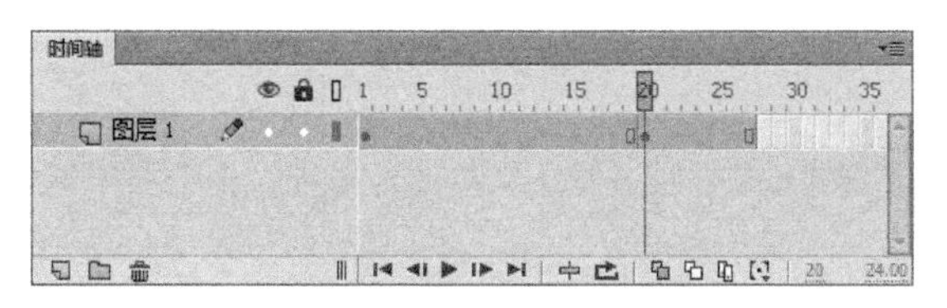

图4-38

4.2.6 删除帧

在时间轴上选择需要删除的一个或多个帧，然后单击鼠标右键，在弹出的快捷菜单中选择“删除帧”命令，即可删除被选择的帧。若删除的是连续帧中间的某一个或几个帧，后面的帧会自动提前填补空位。Flash的时间轴上，两个帧之间不能有空缺。如果要使两帧间不出现任何内容，可以使用空白关键帧，如图4-39所示。

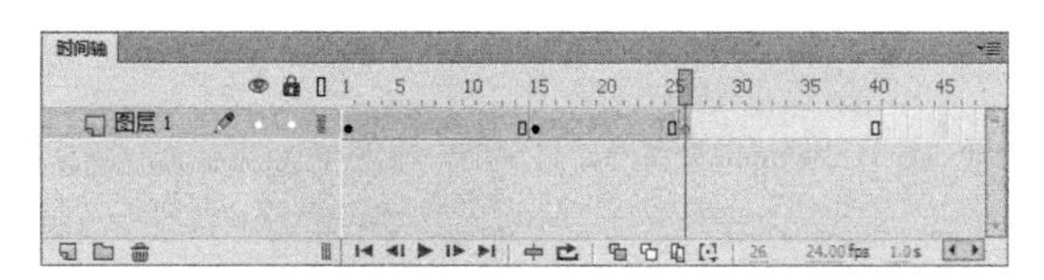

图4-39

4.2.7 剪切帧

在时间轴上选择需要剪切的一个或多个帧，然后单击鼠标右键，在弹出的快捷菜单中选择“剪切帧”命令，即可剪切掉所选择的帧，被剪切后的帧保存在Flash的剪切板中，可以在需要时将其重新使用，如图4-40所示。

帧剪切前

帧剪切后

图4-40

↘ 4.2.8 复制帧

用鼠标选择需要复制的一个或多个帧，然后单击鼠标右键，在弹出的快捷菜单中选择“复制帧”命令，即可复制所选择的帧，如图4-41所示。

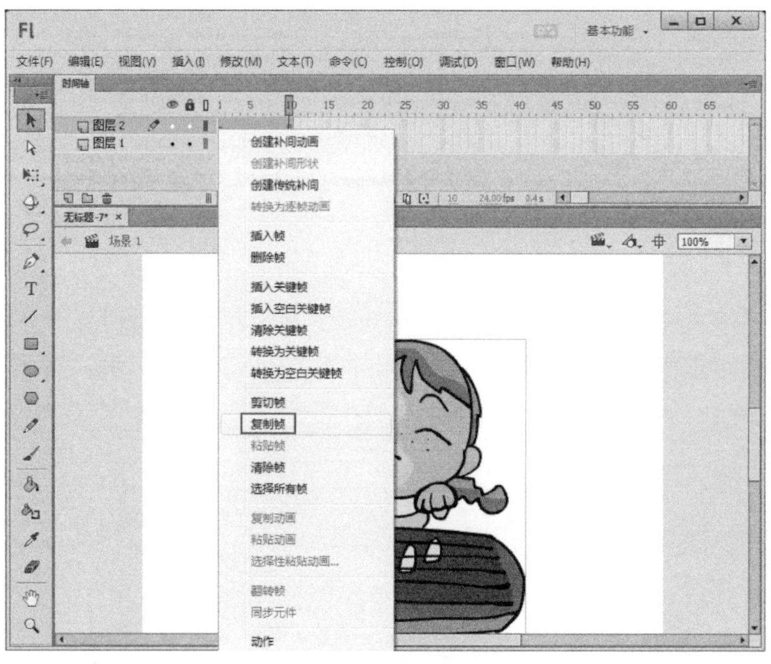

图4-41

↘ 4.2.9 粘贴帧

在时间轴上选择需要粘贴帧的位置，单击鼠标右键，在弹出的快捷菜单中选择“粘贴帧”命令，如图4-42所示，即可将复制或者被剪切的帧粘贴到当前位置。

可以用鼠标选择一个或者多个帧后，按住Alt键不放，拖动选择的帧到指定的位置，这种方法也可以把所选择的帧复制粘贴到指定位置。

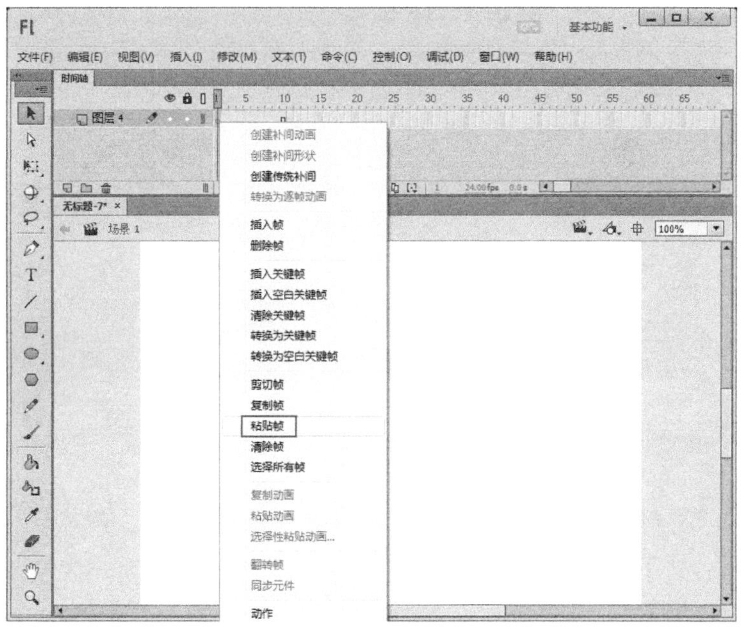

图4-42

↘ 4.2.10 移动帧

用户可以将已经存在的帧和帧序列移动到新的位置，以便对时间轴上的帧进行调整和重新分配。

如果要移动单个帧，可以先选中此帧，然后在此帧上按下鼠标左键不放，并进行拖动。用户可以在本图层的时间轴上进行拖动，也可以移动到其他时间轴上的任意位置。

如果需要移动多个帧，同样在选中要移动的所有帧后，使用鼠标对其拖动，移动到新的位置释放鼠标即可，如图4-43所示。

移动多个帧前

移动多个帧后

图4-43

↘4.2.11 翻转帧

翻转帧的功能可以使所选定的一组帧按照顺序翻转过来，使最后1帧变为第1帧，第1帧变为最后1帧，反向播放动画。其方法是在时间轴上选择需要翻转的一段帧，然后单击鼠标右键，在弹出的快捷菜单中选择“翻转帧”命令，即可完成翻转帧的操作，如图4-44所示。

翻转帧前

翻转帧后

图4-44

即学即用

● 小蚂蚁

实例位置

CH04> 小蚂蚁 > 小蚂蚁 .fla

素材位置

CH04> 小蚂蚁 >1.png、2.png、bj.jpg

实用指数

★★★★

技术掌握

学习“翻转帧”的使用方法

（扫码观看视频）

最终效果图

01 新建一个Flash空白文档，然后执行“修改>文档”菜单命令，打开“文档设置”对话框，在对话框中将“舞台大小”设置为530像素×400像素，如图4-45所示。

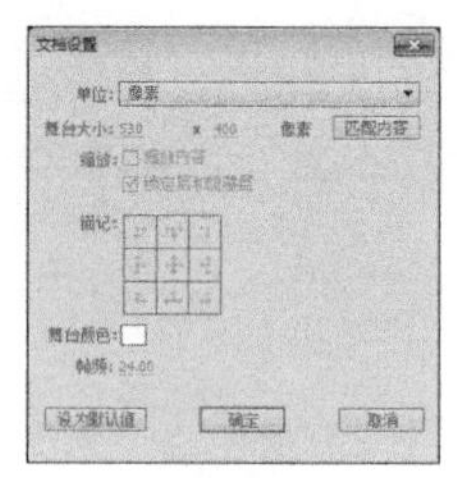

图4-45

02 执行“文件>导入>导入到舞台”菜单命令，将一幅背景图片导入到舞台上，如图4-46所示。

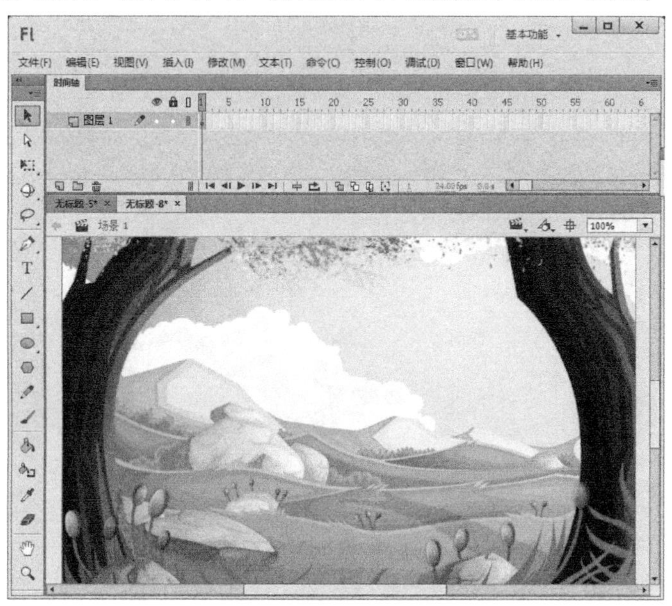

图4-46

03 在“时间轴”面板上单击“新建图层”按钮，新建“图层2”，然后在“图层2”的第4帧处按F7键插入空白关键帧，在“图层1”与“图层2”的第10帧处按F5键插入帧，如图4-47所示。

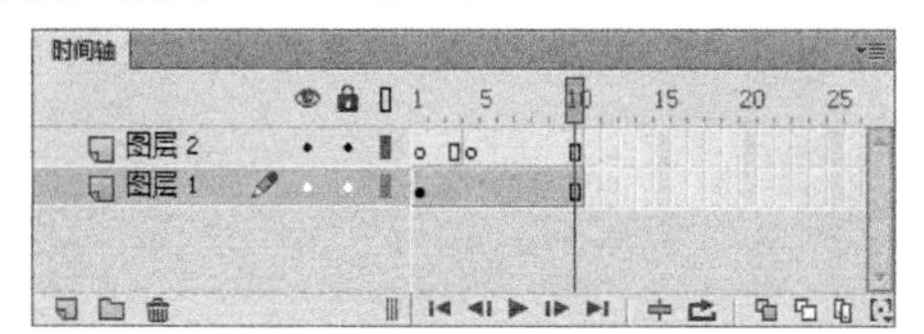

图4-47

04 选择“图层2”的第1帧，将一幅蚂蚁图像导入到舞台上，如图4-48所示。

图4-48

05 选择“图层2”的第4帧，将一幅蚂蚁图像导入到舞台上，如图4-49所示。

图4-49

06 选择“图层2”的第1帧~第4帧，然后单击鼠标右键，在弹出的快捷菜单中选择“复制帧”命令，如图4-50所示。

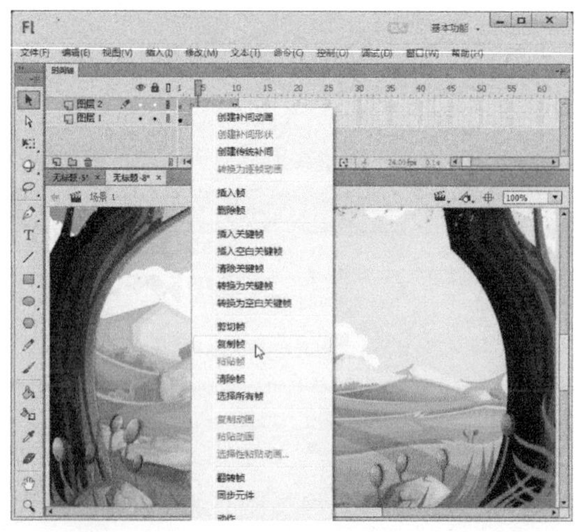

图4-50

07 选择“图层2”的第5帧，单击鼠标右键，在弹出的快捷菜单中选择“粘贴帧”命令，如图4-51所示。

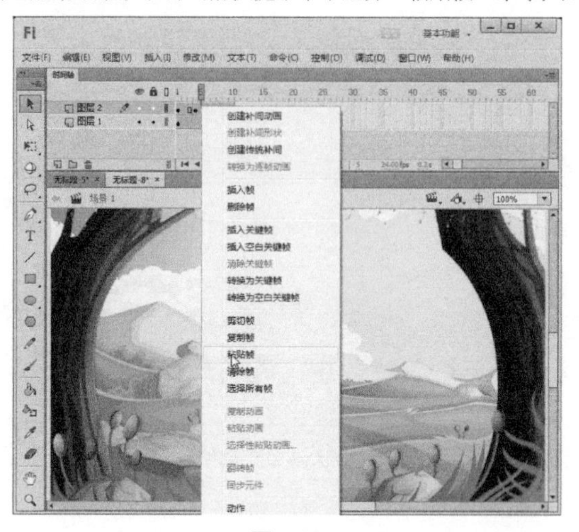

图4-51

08 选择“图层2”上粘贴的帧，单击鼠标右键，在弹出的快捷菜单中选择“翻转帧”命令，如图4-52所示。

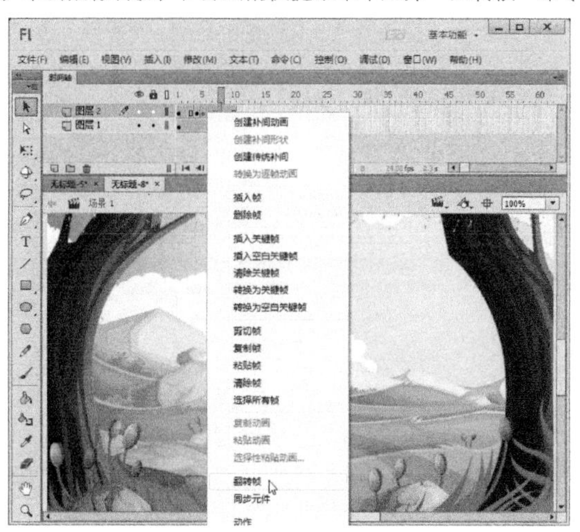

图4-52

09 保存文件，按Ctrl+Enter组合键，欣赏实例完成效果，如图4-53所示。

图4-53

4.3 洋葱皮工具

在时间轴的下方有一个工具条，统称洋葱皮工具，使用“洋葱皮工具”按钮可以改变帧的显示方式，方便动画设计者观察动画的细节，如图4-54所示。

图4-54

主要工具介绍

* 帧居中：使选中的帧居中显示。
* 循环：使时间轴上的帧循环播放。
* 绘图纸外观：当按下此按钮，就会显示当前帧的前后几帧，此时只有当前帧是正常显示的，其他帧显示为比较淡的彩色，如图4-55所示。按下这个按钮，可以调整当前帧的图像，而其他帧是不可修改的，要修改其他帧，要将需要修改的帧选中。这种模式也称为“洋葱皮模式”。

★ 绘图纸外观轮廓：按下该按钮同样会以洋葱皮的方式显示前后几帧，不同的是，当前帧正常显示，非当前帧是以轮廓线形式显示的，如图4-56所示。在图案比较复杂的时候，仅显示外轮廓线有助于正确的定位。

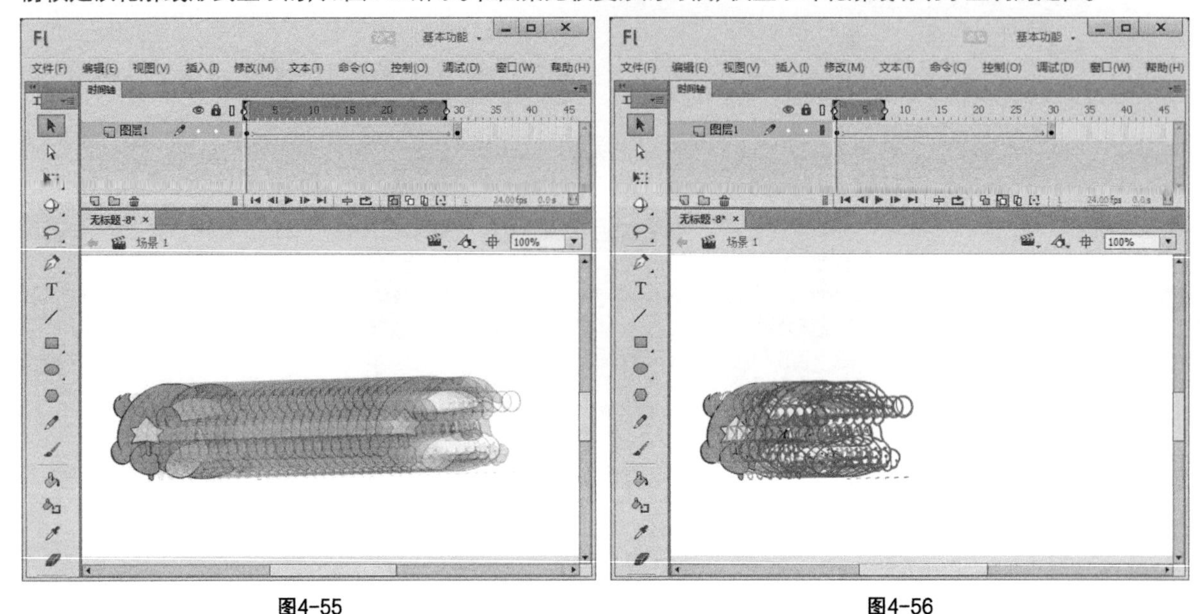

图4-55　　图4-56

★ 编辑多个帧：对各帧的编辑对象都进行修改时需要用这个按钮，按下洋葱皮模式或洋葱皮轮廓模式显示按钮的时候，再按下这个按钮，就可以对整个序列中的对象进行修改了。

★ 修改标记：这个按钮决定了进行洋葱皮显示的方式。该按钮包括一个下拉工具条，其中有5个选项。

始终显示标记：开启或隐藏洋葱皮模式。

锚定标记：固定洋葱皮的显示范围，使其不随动画的播放而改变以洋葱皮模式显示的范围。

标记范围2：以当前帧为中心的前后2帧范围内以洋葱皮模式显示。

标记范围5：以当前帧为中心的前后5帧范围内以洋葱皮模式显示。

标记整个范围：将所有的帧以洋葱皮模式显示。

洋葱皮模式对于制作动画有很大帮助，它可以使帧与帧之间的位置关系一目了然。选择了以上任何一个选项后，在时间轴上方的时间标尺上都会出现两个标记，在这两个标记中间的帧都会显示出来，也可以拖动这两个标记来扩大或缩小洋葱皮模式所显示的范围，如图4-57所示。

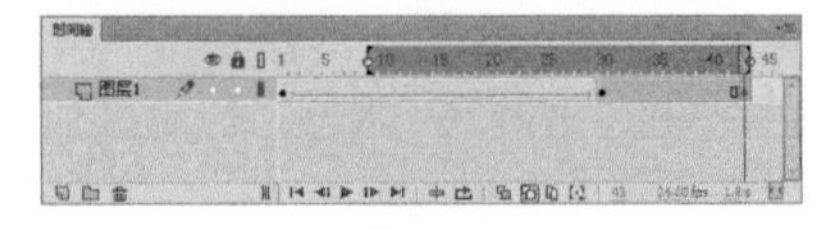

图4-57

4.4 图层

Flash CC中的图层和Photoshop的图层有共同的作用：方便对象的编辑。在Flash中，可以将图层看作是重叠在一起的许多透明的胶片，当图层上没有任何对象的时候，可以透过上边的图层看下边的图层上的内容，在不同的图层上可以编辑不同的元素。

新建Flash影片后，系统自动生成一个图层，并将其命名为“图层1”。随着制作过程的进行，图层也会增多。这里有个概念需要说明，并不是图层越少，影片就越简单，然而图层越多，影片一定就越复杂。另外，Flash还提供了两种特殊的图层：引导层和遮罩层。利用这两个特殊的层，可以制作出更加丰富多彩的动画效果。

Flash影片中图层的数量并没有限制，仅受计算机内存大小的制约，而且增加层的数量不会增加最终输出影片文件的大小。可以在不影响其他图层的情况下，在一个图层上绘制和编辑对象。

对图层的操作是在层控制区中进行的。层控制区位于时间轴左边的部分，如图4-58所示。在层控制区中，可以实现增加图层、删除图层、隐藏图层以及锁定图层等操作。一旦选中某个图层，图层名称右边会出现铅笔图标，表示该图层或图层文件夹被激活。

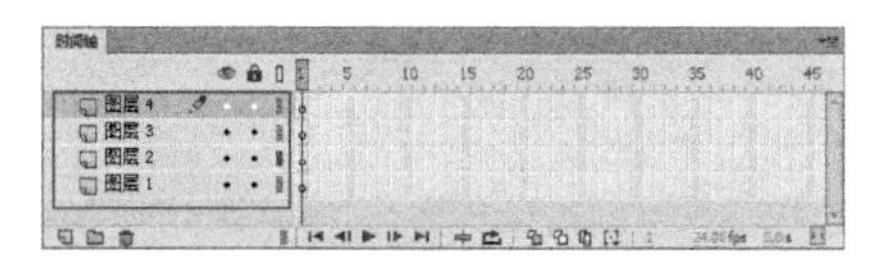

图4-58

Flash中的图层与图形处理软件Photoshop中的图层功能相同，均为了方便对图形及图形动画进行处理。在Flash CC中，图层的类型主要有普通层、引导层和遮罩层3种。

4.4.1 普通层

系统默认的层即是普通层，新建Flash文档后，默认一个名为“图层1”的图层存在。该图层中自带一个空白关键帧位于“图层1”的第1帧，并且该图层初始为激活状态，如图4-59所示。

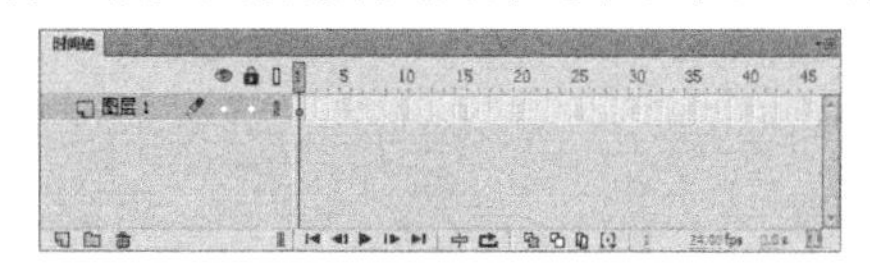

图4-59

4.4.2 引导层

引导图层的图标为形状，它下面的图层中的对象则被引导。选中要作为引导层的图层，单击鼠标右键，在弹出的快捷菜单中选择“添加传统运动引导层”命令，如图4-60所示。引导层中的所有内容只是用于在制作动画时作为参考线，并不出现在作品的最终效果中（关于引导层动画的创建，将在第5章中具体讲述）。如果引导层没有被引导的对象，它的图层会由图标变为图标。

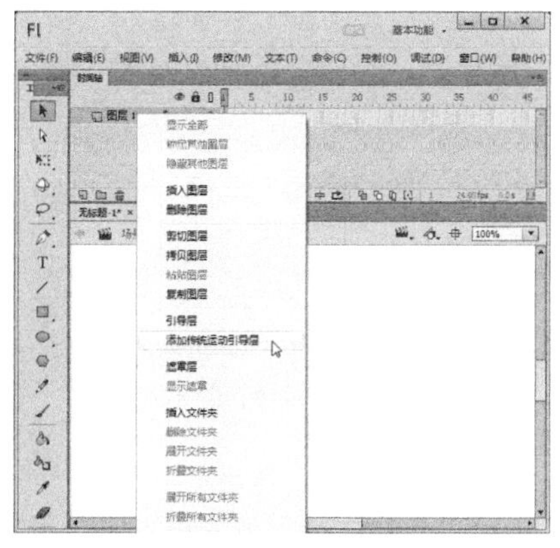

图4-60

4.4.3 遮罩层

遮罩层图标为，被遮罩图层的图标表示为，如图4-61所示。“图层1”是遮罩层，“图层2”是被遮罩层。在遮罩层中创建的对象具有透明效果，如果遮罩层中的某一位置有对象，那么被遮罩层中相同位置的内容将显露出来，被遮罩层的其他部分则被遮住（关于遮罩层动画的创建，将在第5章中具体讲述）。

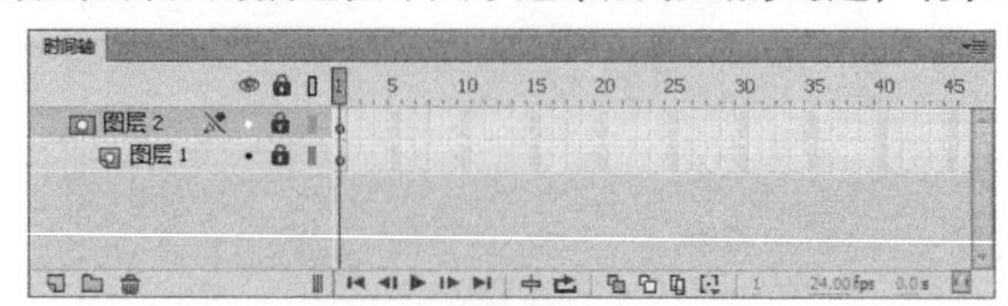

图4-61

4.5 图层的编辑

通过前面的介绍对图层有一个大概的了解，下面将给大家介绍编辑图层以及设置图层属性等基本操作的具体方法。

4.5.1 新建图层

新创建一个Flash文件时，Flash会自动创建一个图层，并命名为“图层1”。此后，如果需要添加新的图层，可以采用以下3种方法。

1.利用菜单命令

在时间轴的图层控制区选中一个已经存在的图层，执行“插入>时间轴>图层”菜单命令即可创建一个图层，如图4-62所示。

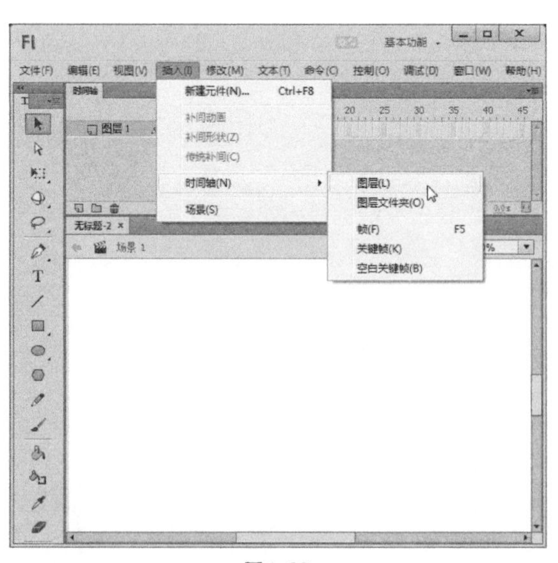

图4-62

2.利用右键快捷菜单

在时间轴面板的图层控制区选中一个已经存在的图层，单击鼠标右键弹出快捷菜单，选择“插入图层”命令，如图4-63所示。

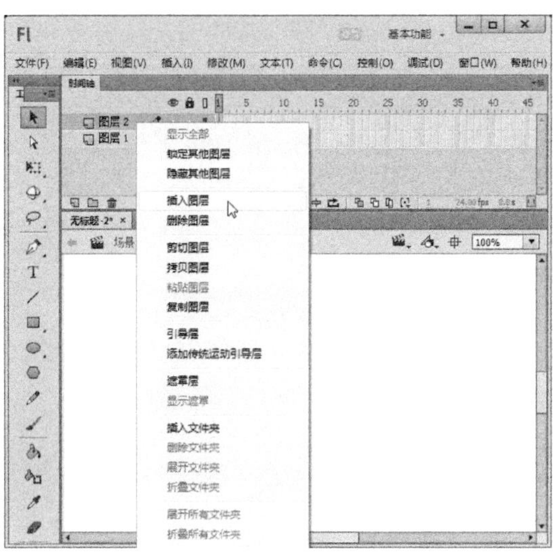

图4-63

3.使用新建按钮

单击“时间轴”面板上图层控制区左下方的“新建图层”按钮，也可以创建一个新图层。

当新建一个图层后，Flash会自动为该图层命名，并且所创建的新层都位于被选中图层的上方，如图4-64所示。

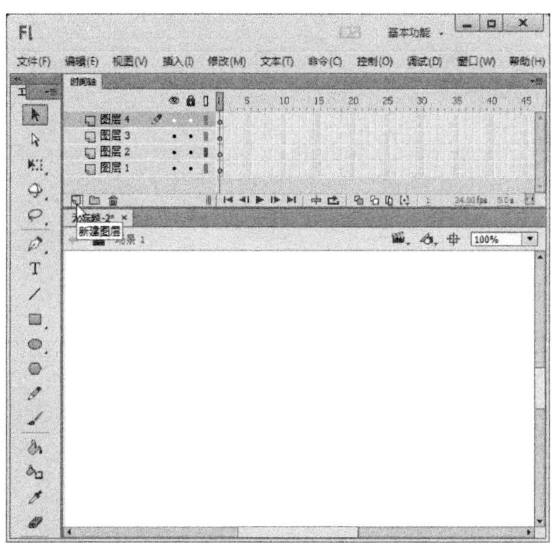

图4-64

↘ 4.5.2 重命名图层

在Flash CC中插入的所有图层，如“图层1”“图层2”等都是系统默认的图层名称，这个名称通常为“图层＋数字”。每创建一个新图层，图层名的数字就在依次递加。当时间轴中的图层越来越多以后，要查找某个图层就变得烦琐起来，为了便于识别各层中的内容，就需要改变图层的名称，即重命名。重命名的唯一原则就是能让人通过名称识别出查找的图层。这里需要注意的一点是帧动作脚本一般放在专门的图层，以免引起误操作，而为了让大家看懂脚本，将放置动作脚本的图层命名为AS，即ActionScript的缩写。用户可以使用下列方法来重命名图层。

在要重命名图层的图层名称上双击，图层名称进入编辑状态，在文本框中输入新名称即可，如图4-65所示。

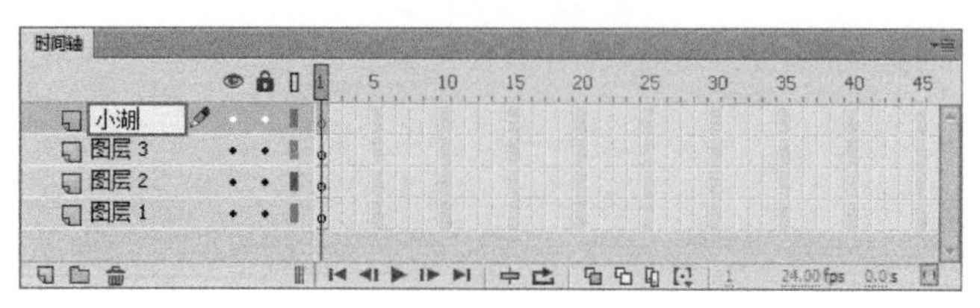

图4-65

在图层中双击图层图标或在图层上单击鼠标右键，在弹出的快捷菜单中选择“属性”命令，打开“图层属性”对话框，在“名称”文本框中输入新的名称，单击确定按钮即可，如图4-66所示。

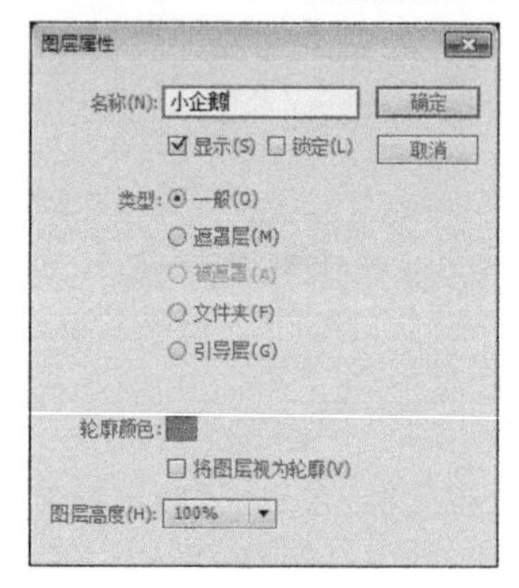

图4-66

↘4.5.3 调整图层的顺序

在编辑动画时常遇到所建立的图层顺序不能达到动画的预期效果，此时需要对图层的顺序进行调整，其操作步骤如下。

01 选中需要移动的图层。

02 按住鼠标左键不放，此时图层以一条粗横线表示，如图4-67所示。

03 拖动图层到需要放置的位置释放鼠标左键即可，如图4-68所示。

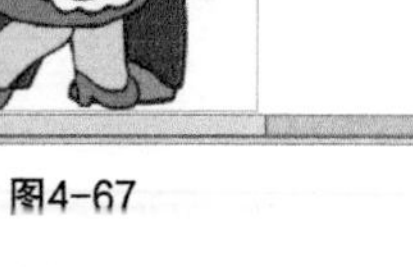

图4-67

图4-68

↘4.5.4 图层属性设置

图层的显示、锁定、线框模式颜色等设置都可在“图层属性”对话框中进行编辑。选中图层，单击鼠标右键，在弹出的快捷菜单中选择“属性”命令，打开“图层属性”对话框，如图4-69所示。

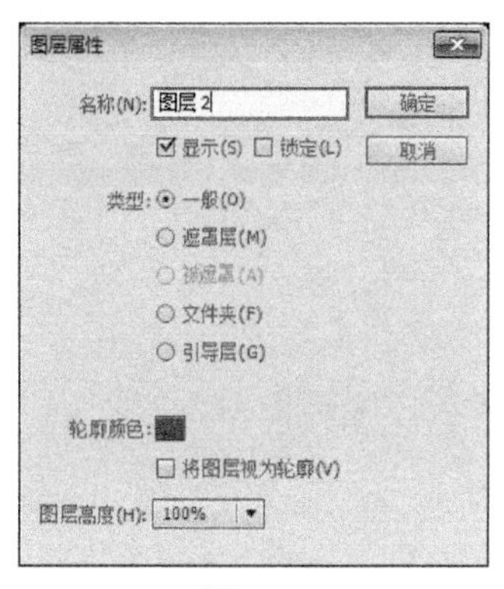

图4-69

主要参数介绍

* 名称：设置图层的名称。

* 显示：用于设置图层的显示与隐藏。选取“显示”复选项，图层处于显示状态；反之，图层处于隐藏状态。

* 锁定：用于设置图层的锁定与解锁。选取“锁定”复选项，图层处于锁定状态；反之，图层处于解锁状态。

* 类型：指定图层的类型，其中包括5个选项。

一般：选取该项则指定当前图层为普通图层。

遮罩层：将当前图层设置为遮罩层。用户可以将多个正常图层链接到一个遮罩层上。遮罩层前会出现图标。

被遮罩：该图层仍是正常图层，只是与遮蔽图层存在链接关系并有图标。

文件夹：将正常图层转换为图层文件夹用于管理其下的图层。

引导层：将该图层设定为辅助绘图用的引导层，用户可以将多个标准图层链接到一个引导层上。

* 轮廓颜色：设定该图层对象的边框线颜色。为不同的图层设定不同的边框线颜色，有助于用户区分不同的图层。在时间轴中的轮廓颜色显示区如图4-70所示。

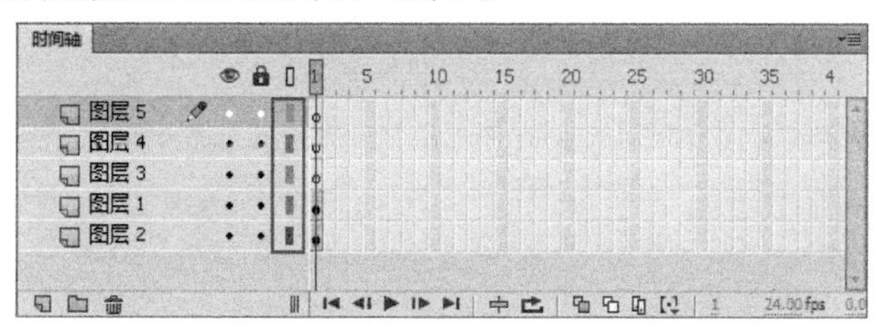

图4-70

* 将图层视为轮廓：勾选该复选项即可使该图层内的对象以线框模式显示，其线框颜色为在“属性”面板中设置的轮廓颜色。若要取消图层的线框模式可直接单击时间轴上的“将所有图层显示为轮廓”按钮，如果只需要让某个图层以轮廓方式显示，可单击图层上相对应的色块。

＊ 图层高度：从下拉列表中选取不同的值可以调整图层的高度，这在处理插入了声音的图层时很实用，有100%、200%、300%3种高度。将“图层3”的高度设置为200%后，如图4-71所示。

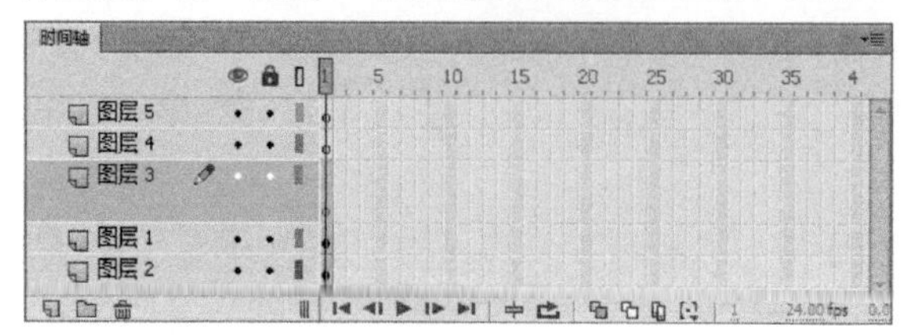

图4-71

Tips

双击图层图标也可以打开“图层属性”对话框。

4.5.5 选取图层

选取图层包括选取单个图层、选取相邻图层和选取不相邻图层3种。

1.选取单个图层

选取单个图层方法有以下3种。

＊ 在图层控制区中单击需要编辑的图层即可。

＊ 单击时间轴中需编辑图层的任意一个帧格即可。

＊ 在绘图工作区中选取要编辑的对象也可选中图层。

2.选取相邻图层

选取相邻图层的操作步骤如下。

01 单击要选取的第1个图层。

02 按住Shift键，单击要选取的最后一个图层即可选取两个图层间的所有图层，如图4-72所示。

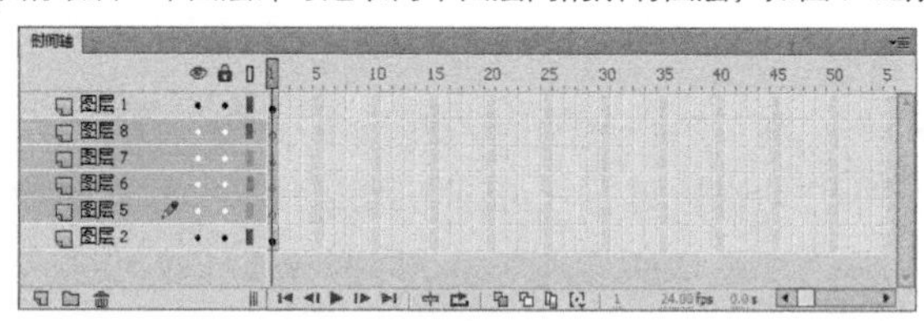

图4-72

3.选取不相邻图层

选取不相邻图层的操作步骤如下。

01 单击要选取的图层。

02 按住Ctrl键，再单击需要选取的其他图层即可选取不相邻图层，如图4-73所示。

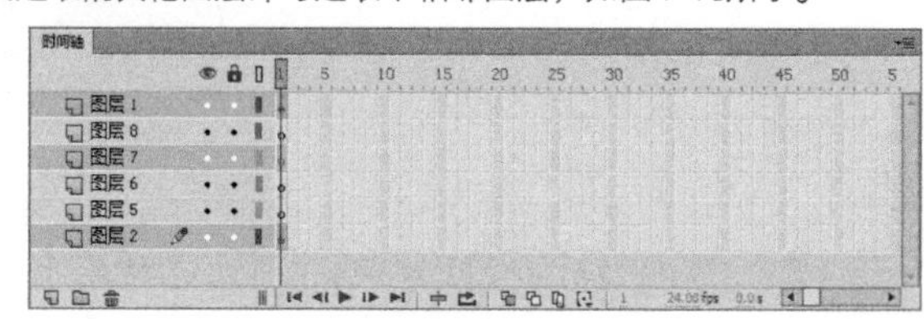

图4-73

↘4.5.6 删除图层

图层的删除方法包括拖动法删除图层、利用按钮删除和利用快捷菜单删除3种。

1.拖动法删除图层

拖动法删除图层操作步骤如下。

01 选取要删除的图层。

02 按住鼠标左键不放，将选取的图层拖到“删除”按钮上释放鼠标即可。被删除图层的下一个图层将变为当前层。

2.利用按钮删除

利用“删除”按钮删除操作步骤如下。

01 选取要删除的图层。

02 单击“删除”按钮，即可把选取的图层删除。

3.利用快捷菜单删除图层

利用快捷菜单删除图层操作步骤如下。

01 选取要删除的图层。

02 单击鼠标右键，在弹出的快捷菜单中选择“删除图层”命令即可删除图层。

↘4.5.7 复制图层

要将某一图层的所有帧粘贴到另一图层中的操作步骤如下。

01 单击要复制的图层。

02 执行“编辑>时间轴>复制帧”菜单命令，或在需要复制的帧上单击鼠标右键，在弹出的快捷菜单中选择“复制帧”命令，如图4-74所示。

03 单击要粘贴帧的新图层，执行“编辑>时间轴>粘贴帧”菜单命令，或者在需要粘贴的帧上单击鼠标右键，在弹出的快捷菜单中选择“粘贴帧”命令，如图4-75所示。

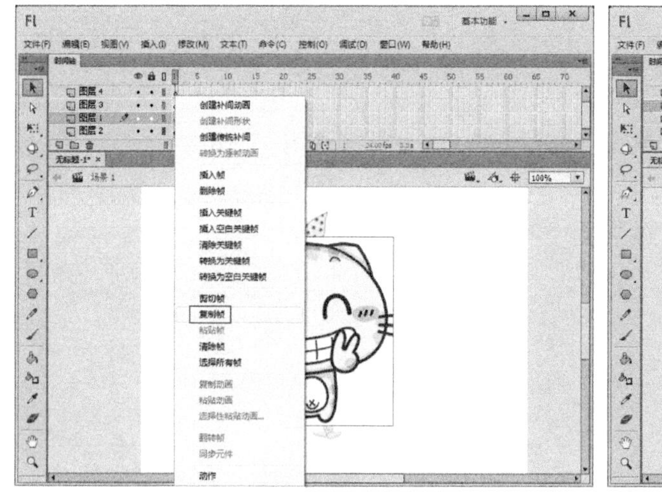

图4-74

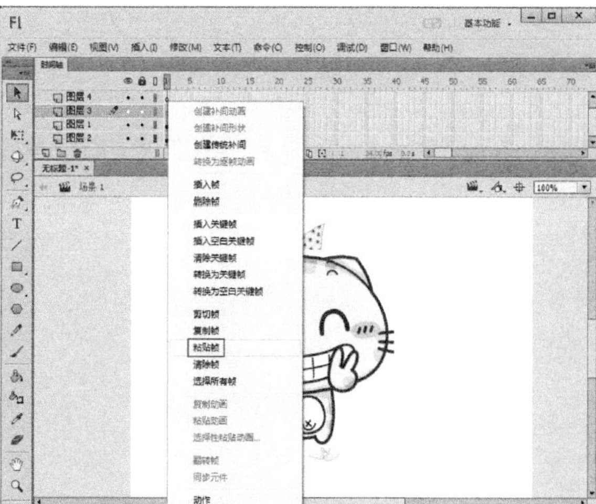

图4-75

4.5.8 分散到图层

在Flash中可以将一个图层中的多个对象分散到多个图层，使操作变得简单有序。选中要分散的多个对象，执行“修改>时间轴>分散到图层”菜单命令，即可将这些对象分散到多个图层，如图4-76所示。

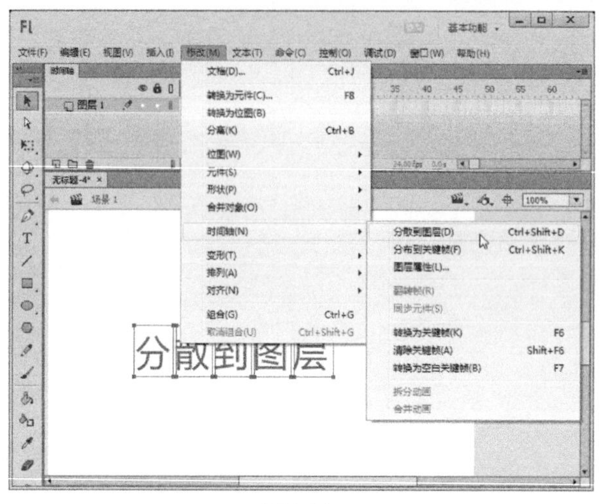

图4-76

● 美丽城市

实例位置

CH04>美丽城市>美丽城市.fla

素材位置

CH04>美丽城市>1.jpg

实用指数

★★★★

技术掌握

学习“分散到图层”的使用方法

最终效果图

01 新建一个Flash空白文档，执行“修改>文档”菜单命令，打开“文档设置”对话框，在对话框中将“舞台大小”设置为550像素×500像素，如图4-77所示。

02 在工具箱中单击“文本工具” T，打开“属性”面板，在面板中设置字体为“微软雅黑”，“大小”为56，“字母间距”为14，“颜色”为深灰色，如图4-78所示。

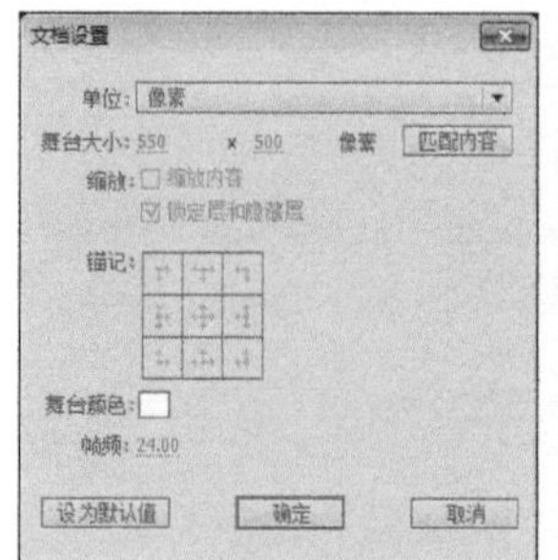

图4-77

图4-78

03 使用“文本工具”T在舞台上输入文本“美丽城市”，如图4-79所示。

图4-79

04 选中文字，执行“窗口>对齐”命令或按Ctrl+K组合键打开“对齐”面板，单击“水平中齐”按钮，如图4-80所示。

05 新建一个图层并将其命名为“影子”，如图4-81所示。

图4-80　　图4-81

06 选择“图层1”并按下Ctrl+C组合键，复制“图层1”的内容后，选择“影子”层，然后按Ctrl+Shift+V组合键，将“图层1”的内容粘贴到“影子”层的当前位置，如图4-82所示。

图4-82

07 选择“影子”层，使用键盘上的向下方向键，将复制出的文字向下移动到如图4-83所示的位置。

08 选择“影子”层中的内容，执行“修改>变形>垂直翻转”菜单命令，并将垂直翻转后的文字颜色设置为浅灰色，如图4-84所示。

图4-83

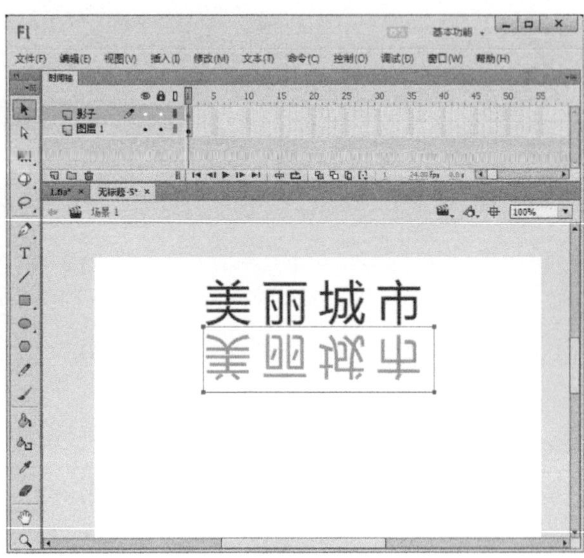

图4-84

09 选中“图层1”，按Ctrl+B组合键两次将文字打散，如图4-85所示。

图4-85

10 执行“修改>时间轴>分散到图层”菜单命令，或者按Ctrl+Shift+D组合键，将文字分散到各个图层，如图4-86所示。

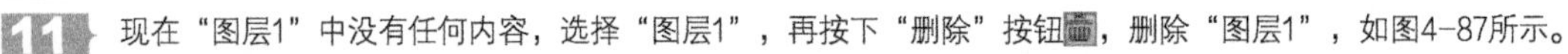

11 现在“图层1”中没有任何内容，选择“图层1”，再按下“删除”按钮，删除“图层1”，如图4-87所示。

图4-86

图4-87

12 选择“图层4”“图层5”“图层6”……“图层13”，将其中的内容调整到合适的位置，如图4-88所示。

13 按住“图层3”的第30帧不放，一直往下拖拉到“图层13”后，然后按F6键插入关键帧，如图4-89所示。

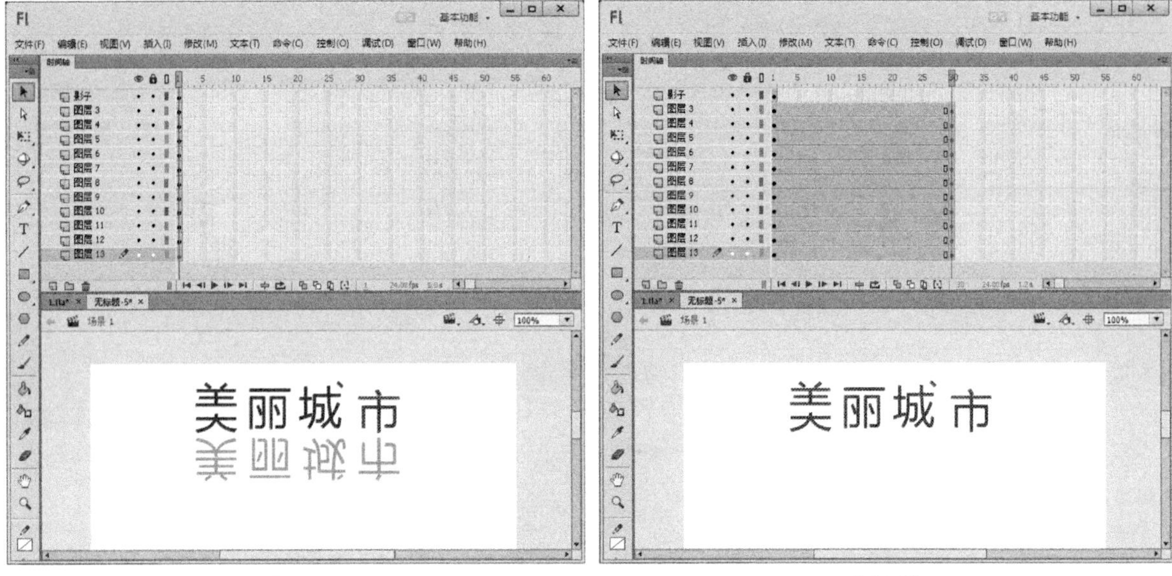

图4-88

图4-89

14 在“影子”层的第30帧处按下F5键插入帧，如图4-90所示。

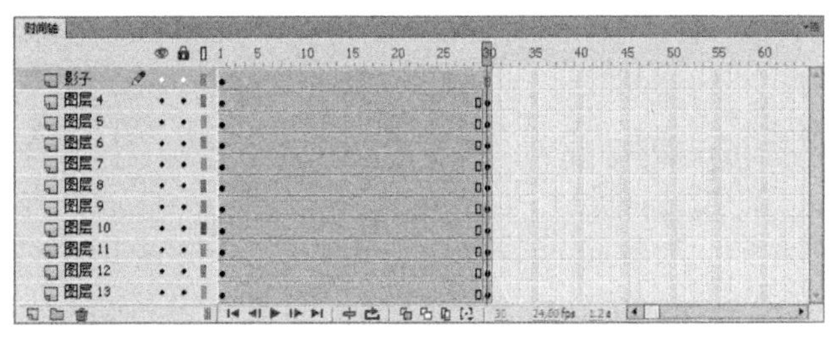

图4-90

15 在“图层3”的第15帧处按下F6键插入关键帧，并将该层中的内容调整至如图4-91所示的位置。

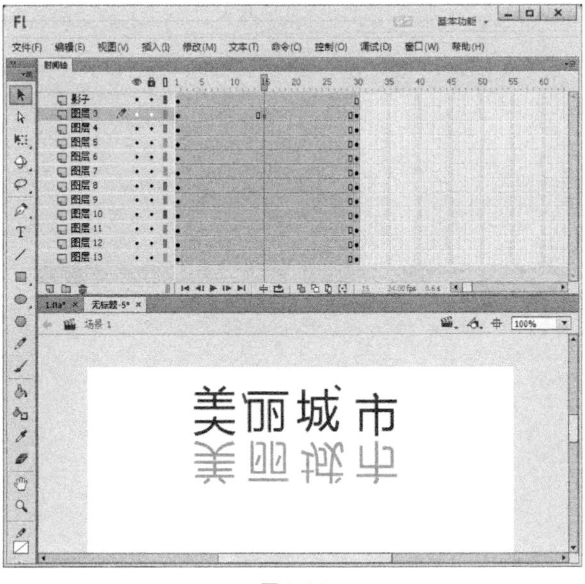

图4-91

16 分别在“图层3”的第1帧~第15帧，第15帧~第30帧创建形状补间动画，如图4-92所示。

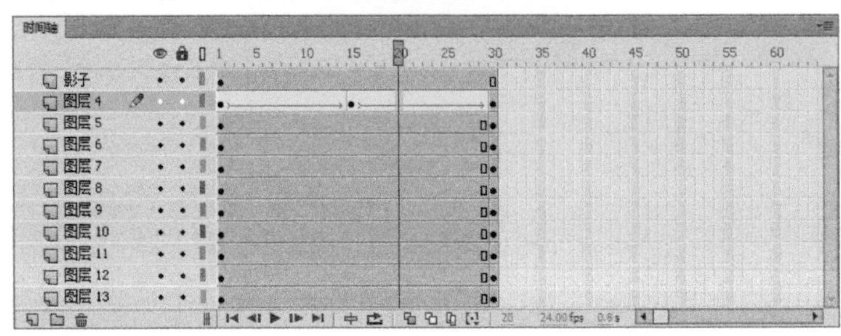

图4-92

17 在“图层4”的第15帧处按F6键插入关键帧，将其中的内容调整到合适的位置，然后在各关键帧之间创建形状补间动画，如图4-93所示。

18 分别为剩下的各图层的第15帧处插入关键帧，调整到合适的位置，并创建形状补间动画，如图4-94所示。

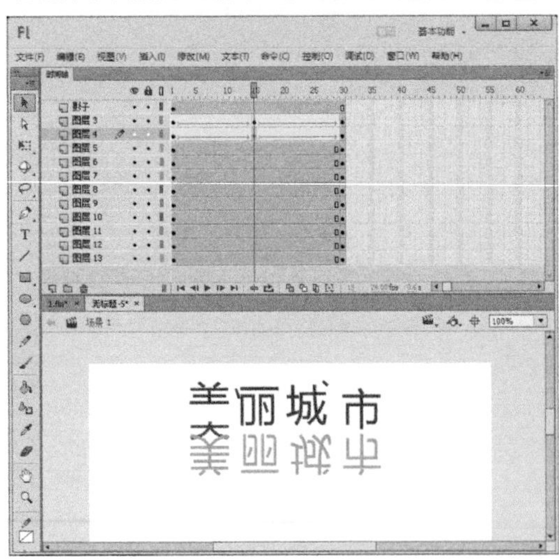

图4-93

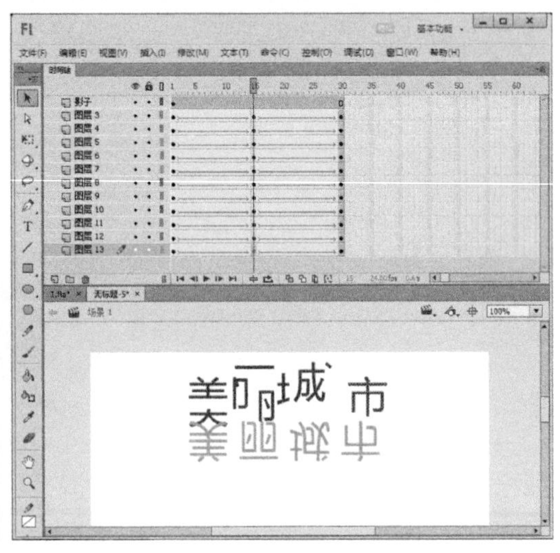

图4-94

19 新建“图层14”，将其拖动到“图层13”的下方，然后导入一幅背景图像到舞台上，如图4-95所示。

20 保存动画文件，然后按Ctrl+Enter组合键，欣赏本例的完成效果，如图4-96所示。

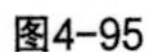

图4-95

图4-96

4.5.9 隐藏图层

在编辑对象时为了防止影响其他图层，可通过隐藏图层来进行控制，处于隐藏状态的图层不能进行编辑。图层的隐藏方法有以下两种。

* 单击图层区的“显示或隐藏所有图层”按钮按钮下方要隐藏图层上的·图标，当·图标变为×图标时该图层就处于隐藏状态。并且当选取该图层时，图层上出现图标表示不可编辑，如图4-97所示。如要恢复显示图层，则再次单击×图标即可。
* 单击图层区的“显示或隐藏所有图层”按钮，则图层区的所有图层都被隐藏，如图4-98所示。如要恢复显示所有图层，可以再次单击“显示或隐藏所有图层”按钮。

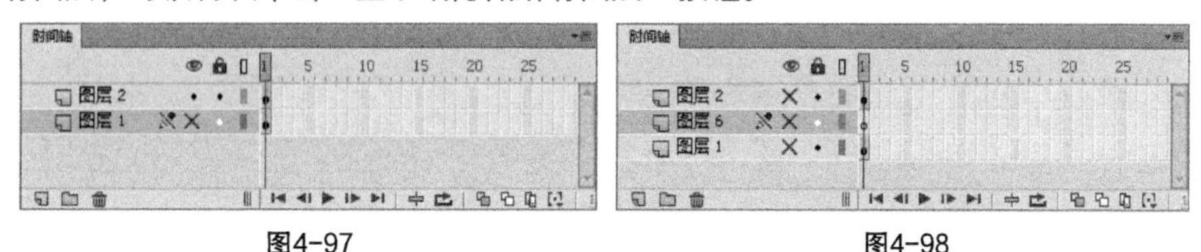

图4-97　　图4-98

隐藏图层后编辑区中该图层的对象也随之隐藏。如果隐藏图层文件夹，文件夹里的所有图层都自动隐藏。

4.5.10 图层的锁定和解锁

在编辑对象时，要使其他图层中的对象正常显示在编辑区中，又要防止不小心修改到其他的对象，此时可以将该图层锁定。若要编辑锁定的图层则要对图层解锁。

单击锁定图标正下方要锁定的图层上的·图标，当·图标变为图标时，表示该图层已被锁定。再次单击图标即可解锁。

4.5.11 图层文件夹

在Flash CC中，可以插入图层文件夹，所有的图层都可以被收拢到图层文件夹中，方便用户管理。

1.插入图层文件夹

插入图层文件夹的操作步骤如下。

01 单击图层区左下角的“新建文件夹”按钮，即可在当前图层上建立一个图层文件夹，如图4-99所示。

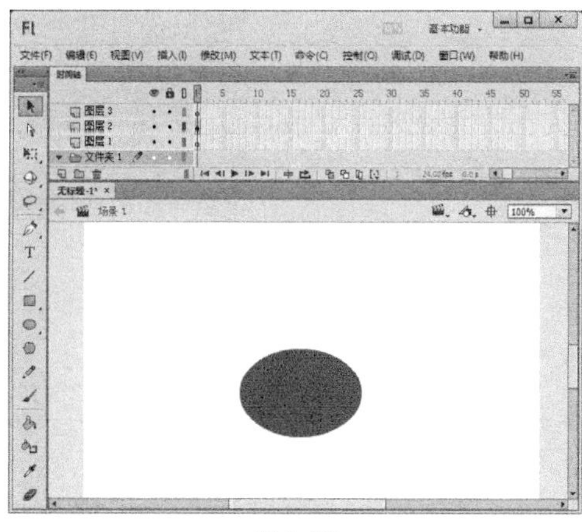

图4-99

02 选中将要放入图层文件夹的所有图层，将其拖动到文件夹中，即可将图层放置于图层文件夹，如图4-100所示。

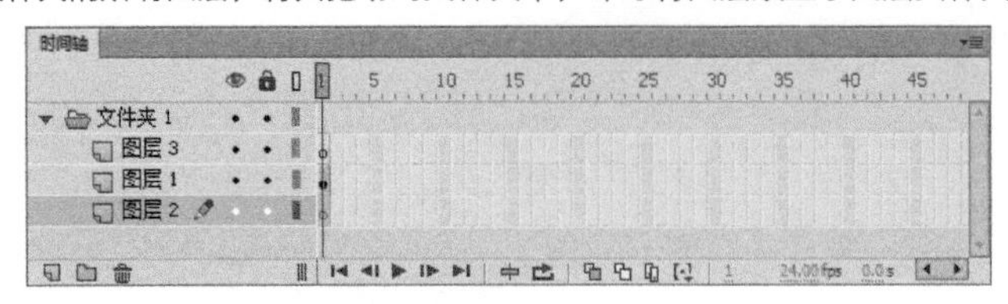

图4-100

当文件夹的数量增多后，可以为文件夹再添加一个上级文件夹，就像Windows系统中的目录和子目录的关系，文件夹的层数没有限制，如图4-101所示。

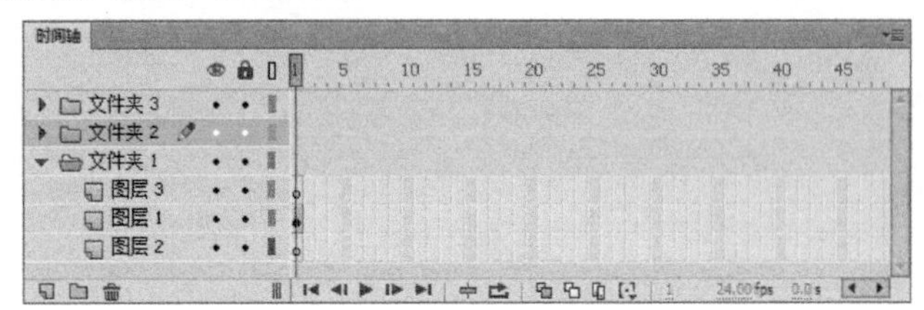

图4-101

2.将图层文件夹中的图层取出

将图层文件夹中的图层取出的具体操作步骤如下。

01 在图层区中选择要取出的图层。

02 按下鼠标左键不放，拖动到图层文件夹上方后，释放鼠标，图层从图层文件夹中取出，如图4-102所示。

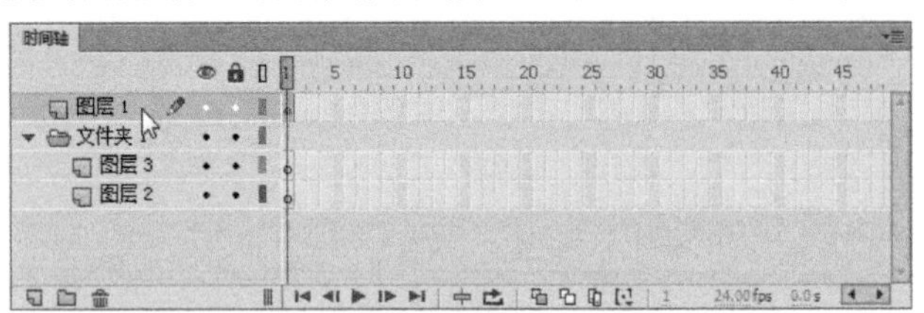

图4-102

即学即用

（扫码观看视频）

● 浮雕文字

实例位置

CH04>浮雕文字>浮雕文字.fla

素材位置

无

实用指数

★★★

技术掌握

学习图层的使用

最终效果图

01 新建一个Flash空白文档，然后执行“修改>文档”菜单命令，打开“文档设置”对话框，在对话框中将“舞台大小”设置为650像素×300像素，“背景颜色”设置为紫色，如图4-103所示。

02 在工具箱中单击“文本工具”[T]，执行“窗口>属性”命令打开“属性”面板，在面板中设置字体为MoolBoran，字号为170，“字母间距”为3，文本颜色为紫色（#660099），然后在舞台中输入BEAUTIFUL，如图4-104所示。

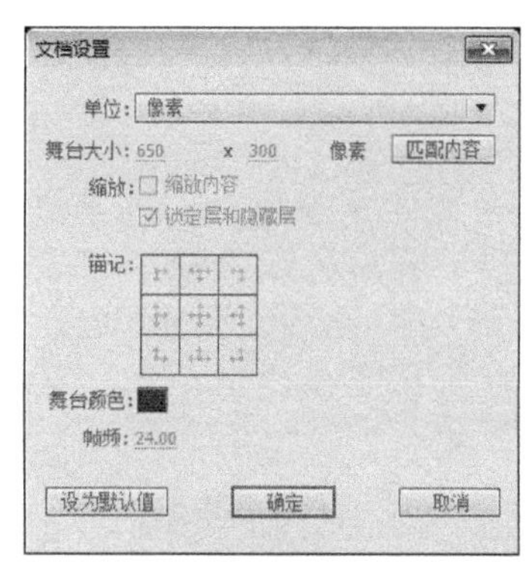

图4-103

图4-104

03 新建一个图层2，选择图层1的第1帧，执行“编辑>复制帧”命令，然后选择图层2的第1帧，单击鼠标右键，选择“粘贴帧”命令，如图4-105所示。将图层1第1帧中的内容粘贴到图层2第1帧中。

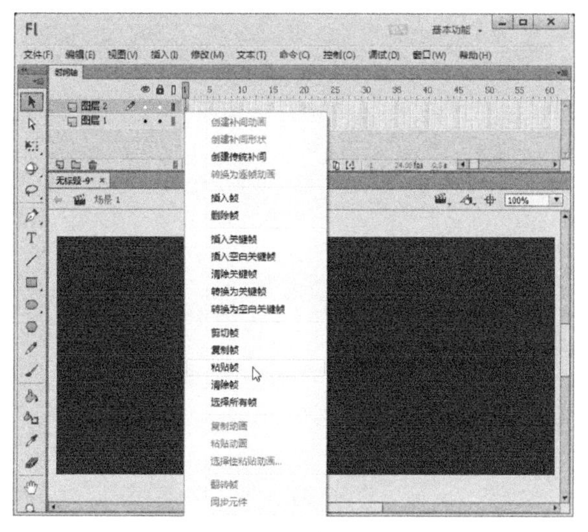

图4-105

04 选择图层2第1帧中的文字，在“属性”面板中将文本颜色设置为黑色，如图4-106所示。

图4-106

05 选择图层2，按下鼠标左键不放，将其拖曳到图层1的下方，然后分别按键盘上的←键和↑键各一次，这就表示将文字向左方与下方各移动了一次，如图4-107所示。

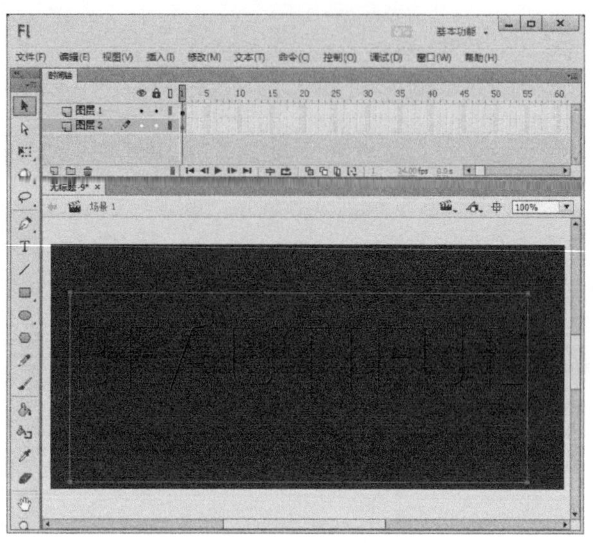

图4-107

06 新建图层3，选择图层2的第1帧，执行“编辑>复制”命令，然后选择图层3的第1帧，执行“编辑>粘贴到当前位置”命令，如图4-108所示。

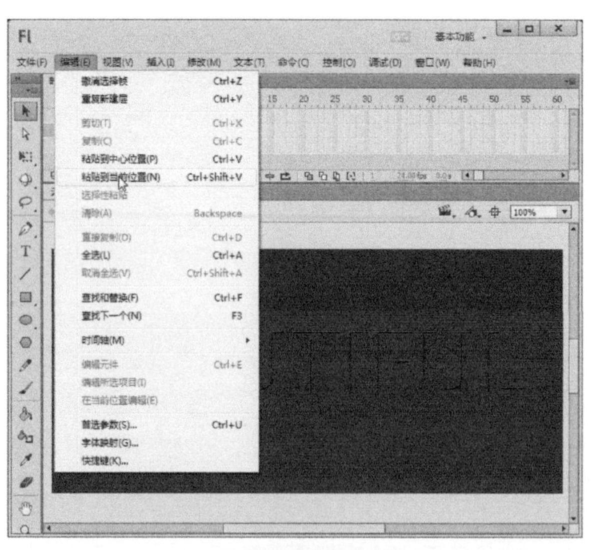

图4-108

07 选择图层3的第1帧，执行“修改>分离”命令两次或按Ctrl+B组合键两次，将文本打散，然后将其填充颜色设置为黄色，如图4-109所示。

图4-109

08 选择图层3，分别在键盘上按←键和↓键各两次，然后将图层3拖曳到图层1的下方，如图4-110所示。

图4-110

09 保存文件，按Ctrl+Enter组合键，欣赏实例完成效果，如图4-111所示。

图4-111

4.6 章节小结

本章讲述了时间轴、帧与图层的知识，在不同的图层上放置不同的动画元素将会制作出许多不同的动画效果。在运用图层制作动画时，一定要注意，当所建立的图层顺序不能达到动画的预期效果时，需要对图层的顺序进行调整，也就是在图层区中拖动图层来改变图层的顺序。

4.7 课后习题

本节提供了两个课后习题供大家练习，希望大家能通过这两个习题掌握本章的知识技巧。

课后习题

（扫码观看视频）

眨眼睛

实例位置

CH04> 眨眼睛 > 眨眼睛 .fla

素材位置

CH04> 眨眼睛

实用指数

★★★★

应用本章讲述的知识，创建一个眨眼睛动画。

最终效果图

主要步骤

01 新建一个动画文档，然后导入一幅男人图像。

02 新建一个图层2，在时间轴第1帧处绘制男人的眼睛。

03 在图层2的第4帧处插入空白关键帧，新建一个图层3，然后在图层3的第4帧处插入关键帧，并绘制男人眼睛闭上的形状。

课后习题

（扫码观看视频）

创建立体文字

实例位置

CH04> 创建立体文字 > 创建立体文字 .fla

素材位置

CH04> 创建立体文字

实用指数

★★★★

应用本章所讲述图层的知识，创建立体文字效果。

最终效果图

主要步骤

01 在Flash文档中输入红色的文字。

02 复制文字，新建图层2，粘贴文字，并将粘贴的文字颜色更改为灰色。

03 将图层2拖动到图层1的下方，然后分别按键盘上的←键和↑键各一次。

04 新建图层3，将一幅背景图像导入到舞台上，并将图层3拖动到图层2的下方。

CHAPTER

05 Flash中的基础动画

一个完整、精彩的Flash动画作品是由一种或几种动画类型结合而成的。本章通过对实例的详细讲解，介绍了Flash中几种基础动画的创建方法。希望读者通过本章内容的学习，能了解逐帧动画和补间动画的原理，能够灵活运用这几种动画的创建方式，编辑出更多的Flash动画效果。

* 逐帧动画
* 动画补间动画
* 形状补间动画
* 引导动画
* 遮罩动画

5.1 动画的基本类型

在Flash CC中，Flash动画的基本类型包括以下几种。

1.逐帧动画

逐帧动画是指依次在每一个关键帧上安排图形或元件而形成的动画类型。它通常是由多个关键帧组成，通常用于表现其他动画类型无法实现的动画效果，如人物或动物的行为动作。逐帧动画的特点是可以制作出流畅细腻的动画效果，但是由于是每一帧都需要编辑，所以工作量比较大，而且会用到较多的内存。

2.动作补间动画

动作补间动画是根据对象在两个关键帧中位置、大小、旋转、倾斜、透明度等属性的差别计算生成的，一般用于表现对象的移动、旋转、放大、缩小、出现、隐藏等变化。

3.形状补间动画

形状补间动画是指Flash中的矢量图形或线条之间互相转化而形成的动画。形状补间动画的对象只能是矢量图形或线条，不能是组或元件。通常用于表现图形之间的互相转化。

4.引导动画

引导动画是指使用Flash里的运动引导层控制元件的运动而形成的动画。

5.遮罩动画

遮罩动画是指使用Flash中遮罩层的作用而形成的一种动画效果。遮罩动画的原理就在于被遮盖的就能被看到，没被遮盖的反而看不到。遮罩效果在Flash动画中的使用频率很高，常会做出一些意想不到的效果。理解遮罩的原理后，通过读者的想象和创造，相信一定可以做出更多惊喜的效果。

5.2 逐帧动画

逐帧动画技术利用人的视觉暂留原理，快速地播放连续的、具有细微差别的图像，使原来静止的图形运动起来。人眼所看到的图像大约可以暂存在视网膜上1/16s，如果在暂存的影像消失之前观看另一张有细微差异的图像，并且后面的图片也在相同的极短时间间隔后出现，所看到的将是连续的动画效果。电影的拍摄和播放速度为每秒24帧画面，比视觉暂存的1/16s短，因此看到的是活动的画面，实际上只是一系列静止的图像。

要创建逐帧动画，需要将每个帧都定义为关键帧，然后给每个帧创建不同的图像。制作逐帧动画的基本思想是把一系列相差甚微的图形或文字放置在一系列的关键帧中，动画的播放看起来就像一系列连续变化的动画。其最大的不足就是制作过程较为复杂，尤其在制作大型的Flash动画的时候，它的制作效率是非常低的，在每一帧中都将旋转图形或文字，所以占用的空间会比制作渐变动画所耗费的空间大。但是，逐帧动画的每一帧都是独立的，它可以创建出许多依靠Flash CC的渐变功能无法实现的动画。逐帧动画具有非常大的灵活性，几乎可以表现任何想表现的内容，而它类似于电影的播放模式，很适合于创建细腻的动画。例如：人物或动物急剧转身、 头发及衣服的飘动、走路、说话以及精致的3D效果等。所以在许多优秀的动画设计中也用到了逐帧动画。

综上所述，在制作动画的时候，除非在渐变动画不能完成动画效果的时候才使用逐帧动画来完成制作。在逐帧动画中，Flash会保存每个完整帧的值，这是最基本，也是取得效果最直接的动画形式。图5-1所示为一个人物跑步的动作动画。

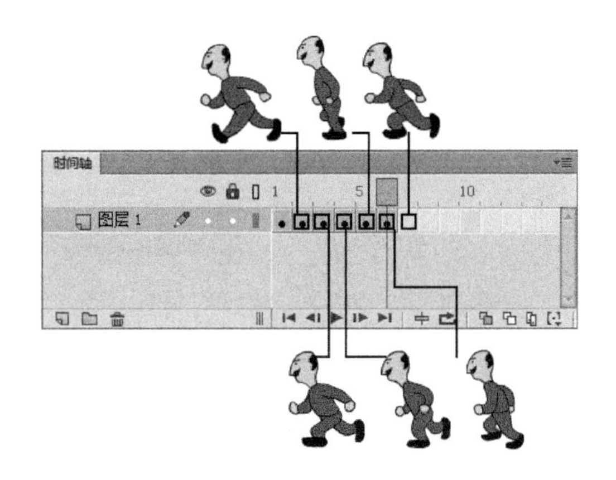

图5-1

5.3 动作补间动画

动画补间又称为动作补间动画，是指在时间轴的一个图层中，创建两个关键帧，分别为这两个关键帧设置不同的位置、大小、方向等参数，再在两个关键帧之间创建动作补间动画效果，是Flash中比较常用的动画类型。

用鼠标选取要创建动画的关键帧后，单击鼠标右键，在弹出的快捷菜单中选择“创建传统补间”命令，或者执行“插入>传统补间”菜单命令，如图5-2所示，即可快速地完成补间动画的创建。

图5-2

即学即用

（扫码观看视频）

● 乡间的小汽车

实例位置

CH05> 乡间的小汽车 > 乡间的小汽车 .fla

素材位置

CH05> 乡间的小汽车 >1.png、bj.jpg

实用指数

★★★★

技术掌握

学习“动作补间动画”的创建方法

最终效果图

01 新建一个空白Flash文档。执行“修改>文档”菜单命令，打开“文档设置”对话框，在对话框中将“舞台大小”设置为650像素×400像素，如图5-3所示。

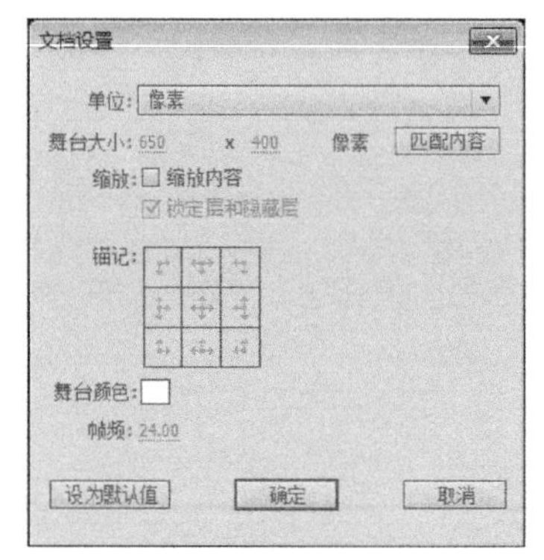

图5-3

02 执行“文件>导入>导入到舞台”菜单命令，将一幅背景图片导入到舞台上，如图5-4所示。

03 新建“图层2”，执行“文件>导入>导入到舞台”菜单命令，将一幅小汽车图片导入到舞台上，并将其移动到背景图片的左侧，如图5-5所示。

图5-4

图5-5

04 在“图层1”的第65帧处插入帧，在“图层2”的第65帧处插入关键帧，然后选择“图层2”的第65帧处的小汽车图片，将其移动到背景图片的右侧，如图5-6所示。

05 选择“图层2”的第1帧~第65帧的任意一帧，单击鼠标右键，在弹出的快捷菜单中选择“创建传统补间”命令，如图5-7所示。

图5-6

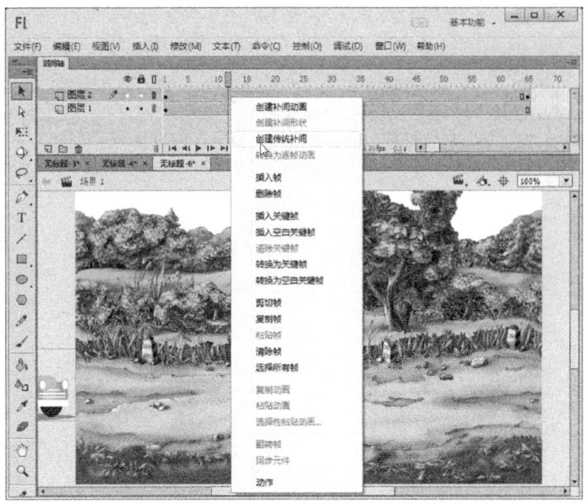

图5-7

06 选择“图层2”的第1帧，打开“属性”面板，在“缓动”文本框中输入-100，如图5-8所示。

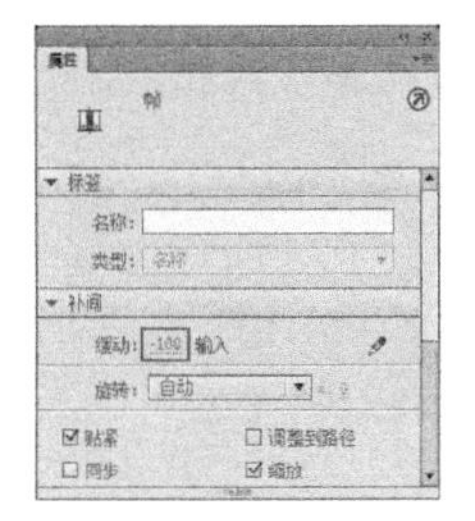

图5-8

Tips

“缓动”用来设置动画的快慢速度。其值为-100~100，可以在文本框中直接输入数字。设置为100动画先快后慢，-100动画先慢后快，其间的数字按照-100~100的变化趋势逐渐变化。

07 保存文件，按Ctrl+Enter组合键观看动画效果，如图5-9所示。

图5-9

5.4 形状补间动画

与逐帧动画的创建比较，补间动画的创建就相对简便多了。在一个图层的两个关键帧之间建立补间动画关系后，Flash会在两个关键帧之间自动生成补充动画图形的显示变化，达到更流畅的动画效果，这就是补间动画。

而形状补间是基于所选择的两个关键帧中的矢量图形存在形状、色彩、大小等的差异而创建的动画关系，在两个关键帧之间插入逐渐变形的图形显示。和动画补间不同，形状补间动画中两个关键帧中的内容主体必须是处于分离状态的图形，独立的图形元件不能创建形状补间的动画。

5.4.1 创建形状补间动画

用鼠标选取要创建形状补间动画的关键帧后，单击鼠标右键，在弹出的快捷菜单中选择“创建补间形状”命令，或者执行“插入>补间形状”菜单命令，如图5-10所示，即可快速地完成形状补间动画的创建。

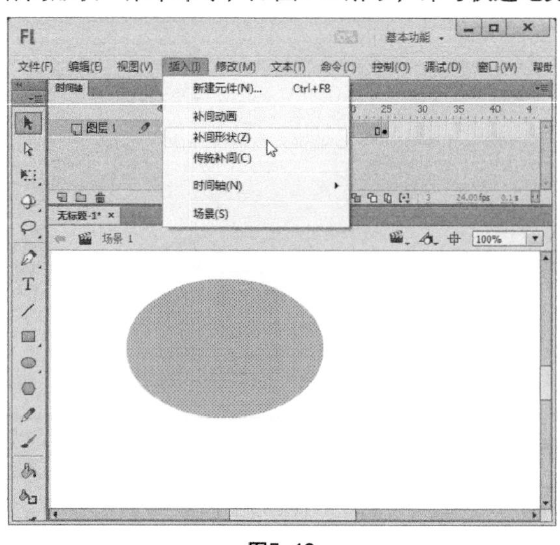

图5-10

即学即用

● 变换形状

实例位置

CH05> 变换形状 > 变换形状 .fla

实用指数

★★★★

素材位置

无

技术掌握

学习“形状补间动画”的创建方法

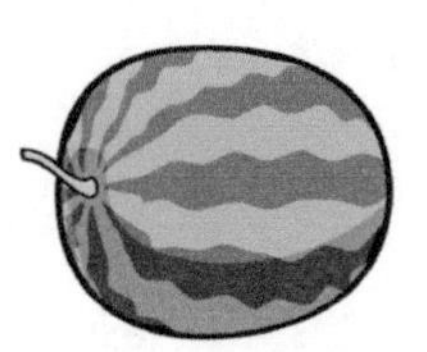

最终效果图

（扫码观看视频）

01 新建一个空白的影片文件，在舞台中绘制好苹果的图形并将其放置到舞台的中间，如图5-11所示。

图5-11

02 在时间轴中选择当前图层的第20帧，按F7键，插入一个空白关键帧，在舞台中绘制好西瓜的图形并将其放置到舞台的中间，如图5-12所示。

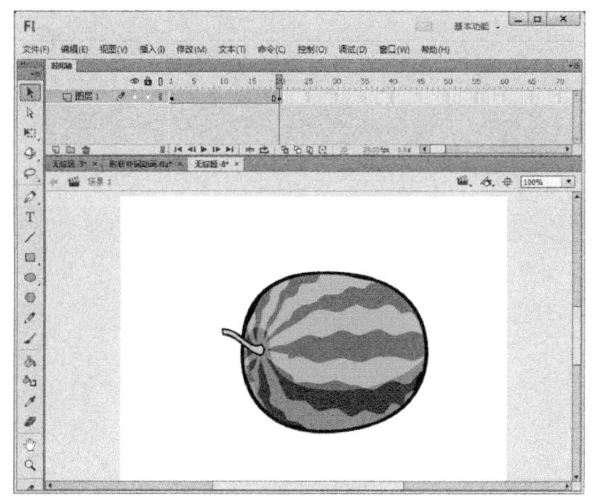

图5-12

03 在时间轴选择第1帧，执行“插入>补间形状”菜单命令，即可为选择的关键帧创建形状补间动画，如图5-13所示。

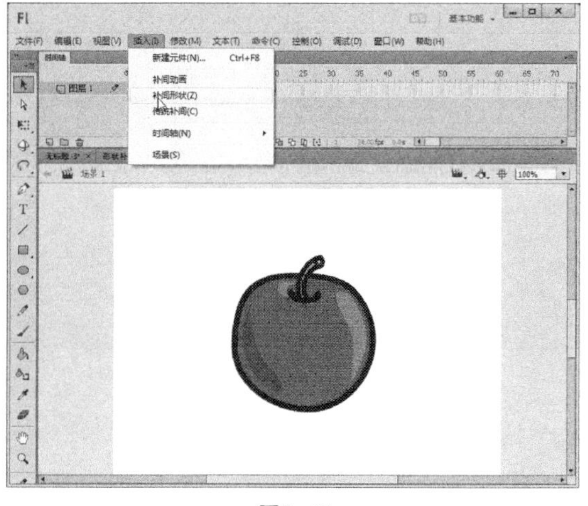

图5-13

04 保存文件，按Ctrl+Enter组合键浏览动画，如图5-14所示。

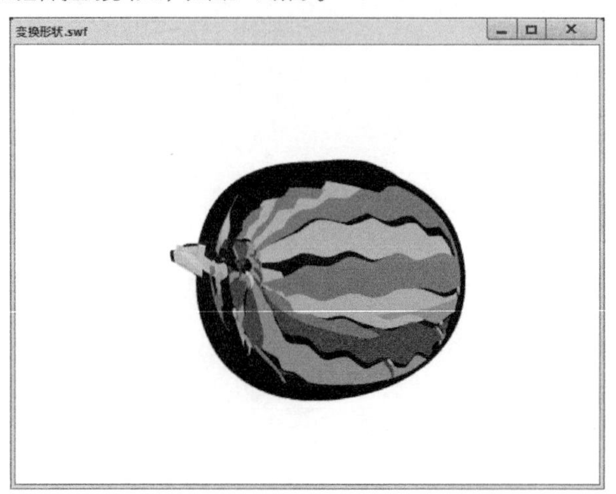

图5-14

即学即用

● 变形文字特效

实例位置

CH05> 变形文字特效 > 变形文字特效 .fla

素材位置

CH05> 变形文字特效 >1.jpg

实用指数

★★★★

技术掌握

学习“形状补间动画”的创建方法

（扫码观看视频）

最终效果图

01 新建一个空白Flash文档。执行“修改>文档”菜单命令，打开“文档设置”对话框，在对话框中将“舞台大小”设置为550像素×390像素，如图5-15所示。

02 执行“文件>导入>导入到舞台”菜单命令，将一幅背景图片导入到舞台上，并在时间轴的第105帧处插入帧，如图5-16所示。

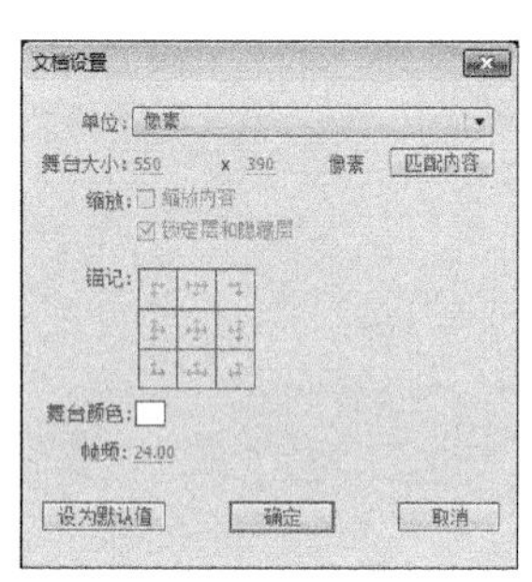

图5-15

图5-16

03 选择“文本工具”T，在“属性”面板中设置文字的字体为“微软雅黑”，将字号设置为42，将“字母间距”设置为3，将字体颜色设置为白色，如图5-17所示。

04 新建图层2，在第10帧处插入关键帧，在工作区中输入文字“只有月光陪伴你”，如图5-18所示。

图5-17　　图5-18

05 选中输入的文字，按F8键，将其转换为名称为“文字”的图形元件，如图5-19所示。

06 在图层2的第50帧处插入关键帧。选中第10帧中的文字，打开“属性”面板，将Alpha值调整为0%。，如图5-20所示。

07 在图层2的第10帧~第50帧创建动画，新建图层3，在该层的第50帧处插入关键帧，如图5-21所示。

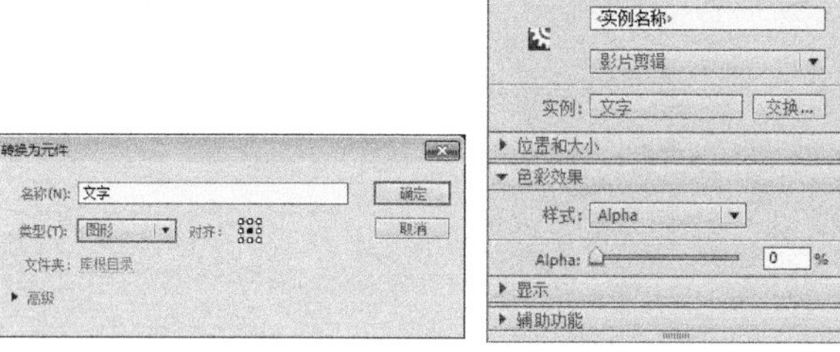

图5-19　　图5-20

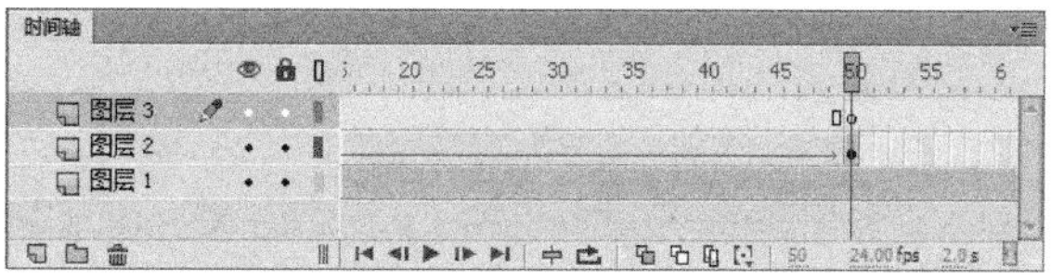

图5-21

08 复制图层2第50帧处的文字，将其粘贴到图层3第50帧处，然后按3次Ctrl+B组合键将文字打散，如图5-22所示。

09 在图层3第80帧处插入空白关键帧，在舞台上输入文字“在这安静的夜晚”，如图5-23所示。

图5-22

图5-23

10 选中刚输入的文字，然后按Ctrl+B组合键两次将文字打散，接着在图层3的第50帧~第80帧创建形状补间动画，如图5-24所示。

11 保存文件并按Ctrl+Enter组合键，欣赏动画完成效果，如图5-25所示。

图5-24

图5-25

5.4.2 形状提示

在使用形状补间动画制作变形动画的时候，如果动画比较复杂或特殊，一般不容易控制，系统自动生成的过渡动画不能令人满意。这时候，使用变形提示功能就可以让过渡动画按照自己设想的方式进行。其方法是分别在动画的起始帧和结束帧的图形上指定一些变形提示点。现在结合实例来介绍加入了变形提示的变形动画的制作。

1.设置起始状态

01 新建一个Flash文件，打开“属性”面板，选择工具箱中的“文本工具” T ，然后在“属性”面板中设置文字的字体为Lucida Sans Unicode，“大小”为220，如图5-26所示。

02 在舞台中用“文本工具”输入文字H，如图5-27所示。

03 用“选择工具”选择输入的文字对象，然后执行“修改>分离”菜单命令，将该文字对象分离，如图5-28所示。

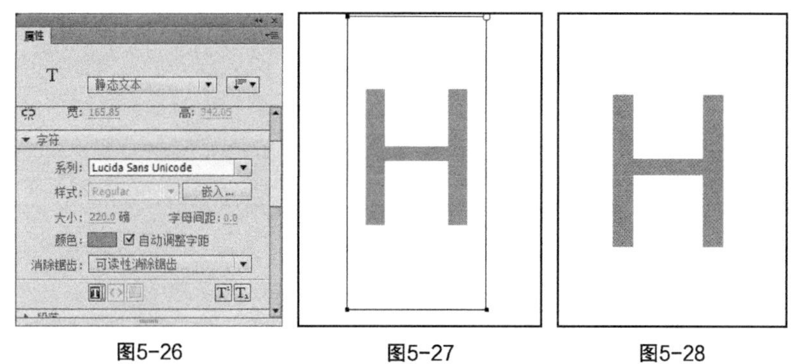

图5-26　　图5-27　　图5-28

2.设置结束帧的状态

01 在时间轴上的第35帧处单击鼠标右键，在弹出的快捷菜单中选择“插入空白关键帧”命令，在第35帧处插入一个空白关键帧。

02 在时间轴上选择第35帧，在舞台中以同样的字体和字号输入文字G，然后执行“修改>分离”菜单命令，将输入的文字对象分离，如图5-29所示。

03 在时间轴上选择第1帧~第35帧的任意一帧，然后执行“插入>补间形状”菜单命令，如图5-30所示，这样一个形状变形动画就基本制作完成了。

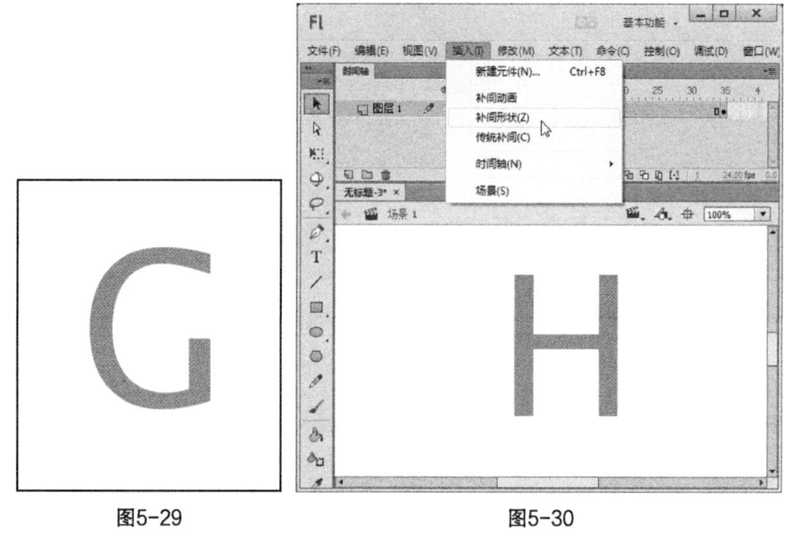

图5-29　　图5-30

3.添加形状显示

01 执行“修改>形状>添加形状提示”菜单命令，或按Ctrl+Shift+H组合键，这样就添加了一个形状提示符，在场景中会出现一个●，将其拖曳至形体H的左上角。以同样的方法再添加一个形状提示符，相应的在场景中会增加一个形状提示符●，将其拖曳至形体H的右下角，如图5-31所示。如果需要精确定义变形动画的变化还可以添加更多的形状提示符。

图5-31

02 在时间轴上选中第35帧，在舞台中多出了和在第1帧中添加的提示符一样的形状提示符。拖曳提示符 ● 于形体G的左上角，拖曳提示符 ● 至形体G的右下角，在拖曳的时候形状提示符变成绿色，表示自定义的形状变形能够实现，如图5-32所示。

图5-32

通过制作变形动画可以看到，变形动画的制作方法以及具体的操作步骤和移动动画的制作相似，都是通过设置关键帧的不同状态，然后由Flash根据两个关键帧的状态，在这两个关键帧之间自动生成形状变形动画的过渡帧。

4.删除形状提示

单个形状提示的删除

单个形状提示的删除方法有以下两种。

第1种：将形状提示拖到图形外即可。

第2种：在建立的形状提示符上单击鼠标右键，弹出如图5-33所示的菜单，选择“删除提示”命令即可。

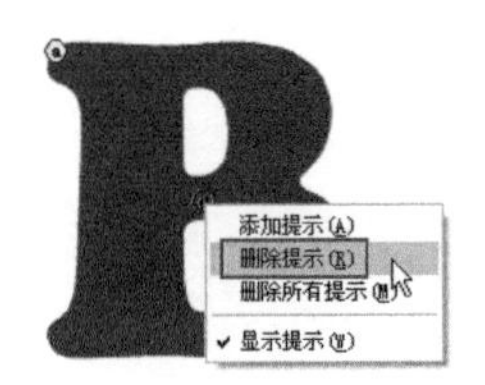

图5-33

多个形状提示的删除

多个形状提示的删除方法有以下两种。

第1种：执行“修改>形状>删除所有提示”菜单命令即可。

第2种：在建立的形状提示上单击鼠标右键，从弹出菜单中选择“删除所有提示”命令。

Tips

在制作加入了提示的形状变形动画时，应该注意以下两个方面的问题。

形状变形动画的对象如果是位图或文字对象，只有被完全分离后才能创建形状变形动画，否则，动画将不能被创建。

在添加形状提示后，只有当起始关键帧的形状提示符从红色变为黄色，结束关键帧的形状提示符从红色变为绿色时，才能使形状变形得到控制，否则，添加的形状提示将被视为无效。

5.5 引导动画

引导动画是指使用Flash里的运动引导层控制动画元素的运动而形成的动画。引导层作为一个特殊的图层，在Flash动画设计中的应用也十分广泛。在引导层的帮助下，可以实现对象沿着特定的路径运动。要创建引导层动画，需要两个图层，一个引导层，一个被引导层。在创建引导层动画时，一条引导路径可以对多个对象同时作用，一个影片中可以存在多个引导图层，引导图层中的内容在最后输出的影片文件中不可见。

即学即用

● 小鱼儿

实例位置
CH05> 小鱼儿 > 小鱼儿 .fla

素材位置
CH05> 小鱼儿 >1.png、背景 .jpg

实用指数
★★★★

技术掌握
学习“引导动画”的创建方法

（扫码观看视频）

最终效果图

01 新建一个空白Flash文档。执行“修改>文档”菜单命令，打开“文档设置”对话框，在对话框中将“舞台大小”设置为550像素×390像素，如图5-34所示。

图5-34

02 执行“文件>导入>导入到舞台”菜单命令，将一幅背景图片导入到舞台上，如图5-35所示。

03 新建“图层2”，执行“文件>导入>导入到舞台”菜单命令，将一幅小鱼儿图片导入到舞台上，如图5-36所示。

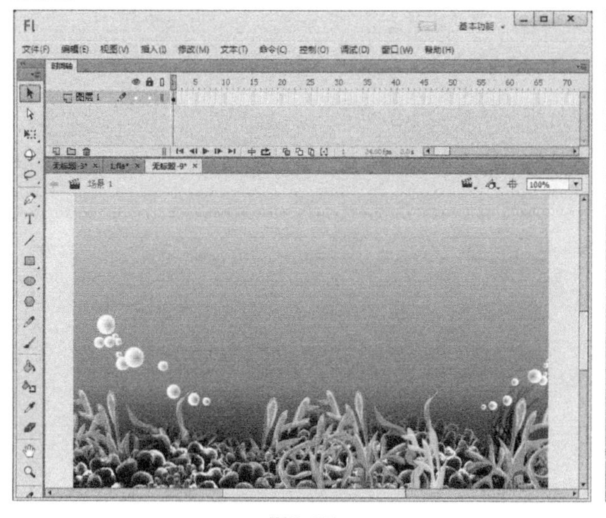

图5-35

图5-36

04 选中“图层2”，单击鼠标右键，在弹出的快捷菜单中选择“添加传统运动引导层”命令，这样就会在图层2的上方新建一个引导层，如图5-37所示。

05 选中引导层的第1帧，使用“铅笔工具”绘制一条黑色的曲线，如图5-38所示。

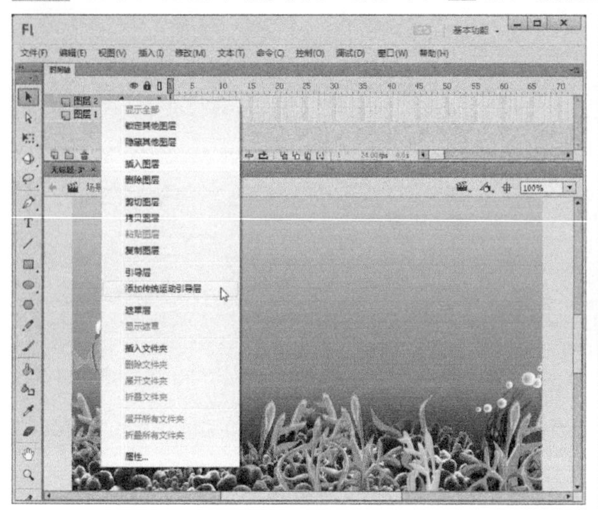

图5-37

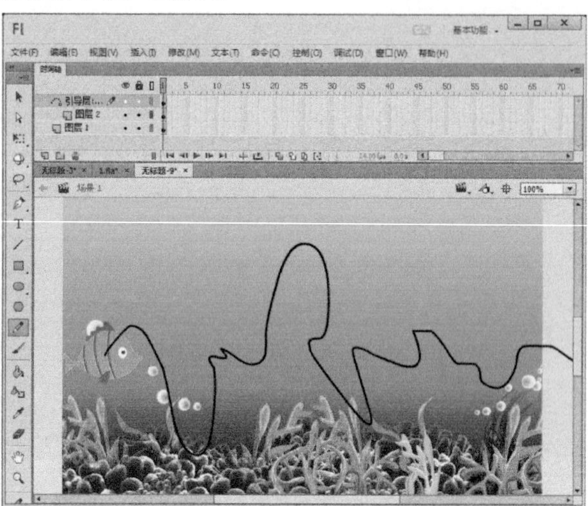

图5-38

Tips

绘制的曲线就是小鱼儿的游动轨迹，该曲线在最终动画效果中是不显示的，只是起引导作用。

06 在“图层1”与“引导层”的第90帧处插入帧，在“图层2”的第90帧处插入关键帧，如图5-39所示。

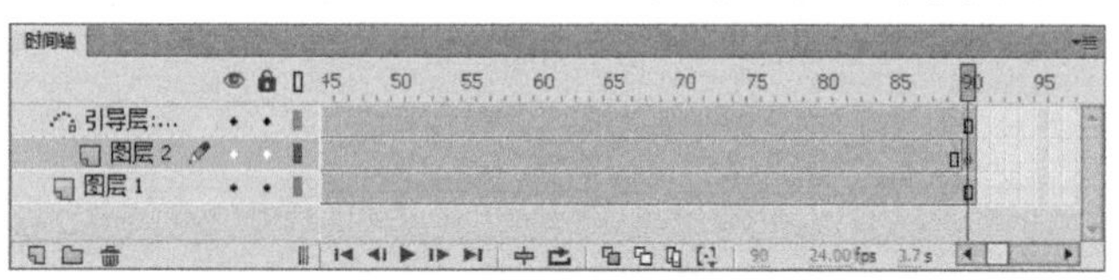

图5-39

07 使用“任意变形工具”选中“图层2”第1帧中的小鱼儿，将其移动到曲线的开始处，注意小鱼儿的中心点要与曲线开始端重合，如图5-40所示。

08 使用“任意变形工具”选中“图层2”第90帧中的小鱼儿，将其沿着曲线移动到曲线的终点，如图5-41所示。

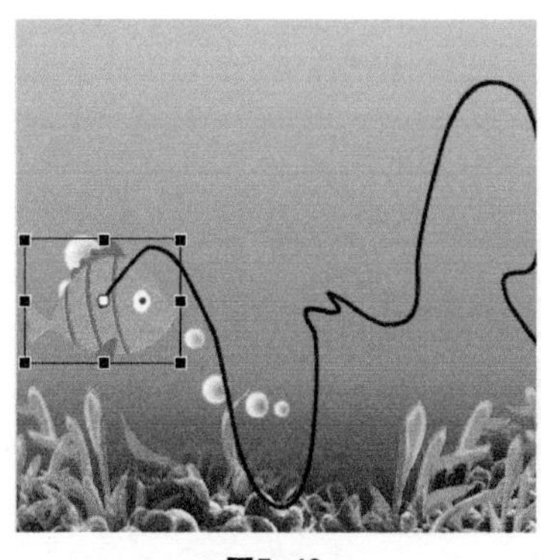

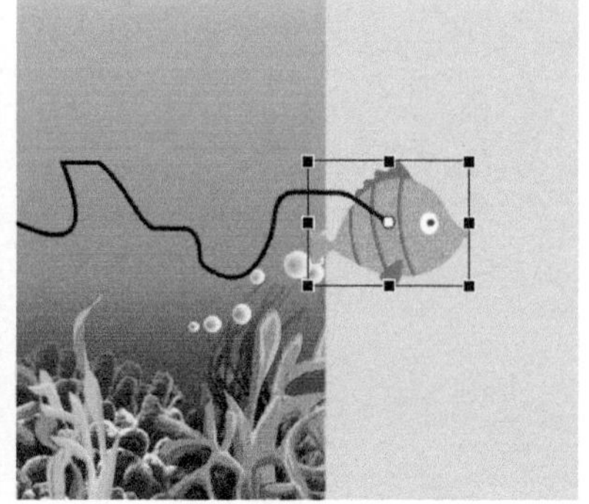

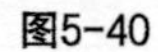

图5-40　　图5-41

09 在“图层2”的第1帧~第90帧创建动作补间动画，如图5-42所示。

10 保存文件，然后按Ctrl+Enter组合键欣赏动画的最终效果，如图5-43所示。

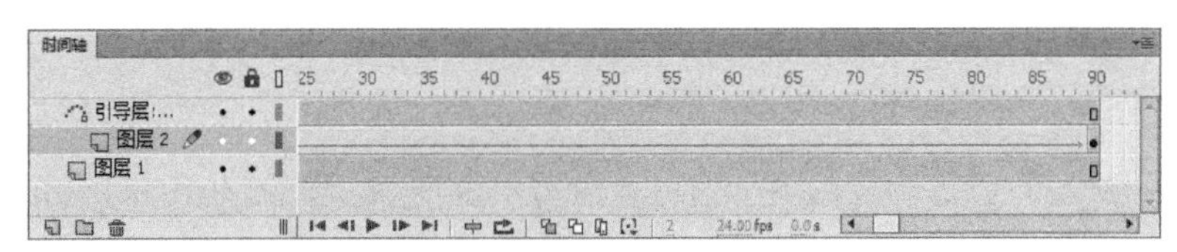

图5-42

图5-43

5.6 遮罩动画

在制作动画的过程中，有些效果用通常的方法很难实现，如手电筒、百叶窗、放大镜等效果，以及一些文字特效。这时，就要用到遮罩动画了。

要创建遮罩动画，需要有两个图层，一个遮罩层，一个被遮罩层。要创建动态效果，可以让遮罩层动起来。对于用作遮罩的填充形状，可以使用补间形状；对于文字对象、图形实例或影片剪辑，可以使用补间动画。

要创建遮罩层，可以将遮罩项目放在要用作遮罩的层上。与填充或笔触不同，遮罩项目像是个窗口，透过它可以看到位于它下面的链接层区域。除了透过遮罩项目显示的内容之外，其余的所有内容都被遮罩层的其余部分隐藏起来。一个遮罩层只能包含一个遮罩项目。按钮内部不能有遮罩层，也不能将一个遮罩应用于另一个遮罩。

在Flash中，使用遮罩层可以制作出特殊的遮罩动画效果，例如聚光灯效果。如果将遮罩层比作聚光灯，当遮罩层移动时，它下面被遮罩的对象就像被灯光扫过一样，被灯光扫过的地方清晰可见，没有被扫过的地方将不可见。另外，一个遮罩层可以同时遮罩几个图层，从而产生出各种特殊的效果。

即学即用

（扫码观看视频）

● 鲜花文字

实例位置

CH05> 鲜花文字 > 鲜花文字 .fla

素材位置

CH05> 鲜花文字 >1.jpgg

实用指数

★★★★

技术掌握

学习“遮罩动画”的创建方法

最终效果图

01 新建一个空白Flash文档。执行“修改>文档”菜单命令，打开“文档设置”对话框，在对话框中将“舞台大小”设置为500像素×260像素，“背景颜色”设置为黑色，如图5-44所示。

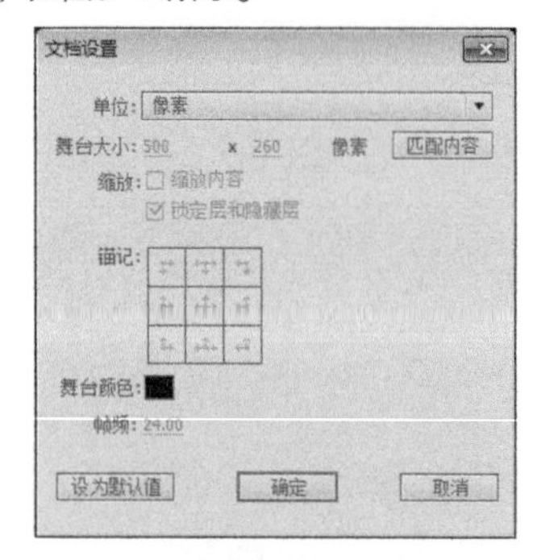

图5-44

02 选择工具箱中的“文本工具” T，在“属性”面板中设置文字的字体为MoolBoran，大小为200，字体颜色为白色，然后在文档中输入FLOWER，如图5-45所示。

03 新建图层2，将其拖动到图层1的下方，然后导入一幅图像到舞台中，如图5-46所示。

图5-45

图5-46

04 在图层1的第50帧处插入帧，在图层2的第50帧处插入关键帧，如图5-47所示。

05 将图层2的第50帧处的图像向右移动，然后在图层2的第1帧~第50帧创建动作补间动画，如图5-48所示。

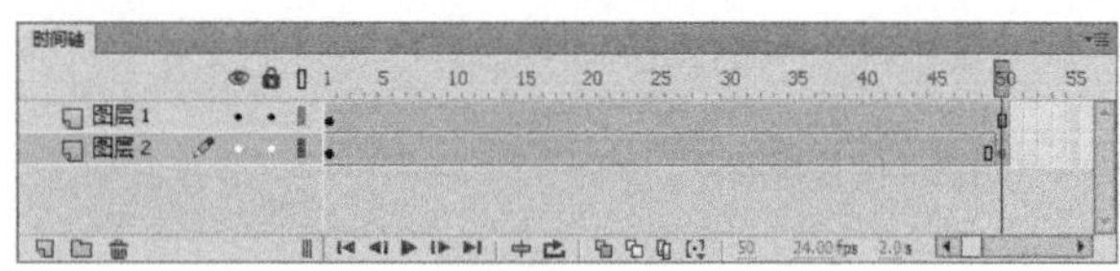

图5-47

图5-48

06 在图层1上单击鼠标右键，在弹出的快捷菜单中选择“遮罩层”命令，如图5-49所示。这样就创建了遮罩动画。

07 保存文件并按Ctrl+Enter组合键，欣赏遮罩动画完成效果，如图5-50所示。

图5-49

图5-50

七彩倒影

实例位置

CH05> 七彩倒影 > 七彩倒影 .fla

素材位置

CH05> 七彩倒影 >1.png、2.jpg

实用指数

★★★★

技术掌握

学习“遮罩动画”的创建方法

最终效果图

01 新建一个空白Flash文档。执行“修改>文档”菜单命令，打开“文档设置”对话框，在对话框中将“舞台大小”设置为500像素×300像素，如图5-51所示。

02 执行“插入>新建元件”菜单命令，打开“创建新元件”对话框。在“名称”文本框中输入影片剪辑的名称“文字”，在“类型”下拉列表中选中“影片剪辑”选项，如图5-52所示。

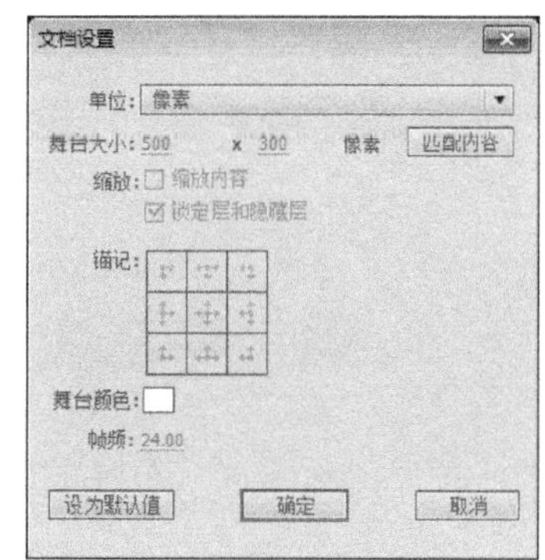

图5-51

图5-52

03 选择工具箱中的“文本工具”T，在“属性”面板中设置文字的字体为“微软简中圆”，将字号设置为56，将“字母间距”设置为3，将字体颜色设置为红色，在工作区中输入文字“网址导航大全”，如图5-53所示。

图5-53

04 复制文字，然后新建图层2，将文字粘贴到图层2中，如图5-54所示。

05 选择图层2中的文本内容，通过键盘的方向键分别向下、向右移动4个像素，如图5-55所示。

图5-54

图5-55

06 新建图层3，将其拖动到图层2的下方，将一幅图像导入到工作区中，如图5-56所示。

07 在图层3的第50帧处插入关键帧，在图层1与图层2的第50帧处插入帧，将导入的图像拖动到文字的右侧，如图5-57所示。

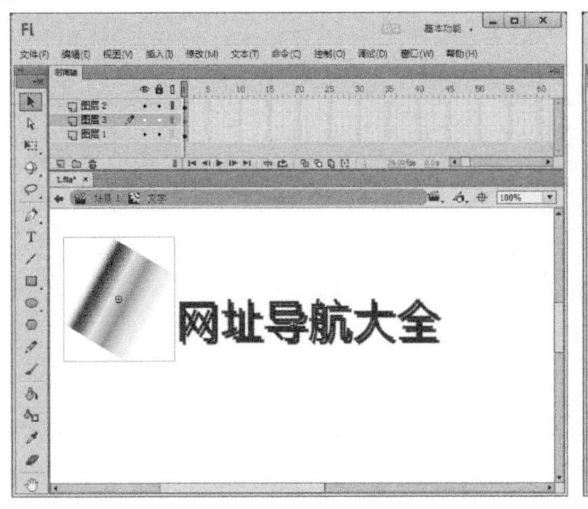

图5-56

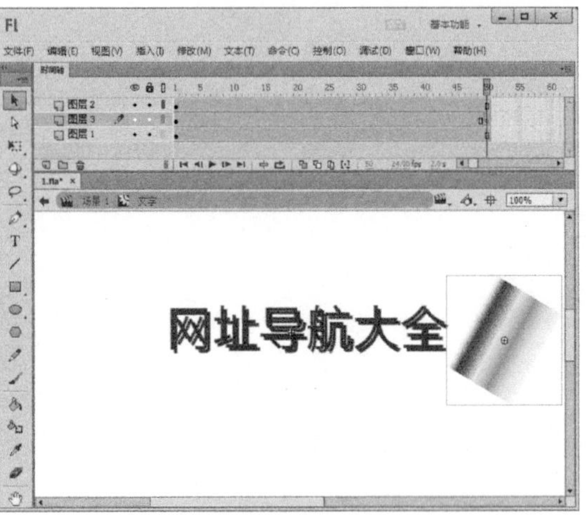

图5-57

08 在图层3的第1帧~第50帧创建动画，在图层2上单击鼠标右键，在弹出的快捷菜单中选择“遮罩层”命令，创建遮罩动画，如图5-58所示。

09 回到主场景，执行“文件>导入>导入到舞台”命令，将一幅背景图像导入到舞台中，如图5-59所示。

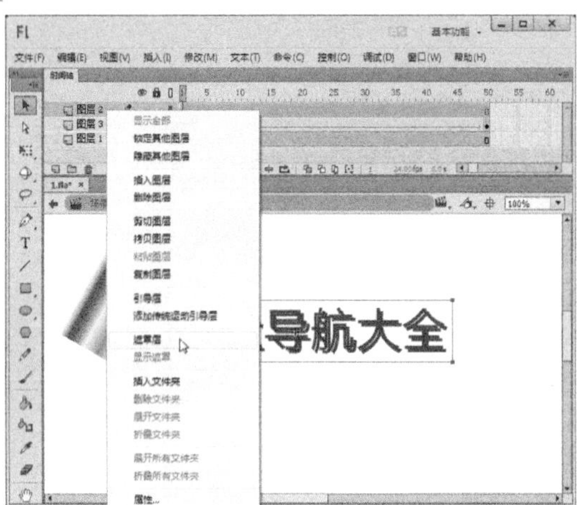

图5-58

图5-59

10 新建图层2，将“库”面板中的“文字”影片剪辑元件拖曳到舞台上，如图5-60所示。

图5-60

11 再拖曳一个“文字”影片剪辑元件到开始拖入的元件下方，如图5-61所示。

图5-61

12 选中下方的元件，执行“修改>变形>垂直翻转”菜单命令，如图5-62所示。

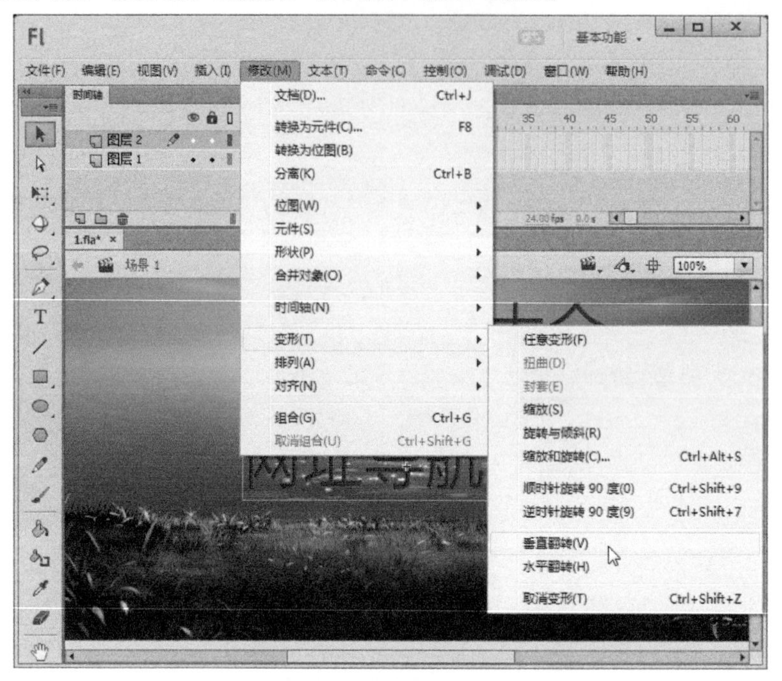

图5-62

13 保持下方元件的选中状态，在“属性”面板中将其“Alpha”值设置为20%，如图5-63所示。

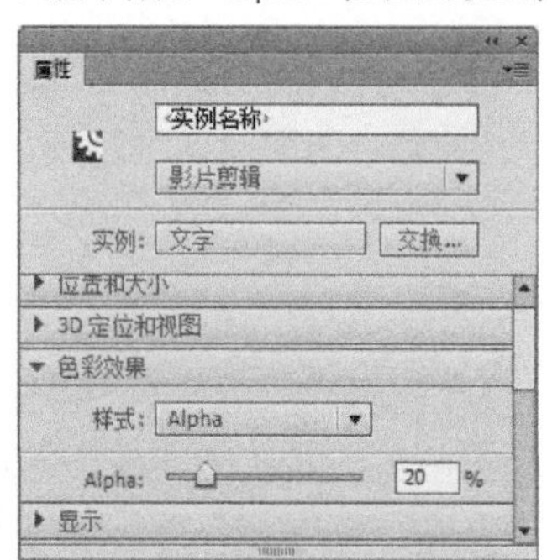

图5-63

14 保存文件并按Ctrl+Enter组合键，欣赏遮罩动画完成效果，如图5-64所示。

图5-64

5.7 章节小结

本章介绍了Flash中几种简单动画的创建方法。希望读者通过本章内容的学习，能了解逐帧动画和补间动画的原理，其中补间动画又包含了动作补间动画和形状补间动画两大类，能够灵活运用各种动画的创建方式，编辑出更多的Flash动画效果。

5.8 课后习题

本节提供了两个课后习题供大家练习，通过这两个课后练习，希望大家能掌握基础动画的制作方法。

● 遮罩文字

实例位置
CH05>遮罩文字>遮罩文字.fla

素材位置
CH05>遮罩文字

实用指数
★★★★

应用本章讲述的知识，创建一个遮罩文字动画。

最终效果图

主要步骤

01 新建一个Flash文档，打开“文档属性”对话框，在对话框中将“尺寸”设置为700像素（宽）×200像素（高）。

02 使用文本工具在舞台中输入英文SPRING，然后新建图层2。

03 将图层2拖动到图层1的下方，导入一幅背景图像。

04 在图层1的第80帧处插入帧，在图层2的第80帧处插入关键帧。

05 将图层2的第80帧处的图像向左移动，然后在图层2的第1帧~第80帧创建动作补间动画。

06 在图层1上单击鼠标右键，在弹出的快捷菜单中选择“遮罩层”命令。

课后习题

● 直升机

实例位置

CH05> 直升机字 > 直升机 .fla

素材位置

CH05> 直升机

实用指数

★★★★

应用引导层与动作补间动画创建直升机飞行效果。

最终效果图

（扫码观看视频）

主要步骤

01 在Flash中导入直升机图片，然后在图层1上新建一个引导层。

02 在引导层中绘制一条曲线作为直升机飞行的轨迹。

03 将直升机的中心点对准曲线的起始端，然后在引导层的第100帧处插入帧，在图层1的第100帧处插入关键帧。

04 将图层1第100帧处的直升机沿着曲线拖曳到曲线的尾端处，并且中心点要与曲线的尾端对准，最后在图层1的第1帧~第100帧创建动作补间动画。

05 新建图层3，导入一幅背景图像到舞台上，然后将图层3拖动到图层1的下方。

CHAPTER

06 元件、库、实例

在Flash CC中，对于需要重复使用的资源可以将其制作成元件，然后从“库”面板中拖曳到舞台上使其成为实例。合理地利用元件、库和实例，对提高影片制作效率有很大的帮助。本章介绍了三大元件的创建和库的概念，以及实例的创建与编辑。希望读者通过本章内容的学习，能掌握元件的创建、库的管理与使用等知识。

* 元件的概念与种类
* 创建图形元件
* 创建影片剪辑元件
* 创建按钮元件
* 库的管理
* 创建实例
* 设置实例

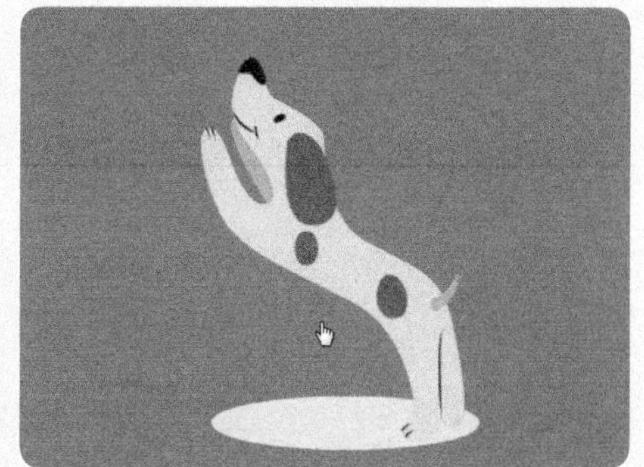

6.1 Flash中的元件

元件是Flash中的一种特殊组件，在一个动画中，有时需要一些特定的动画元素多次出现，在这种情况下，就可以将这些特定的动画元素作为元件来制作。这样就可以在动画中对其多次引用了。

元件包括图形元件、影片剪辑元件和按钮元件3种类型，且每个元件都有一个唯一的时间轴、舞台以及图层。在Flash中可以使用“新建元件”命令创建影片剪辑、按钮和图形3种类型的动画元件。使用“新建元件”命令打开“创建新元件”对话框后，在其中可以设置新元件的名称和类型等参数。

6.1.1 图形元件

在Flash电影中，一个元件可以被多次使用在不同位置。各个元件之间可以相互嵌套，不管元件的行为属于何种类型，都能以一个独立的部分存在于另一个元件中，使制作的Flash电影有更丰富的变化。图形元件是Flash电影中最基本的元件，主要用于建立和存储独立的图形内容，也可以用来制作动画，但是当把图形元件拖曳到舞台中或其他元件中时，不能对其设置实例名称，也不能为其添加脚本。

在Flash CC中可将编辑好的对象转换为元件，也可以创建一个空白的元件，然后在元件编辑模式下制作和编辑元件。下面就来介绍这两种方法。

1.将对象转换为图形元件

在场景中，选中的任何对象都可以转换成为元件。下面就介绍转换的方法。

01 使用“选择工具”选中舞台中的对象，如图6-1所示。

02 执行“修改>转换为元件”命令或者按F8键，打开“转换为元件”对话框，在“名称”文本框中输入元件的名称“小兔”，在“类型”下拉列表中选择“图形”选项，如图6-2所示。单击 确定 按钮后，位于舞台中的对象就转换为元件了。

图6-1

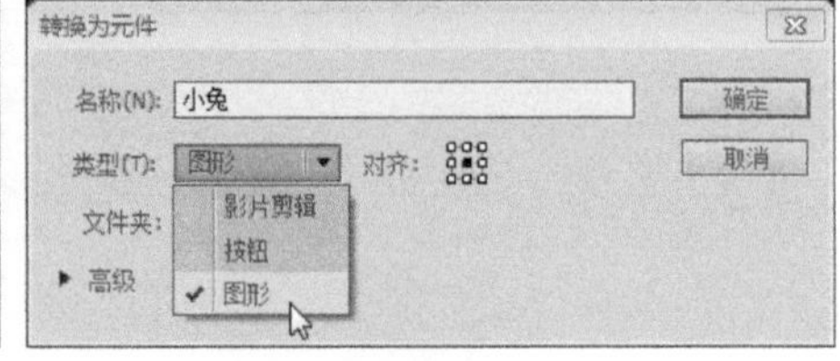

图6-2

2.创建新的图形元件

创建新的图形元件是指直接创建一个空白的图形元件，然后进入元件编辑模式创建和编辑图形元件的内容。

01 执行“插入>新建元件”命令，打开“创建新元件”对话框，在“名称”文本框中输入元件的名称“小女孩”，在“类型”下拉列表中选择“图形”选项，如图6-3所示。

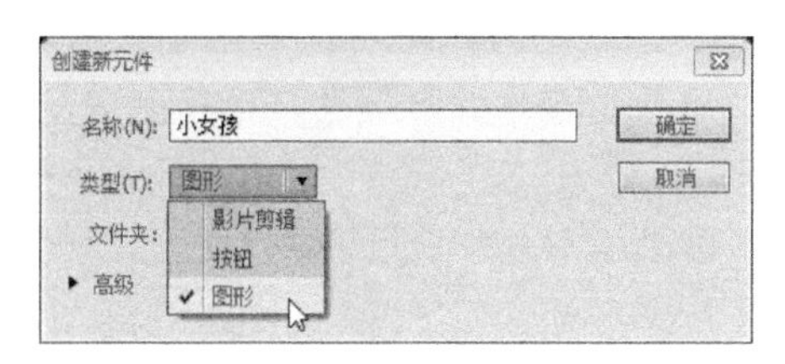

图6-3

02 单击 确定 按钮后，工作区会自动从影片的场景转换到元件编辑模式。在元件的编辑区中心处有一个+光标，如图6-4所示，现在就可以在这个编辑区中编辑图形元件了。

03 在元件编辑区中可以自行绘制图形或导入图形，如图6-5所示。

图6-4　　图6-5

04 执行“编辑>编辑文档”菜单命令或者直接单击元件编辑区左上角的场景名称 场景 1，回到场景编辑区。

Tips

运用新建元件的方式得到的“图形“元件一般保存在“库”的目录之下，所以在完成创建元件回到场景编辑区后，如果需要运用元件则需要打开“库”面板将相应的图形元件拖拽到场景编辑区相应位置即可。

“图形元件”被放入其他场景或元件中后，不能对其进行编辑。如果对某图形元件不满意，可以执行“窗口>库”菜单命令，打开“库”面板，双击“库”面板的元件图标，或双击场景中的元件进入元件编辑区，对元件进行编辑。

6.1.2 创建影片剪辑元件

影片剪辑是Flash电影中常用的元件类型，是独立于电影时间线的动画元件，主要用于创建具有一段独立主题内容的动画片段。当影片剪辑所在图层的其他帧没有别的元件或空白关键帧时，它不受目前场景中帧长度的限制，做循环播放；如果有空白关键帧，并且空白关键帧所在位置比影片剪辑动画的结束帧靠前，影片会结束，同样也做提前结束循环播放。

如果在一个Flash影片中，某一个动画片段会在多个地方使用，这时可以把该动画片段制作成影片剪辑元件。与制作图形元件一样，在制作影片剪辑时，可以创建一个新的影片剪辑，也就是直接创建一个空白的影片剪辑，然后在影片剪辑编辑区中对影片剪辑进行编辑。

创建影片剪辑的操作步骤如下。

01 执行“插入>新建元件”菜单命令，打开“创建新元件”对话框。在“名称”文本框中输入影片剪辑的名称，在“类型”下拉列表中选择“影片剪辑”选项，如图6-6所示。

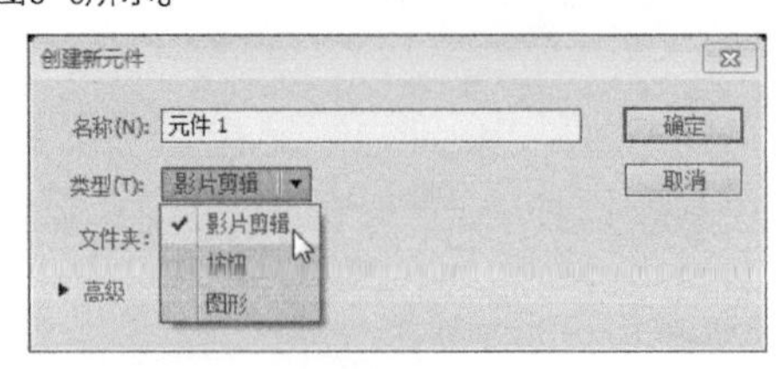

图6-6

02 单击 确定 按钮，系统自动从影片的场景转换到影片剪辑编辑模式。此时在元件的编辑区的中心将会出现一个+光标，现在就可以在这个编辑区中编辑影片剪辑了，如图6-7所示。

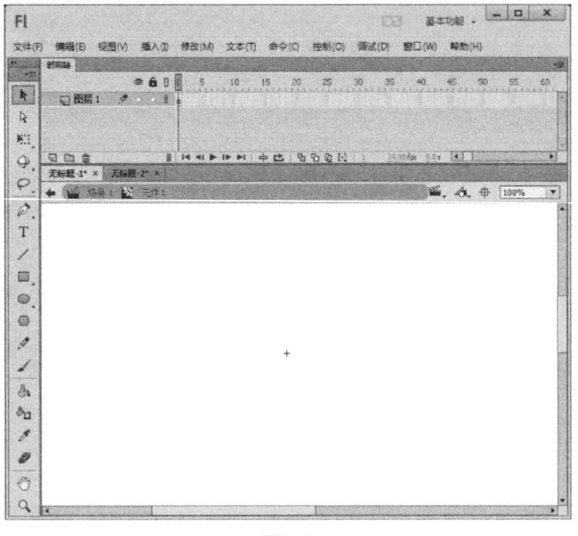

图6-7

↘6.1.3 创建按钮元件

按钮元件是Flash影片中创建互动功能的重要组成部分，在影片中响应鼠标的点击、滑过及按下等动作，然后响应的事件结果传递给创建的互动程序进行处理。执行“插入>新建元件”菜单命令，打开“创建新元件”对话框。在对话框中的“名称”文本框中输入按钮的名称“按钮”，在“类型”下拉列表中选择“按钮”选项。

进入按钮编辑区，可以看到时间轴控制栏中已不再是我们所熟悉的带有时间标尺的时间栏，取代时间标尺的是4个空白帧，分别为“弹起”、“指针经过”、“按下”和“点击”，如图6-8所示。

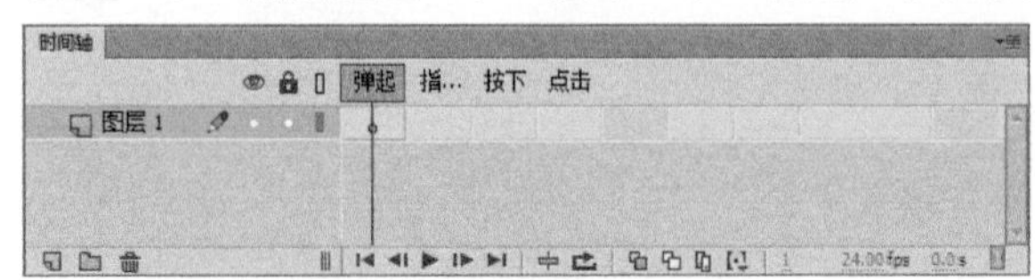

图6-8

主要参数介绍

* 弹起：按钮在通常情况下呈现的状态，即鼠标没有在此按钮上或者未单击此按钮时的状态。

* **指针经过：** 鼠标指向状态，即当鼠标移动至该按钮上但没有按下此按钮时所处的状态。
* **按下：** 鼠标按下该按钮时，按钮所处的状态。
* **点击：** 这种状态下可以定义响应按钮事件的区域范围，只有当鼠标进入到这一区域时，按钮才开始响应鼠标的动作。另外，这一帧仅仅代表一个区域，并不会在动画选择时显示出来。通常，该范围不用特别设定，Flash会自动依照按钮的“弹起”或“指针经过”状态时的面积作为鼠标的反应范围。

即学即用

● 小狗按钮

实例位置	素材位置
CH06> 小狗按钮 > 小狗按钮 .fla	CH06> 小狗按钮 >1.png、2.png、3.png
实用指数	技术掌握
★★★★	学习“按钮元件”的创建方法

（扫码观看视频）

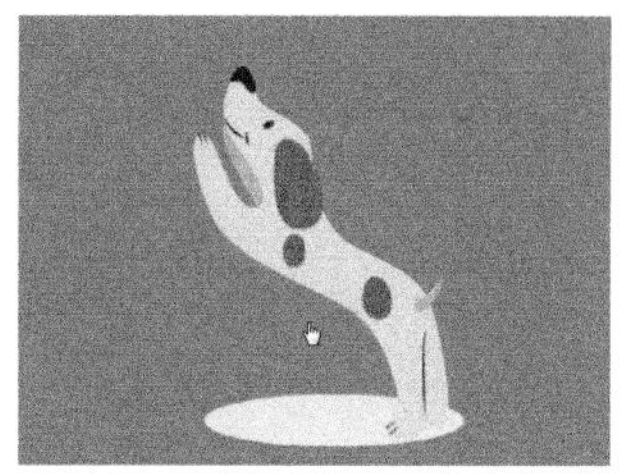

最终效果图

01 新建一个Flash空白文档，执行“修改>文档”菜单命令，打开“文档设置”对话框，在对话框中将“背景颜色”设置为蓝色，如图6-9所示。

02 执行“文件>导入>导入到库”菜单命令，将3幅小狗图片导入到“库”面板中，如图6-10所示。

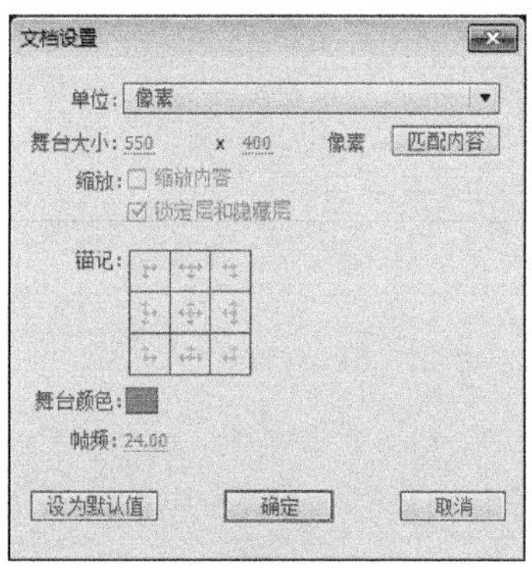

图6-9

图6-10

03 执行“插入>新建元件”菜单命令，打开“创建新元件”对话框。在“名称”文本框中输入“小狗”，在“类型”下拉列表中选中“按钮”选项，如图6-11所示。

图6-11

04 完成后单击 确定 按钮进入按钮元件的编辑状态，从“库”面板里将一幅图片拖曳到工作区中，如图6-12所示。

05 在“指针经过”处插入空白关键帧，再从“库”面板里将一幅图片拖曳到工作区中，如图6-13所示。

图6-12

图6-13

06 在“按下”处插入空白关键帧，再从“库”面板里将一幅图片拖曳到工作区中，如图6-14所示。

07 单击 场景 1 按钮，返回主场景，从“库”面板中将按钮元件“小狗”拖曳到舞台上，如图6-15所示。

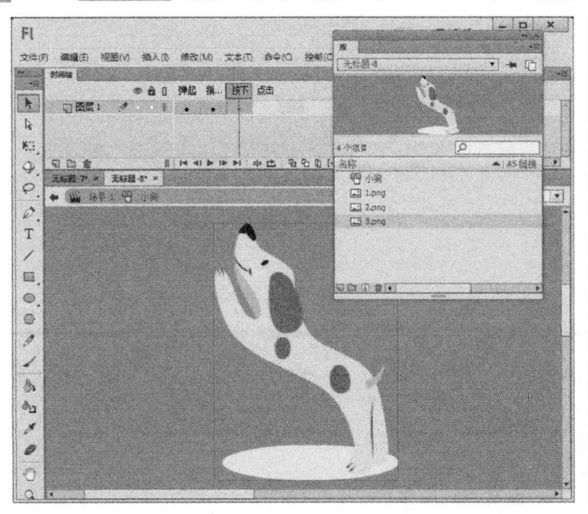

图6-14

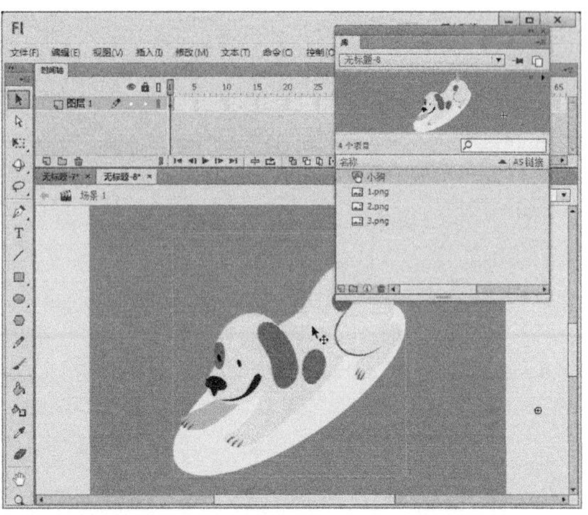

图6-15

08 保存文件，按Ctrl+Enter组合键，欣赏本例完成效果，如图6-16所示。

图6-16

↘6.1.4 转换元件

在Flash中可以将“图形”、“影片剪辑”和“按钮”这3种动画元件互相转换，以满足动画制作的需要，下面介绍元件类型的转换方法，其操作步骤如下。

01 在文档中选中要转换的图形元件，然后执行“修改>转换为元件”菜单命令，打开“转换为元件”对话框，如图6-17所示。

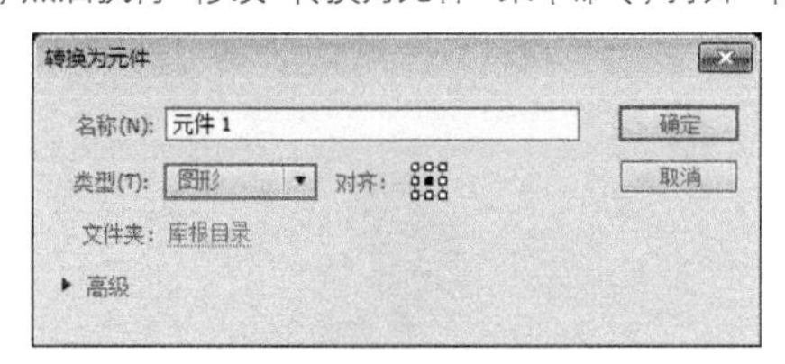

图6-17

02 在“转换为元件”对话框中设置元件名称并选择要转换的元件类型，如图6-18所示。

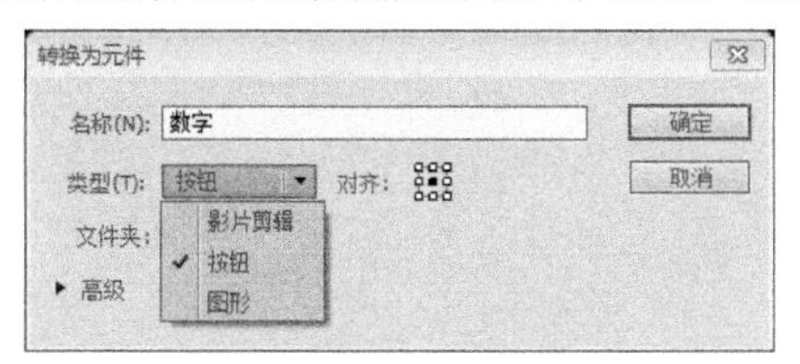

图6-18

03 单击 确定 按钮后，在“属性”面板中即可看到选中的元件已经变为新的元件类型了，如图6-19所示。

图6-19

Tips

在Flash CC中，选择舞台中要转换类型的实例，单击“属性”面板中的“实例行为”下拉按钮，在弹出的列表框中选择相应的选项，即可改变实例的类型，如图6-20所示。使用此种方法改变的是实例的类型，“库”面板中不增加新的元件。

图6-20

6.2 库

“库”是一个可重用元素的仓库，这些元素称为元件，可将它们作为元件实例置入Flash影片中。导入的声音和位图将自动存储于“库”中。通过创建，“图形”元件、“按钮”元件和“影片剪辑”元件也同样保存在“库”中。

6.2.1 库的界面

执行“窗口>库”菜单命令或按F11键，打开“库”面板，如图6-21所示。每个Flash文件都对应一个用于存放元件、位图、声音和视频文件的图库。利用“库”面板可以查看和组织库中的元件。当选取库中的一个元件时，“库”面板上部的小窗口中将显示出来。

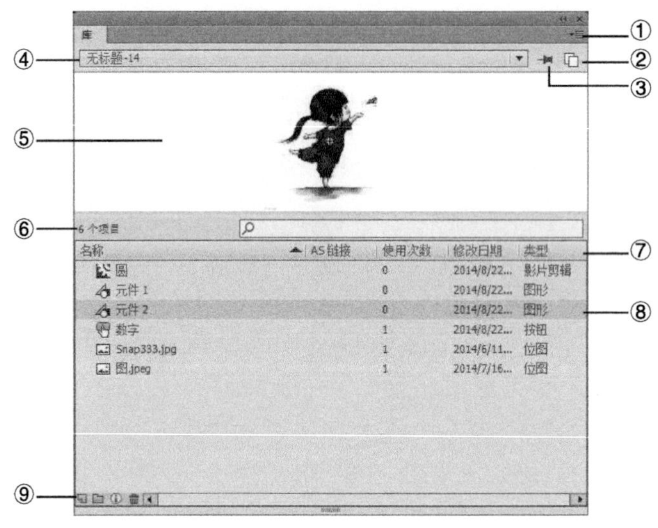

图6-21

① “库”面板菜单：单击下拉菜单按钮，可以在下拉菜单中选择并执行“新建元件”、“新建文件夹”等相关命令。

② 新建库面板：新建一个当前的库面板。

③ 固定当前库：固定当前库后，可以切换到其他文档，然后将固定库中的元件引用到其他文档中。

④ 文档列表：可以在下拉列表中选择Flash文档。

⑤ 预览窗口：用于预览所选中的元件。如果被选中的元件是单帧，则在预览窗口中显示整个图形元件。如果被选中的元件是按钮元件，将显示按钮的普通状态。如果选定一个多帧动画文件，预览窗口右上角会出现“播放”按钮和“停止”按钮，单击“播放”按钮可以播放动画或声音，单击“停止”按钮可以停止动画或声音的播放。

⑥ 统计与搜索：显示元件的数目，并可以在右侧的搜索栏中搜索元件。

⑦ 列标题：显示名称、链接情况、使用次数统计、修改日期和文件类型。

⑧ 项目列表：在项目列表中，列出了库中包含的所有元素及它们的各种属性，列表中的内容既可以是单个文件，也可以是文件夹。

⑨ 功能按钮：包括新建元件按钮、新建文件夹按钮、属性按钮和删除按钮。

6.2.2 库的管理

在“库”面板中可以对文件进行重命名、删除，并可以对元件的类型进行转换。

1.文件的重命名

对库中的文件或文件夹重命名的方法有以下几种。

* 双击要重命名的文件的名称。

⋆ 在需要重命名的文件上单击右键，在弹出菜单中选择“重命名”命令。

⋆ 选择重命名的文件，在“库”面板标题栏右端的下拉菜单按钮，在弹出的快捷菜单中选择“重命名”命令。

执行上述操作中的一种后，会看到该元件名称处的光标闪动，如图6-22所示，输入名称即可。

图6-22

2.文件的删除

对库中多余的文件，可以选中该文件后按下鼠标右键，在弹出的快捷菜单中选择“删除”命令，或按下“库”面板下边的“删除”按钮。在Flash CC中，删除元件的操作可以通过执行“编辑>撤销”菜单命令对其进行撤销。

3.元件的转换

在Flash影片动画的编辑中，可以随时将元件库中元件的行为类型转换为需要的类型。例如将图形元件转换成“影片剪辑”，使之具有影片剪辑元件的属性。在“库”面板中需要转换行为类型的图形元件上单击鼠标右键，在弹出的快捷菜单中选择“属性”命令，在弹出的“元件属性”对话框中即可为元件选择新的行为类型了，如图6-23所示。

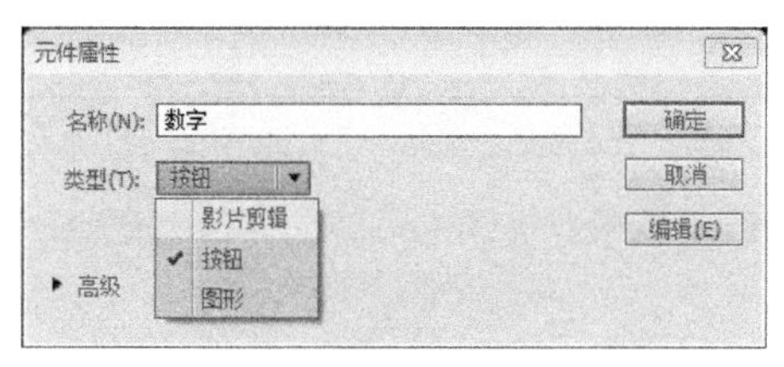

图6-23

6.3 实例

将“库”面板中的元件拖曳到场景或其他元件中，实例便创建成功，也就是说在场景中或元件中的元件被称为实例。一个元件可以创建多个实例，并且对某个实例进行修改不会影响元件，也不会影响到其他实例。

↘6.3.1 创建实例

创建实例的方法很简单，只需在“库”面板中选中元件，按下鼠标左键不放，将其拖曳到场景中，如图6-24所示，松开鼠标，实例便创建成功，如图6-25所示。

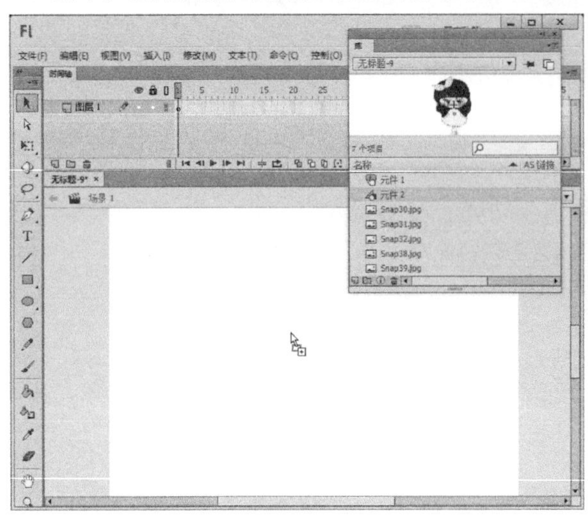

图6-24

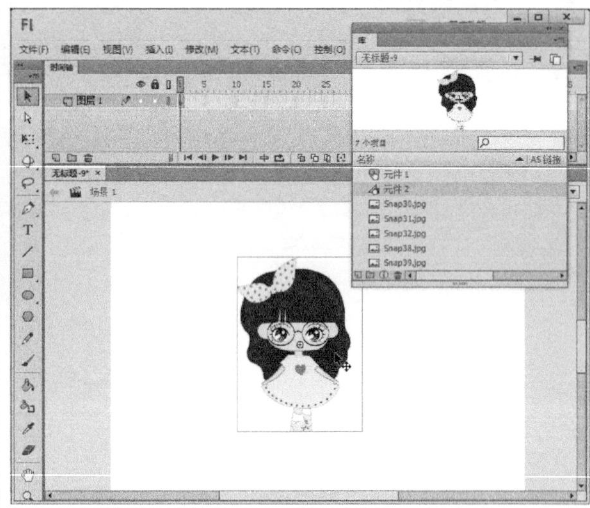

图6-25

创建实例时需要注意场景中帧数的设置，多帧的“影片剪辑”和多帧的“图形”元件创建实例时，“影片剪辑”只需在时间轴上设置一个关键帧即可在最后输出动画的时候达到播放所有动画的效果，“图形”元件则需要在时间轴上设置与该元件完全相同的帧数，动画才能完整的播放。

↘6.3.2 设置实例

对实例进行编辑，一般指的是改变其大小、颜色、实例名设置等。要对实例的内容进行改变只有进入到元件中才能操作，并且这样的操作会改变所有用该元件创建的实例。

1.样式

选择实例后，打开“属性”面板，在“样式”下拉列表中有5个可选操作：“无”、“亮度”、“色调”、“高级”和“Alpha”，如图6-26所示，选择“无”表示不做任何修改，其他4个选项的功能如下。

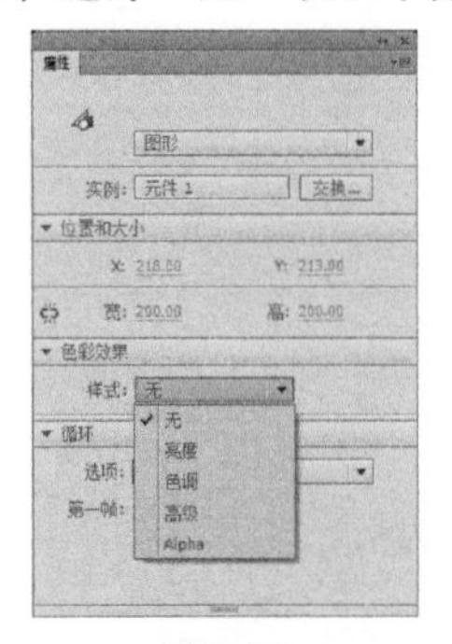

图6-26

* 亮度：用来调整实例的相对亮度。亮度值为-100%~100%，-100%为亮度最弱，100%为亮度最强，默认值为0。可以直接输入数字，也可以通过拖动右边的滑杆来调整亮度。调整实例的亮度值为66%时，效果如图6-27所示。

* 色调：使用一种颜色对实例进行着色操作。可以选择一种颜色，或调整红、绿、蓝的数值。颜色选定后，在右边的色彩数量调节框中输入数字，该数字表示此种颜色对实例的影响大小，0表示没有影响，100%表示实例完全变为选定的颜色，调整色调为红色，色彩数量为70%，效果如图6-28所示。

图6-27　　图6-28

* 高级：选择高级选项，可以调节实例的颜色和透明度。这在制作颜色变化非常精细的动画时最有用。每一项都有左右两个调节框，左边的调节框用来输入减少相应颜色分量或透明度的比例，右边的调节框通过具体数值来增加或减少相应颜色和透明度的值，如图6-29所示。

* Alpha：调整实例的透明程度。数值为0%~100%，0%表示完全透明，100%表示完全不透明，当Alpha值设为20%时，效果如图6-30所示。

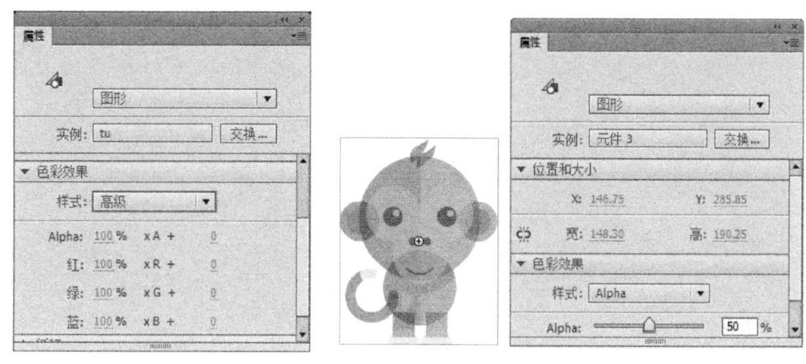

图6-29　　图6-30

2.设置实例名

实例名的设置只针对影片剪辑和按钮元件，图形元件及其他的文件是没有实例名的。当实例创建成功后，在舞台中选择实例，打开"属性"面板，在实例名称文本框中输入的名字为该实例的实例名称，如图6-31所示。

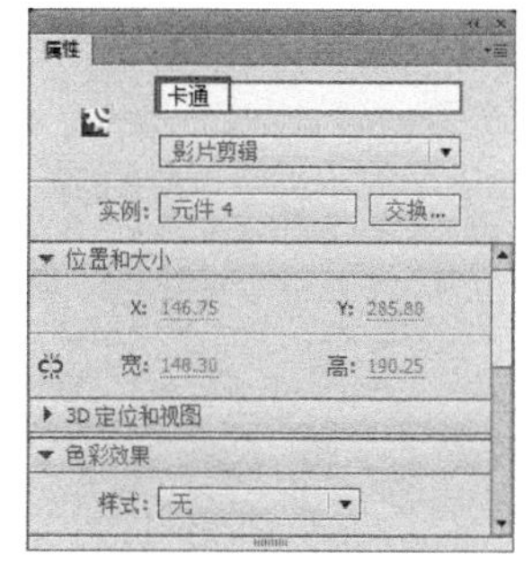

图6-31

实例名称用于脚本中对某个具体对象进行操作时，称呼该对象的代号。可以使用中文也可以使用英文和数字，在使用英文时注意大小写，因为ActionScript是会识别大小写的。

3.交换实例

当在舞台中创建实例后，也可以为实例指定另外的元件，舞台上的实例变为另一个实例，但是原来的实例属性不会改变。

交换实例的具体操作步骤如下。

01 在“属性”面板中单击 交换... 按钮，弹出“交换元件”对话框，如图6-32所示。

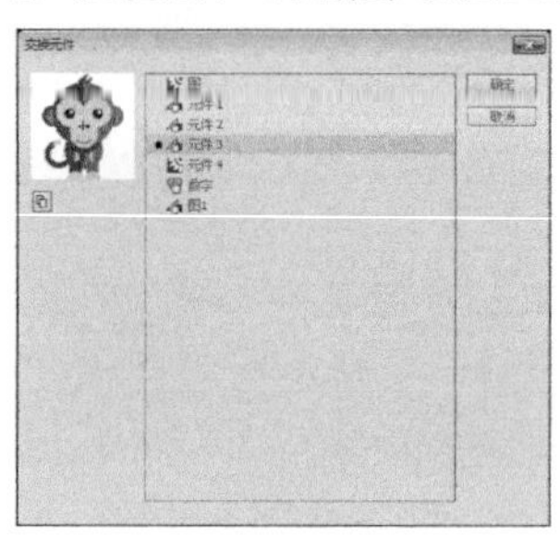

图6-32

02 在“交换元件”对话框中，选择想要交换的文件，单击 确定 按钮，交换成功。

4.设置元件混合模式

在Flash 动画制作中使用“混合”功能可以得到多层复合的图像效果。该模式将改变两个或两个以上重叠对象的透明度或者颜色相互关系，使结果显示重叠影片剪辑中的颜色，从而创造独特的视觉效果。用户可以通过“属性”面板中的混合选项为目标添加该模式，如图6-33所示。

图6-33

由于混合模式的效果取决于混合对象的混合颜色和基准颜色，因此在使用时应测试不同的颜色，以得到理想的效果。Flash CC为用户提供了以下几种混合模式。

* 一般：正常应用颜色，不与基准颜色发生相互关系，如图6-34所示。
* 图层：可以层叠各个影片剪辑，而不影响其颜色，如图6-35所示。

图6-34

图6-35

* 变暗：只替换比混合颜色亮的区域，比混合颜色暗的区域不变，如图6-36所示。
* 正片叠底：将基准颜色复合为混合颜色，从而产生较暗的颜色，与变暗的效果相似，如图6-37所示。

图6-36

图6-37

* 变亮：只替换比混合颜色暗的像素，比混合颜色亮的区域不变，如图6-38所示。
* 滤色：将混合颜色的反色复合为基准颜色，从而产生漂白效果，如图6-39所示。

图6-38

图6-39

* 叠加：进行色彩增值或滤色，具体情况取决于基准颜色，如图6-40所示。
* 强光：进行色彩增值或滤色，具体情况取决于混合模式颜色。该效果类似于用点光源照射对象，如图6-41所示。

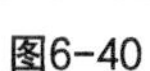

图6-40

图6-41

* 增加：根据比较颜色的亮度，从基准颜色增加混合颜色，有类似变亮的效果，如图6-42所示。
* 减去：根据比较颜色的亮度，从基准颜色减去混合颜色，如图6-43所示。

图6-42

图6-43

★ **差值**：从基准颜色减去混合颜色，或者从混合颜色减去基准颜色，具体情况取决于哪个的亮度值较大，如图6-44所示。

★ **反相**：是取基准颜色的反色，该效果类似于彩色底片，如图6-45所示。

★ **Alpha**：应用Alpha遮罩层。模式要求将图层混合模式应用于父级影片剪辑。不能将背景剪辑更改为“Alpha”并应用它，因为该对象将是不可见的，如图6-46所示。

★ **擦除**：删除所有基准颜色像素，包括背景图像中的基准颜色像素。混合模式要求将图层混合模式应用于父级影片剪辑。不能将背景剪辑更改为“擦除”并应用它，因为该对象将是不可见的，如图6-47所示。

图6-44

图6-45

图6-46

图6-47

即学即用

● 古典诗词

实例位置
CH06> 古典诗词 > 古典诗词 .fla

素材位置
CH06> 古典诗词 >bj.jpg

实用指数
★★★★

技术掌握
学习图形元件、影片剪辑元件的创建，以及实例样式的设置

最终效果图

（扫码观看视频）

01 新建一个Flash空白文档，执行“修改>文档”菜单命令，打开“文档设置”对话框，在对话框中将“舞台大小”设置为500像素×400像素，“帧频”设置为12，如图6-48所示。

02 执行“文件>导入>导入到舞台”菜单命令，导入一幅图像到舞台中，如图6-49所示。

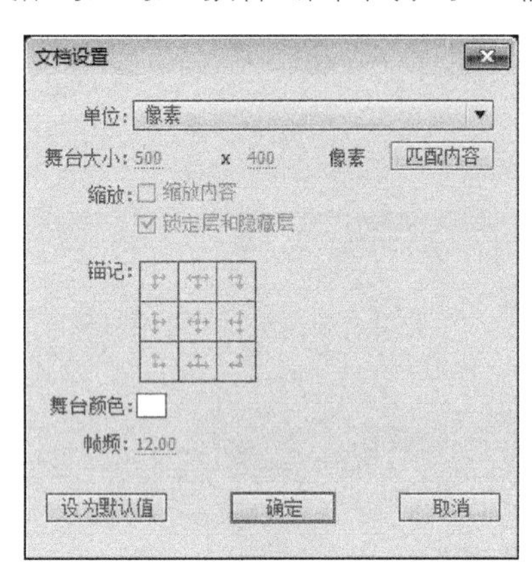

图6-48

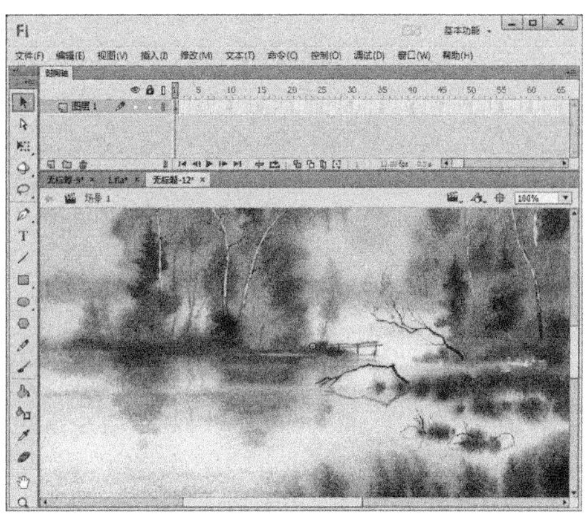

图6-49

03 选择导入的图片，按F8键，打开“转换为元件”对话框，在“名称”文本框中输入元件的名称“背景”，在“类型”下拉列表中选择“图形”选项，如图6-50所示。完成后单击 确定 按钮。

04 在第40帧处插入关键帧，然后选择第1帧处的图片，打开“属性”面板，在“样式”下拉列表中选择“高级”选项，然后进行如图6-51所示的设置。

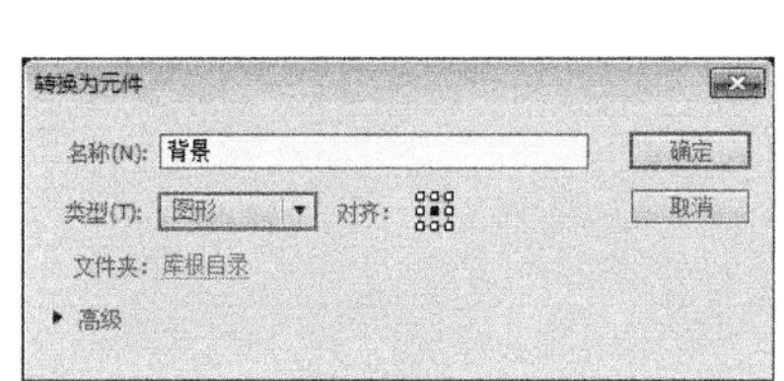

图6-50

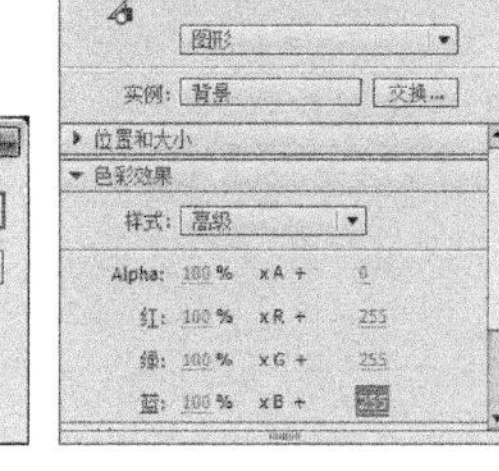

图6-51

05 在第1帧~第40帧创建补间动画，然后在第220帧处插入帧。新建图层2，在第45帧处插入关键帧，单击“文本工具” T，在舞台上输入文字“移舟泊烟渚 日暮客愁新 野旷天低树 江清月近人”，如图6-52所示。

06 选择输入的文字，按F8键，打开“转换为元件”对话框，在“名称”文本框中输入元件的名称“古诗”，在“类型”下拉列表中选择“影片剪辑”选项，如图6-53所示。完成后单击 确定 按钮。

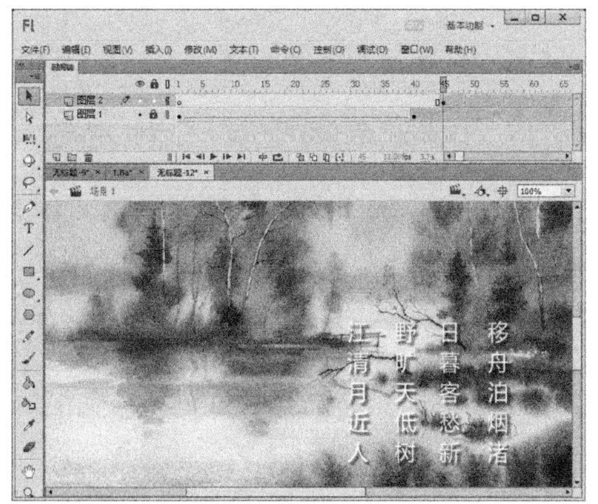

图6-52

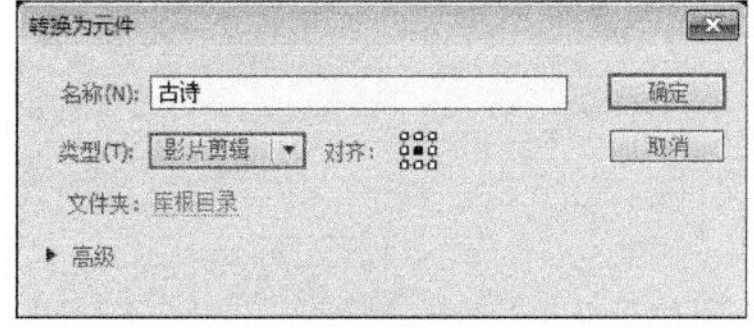

图6-53

07 在第120帧处插入关键帧，将120帧处的文字向左移动一段距离，如图6-54所示。

08 选择第45帧处的文字，在“属性”面板上将其Alpha值设置为0，如图6-55所示。

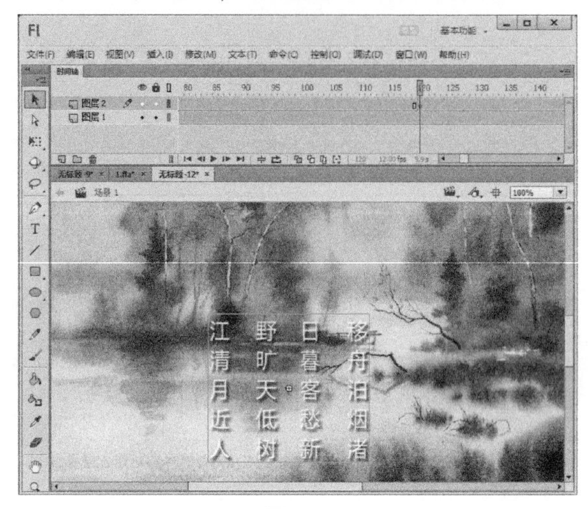

图6-54

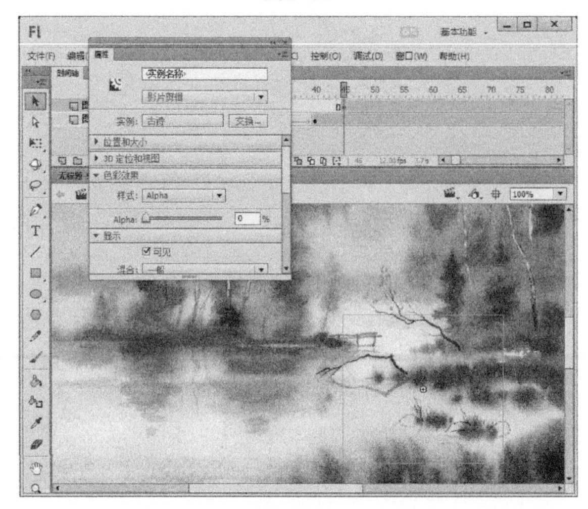

图6-55

09 在图层2第45帧~第120帧创建补间动画。保存文件，按Ctrl+Enter组合键，欣赏动画完成效果，如图6-56所示。

图6-56

6.4 章节小结

Flash电影中的元件就像影视剧中的演员、道具，都是具有独立身份的元素。它们在影片中发挥着各自的作用，是Flash动画影片构成的主体。使用元件不但编辑动画更加方便，还可以大大减小Flash动画的体积。这也是进行复杂动画设计的重要设计技巧和手段，希望读者能好好掌握。

6.5 课后习题

本节提供了两个课后习题供大家练习，通过这两个练习，希望大家能熟练掌握元件、库和实例的用法和区别。

● 变色按钮

实例位置

CH06> 变色按钮 > 变色按钮 .fla

素材位置

CH06> 变色按钮

实用指数

★★★★

应用本章讲述的知识，创建一个变色按钮。

最终效果图

主要步骤

01 新建一个按钮元件，在按钮元件的编辑区中绘制一个边框为紫色，填充色为黄色的圆角矩形，并在圆角矩形上输入文字“播放”。

02 在“指针经过”处插入空白关键帧，在编辑区中绘制一个边框为红色，填充色为蓝色的圆角矩形，并在圆角矩形上输入文字“停止”。

03 回到场景编辑区，导入一幅背景图像。

04 从“库”面板里将按钮元件“变色按钮”拖曳到舞台上。

课后习题

（扫码观看视频）

● 奔跑的花豹

实例位置
CH06> 奔跑的花豹 > 奔跑的花豹 .fla

素材位置
CH06> 奔跑的花豹

实用指数
★★★★

应用影片剪辑制作奔跑的花豹动画效果。

最终效果图

主要步骤

01 新建一个动画文档，然后创建一个影片剪辑。

02 在影片剪辑中利用逐帧动画创建豹子奔跑的动画。

03 回到主场景，导入一幅背景图片，然后将影片剪辑拖曳到舞台上即可。

CHAPTER

07 使用滤镜和模板

Flash滤镜的出现弥补了其在图形效果处理方面的不足，使用户在编辑运动类和烟雾类等图形效果时，可以直接在Flash中添加滤镜效果。这些滤镜包括投影、模糊、发光、斜角等效果，它们能使Flash动画影片的画面更加优美，更加引人注目。而模板实际上是已经编辑完成、具有完整影片构架的文件，并拥有强大的互动扩充功能。使用模板创建新的影片文件，只需要根据原有的构架对影片中的可编辑元件进行修改或更换，就可以便捷、快速地创作出精彩的互动影片。

* 添加滤镜
* 设置滤镜
* 禁用滤镜
* 启用滤镜
* 删除滤镜
* 打开模板
* 使用模板

7.1 添加滤镜

在舞台上选择文本、影片剪辑实例或按钮实例，“属性”面板上即显示滤镜参数设置区，如图7-1所示。

在舞台中选中要添加滤镜效果的对象后，即可在“滤镜”栏中单击“添加滤镜”按钮，然后在弹出的菜单中选择要进行的操作命令。

使用“滤镜”菜单可以为对象应用各种滤镜。在“滤镜”菜单中包括了“投影”、“模糊”、“发光”、“斜角”、“渐变发光”、“渐变斜角”和“调整颜色”等命令，如图7-2所示。

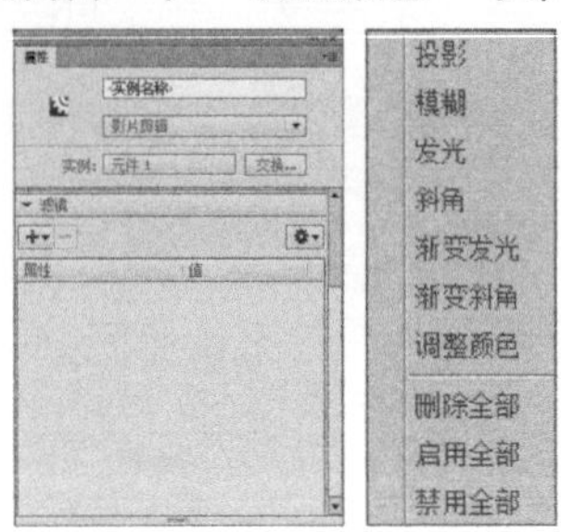

图7-1　　图7-2

7.1.1 投影

“投影”滤镜是模拟光线照在物体上产生阴影的效果。要应用投影效果滤镜，只要选中影片剪辑或文字，然后在“滤镜”下拉菜单中选择“投影”命令即可，如图7-3所示。

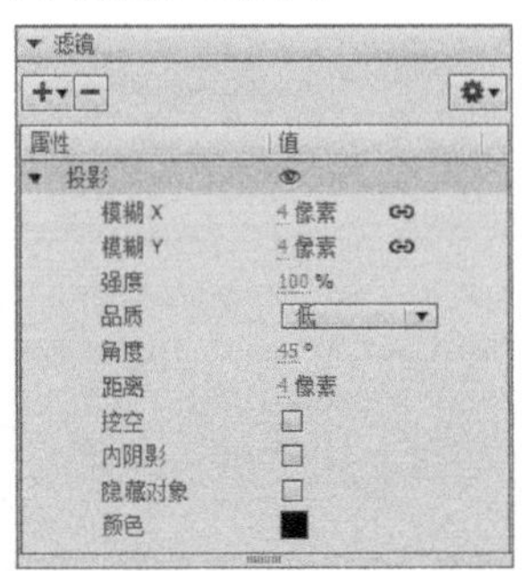

图7-3

主要参数介绍

* 模糊：指投影形成的范围，分为模糊X和模糊Y，分别控制投影的横向模糊和纵向模糊。单击“链接X和Y属性值”按钮，可以分别设置模糊X和模糊Y为不同的数值。
* 强度：指投影的清晰程度，数值越高，得到的投影就越清晰。
* 品质：指投影的柔化程度，分为“低”“中”“高”3个档次；档次越高，效果就越真实。
* 角度：设定光源与源图形间形成的角度，可以通过数值设置。
* 距离：源图形与地面的距离，即源图形与投影效果间的距离。
* 挖空：勾选该选项，将把产生投影效果的源图形挖去，并保留其所在区域为透明，如图7-4所示。
* 内阴影：勾选该选项，可以使阴影产生在源图形所在的区域内，使源图形本身产生立体效果，如图7-5所示。
* 隐藏对象：该选项可以将源图形隐藏，只在舞台中显示投影效果，如图7-6所示。

图7-4　　图7-5　　图7-6

* 颜色：用于设置投影的颜色。

↘7.1.2 模糊

“模糊”滤镜效果，可以使对象的轮廓柔化，变得模糊。通过对模糊X、模糊Y和品质的设置，可以调整模糊的效果，如图7-7所示。

图7-7

主要参数介绍

* 模糊X：设置在*x*轴方向上的模糊半径，数值越大，图像模糊程度越高。
* 模糊Y：设置在*y*轴方向上的模糊半径，数值越大，图像模糊程度越高。
* 品质：指模糊的程度，分为“低”“中”“高”3个档次；档次越高，得到的效果就越好，模糊程度就越高，如图7-8所示。

图7-8

↘7.1.3 发光

“发光”滤镜效果是模拟物体发光时产生的照射效果，其作用类似于使用柔化填充边缘效果，但得到的图形效果更加真实，而且还可以设置发光的颜色，使操作更为简单，如图7-9所示。

图7-9

主要参数介绍

* 模糊X：设置在x轴方向上的模糊半径，数值越大，图像模糊程度越高。
* 模糊Y：设置在y轴方向上的模糊半径，数值越大，图像模糊程度越高。
* 强度：指发光的清晰程度，数值越高，得到的发光效果就越清晰。
* 颜色：用于设置投影的颜色。
* 挖空：勾选该选项，将把产生发光效果的源图形挖去，并保留其所在区域为透明，如图7-10所示。
* 内发光：勾选该选项，可以使阴影产生在源图形所在的区域内，使源图形本身产生立体效果，如图7-11所示。

图7-10

图7-11

即学即用

● 路灯

实例位置

CH07> 路灯 > 路灯 .fla

素材位置

CH07> 路灯 >1.png、bj.jpg

实用指数

★★★★

技术掌握

学习发光滤镜的使用

（扫码观看视频）

最终效果图

01 新建一个Flash空白文档。执行“修改>文档”菜单命令，打开“文档设置”对话框，将“舞台大小”设置为650像素×500像素，设置完成后单击 确定 按钮，如图7-12所示。

02 执行“插入>新建元件”菜单命令，打开“创建新元件”对话框。在“名称”文本框中输入“路灯”，在“类型”下拉列表中选中“影片剪辑”选项，如图7-13所示。

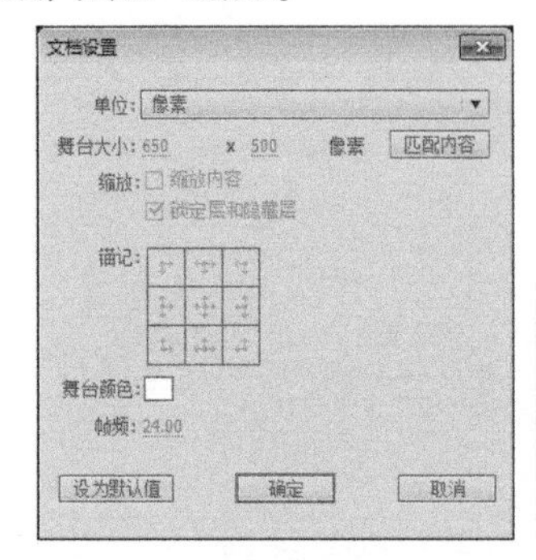

图7-12

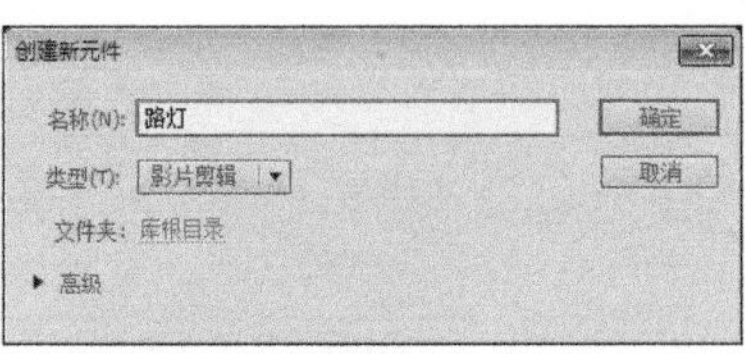

图7-13

03 执行“文件>导入>导入到舞台”菜单命令，导入一幅路灯图像到工作区中，如图7-14所示。

04 单击 场景 1 按钮回到主场景，将一幅背景图像导入到舞台上，如图7-15所示。

图7-14

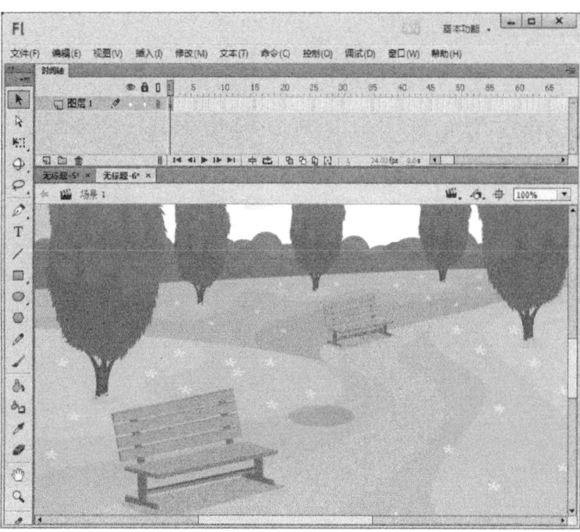

图7-15

05 选择导入的背景图像，按F8键，将其转换为名称为“背景”的图形元件，如图7-16所示。

06 选择舞台上的背景，打开“属性”面板，在“样式”下拉列表中选择“色调”选项，然后选择“黑色”，色调值为70%，如图7-17所示。

图7-16

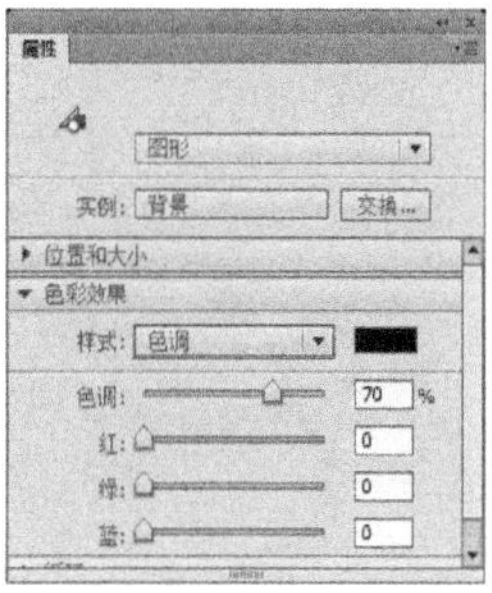

图7-17

07 新建“图层2”，从“库”面板中将“路灯”影片剪辑元件拖曳到舞台上，如图7-18所示。

08 打开“属性”面板，单击“添加滤镜”按钮，在弹出的菜单中选择“发光”命令，如图7-19所示。

09 将“颜色”设置为浅黄色，将发光的模糊值都修改为57像素，“品质”设置为“高”，如图7-20所示。

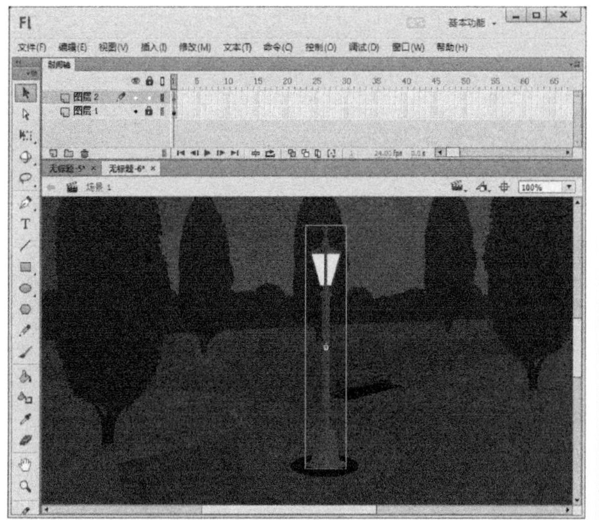

图7-18

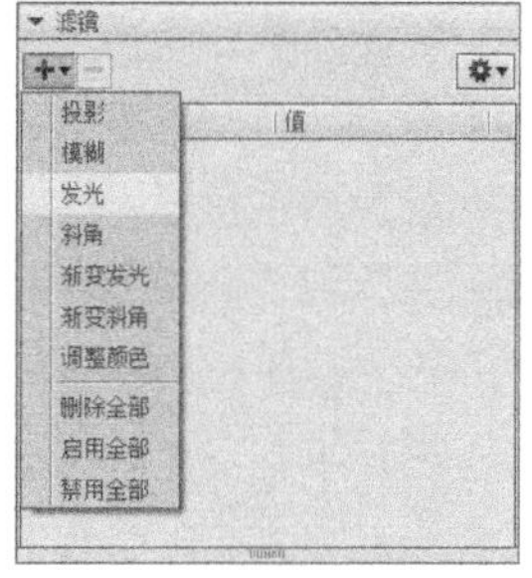

图7-19

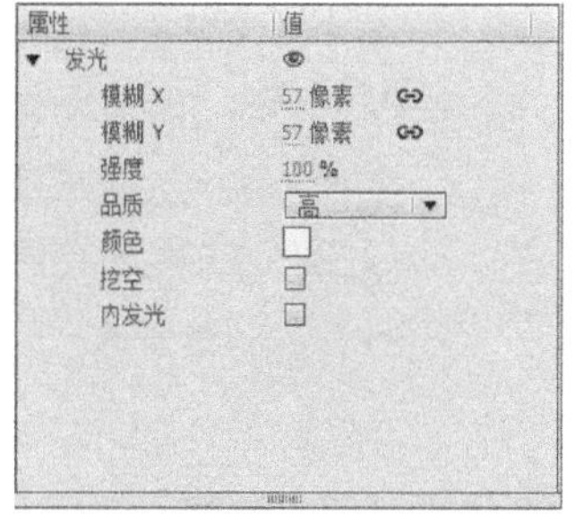

图7-20

10 保存文件，按Ctrl+Enter组合键，欣赏本例完成效果，如图7-21所示。

图7-21

↘7.1.4 斜角

“斜角”滤镜效果可以使对象的迎光面出现高光效果，背光面出现投影效果，从而产生一个虚拟的三维效果，如图7-22所示。

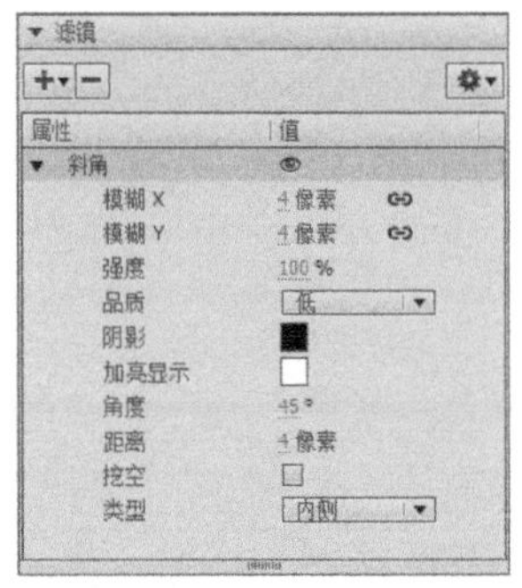

图7-22

主要参数介绍

⋆ 模糊：指投影形成的范围，分为模糊X和模糊Y，分别控制投影的横向模糊和纵向模糊。单击“链接X和Y属性值”按钮，可以分别设置模糊X和模糊Y为不同的数值。

⋆ 强度：指投影的清晰程度，数值越高，得到的投影就越清晰。

⋆ 品质：指投影的柔化程度，分为“低”“中”“高”3个档次。档次越高，得到的效果就越真实。

⋆ 阴影：设置投影的颜色，默认为黑色。

⋆ 加亮显示：设置补光效果的颜色，默认为白色。

⋆ 角度：设定光源与源图形间形成的角度。

⋆ 距离：源图形与地面的距离，即源图形与投影效果间的距离。

⋆ 挖空：勾选该选项，将把产生投影效果的源图形挖去，并保留其所在区域为透明。

⋆ 类型：在“类型”下拉列表中包括3个用于设置斜角效果样式的选项：“内侧”“外侧”“全部”。

内侧：产生的斜角效果只出现在源图形的内部，即源图形所在的区域，如图7-23所示。

设置前　　设置后

图7-23

外侧：产生的斜角效果只出现在源图形的外部，即所有非源图形所在的区域，如图7-24所示。

全部：产生的斜角效果将在源图形的内部和外部都出现，如图7-25所示。

图7-24　　图7-25

↘7.1.5 渐变发光

“渐变发光”滤镜在“发光”滤镜的基础上增添了渐变效果，可以通过面板中的色彩条对渐变色进行控制。渐变发光效果可以对发出光线的渐变样式进行修改，从而使发光的颜色更加丰富，效果更好，如图7-26所示。

图7-26

主要参数介绍

* 模糊：指发光的模糊范围，分为模糊X和模糊Y，分别控制投影的横向模糊和纵向模糊。单击“链接X和Y属性值”按钮，可以分别设置模糊X和模糊Y为不同的数值。
* 强度：指发光的清晰程度，数值越高，发光部分就越清晰。
* 品质：指发光的柔化程度，分为“低”“中”“高”3个档次，档次越高，效果就越真实。
* 角度：设定光源与源图形间形成的角度。
* 距离：滤镜距离，即源图形与发光效果间的距离。
* 挖空：勾选该选项，将把产生发光效果的源图形挖去，并保留其所在区域为透明。
* 类型：设置斜角效果样式，包括“内侧”、“外侧”和“全部”3个选项。

＊ 渐变：设置发光的渐变颜色，通过对控制滑块处的颜色设置达到渐变效果，并且可以添加或删除滑块，以完成更多颜色效果的设置，如图7-27所示。

“渐变发光”滤镜面板的右下角的色彩条可以完成对发光颜色的设置，其使用方法与“颜色”面板中色彩条的使用方法相同。

若要更改渐变中的颜色，需要从渐变定义栏下面选择一个颜色滑块，然后单击渐变栏下方显示的颜色空间以显示“颜色选择器”，如图7-28所示。

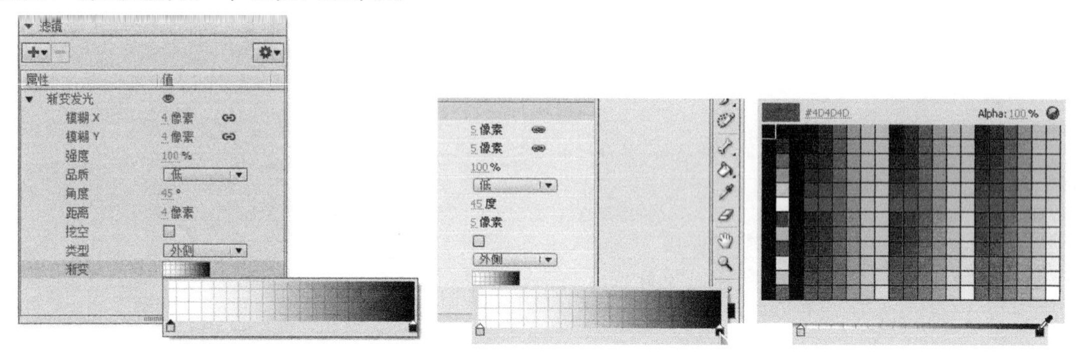

图7-27　　图7-28

如果在渐变定义栏中滑动这些滑块，可以调整该颜色在渐变中的级别和位置，应用了该滤镜的图像效果也会随之改变，如图7-29所示。

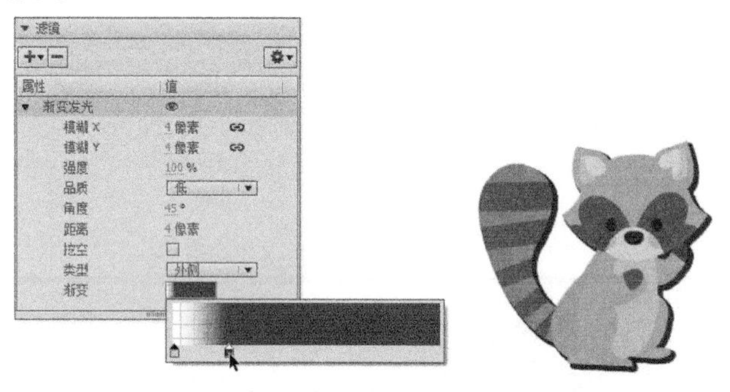

图7-29

Tips

要向渐变中添加滑块，只需要单击渐变定义栏或渐变定义栏的下方即可。将鼠标移到渐变定义栏的下方，单击鼠标左键，即可添加一个新的滑块，如图7-30所示。

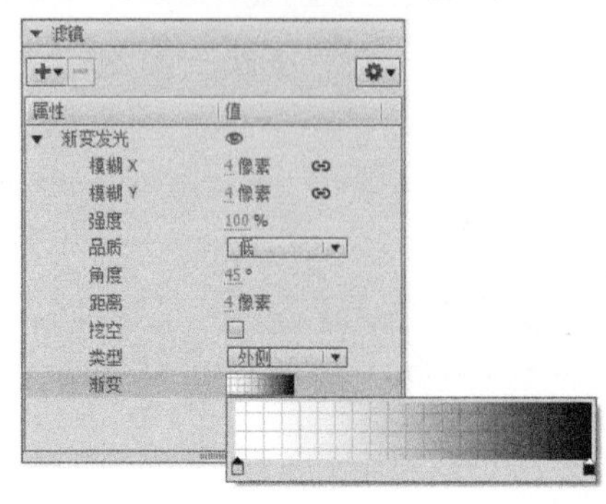

添加滑块前

添加滑块后

图7-30

7.1.6 渐变斜角

“渐变斜角”滤镜在“斜角”滤镜效果的基础上添加了渐变功能，使最后产生的效果更加变幻多端，如图7-31所示。

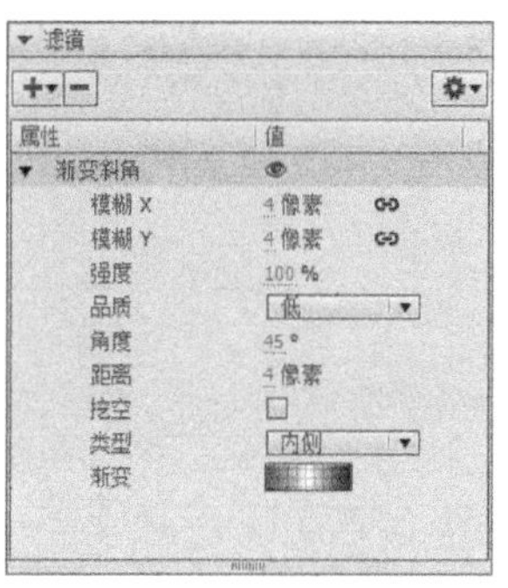

图7-31

主要参数介绍

* 模糊：指投影形成的范围，分为模糊X和模糊Y，分别控制投影的横向模糊和纵向模糊。单击“链接X和Y属性值”按钮，可以分别设置模糊X和模糊Y为不同的数值。
* 强度：指投影的清晰程度，数值越高，得到的投影就越清晰。
* 品质：指投影的柔化程度，分为“低”“中”“高”3个档次，档次越高，效果就越真实。
* 角度：设定光源与源图形间形成的角度。
* 距离：源图形与地面的距离，即源图形与投影效果间的距离。
* 挖空：勾选该选项，将把产生投影效果的源图形挖去，并保留其所在区域为透明。
* 类型：在“类型”下拉菜单中，包括3个用于设置斜角效果样式的选项：“内侧”“外侧”“全部”。
* 渐变：设置斜角的渐变颜色，通过对控制滑块处的颜色设置达到渐变效果，并且可以添加或删除滑块，以完成更多颜色效果的设置。

● 火箭

实例位置

CH07> 火箭 > 火箭 .fla

素材位置

CH07> 火箭 >1.png、2.png

实用指数

★★★★

技术掌握

学习“渐变斜角”滤镜的使用

最终效果图

01 新建一个Flash空白文档，执行“修改>文档”菜单命令，打开“文档设置”对话框，在对话框中将“背景颜色”设置黑色，如图7-32所示。

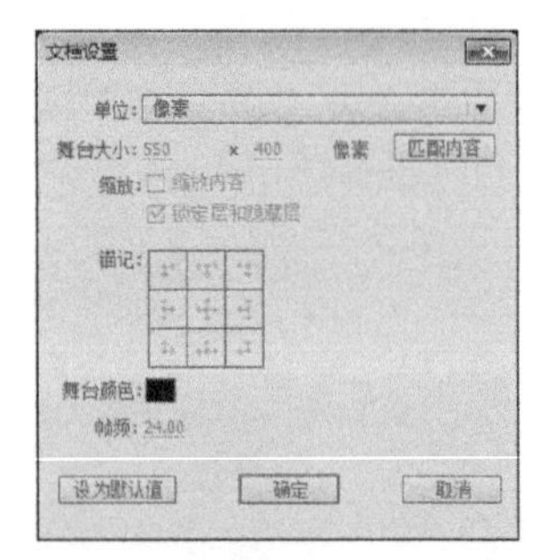

图7-32

02 执行“文件>导入>导入到舞台”菜单命令，导入一幅图像到舞台中，如图7-33所示。

03 新建图层2，然后导入一幅火箭图像到舞台上，如图7-34所示。

图7-33

图7-34

04 选中火箭图像，按F8键将其转换为名称为“元件1”的影片剪辑元件，如图7-35所示。

05 再次将名称为“元件1”的影片剪辑元件转换为名称为“元件2”的影片剪辑元件，双击进入“元件2”的编辑区内，如图7-36所示。

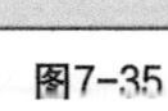

图7-35

图7-36

Tips

将名称为“元件1”的影片剪辑元件转换为名称为“元件2”的影片剪辑元件，该操作为了在“元件2”的编辑区内为“元件1”添加“渐变斜角”滤镜效果。

06 选中火箭，打开“属性”面板，单击“添加滤镜”按钮，在弹出的菜单中选择“渐变斜角”命令，如图7-37所示。

07 在“品质”下拉列表中选择“高”选项，然后将“角度”值设置为0，如图7-38所示。

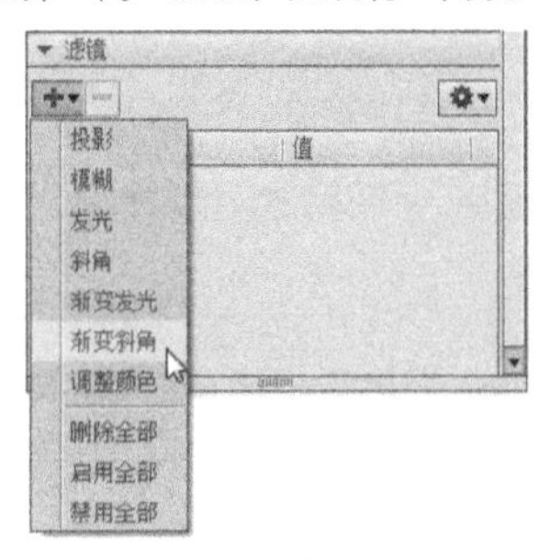

图7-37

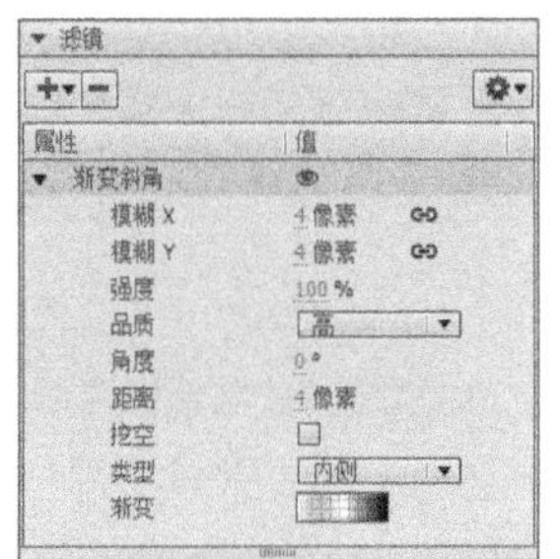

图7-38

08 在时间轴第60帧处插入关键帧，打开“属性”面板，将“角度”值设置为360°，如图7-39所示。

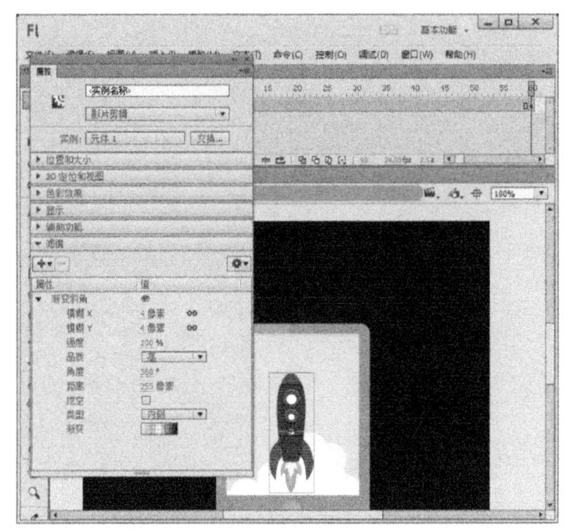

图7-39

09 将60帧处的火箭向上移动，然后在第1帧~第60帧创建补间动画，如图7-40所示。

10 单击 场景1 按钮回到主场景，保存文件，按Ctrl+Enter组合键，欣赏本例完成效果，如图7-41所示。

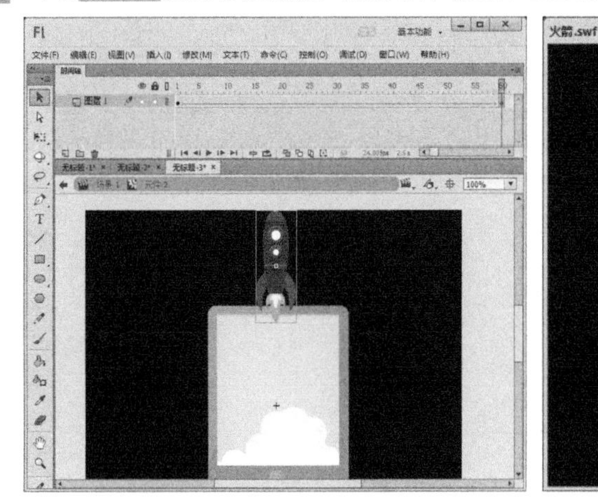

图7-40

图7-41

7.2 编辑滤镜

在Flash中为对象添加滤镜后，可以通过禁用滤镜和重新启用滤镜来查看对象在添加滤镜前后的效果对比。如果对添加的滤镜不满意，还可以将添加的滤镜删除，重新添加其他滤镜。

7.2.1 禁用滤镜

在为对象添加滤镜后，可以将添加的滤镜禁用，不在舞台上显示滤镜效果。可以同时禁用所有的滤镜，也可以单独禁用某个滤镜。下面分别介绍禁用全部滤镜和单独禁用某个滤镜的方法。

1.禁用所有滤镜

01 在“滤镜”参数栏中单击“添加滤镜”按钮，在弹出的菜单中选择“禁用全部”命令，如图7-42所示。

02 在“滤镜”参数栏中可以看到滤镜列表框中的滤镜项目前面都出现了一个图标，表示所有的滤镜都已经禁用，舞台中所有应用了滤镜的对象都恢复到初始状态，如图7-43所示。

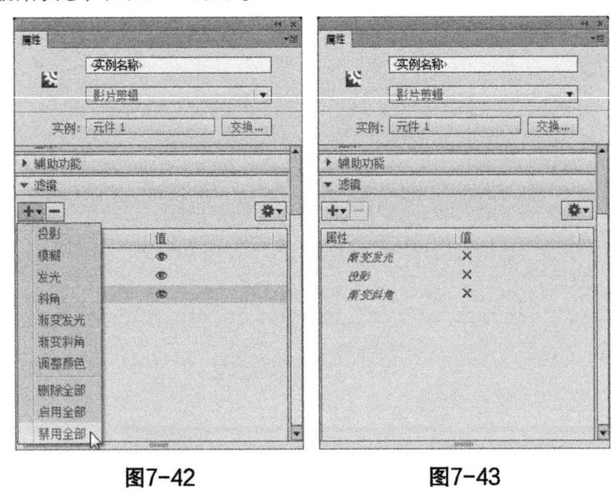

图7-42　　图7-43

2.单独禁用某个滤镜

01 为舞台中的对象添加滤镜，此时，在“滤镜”参数栏中显示添加的滤镜，如图7-44所示，表示该滤镜已经启用。

02 选择要禁用的滤镜，然后单击“启用或禁用滤镜”按钮，此时在选择的滤镜后显示图标，即表示当前滤镜已经禁用，如图7-45所示。

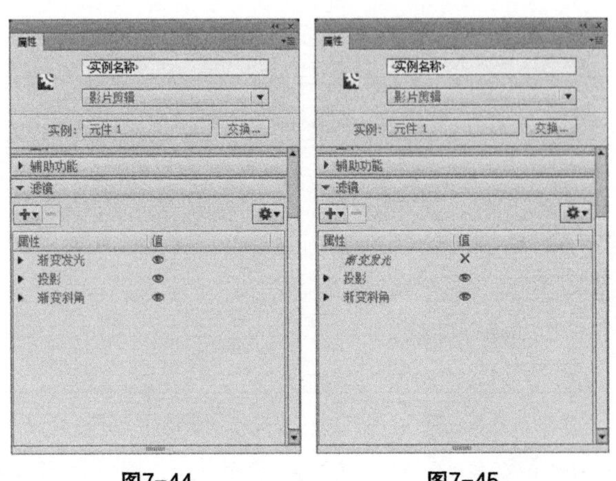

图7-44　　图7-45

7.2.2 启用滤镜

启用滤镜的方法同禁用滤镜一样，也有全部启用和单独启用两种。下面分别介绍全部启用和单独启用滤镜的方法。

单击“添加滤镜”按钮，在下拉菜单中选择“启用全部”命令，即可将已经被禁用的滤镜效果重新启用，如图7-46所示。这时，可以看到“滤镜”参数栏左边滤镜效果后的全部取消，表示该滤镜已经被启用，如图7-47所示。

在“滤镜”参数栏中选择被禁用的滤镜，单击“启用或禁用滤镜”按钮，此时，滤镜后显示图标消失，启用该滤镜，如图7-48所示。

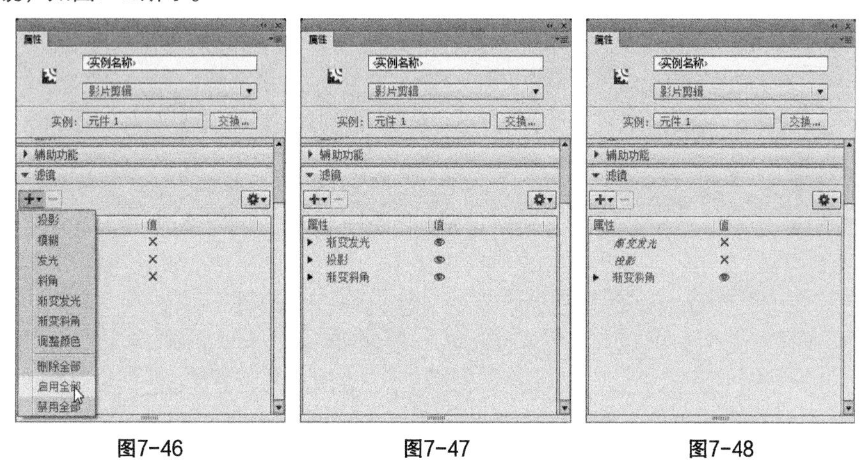

图7-46　　图7-47　　图7-48

7.2.3 删除滤镜

单击“滤镜”参数栏中的“删除滤镜”按钮，可以将选中的滤镜效果删除，如图7-49所示。删除滤镜效果后，舞台上添加了该滤镜的对象即会被取消该滤镜效果。

同禁用滤镜和启用滤镜一样，单击“添加滤镜”按钮，在弹出的下拉菜单中选择“删除全部”命令，即可将所有的滤镜效果全部删除，如图7-50所示。

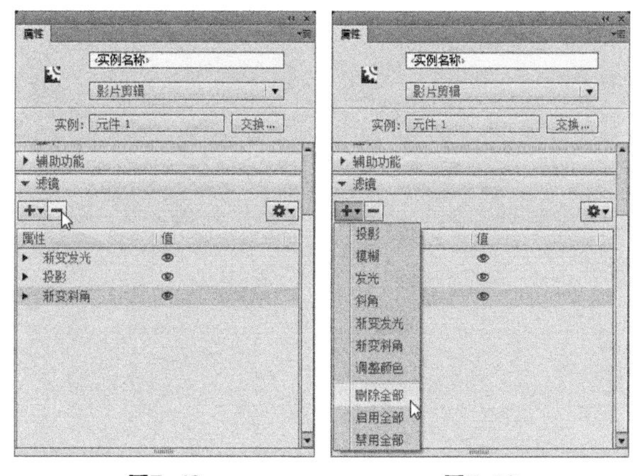

图7-49　　图7-50

7.2.4 滤镜预设

在Flash中可以将编辑完成的滤镜效果保存为一个预设方案，方便在以后调入使用，还可以对保存的预设方案进行重命名和删除操作。

1.保存预设方案

在“滤镜”参数栏中可以将编辑好的滤镜方案保存为单独的项目，以命令的形式保存在的“选项”命令中，方便下次直接调用。

下面介绍保存预设方案的方法，其操作步骤如下。

01 选择某个滤镜效果，单击“选项”按钮，在弹出的菜单中选择“另存为预设”命令，如图7-51所示，打开“将预设另存为”对话框，如图7-52所示。

02 在对话框中输入要保存的名称后，单击确定按钮，如图7-53所示。

03 单击“选项”按钮，在弹出的下拉菜单中可以看到新添加的预设方案，如图7-54所示。

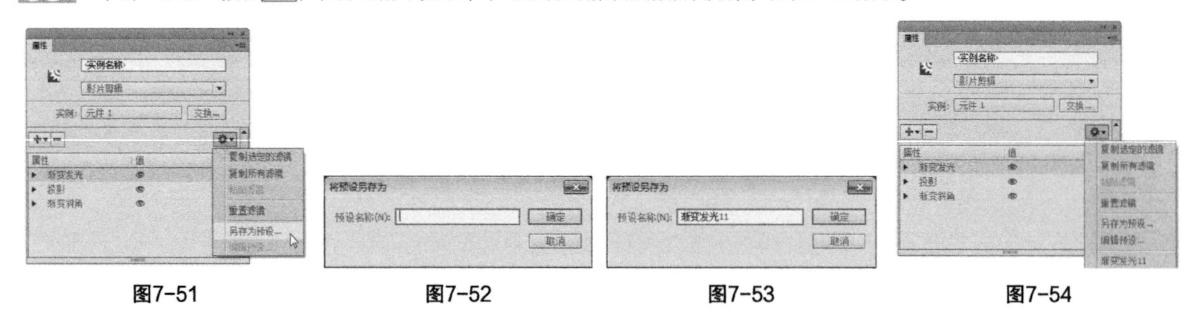

图7-51　图7-52　图7-53　图7-54

2.重命名和删除方案

在保存了预设滤镜方案后，还可以对保存的方案重新命名。下面介绍重命名预设方案的方法，其操作步骤如下。

01 单击“选项”按钮，在弹出的下拉菜单中选择“编辑预设”命令，打开“编辑预设”对话框，如图7-55所示。

02 在对话框中双击要重命名的方案项目，使其变为可编辑状态，然后重新输入名称，单击确定按钮，完成重命名操作，如图7-56所示。

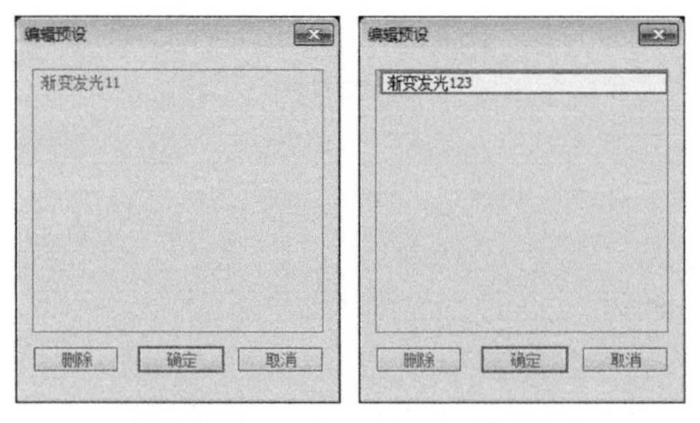

图7-55　图7-56

在“滤镜”参数栏中还可以将保存的预设滤镜方案删除，只需要在“编辑预设”对话框中选中要删除的方案，然后单击删除按钮即可。

7.3 使用模板

自从在Flash MX中推出的模板功能大受欢迎后，Flash CC在其基础上对模板进行了进一步的完善，不仅使原有的模板外表更加美观，使用功能更加强大，还增加了许多新的模板，使一些影片的制作得到了简化。

模板实际上是已经编辑完成、具有完整影片构架的文件，并拥有强大的互动扩充功能。使用模板创建新的影片文件，只需要根据原有的构架对影片中的可编辑元件进行修改或更换，就可以便捷、快速地创作出精彩的互动影片。

↘7.3.1 打开模板

执行“文件>新建”菜单命令或按Ctrl+N组合键，然后在打开的“新建文档”对话框中选择“模板”选项，进入“从模板新建”对话框。我们可以在左边的类别窗格中选择模板类型，在中间的模板列表中选择具体的影片模板，右边预览窗格显示出该影片模板的画面效果影像，在预览窗格下面可以看见该影片模板的功能说明，如图7-57所示。

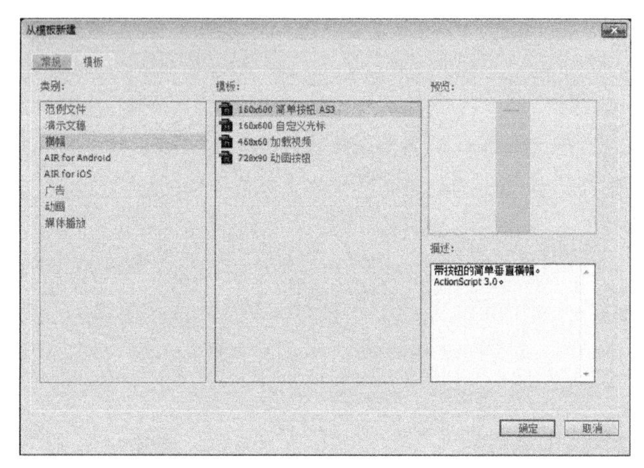

图7-57

↘7.3.2 范例文件

“范例文件”模板提供有Flash中常见功能的示例。范例文件包括AIR窗口示例，Alpha遮罩层范例、手写、平移、自定义鼠标光标范例等模板，如图7-58所示。通过这些模板，用户可以轻松地创建动画。

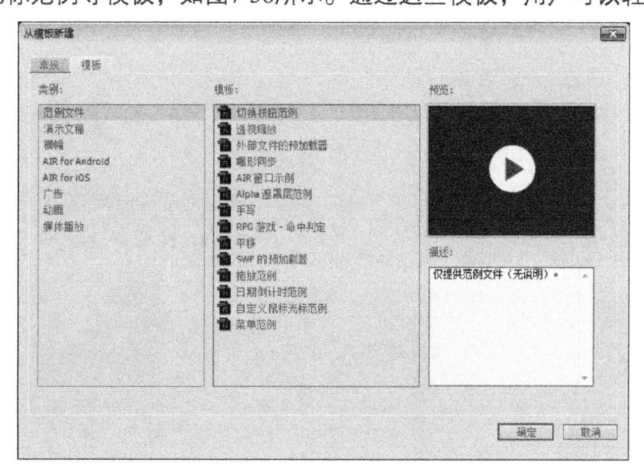

图7-58

主要参数介绍

* 切换按钮范例：一个播放/暂停的动画范例文件，如图7-59所示。

* 透视缩放：一个场景由远及近显示的动画范例文件，如图7-60所示。

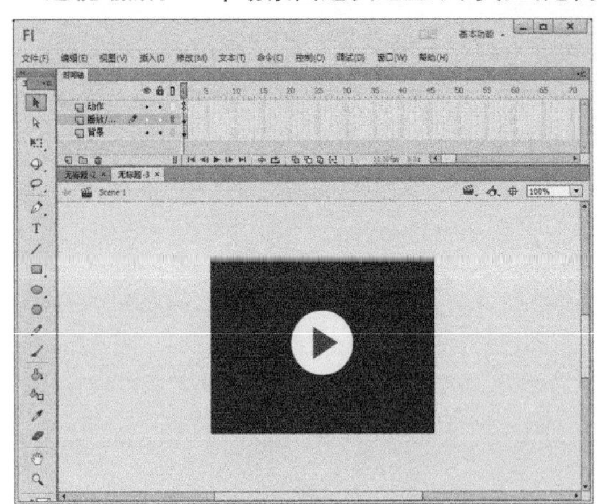

图7-59

图7-60

* 外部文件的预加载器：一个显示外部文件加载进度的范例文件，如图7-61所示。
* 嘴形同步：一个嘴形与声音同步的动画范例文件，如图7-62所示。

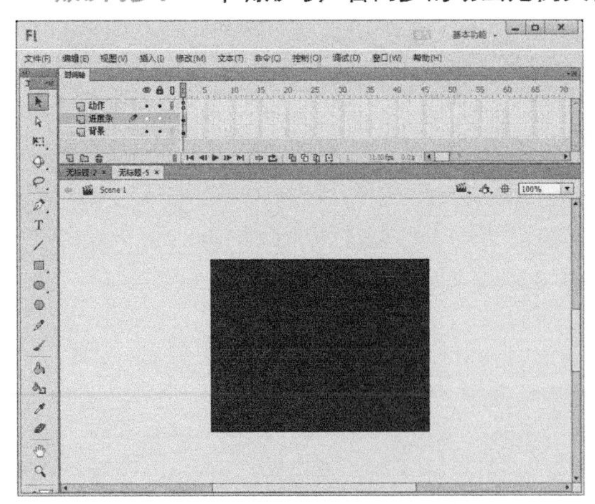

图7-61

图7-62

* AIR窗口示例：带有 AIR 窗口控件的范例文件，如图7-63所示。
* Alpha遮罩层范例：通过Alpha遮罩的动画范例文件，如图7-64所示。

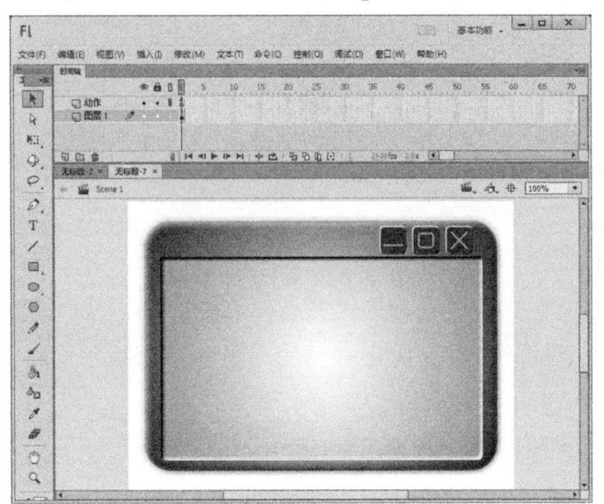

图7-63

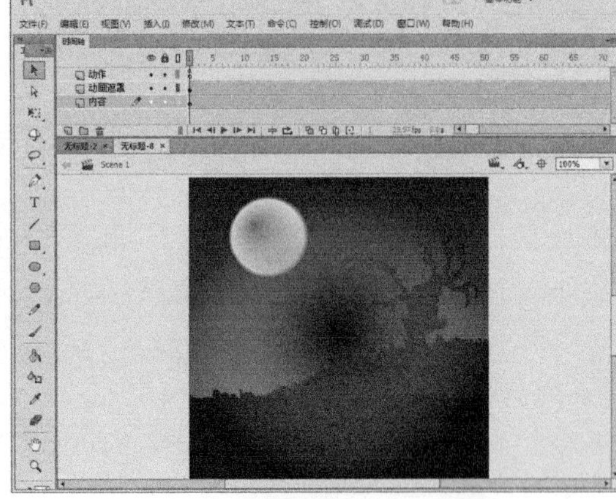

图7-64

* 手写：一个写字的动画范例文件，如图7-65所示。
* RPG游戏-命中判定：一个RPG游戏的范例文件，如图7-66所示。

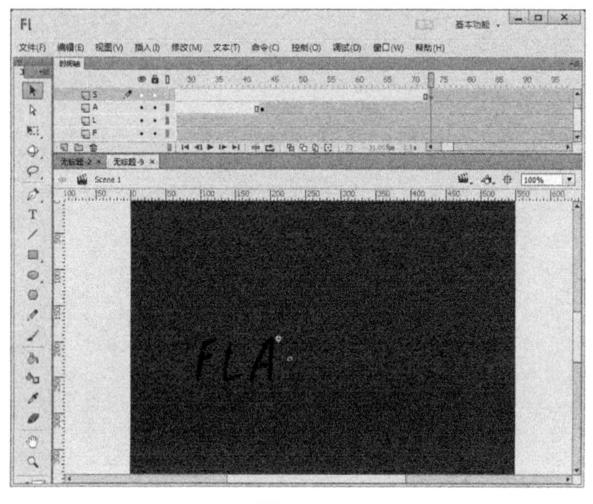

图7-65

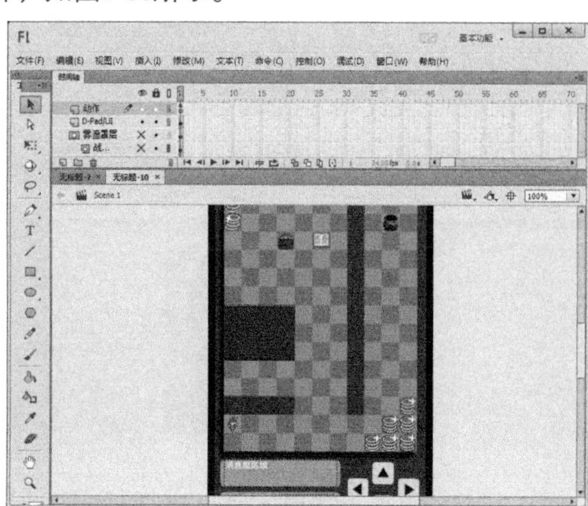

图7-66

* 平移：一个向右移动的动画范例文件，如图7-67所示。
* SWF的预加载器：一个加载动画的范例文件，如图7-68所示。

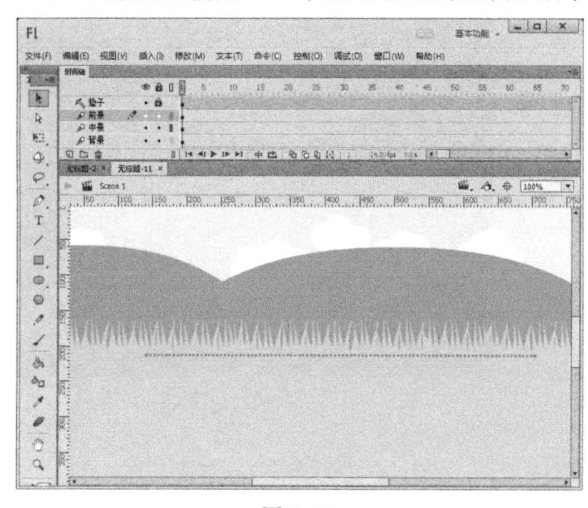

图7-67

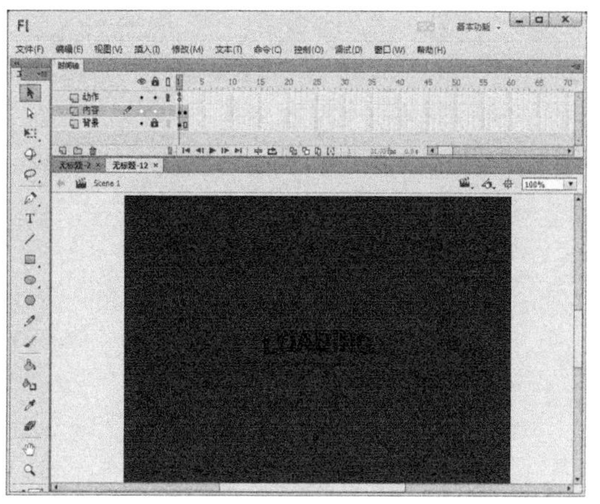

图7-68

* 拖放范例：一个可以拖动动画元素的范例文件，如图7-69所示。
* 日期倒计时范例：一个日期与时间倒计时的动画范例文件，如图7-70所示。

图7-69

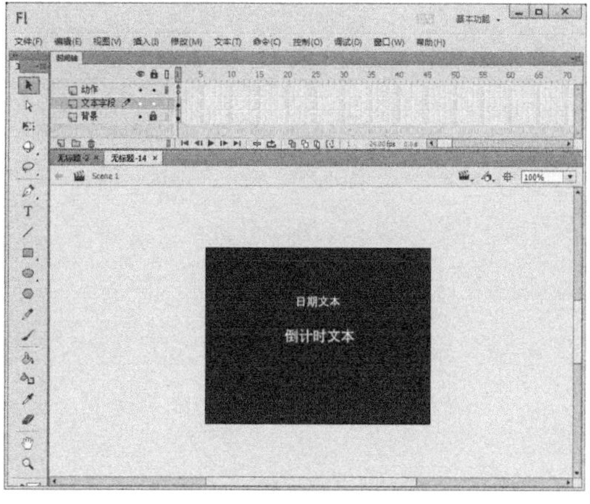

图7-70

* 自定义鼠标光标范例：一个自定义鼠标光标形状的范例文件，如图7-71所示。
* 菜单范例：一个下拉菜单的动画范例文件，如图7-72所示。

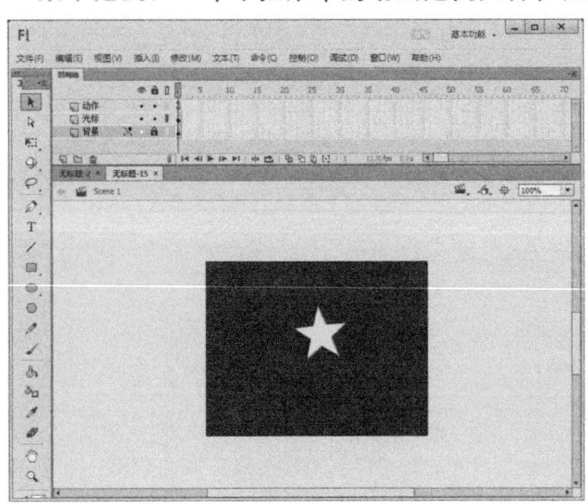

图7-71　　图7-72

即学即用

（扫码观看视频）

● 网页菜单特效

实例位置

CH07> 网页菜单特效 > 网页菜单特效 .fla

素材位置

CH07> 网页菜单特效 >1.jpg

实用指数

★★★

技术掌握

学习“范例文件”模板的使用

最终效果图

01 执行“文件>新建”菜单命令，在打开的“新建文档”对话框中选择“模板”选项，进入“从模板新建”对话框，接着在“类别”区域选择“范例文件”选项，然后选择“菜单范例”选项，如图7-73所示。

02 打开“菜单范例”模板，新建一个图层，将其拖动到“菜单”层的下方，如图7-74所示。

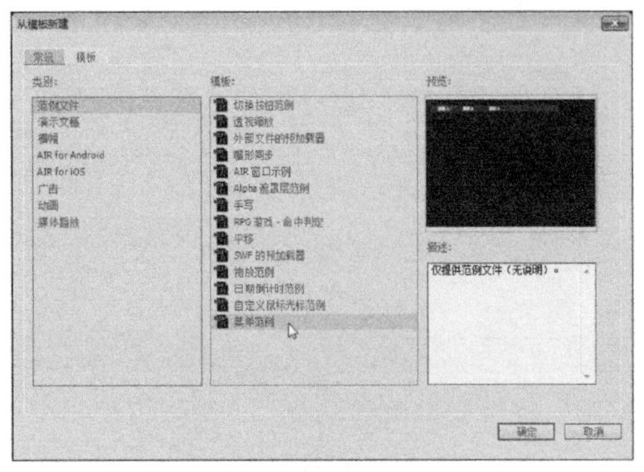

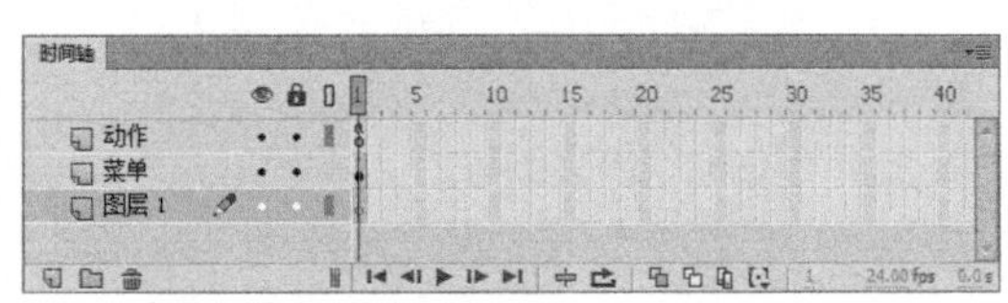

图7-73　　图7-74

03 执行“文件>导入>导入到舞台”菜单命令，将一幅背景图像导入到舞台中，如图7-75所示。

04 保存文件，按Ctrl+Enter组合键，欣赏本例完成效果，如图7-76所示。

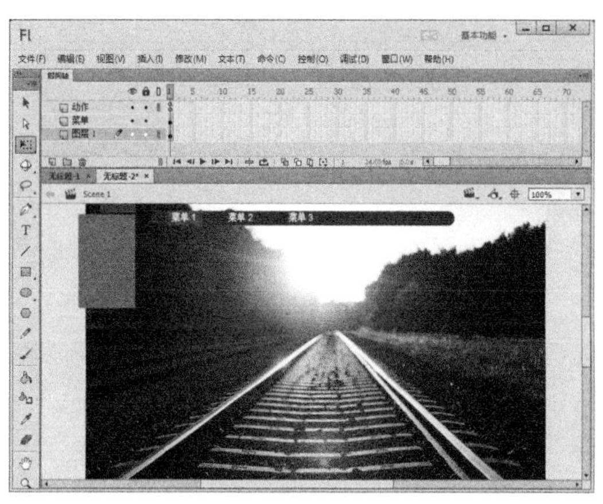

图7-75

图7-76

↘7.3.3 演示文稿

使用“演示文稿”模板，可以创建简单的和复杂的演示文稿样式，可以用幻灯片的形式播放图片。“演示文稿”模板包括“简单演示文稿”和“高级演示文稿”两种模板，如图7-77所示。

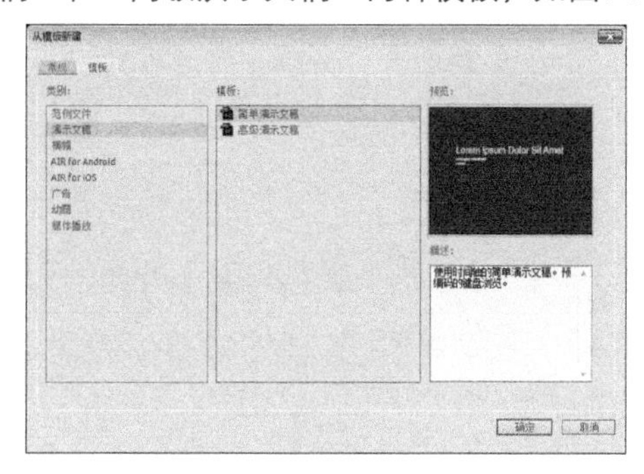

图7-77

主要参数介绍

* 简单演示文稿：使用时间轴制作的简单演示文稿，如图7-78所示。
* 高级演示文稿：使用影片剪辑元件制作的复杂演示文稿，如图7-79所示。

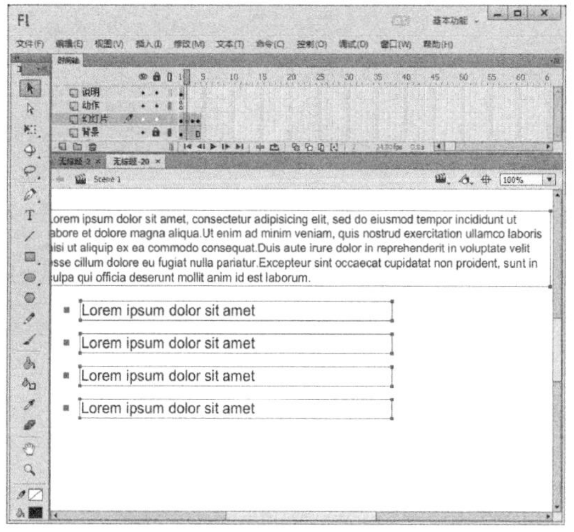
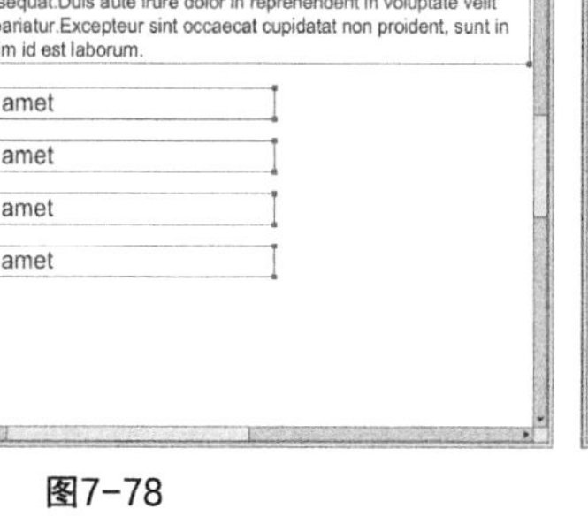

图7-78

图7-79

即学即用

● 公司介绍动画 PPT

实例位置

CH07> 公司介绍动画 PPT > 公司介绍动画 PPT.fla

素材位置

CH07> 公司介绍动画 PPT >1.png、1.jpg、2.jpg、3.jpg

实用指数

★★★★

技术掌握

学习“演示文稿”模板的使用

最终效果图

（扫码观看视频）

01 执行“文件>新建”菜单命令，在打开的“新建文档”对话框中选择“模板”选项，进入“从模板新建”对话框，接着在“类别”区域选择“演示文稿”选项，然后选择“简单演示文稿”选项，如图7-80所示。

02 打开“简单演示文稿”模板，选择“幻灯片”层的第1帧，将舞台上的文字内容删除，然后导入一幅图像，并在图像的右侧输入白色的文字“SWEET公司”，如图7-81所示。

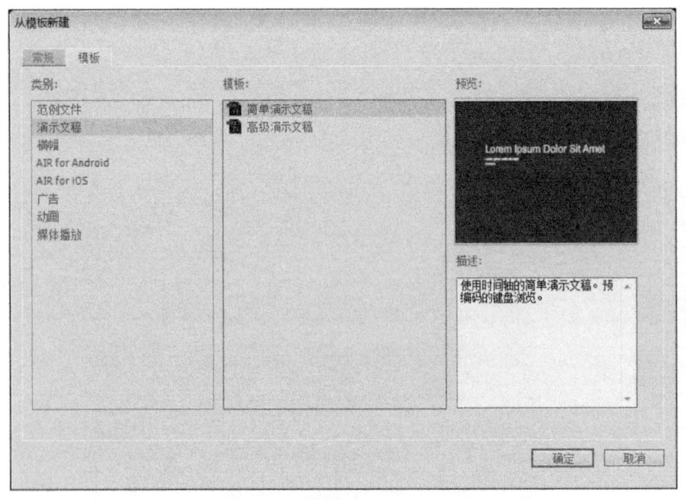

图7-80

图7-81

03 选择“幻灯片”层的第2帧，将舞台上的文字内容全部删除，然后在舞台上方输入白色的文字“公司简介”，如图7-82所示。

04 在舞台中输入SWEET公司简介的文本内容，文本颜色为深灰色，如图7-83所示。

图7-82

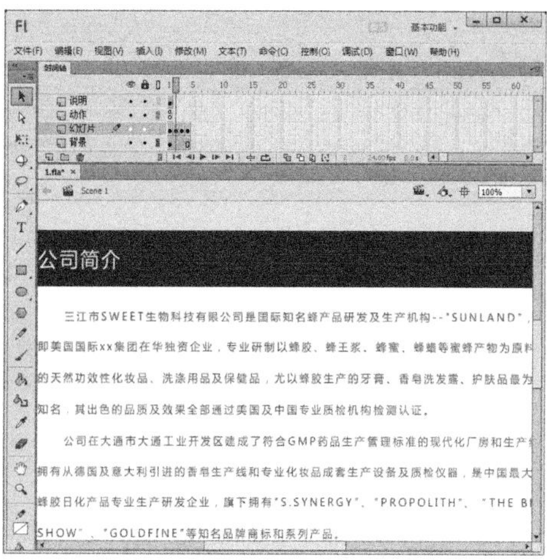

图7-83

05 执行“文件>导入>导入到舞台”菜单命令，将一幅图像导入到舞台中，并将其移动到舞台的右下方，如图7-84所示。

06 选择“幻灯片”层的第3帧，将舞台上的文字内容全部删除，然后在舞台上方输入白色的文字“品牌发展”，如图7-85所示。

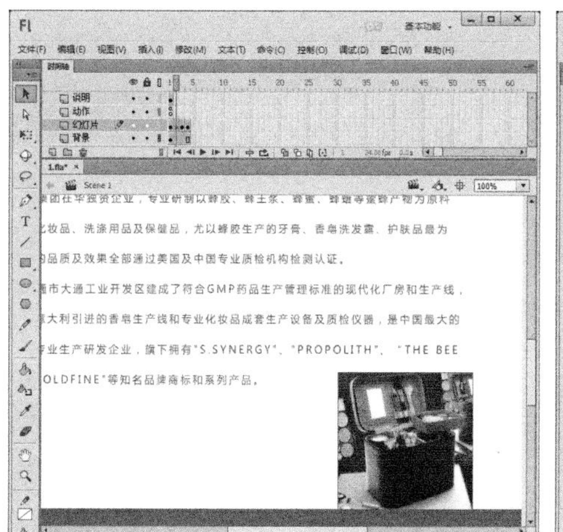

图7-84

图7-85

07 在舞台中输入SUNNY化妆品公司品牌发展的文本介绍内容，文本颜色为深灰色，如图7-86所示。

08 执行“文件>导入>导入到舞台”菜单命令，将一幅图像导入到舞台中，并将其移动到舞台的右下方，如图7-87所示。

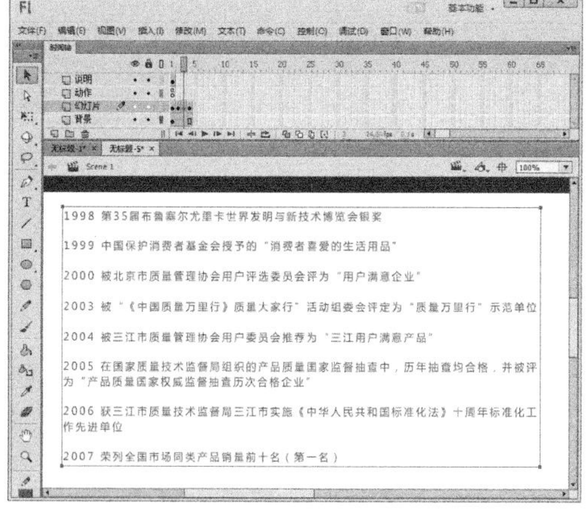

图7-86

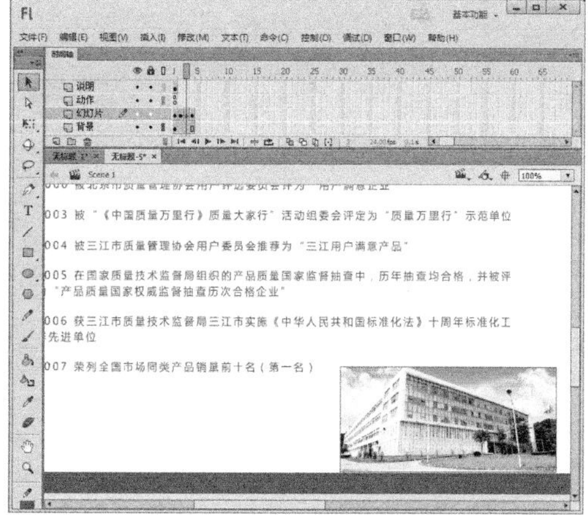

图7-87

09 选择“幻灯片”层的第4帧，将舞台上的文字内容全部删除，然后在舞台上方输入“联系我们”，在舞台中输入公司的联系方式文本内容，如图7-88所示。

10 执行“文件>导入>导入到舞台”菜单命令，将一幅图像导入到舞台中，并将其移动到舞台的右下方，如图7-89所示。

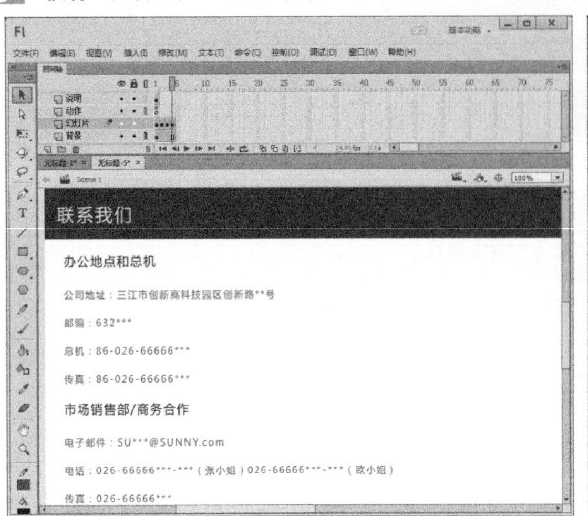

图7-88

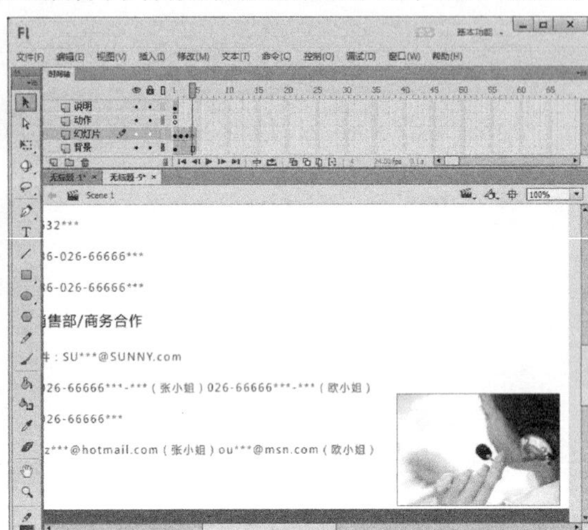

图7-89

11 保存文件，按Ctrl+Enter组合键，使用键盘上的方向键演示幻灯片，如图7-90所示。

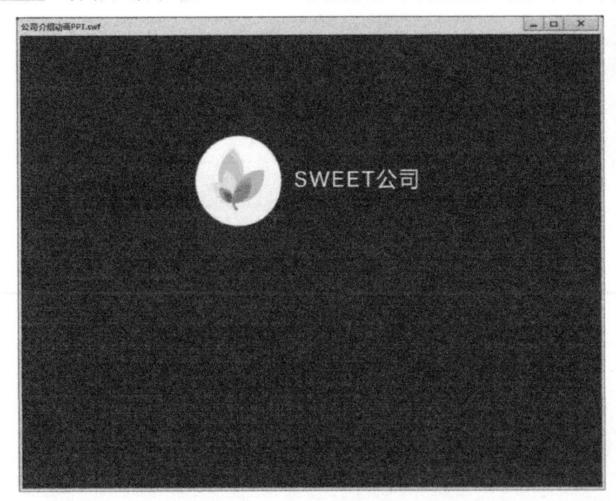

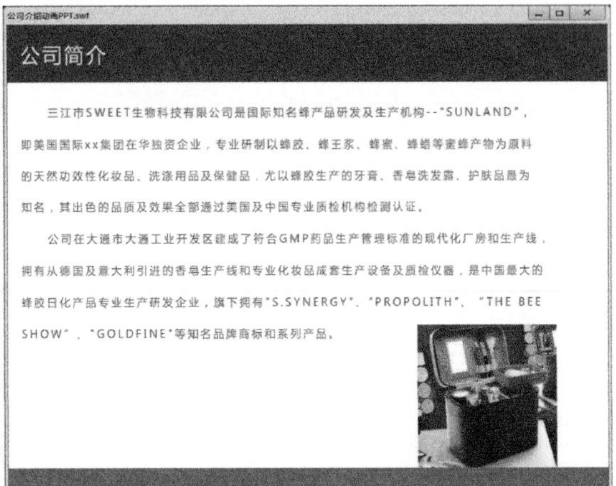

图7-90

7.3.4 横幅

在Flash CC中，可以通过“横幅”模板制作横幅样式模板，其中包括网站界面中常用的尺寸与功能。Flash CC提供了4个“横幅”样式模板，分别为：160×600简单按钮AS3、160×600自定义光标、468×60加载视频、728×90动画按钮，如图7-91所示。

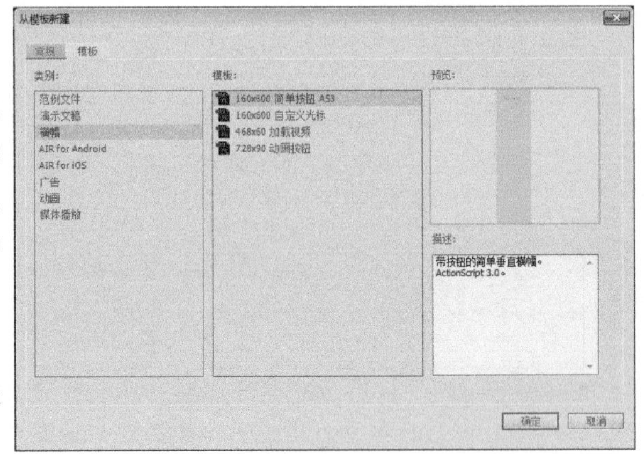

图7-91

主要参数介绍

＊ 160×600简单按钮AS3：使用Action Script 3.0制作的带按钮的简单垂直横幅模板，如图7-92所示。

* 160×600自定义光标：自定义鼠标光标的垂直横幅模板，如图7-93所示。

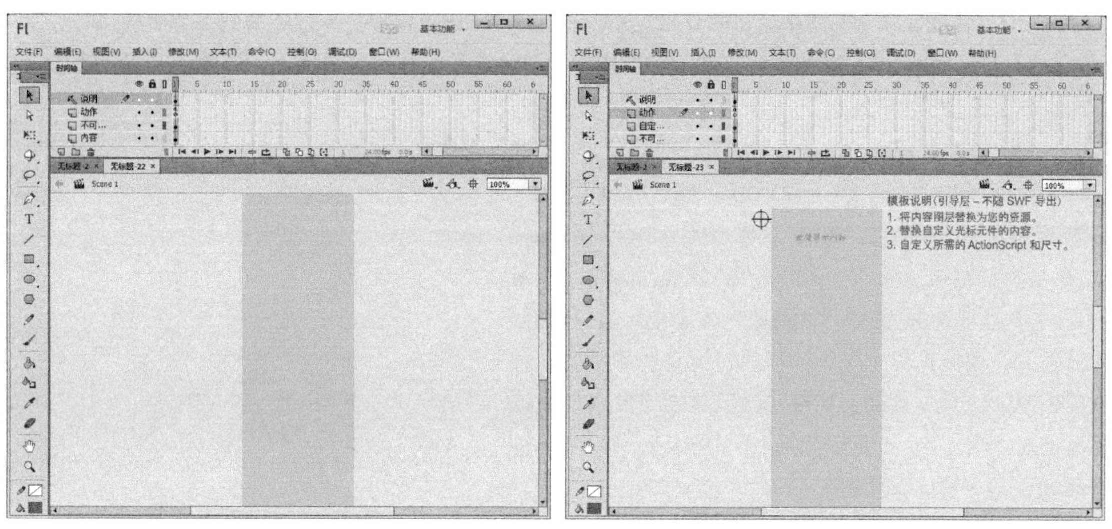

图7-92　　　　图7-93

* 468×60加载视频：加载视频的水平横幅文件，如图7-94所示。
* 728×90动画按钮：带动画按钮的水平横幅文件，如图7-95所示。

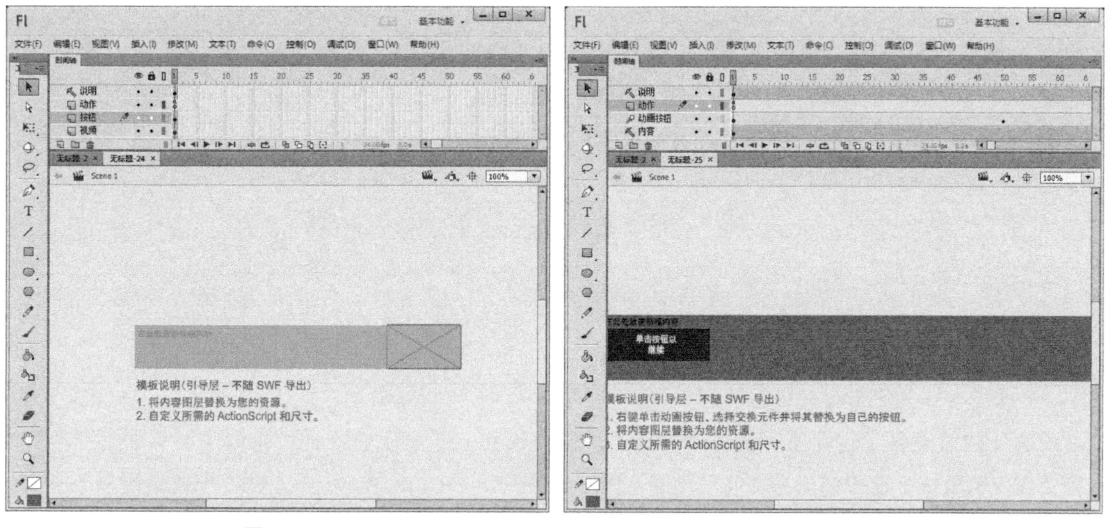

图7-94　　　　图7-95

7.3.5 AIR for Android

自20世纪90年代Macromedia出现以来，Flash就与嵌入在网页内部运行的交互式媒介、动画和游戏同步。那时Flash能够提供HTML和JavaScript所不能提供的内容正是Flash的功能所在，因此Flash插件在所有因特网用户中的安装率达到了99%。

Flash近几年来发展迅速。虽然它主要还是用于浏览器，但其整体外观已经变得更加多样化。Flash不仅用于交互式媒介和轻量级应用程序，而且还可以用来部署非常成熟的关键任务应用程序。除了Flash之外，Adobe公司的Flex偏向开发人员，容易做出具有丰富交互功能的应用程序。Flex和Flash都以ActionScript作为其核心编程语言，并被编译成swf文件运行于Flashplayer虚拟机里。

Flash不再局限于浏览器窗口。随着2007年AIR的发布，Flash和Flex开发人员第一次可以为Windows、Mac OS X和Linux平台创建独立的跨平台富因特网应用程序。这些AIR桌面应用程序不仅具有原生应用程序的外观和体验，而且可以利用原生操作系统的功能，例如本地文件访问、原生菜单和用户界面元素以及操作系统特定事件。

Flash CC是支持AIR Android的开发工具，执行“文件>新建”菜单命令，在打开的“新建文档”对话框中选择“模板”选项，进入“从模板新建”对话框，在“类别”区域选择“AIR for Android”选项，在“模板”区域选择“800×400空白”选项，如图7-96所示。Flash CC将自动创建480像素×800像素标准尺寸的空白程序。

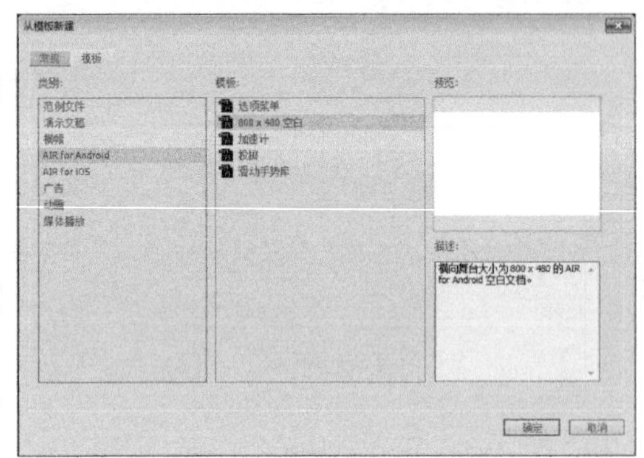

图7-96

另外四个模板其实都是示例程序，滑动手势库是一个支持触摸手势的图片浏览器；加速计演示了如何使用加速计；投掷是使用 Tween 对象演示奋力投掷的模板；选项菜单是一个利用Menu键创建菜单的例子。

7.3.6 AIR for IOS

Flash CC是支持AIR IOS的开发工具，执行“文件>新建”菜单命令，在打开的“新建文档”对话框中选择“模板”选项，进入“从模板新建”对话框，在“类别”区域选择“AIR for IOS”选项，如图7-97所示。其中包含5个不同尺寸的横幅用于AIR for IOS 设备的空白文档。

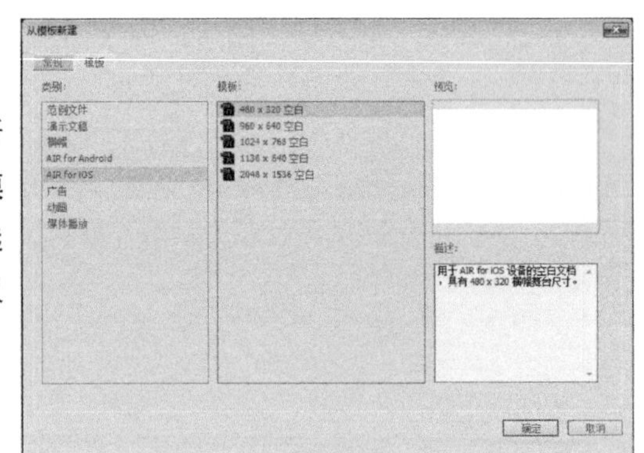

图7-97

7.3.7 广告

“广告”模板准备了现在流行的各种网络广告样式模板，便于快速进行广告创作。“广告”模板又叫“丰富式媒体”模板，便于创建由交互广告署（Interactive Advertising Bureau，IAB）制订且被当今业界接受的标准丰富式媒体类型和大小。

当用户随意打开一个网站，往往会弹出一些广告窗口，还有一些广告或在主页上流动或直接嵌入在主页中。它们已经成为了互联网上进行信息交流、产品发布的一个重要手段。在Flash CC广告类型的模板中，提供了16种不同尺寸的广告样式模板，如图7-98所示。

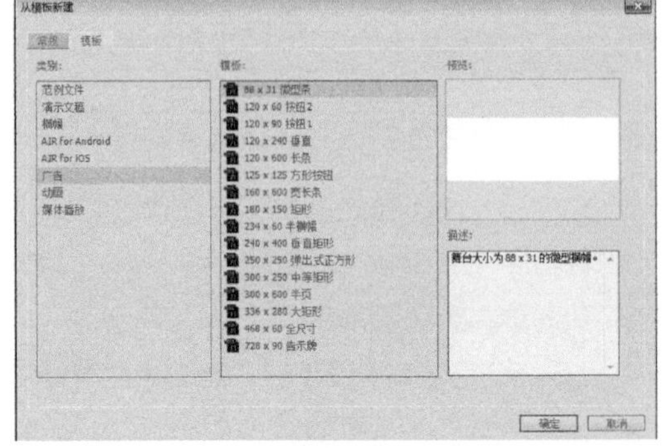

图7-98

广告在网页中只是配角，应在有限的空间和时间内，使用简洁的内容，突出要表现的广告主题，并将画面做得精美才能将观众的视线吸引过来，起到广而告之的作用。

主要参数介绍

* 88×31微型条：舞台大小为 88 像素×31像素 的微型广告横幅文件模板，如图7-99所示。
* 120×60按钮2：舞台大小为 120 像素×60像素 的按钮状广告横幅文件模板，如图7-100所示。

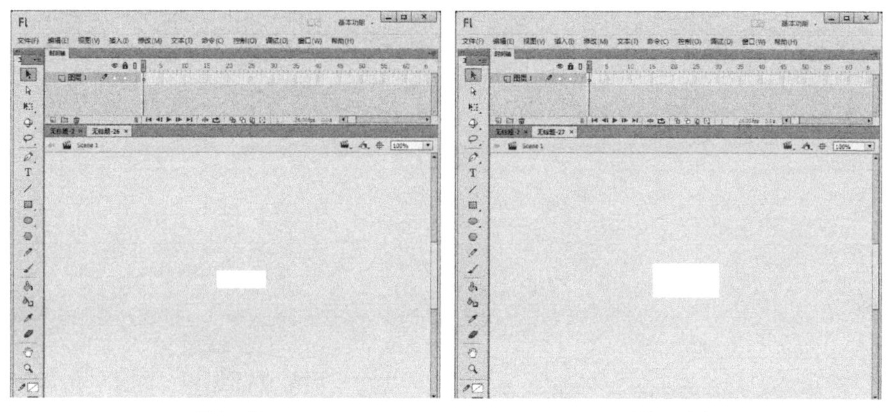

图7-99　　图7-100

* 120×90按钮1：舞台大小为120像素×90像素的按钮状广告横幅文件模板，如图7-101所示。
* 120×240垂直：舞台垂直大小为120像素×240像素的广告横幅文件模板，如图7-102所示。

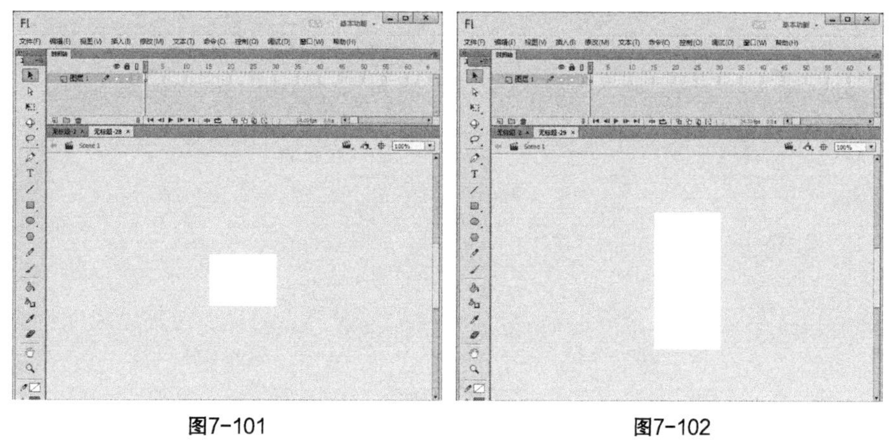

图7-101　　图7-102

* 120×600长条：舞台大小为120像素×600像素的摩天大楼式的广告横幅文件模板，如图7-103所示。
* 125×125方形按钮：大小为125像素×125像素的方形舞台的按钮状广告横幅文件模板，如图7-104所示。

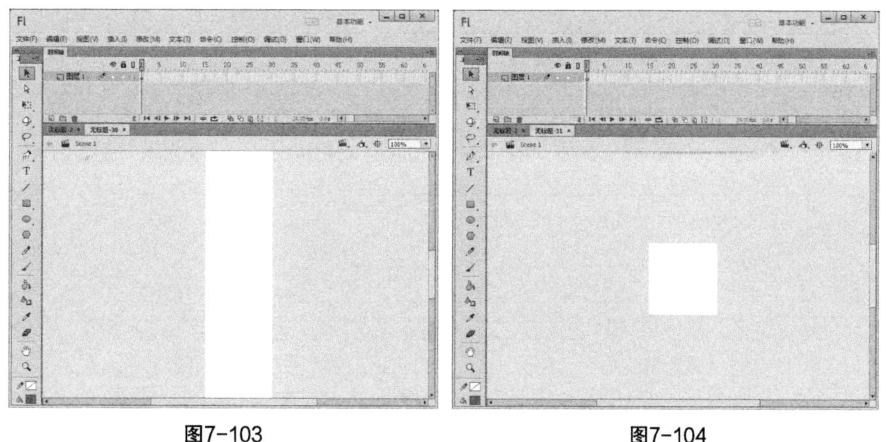

图7-103　　图7-104

* 160×600宽长条：舞台大小为160像素×600像素的摩天大楼式的宽式广告横幅文件模板，如图7-105所示。

* 180×150矩形：舞台大小为180像素×150像素的矩形广告横幅文件模板，如图7-106所示。

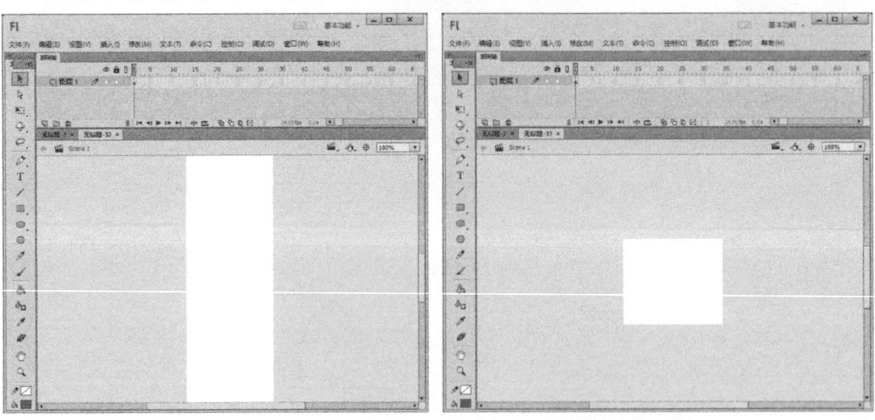

图7-105　　图7-106

* 234×60半横幅：舞台大小为234像素×60像素的半宽广告横幅文件模板，如图7-107所示。
* 240×400垂直矩形：舞台大小为240像素×400像素的矩形广告横幅文件模板，如图7-108所示。

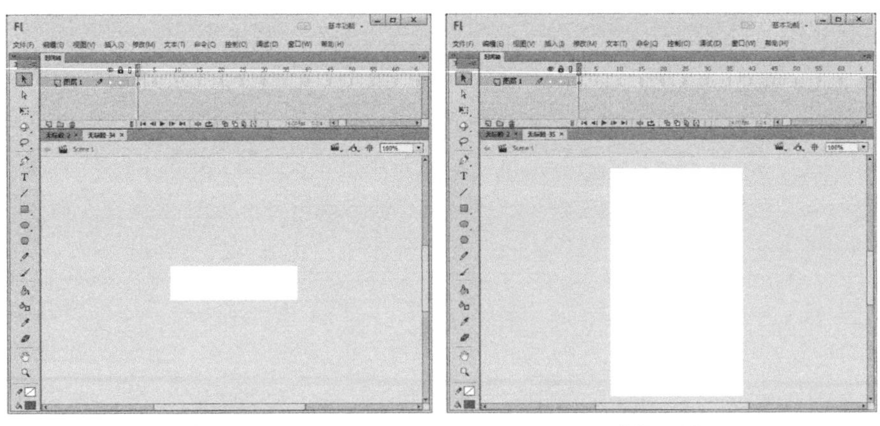

图7-107　　图7-108

* 250×250弹出式正方形：舞台大小为250像素×250像素的弹出式方形广告横幅文件模板，如图7-109所示。
* 300×250中等矩形：舞台大小为300像素×250像素的矩形横幅文件模板，如图7-110所示。

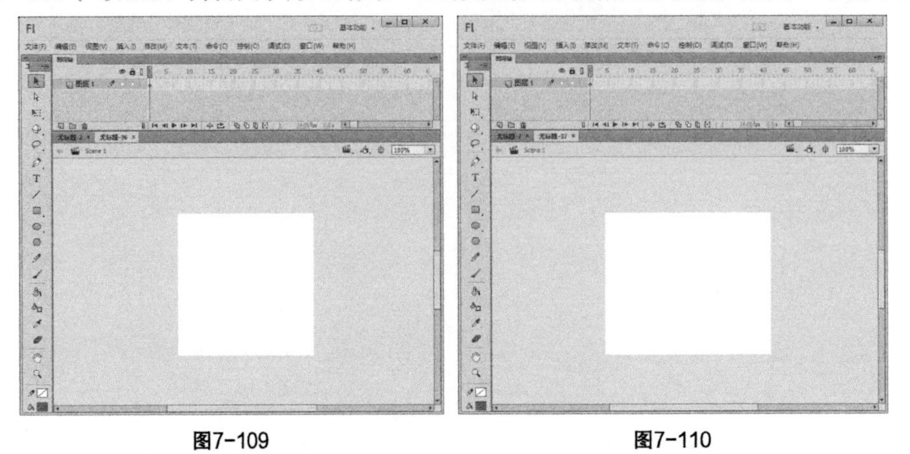

图7-109　　图7-110

* 300×600半页：舞台大小为300像素×600像素的半页广告横幅文件模板，如图7-111所示。
* 336×280大矩形：舞台大小为336像素×280像素的矩形广告横幅文件模板，如图7-112所示。

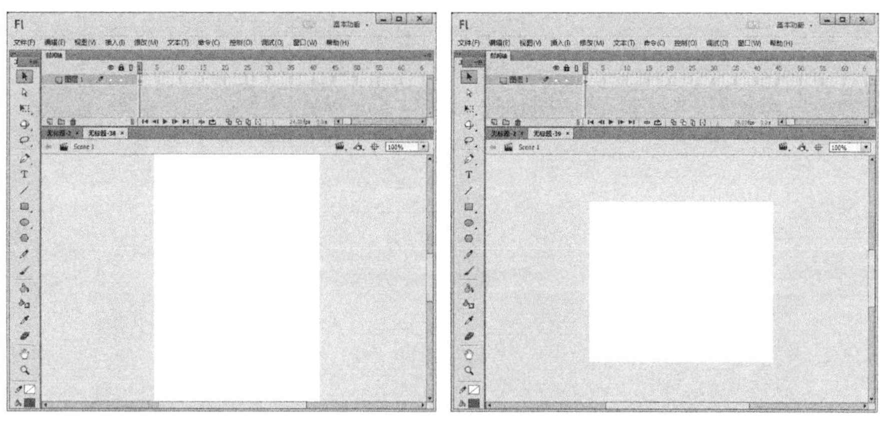

图7-111　　图7-112

* 468×60全尺寸：舞台大小为468像素×60像素的完全尺寸广告横幅文件模板，如图7-113所示。
* 728×90告示牌：舞台大小为728像素×90像素的大型水平广告横幅文件模板，如图7-114所示。

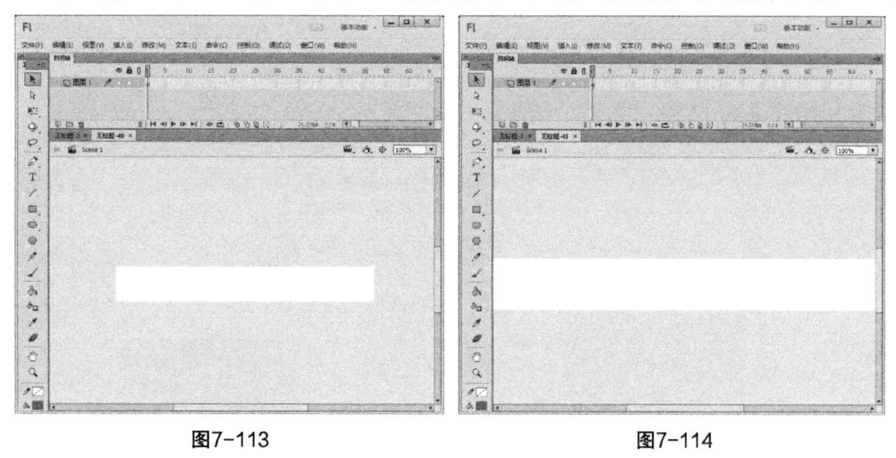

图7-113　　图7-114

↘7.3.8 动画

执行“文件>新建”菜单命令，在打开的“新建文档”对话框中选择“模板”选项，进入“从模板新建”对话框，在“类别”区域选择“动画”选项。Flash CC的“动画”类别包括8个模板：补间形状的动画遮罩层、补间动画的动画遮罩层、加亮显示的动画按钮、文本发光的动画按钮、随机布朗运动、随机纹理运动、雨景脚本、雪景脚本，如图7-115所示。

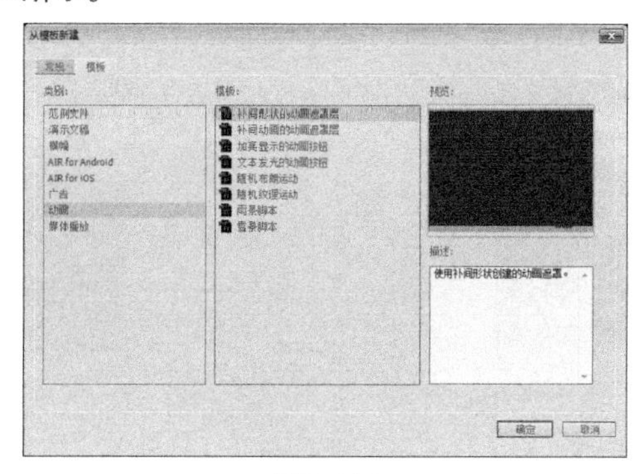

图7-115

主要参数介绍

* 补间形状的动画遮罩层：使用补间形状创建的动画遮罩模板，如图7-116所示。
* 补间动画的动画遮罩层：使用补间动画创建的动画遮罩模板，如图7-117所示。

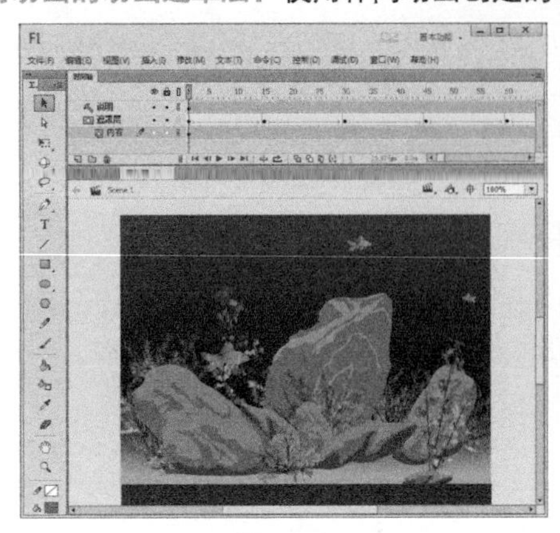

图7-116

图7-117

* 加亮显示的动画按钮：带已访问状态的发光按钮影片模板，如图7-118所示。
* 文本发光的动画按钮：带发光文本的动画影片剪辑按钮，如图7-119所示。

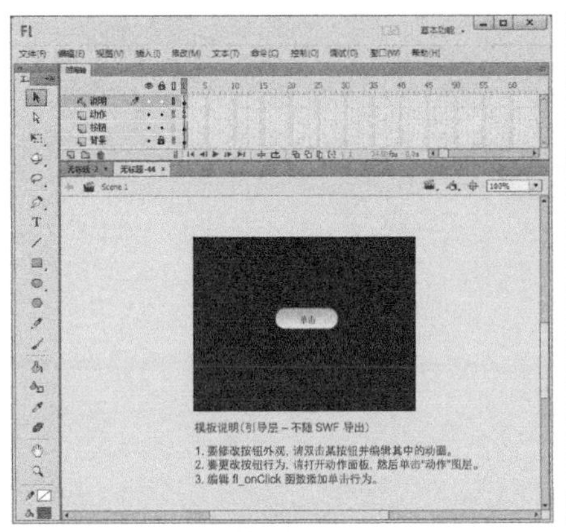

图7-118

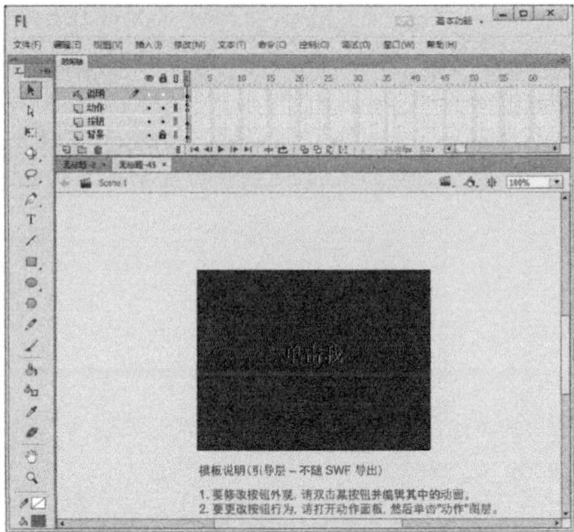

图7-119

* 随机布朗运动：使用 ActionScript 进行动画处理的布朗运动效果，如图7-120所示。
* 随机纹理运动：使用 ActionScript 进行动画处理的纹理运动效果，如图7-121所示。

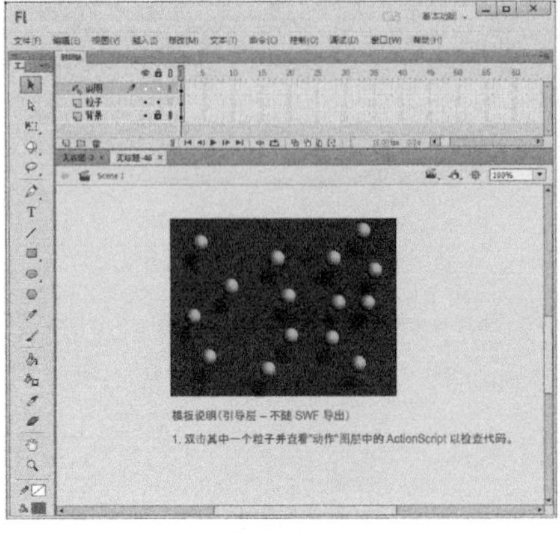

图7-120

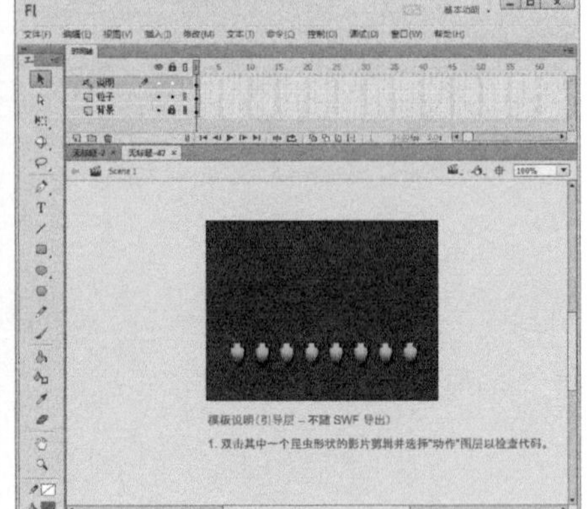

图7-121

* 雨景脚本：使用 Action Script和影片剪辑元件创建的下雨动画效果，如图7-122所示。
* 雪景脚本：使用 Action Script和影片剪辑元件创建的下雪动画效果，如图7-123所示。

图7-122

图7-123

即学即用

● 雪花

实例位置

CH07> 雪花 > 雪花 .fla

素材位置

CH07> 雪花 >1.jpg

实用指数

★★★

技术掌握

学习“雪景脚本”模板的使用

（扫码观看视频）

最终效果图

01 执行“文件>新建”菜单命令，在打开的“新建文档”对话框中选择“模板”选项，进入“从模板新建”对话框，接着在“类别”区域选择“动画”选项，然后选择“雪景脚本”选项，如图7-124所示。

02 打开“雪景脚本”模板，选择“背景”图层的第1帧，单击鼠标右键，在弹出的快捷菜单中选择“清除帧”命令，如图7-125所示。

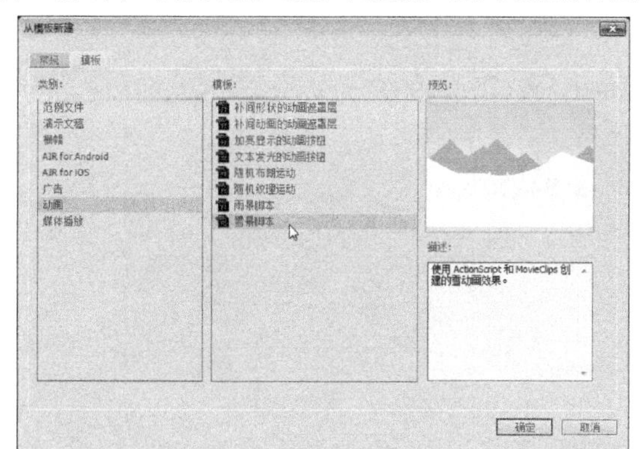

图7-124

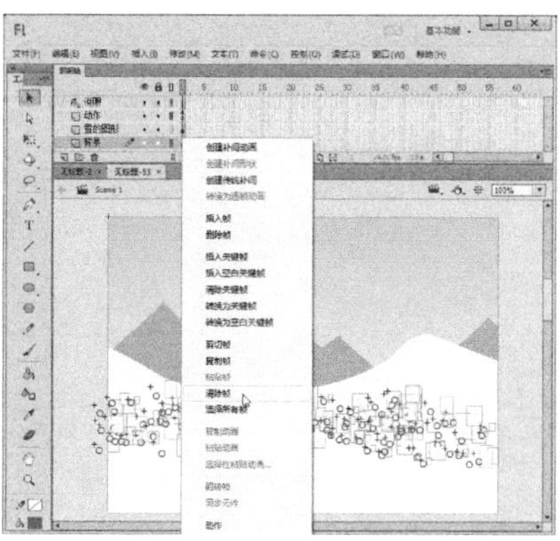

图7-125

03 执行“文件>导入>导入到舞台”菜单命令，将一幅背景图像导入到舞台中，如图7-126所示。

04 保存文件，按Ctrl+Enter组合键，欣赏本例完成效果，如图7-127所示。

图7-126

图7-127

即学即用

小虫子

实例位置

CH07>小虫子>小虫子.fla

实用指数

★★★

素材位置

CH07>小虫子>1.jpg、2.png

技术掌握

学习“随机纹理运动”模板的使用

（扫码观看视频）

最终效果图

01 执行“文件>新建”菜单命令，在打开的“新建文档”对话框中选择“模板”选项，进入“从模板新建”对话框，接着在“类别”区域选择“动画”选项，然后选择“随机纹理运动”选项，如图7-128所示。

02 打开“随机纹理运动”模板，执行“修改>文档”菜单命令，打开“文档设置”对话框，在对话框中将“舞台大小”设置为400像素×300像素，如图7-129所示。

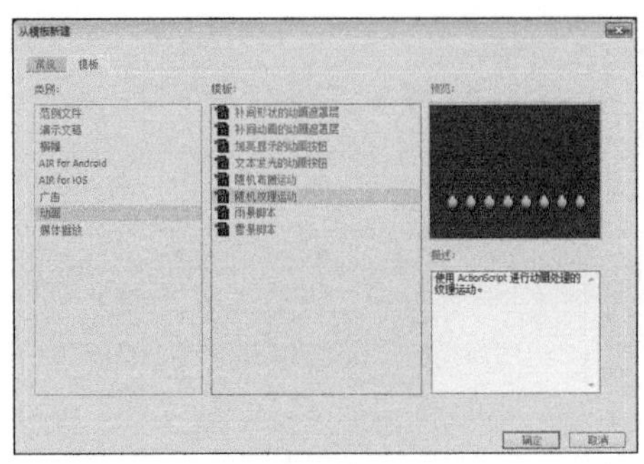

图7-128

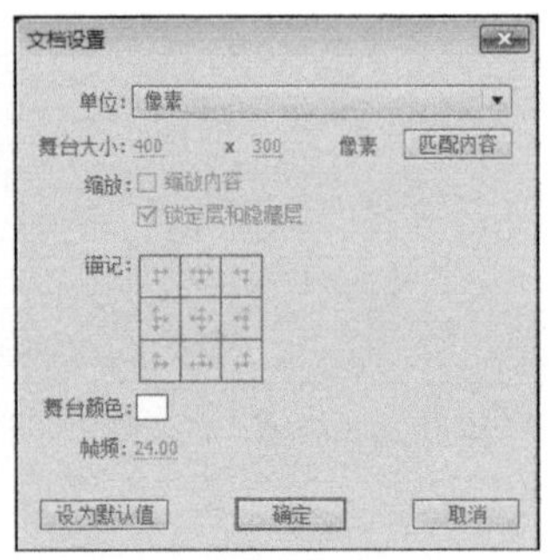

图7-129

03 选择“内容”图层的第1帧，单击鼠标右键，在弹出的快捷菜单中选择“清除关键帧”命令，如图7-130所示。

04 执行“文件>导入>导入到舞台”菜单命令，将一幅背景图像导入到舞台中，如图7-131所示。

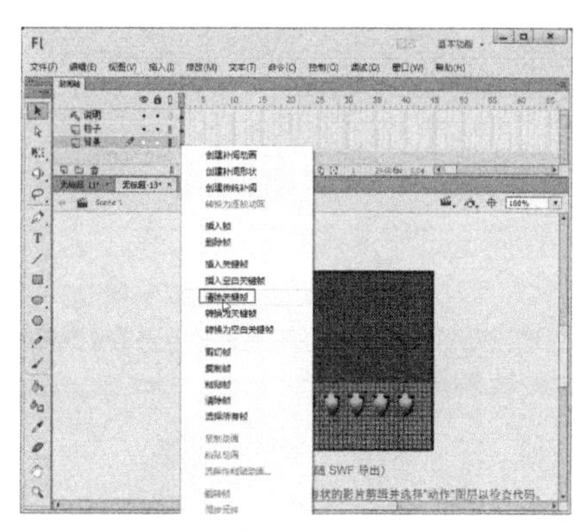

图7-130

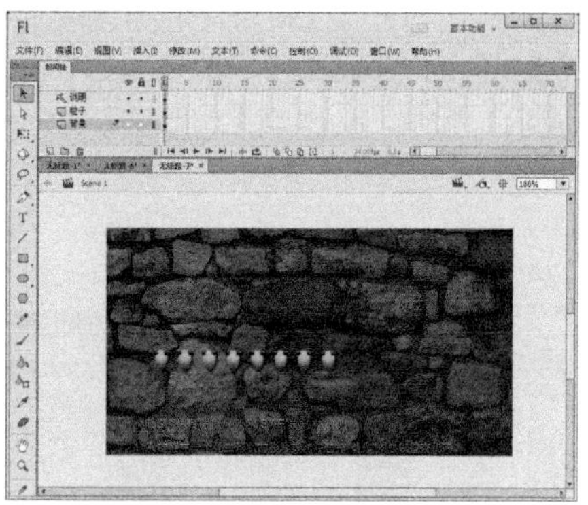

图7-131

05 双击舞台上的虫子图形，进入元件编辑区，然后将虫子图形删除，如图7-132所示。

06 执行“文件>导入>导入到舞台”菜单命令，将一幅小虫图像导入到工作区中，如图7-133所示。

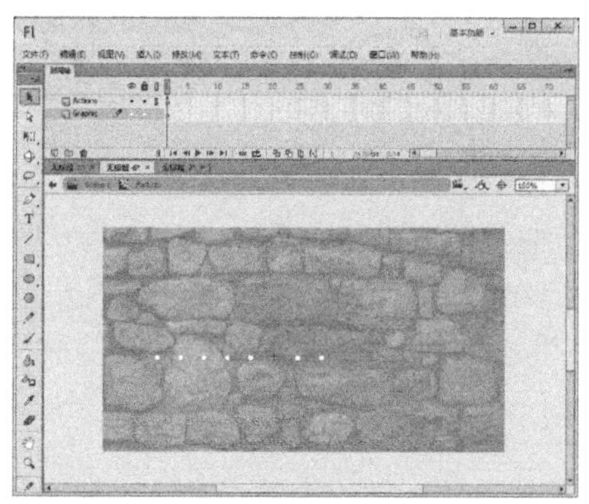

图7-132

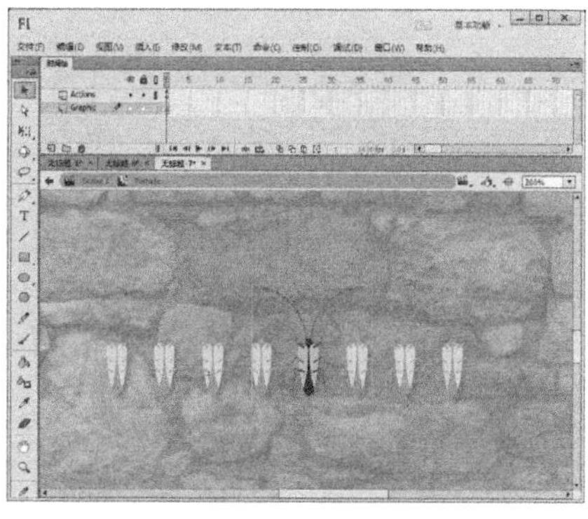

图7-133

07 在空白处双击鼠标左键返回主场景，保存文件，按下Ctrl+Enter组合键，欣赏本例完成效果，如图7-134所示。

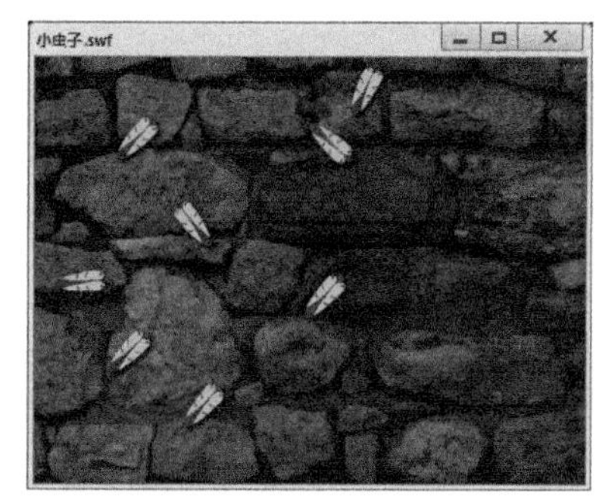

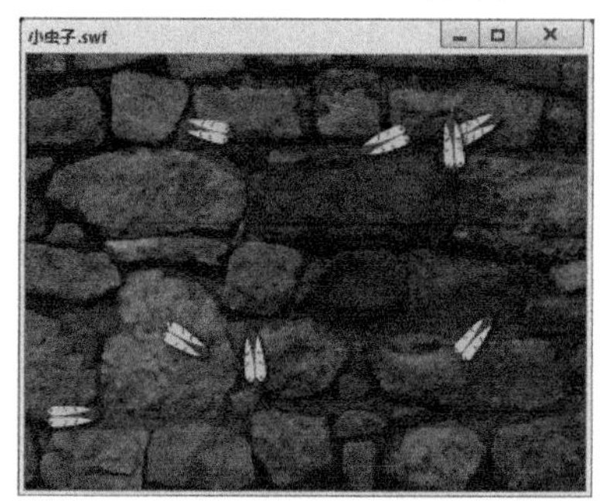

图7-134

7.3.9 媒体播放

“媒体播放”模板包括若干个视频尺寸和照片相册。“媒体播放”模板包括标题安全区域HDTV720、标题安全区域HDTV1080、标题安全区域NTSC D1、标题安全区域NTSC D1Wide、标题安全区域NTSC DV、标题安全区域NTSC DVWide、标题安全区域PAL DIDV、标题安全区域PAL DIDVWide、简单相册以及高级相册共10个模板，如图7-135所示。

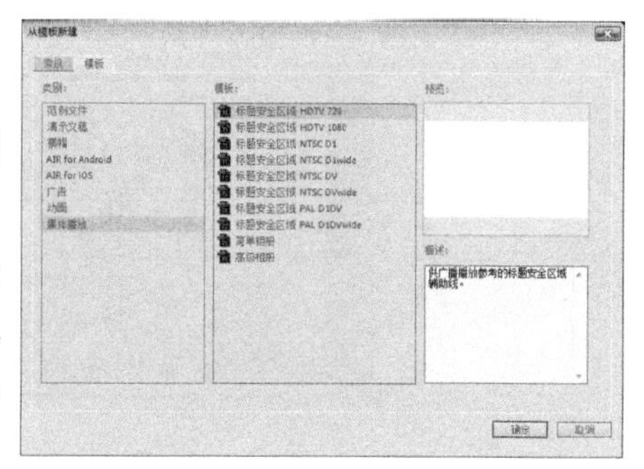

图7-135

即学即用

（扫码观看视频）

● 相册

实例位置

CH07> 相册 > 相册 .fla

实用指数

★★★

素材位置

CH07> 相册 >1.jpg、2.jpg、3.jpg、4.jpg

技术掌握

学习“媒体播放”模板的使用

最终效果图

01 执行“文件>新建”菜单命令，在打开的“新建文档”对话框中选择“模板”选项，进入“从模板新建”对话框，接着在“类别”区域选择“媒体播放”选项，然后选择“简单相册”选项，如图7-136所示。

02 打开“简单相册”模板，将“图像/标题”层的4个关键帧中的内容删除，使它们成为空白关键帧，如图7-137所示。

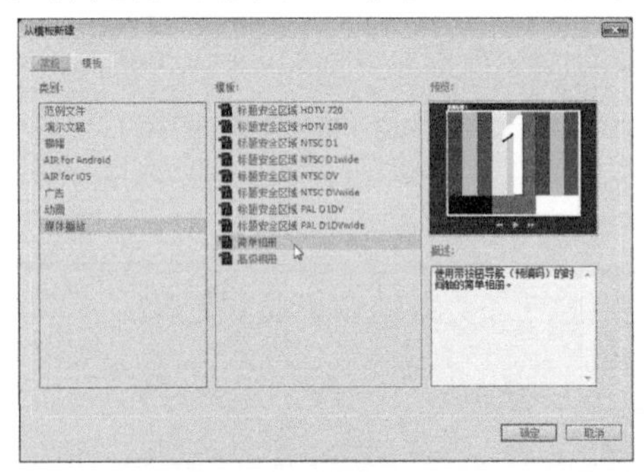

图7-136

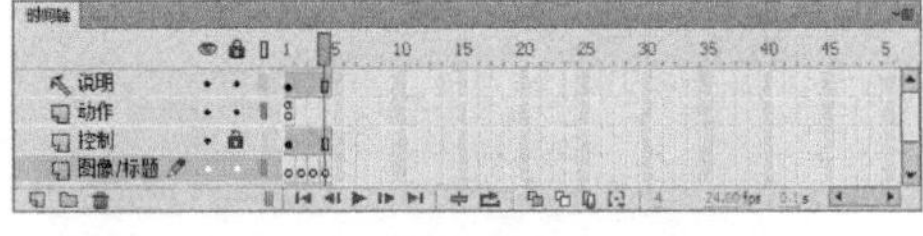

图7-137

03 选择“图像/标题”层的第1帧，执行“文件>导入>导入到舞台”菜单命令，将一幅图像导入到舞台中，如图7-138所示。

04 选择“图像/标题”层的第2帧，执行“文件>导入>导入到舞台”菜单命令，将一幅图像导入到舞台中，如图7-139所示。

图7-138

图7-139

05 选择“图像/标题”层的第3帧，执行“文件>导入>导入到舞台”菜单命令，将一幅图像导入到舞台中，如图7-140所示。

06 选择“图像/标题”层的第4帧，执行“文件>导入>导入到舞台”菜单命令，将一幅图像导入到舞台中，如图7-141所示。

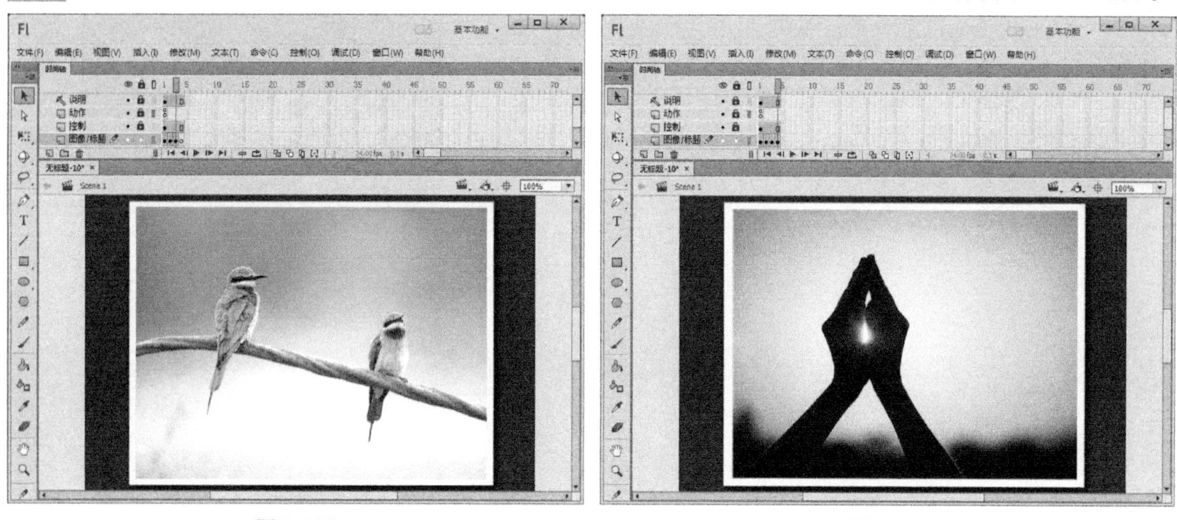

图7-140　　图7-141

07 保存文件，按Ctrl+Enter组合键，欣赏本例完成效果，如图7-142所示。

图7-142

7.4 章节小结

本章讲述了Flash CC中的滤镜和模板，使用滤镜可以为文本、按钮和影片剪辑元件增添有趣的视觉效果；使用模板则可以快速地创作出精彩的互动影片。

7.5 课后习题

本节提供了两个课后习题供大家练习，希望大家好好去练习，掌握滤镜和模板的使用方法。

课后习题

● 月亮

实例位置

CH07> 月亮 > 月亮 .fla

素材位置

CH07> 月亮

实用指数

★★★★

（扫码观看视频）

使用“发光”滤镜制作的月亮效果。

最终效果图

主要步骤

01 新建一个影片剪辑元件“月亮”，在元件的编辑区中绘制一个无边框，填充色为黄色的椭圆。

02 回到主场景，将一幅背景图片导入到舞台上，新建“图层2”，打开“库”面板，将“月亮”影片剪辑元件拖曳到舞台上。

03 打开“属性”面板，为“月亮”影片剪辑元件添加“发光”滤镜。

课后习题

● 流动的文字

实例位置

CH07> 流动的文字 > 流动的文字 .fla

素材位置

CH07> 流动的文字

实用指数

★★★★

（扫码观看视频）

应用“渐变斜角”滤镜制作流动的文字效果。

最终效果图

主要步骤

01 选择“文本工具” T 在舞台上输入文字“花前月下”， 按下两次Ctrl+B组合键将文字打散，然后按下F8键将其转换为名称为“元件1”的影片剪辑元件。

02 再次将名称为“元件1”的影片剪辑元件转换为名称为“元件2”的影片剪辑元件，双击进入“元件2”的编辑区内。

03 选中文字，打开“属性”面板，为其添加“渐变斜角”滤镜，将“角度”值设置为0，在时间轴第30帧处插入关键帧，打开“属性”面板，将“角度”值设置为360。

04 在第1帧~第30帧创建补间动画，回到主场景，新建“图层2”，将其拖动到“图层1”的下方，导入一幅图像到舞台上。

CHAPTER

08 声音和视频的使用

要使Flash动画更加完善、更加引人入胜，只有漂亮的造型、精彩的情节是不够的，为Flash动画添加上生动的声音效果，除了可以使动画内容更加完整外，还有助于动画主题的表现。

* 导入声音
* 将声音添加到时间轴
* 将声音添加到按钮
* 设置声音播放的效果
* 设置同步
* 更新声音
* 导入视频

8.1 可导入的声音格式

Flash CC可以处理各种声音文件格式。本节将介绍哪些声音文件类型可被导入Flash文档文件（.fla）中。

Flash的Windows版本可以导入大多数格式的声音文件，该版本可以兼容所有主要声音文件类型（如MP3和WAV）。将声音文件导入到Flash文档后，可以编辑产生的.fla文件。

Flash CC可以导入以下声音文件格式。

* MP3（MPEG-1 Audio Layer 3）：MP3是一种高超的压缩技术和文件格式，它在声音序列的压缩上有突出表现。

MP3是运动图像专家小组（Motion Picture Experts Group，MPEG）使用以下逻辑开发的，CD音质通常采用的位深度为16（16位），采样率为44.1kHz，声音大约每秒生成140万位的数据，但是这一秒的声音中包含的很多声音数据是大多数人无法听到的。通过设计减少链接到细微声音的数据压缩算法，MP3开发人员使得在无需额外的等待时间（加载声音和播放声音之间的延迟）的情况下，通过Internet传送高质量的音频变为可能。MP3的另一个神秘之处是它使用感知编码技术，该技术可以减少描述声音的重叠和冗余信息的数量。正如本章后面将要介绍的，Flash播放器实际上可以缓冲“数据流”声音（可以从导入到Flash的任何声音文件创建“数据流”声音），也就是说声音文件可以在完整下载之前，开始在Flash影片中播放。Shockwave Audio是基于Macromedia Director的Shockwave影片的默认音频压缩模式，实际上是伪装的MP3。

* WAV（Windows Wave）：WAV文件作为Windows PC上的数字音频的标准达10年之久，直到出现MP3的支持才有所改变。WAV仍是获取的主要声音格式，使用该格式可以从麦克风或计算机上的其他音源录制声音。Flash可以导入在声音应用程序和编辑器（如SoundForge或ACID）中创建的WAV文件。导入的WAV文件可以是立体声的，也可以是单声道的，并支持更改位深度和频率。

* QuickTime：如果安装了Quick Time 4或更高版本，则可以将QuickTime音频文件（.qta或.mov）直接导入到Flash CC中。将QuickTime音频文件导入到Flash文档后，该声音文件会和任何其他声音文件一样显示在“库”中。

Tips

不要依赖Flash文档文件（.fla）中嵌入的导入声音作为主声音文件或备份声音文件，总是将初始的主声音文件保留为备份，或者重新用于其他多媒体项目。

这些声音文件类型基于结构或“体系结构”，意味着它们仅用于对数字音频进行编码的包装对象，其中的每个声音文件类型均可以使用各种压缩技术或音频编解码器。编解码器是用于数字媒体的压缩和解压缩的模块。应用程序或设备使用特定的技术可以编码和压缩声音和视频。对其进行编码后，通过有权访问编解码器模块的媒体播放器可以播放（解压缩）它。要在计算机上播放声音文件，系统上必须安装有该文件使用的音频编解码器，如同WAV和ALF文件一样，可以用各种比特率和频率压缩MP3文件。Flash导入声音文件后，会去掉包装对象类型（AIF、WAV和AU等）。Flash将声音文件存储为一般的PCM（Pulse Code Modulation，脉冲编码调制）数字音频。另外，Flash还可以将任何导入的8位声音文件转换为16位声音文件。因此，将声音文件引入Flash CC之前，最好不要对声音文件使用任何预压缩或低位深度。

Tips

在Flash中，可以使用多种方法在电影中添加声音，例如给按钮添加声音后，鼠标光标经过按钮或按下按钮时将发出特定的声音。

Tips

在Flash中有两种类型的声音，即事件声音和流式声音。

1.事件声音

事件声音在动画完全下载之前，不能持续播放，只有下载结束后才可以，并且在没有得到明确的停止指令前，播放是不会结束的，声音会不断地重复播放。当选择了这种声音播放形式后，声音的播放就独立于帧播放，在播放过程中与帧无关。

2.流式声音

Flash将流式声音分成小片段，并将每一段声音结合到特定的帧上，对于流式声音，Flash迫使动画与声音同步。在动画播放过程中，只需下载开始的几帧后就可以播放。

8.2 导入声音

Flash影片中的声音，是通过将外部的声音文件导入而得到的。与导入位图的操作一样，执行“文件>导入>导入到舞台”菜单命令，就可以进行对声音文件的导入。Flash可以直接导入WAV声音（*.wav）、MP3声音（*.mp3）、AIFF声音（*.aif）等格式的声音文件，支持Midi格式（*.mid）的声音文件映射到Flash中。

导入声音文件的操作步骤如下。

01 执行“文件>导入>导入到舞台”菜单命令，打开“导入”对话框，如图8-1所示。

02 选择要导入的声音文件，单击 打开(O) 按钮可将声音文件导入到元件库中，如图8-2所示。

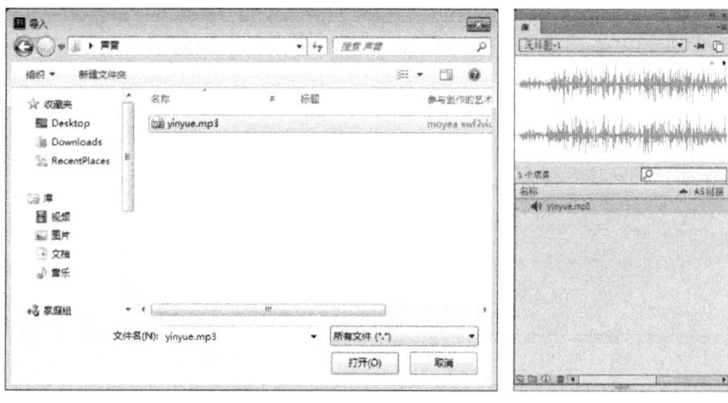

图8-1 图8-2

Tips

导入的声音文件作为一个独立的元件存在于“库”面板中，单击“库”面板预览窗格右上角的“播放”按钮▶，可以对其进行播放预览。

8.3 添加声音

在Flash中，可以将声音添加到时间轴中，也可以添加到按钮元件中。

8.3.1 将声音添加到时间轴

当把声音导入到“库”面板中后，就可以将它应用到动画中了。下面结合实例说明为Flash动画加入声音的操作步骤。

01 打开一个已经完成了的简单动画，其时间轴的状态如图8-3所示。

图8-3

02 执行“文件>导入>导入到舞台”菜单命令，打开“导入”对话框。在“导入”对话框中选择要导入的声音文件，然后单击 打开(O) 按钮，导入声音文件，如图8-4所示。打开“库”面板，导入到Flash中的声音文件已经存在“库”面板中了，如图8-5所示。

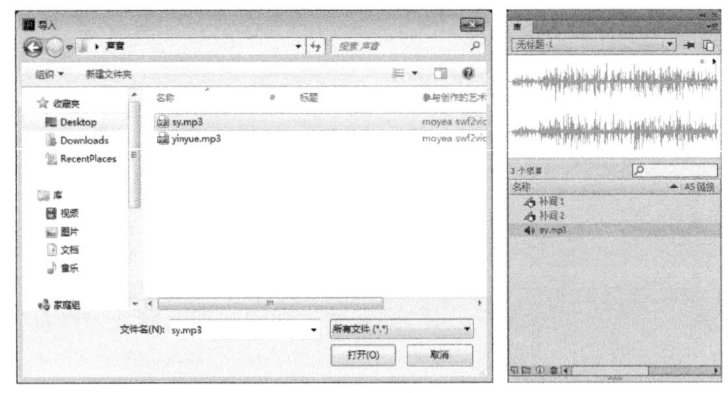

图8-4　　图8-5

03 新建一个图层来放置声音，并将该图层命名为“声音”，如图8-6所示。

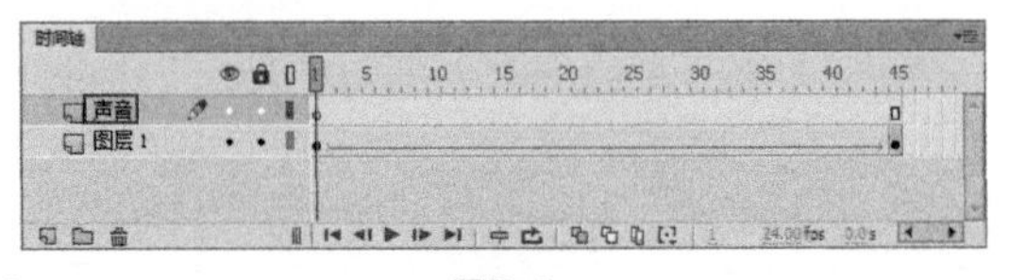

图8-6

> **Tips**
>
> **一个层中可以放置多个声音文件，声音与其他对象也可以放在同一个图层中。但建议将声音对象单独使用一个图层，这样便于管理。当播放动画时，所有图层中的声音都将一起被播放。**

04 在时间轴上选择需要加入声音的帧，这里选择“声音”层中的第1帧，然后在“属性”面板中的“名称”下拉列表中选中刚刚导入到影片中的声音文件，如图8-7所示。

05 声音被导入时间轴后，其时间轴的状态如图8-8所示。

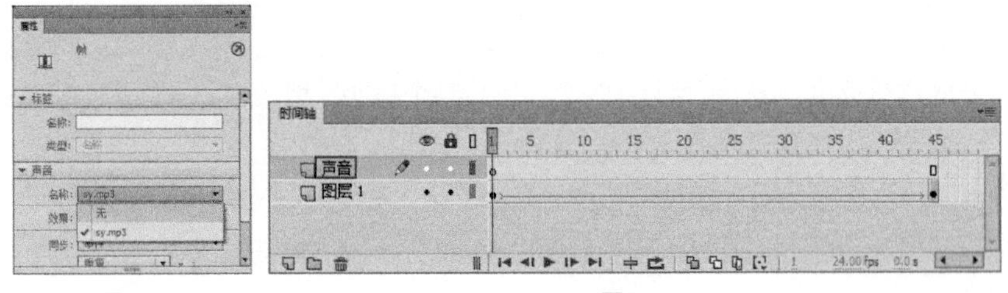

图8-7　　图8-8

● 箱包广告

实例位置

CH08> 箱包广告 > 箱包广告 .fla

素材位置

CH08> 箱包广告 >1.jpg、2.jpg、3.jpg、yinyue.mp3

实用指数

★★★★

技术掌握

学习“动作补间动画”的创建方法

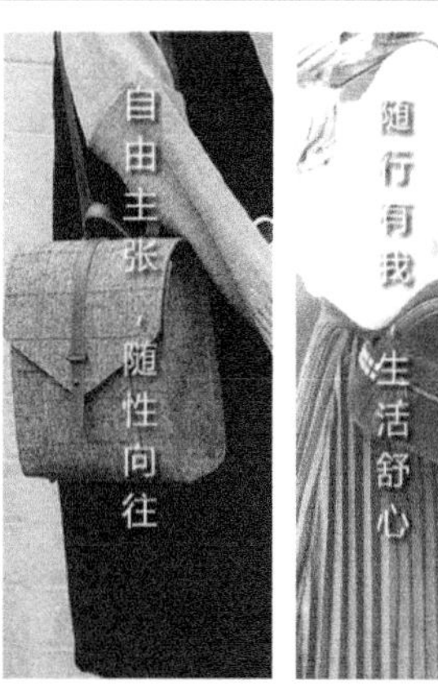

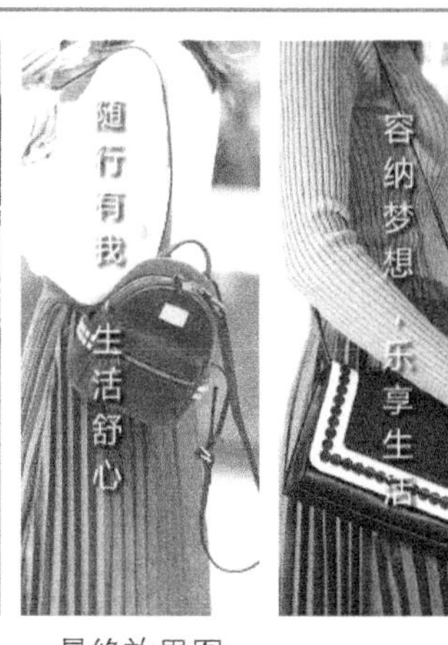

最终效果图

01 新建一个Flash空白文档，执行“修改>文档”命令，打开“文档属性”对话框，在对话框中将“尺寸”设置为170像素（宽）×395像素（高），将“帧频”设置为12，如图8-9所示。

02 执行“文件>导入>导入到舞台”菜单命令，将一幅图片导入到舞台上，如图8-10所示。

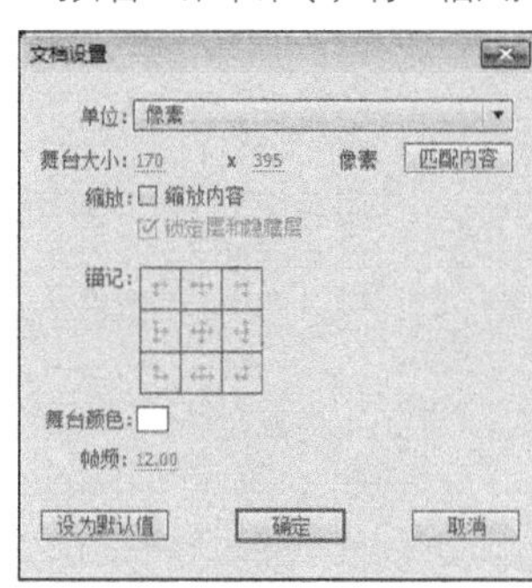

图8-9

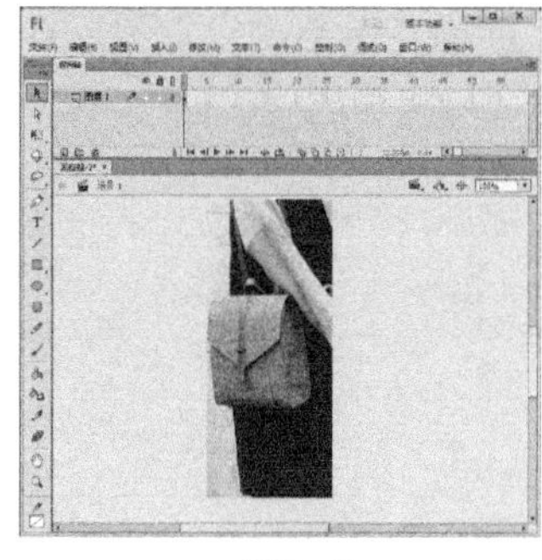

图8-10

03 选中舞台上的图片，按下F8键，将其转换为图形元件，图形元件的名称保持默认，如图8-11所示。

04 分别在时间轴上的第16帧、第25帧与第76帧处按下F6键，插入关键帧，如图8-12所示。

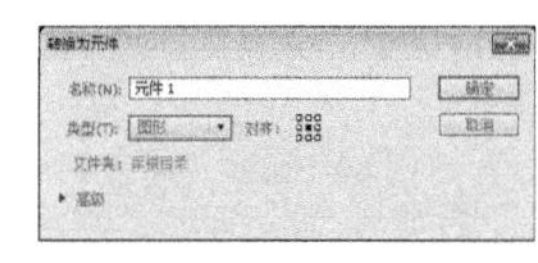

图8-11

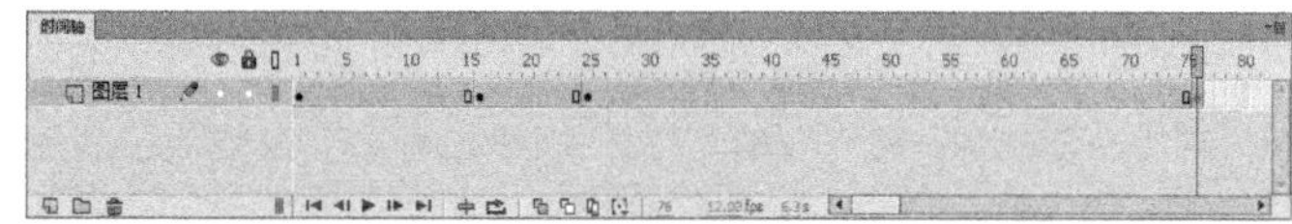

图8-12

05 选中第76帧处的图片，在“属性”面板上的“样式”下拉列表中选择“高级”选项，并进行如图8-13所示的设置，最后在第25帧~第76帧创建补间动画。

06 选中第1帧处的图片，在“属性”面板上的“样式”下拉列表中选择“Alpha”选项，并将Alpha值设置为45%，最后在第1帧~第16帧创建动画，如图8-14所示。

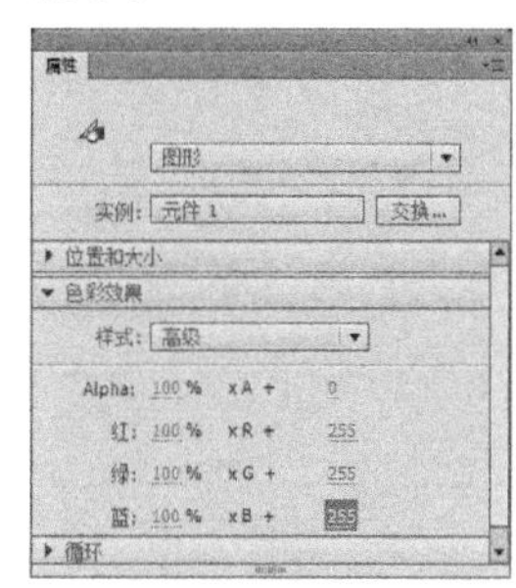

图8-13

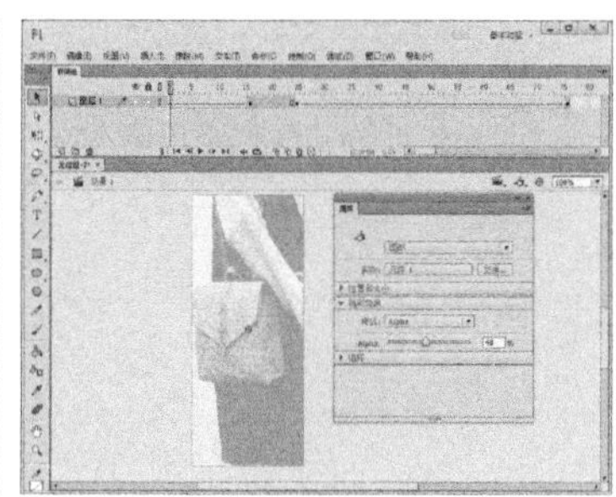

图8-14

07 新建一个图层，并把它命名为“字”。使用“文本工具” T 在舞台中输入文字“自由主张，随性向往”，文字字体为“微软雅黑”，字号为20，颜色为白色，完成后将文字移动到舞台的左侧，如图8-15所示。

08 在“字”层的第15帧处插入关键帧，将该帧处的文字移动到舞台中央，然后在第1帧与第15帧之间创建补间动画，最后在“字”层的第61帧处插入空白关键帧，如图8-16所示。

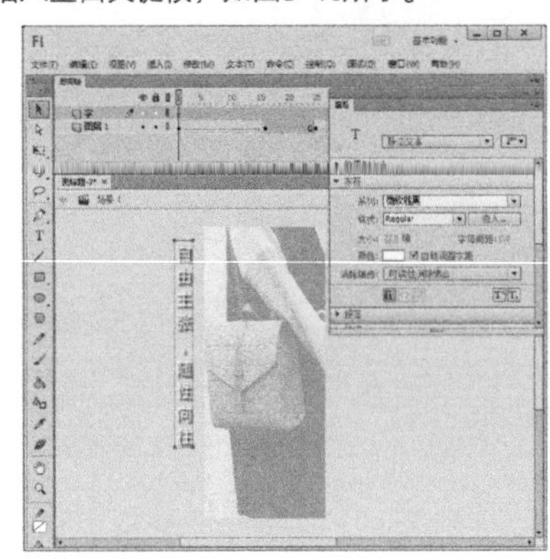

图8-15

图8-16

09 新建一个图层并把它命名为“图片2”，在“图片2”层的第62帧处插入关键帧，执行“文件>导入>导入到舞台”菜单命令，将一幅图片导入到舞台中，如图8-17所示。

10 选中舞台上的图片，按下F8键，将其转换为图形元件，图形元件的名称保持默认，如图8-18所示。

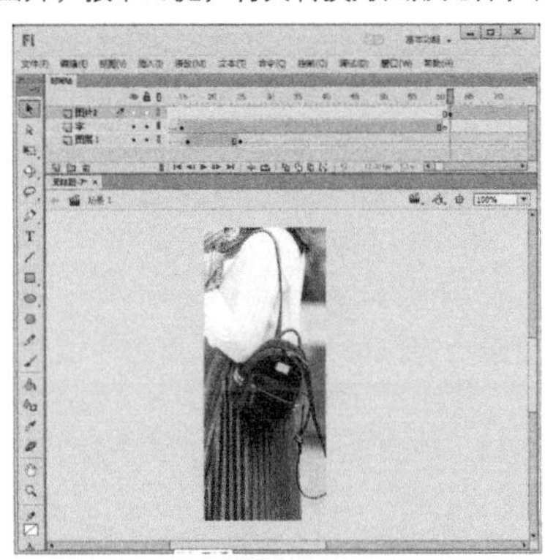

图8-17

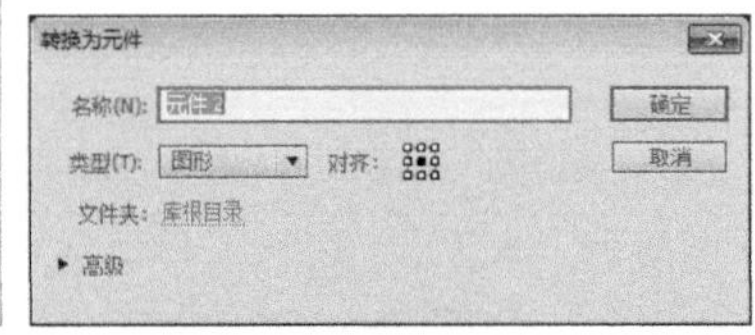

图8-18

11 在“图片2”层的第76帧处插入关键帧，然后选中“图片2”层第62帧处的图片，在“属性”面板中将它的Alpha值设置为0%，最后在第62帧~第76帧创建补间动画，如图8-19所示。

12 在“图片2”层的第95帧与第146帧处插入关键帧。选中第146帧处的图片，在“属性”面板上的“样式”下拉列表中选择“高级”选项，然后进行如图8-20所示的设置。最后在第95帧~第146帧创建补间动画。

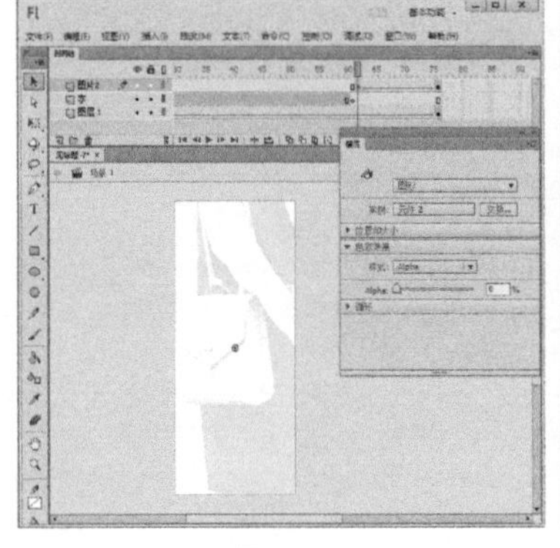

图8-19

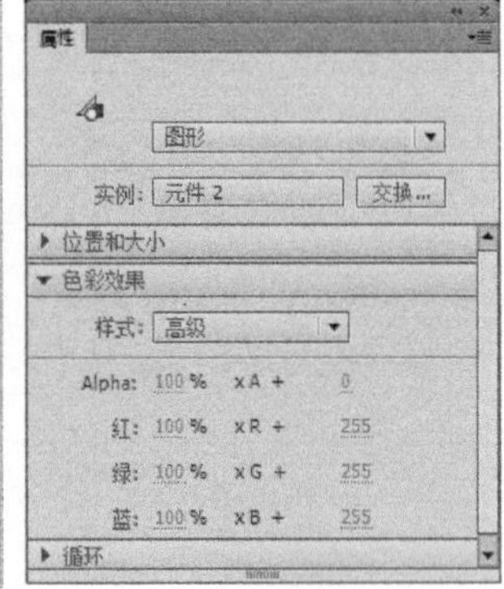

图8-20

13 将“图片2”层拖到“字”层的下方。然后在“字”层的第81帧处插入关键帧，使用“文本工具” T 在舞台中文字“随行有我，生活舒心”，完成后将文字移动到舞台的右侧，如图8-21所示。

14 在“字”层的第100帧与第130帧处插入关键帧。选中第100帧处的文字，将其移动到舞台的中央位置，选中第130帧处的文字，将其移动到舞台的左侧，然后分别在第80帧~第100帧，第100帧~第130帧创建补间动画，最后在“字”层的第131帧处插入空白关键帧，如图8-22所示。

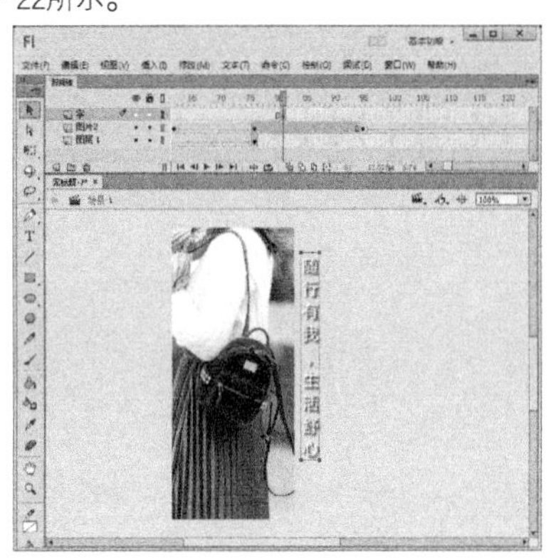

图8-21

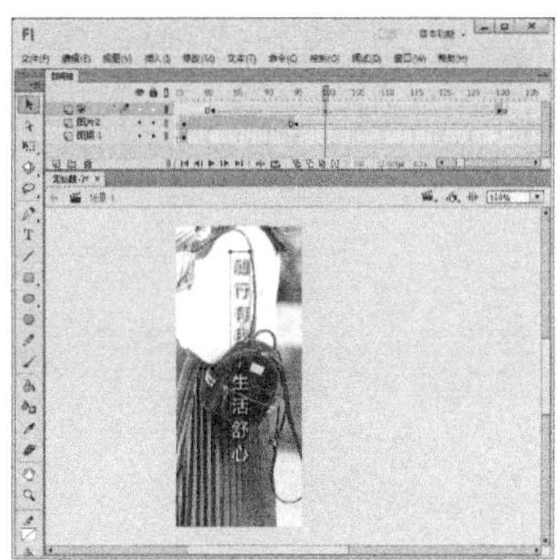

图8-22

15 新建一个图层，并把它命名为“图片3”。在“图片3”层的第133帧处插入关键帧。执行“文件>导入>导入到舞台”菜单命令，将一幅图片导入到舞台中，如图8-23所示。

16 选中舞台上的图片，按下F8键，将其转换为图形元件，图形元件的名称保持默认，如图8-24所示。

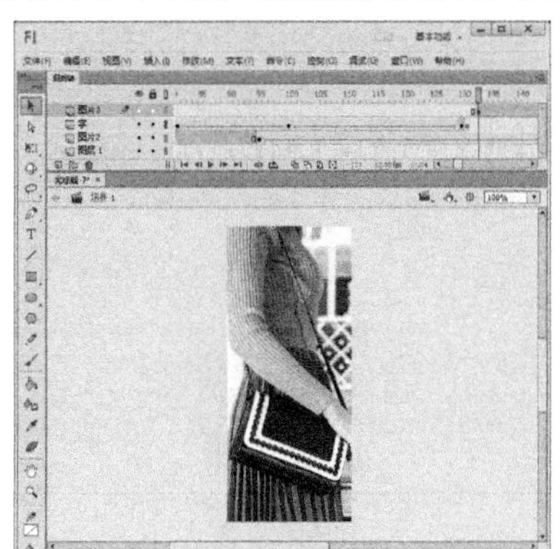

图8-23

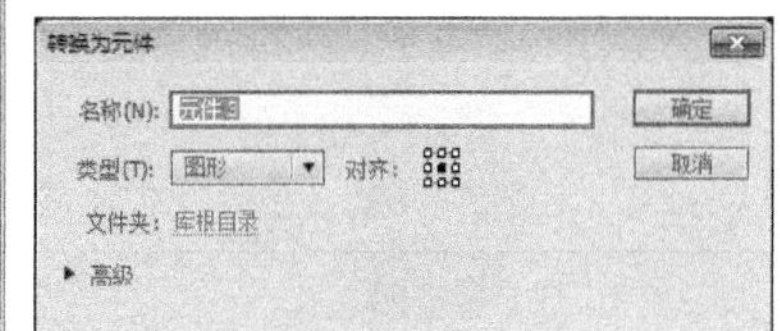

图8-24

17 在“图片3”层的第145帧、第167帧与第225帧处插入关键帧。然后选中“图片3”层第133帧处的图片，在“属性”面板中将它的Alpha值设置为0%，如图8-25所示。

18 选中“图片3”层第225帧处的图片，在“属性”面板上的“样式”下拉列表中选择“高级”选项，然后进行如图8-26所示的设置。最后在第133帧~第145帧，第167帧~第225帧创建动画。

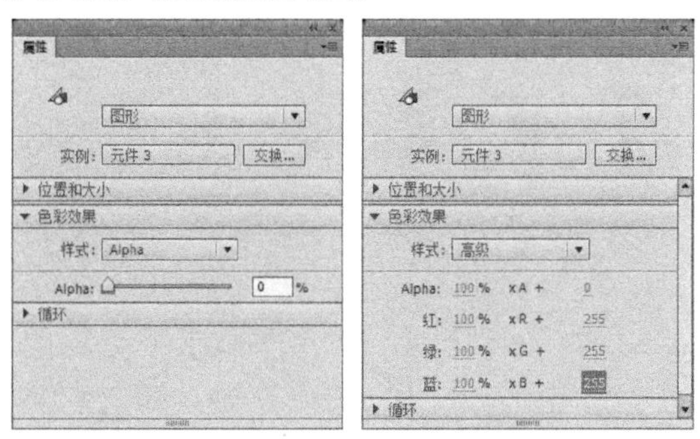

图8-25 图8-26

19 新建一个图层，并把它命名为“字1”，在该层的第147帧处插入关键帧。使用“文本工具” T 在舞台中输入文字“容纳梦想，乐享生活”，如图8-27所示。

20 新建一个图层并把它命名为“遮罩”，在“遮罩”层的第147帧处插入关键帧，使用“矩形工具” 在文字的上方绘制一个无边框，填充色为任意色的矩形，如图8-28所示。

图8-27

图8-28

21 在“遮罩”层的第157帧处插入关键帧，并将该帧处的矩形向下移动遮住文字，如图8-29所示。

22 然后在“遮罩”层的第147帧~第157帧创建形状补间动画，选中“遮罩”层，单击鼠标右键，在弹出的菜单中选择“遮罩层”命令，如图8-30所示。

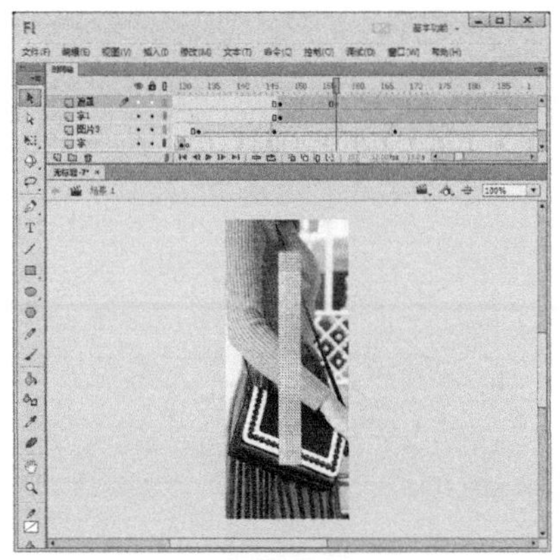

图8-29

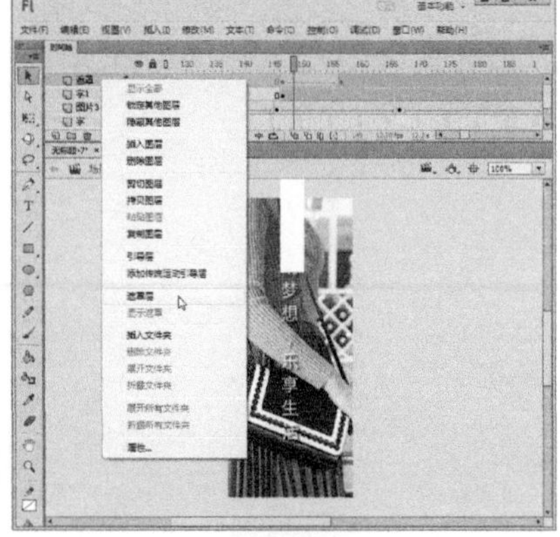

图8-30

23 新建一个图层，并将其命名为“音乐”，执行“文件>导入>导入到舞台”菜单命令，打开“导入”对话框，在对话框中选择一个声音文件，如图8-31所示。

24 选择图层“音乐”上的第1帧，然后在“属性”面板中的“名称”下拉列表中选择刚导入的音乐文件，如图8-32所示。

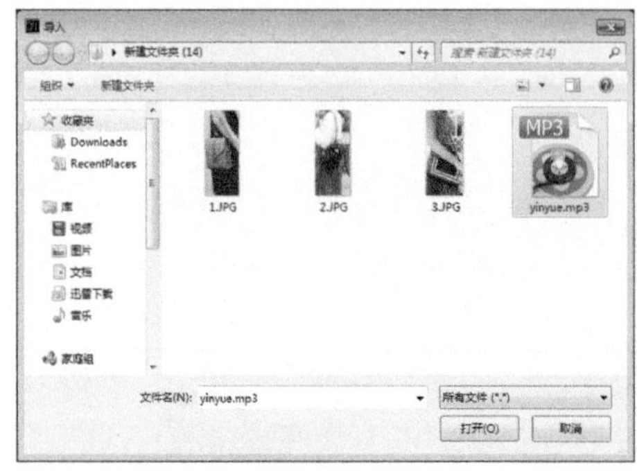

图8-31

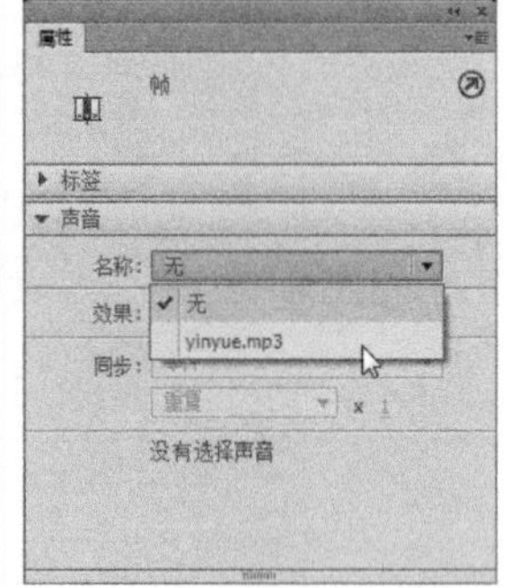

图8-32

25 执行“文件>保存”菜单命令保存文件，然后按下Ctrl+Enter组合键，欣赏本例最终效果，如图8-33所示。

图8-33

即学即用

● 爆炸的气球

实例位置

CH08> 气爆炸的气球 > 爆炸的气球 .fla

素材位置

CH08> 爆炸的气球 >1.jpg、2.png ~ 7.png、爆炸 .mp3

实用指数

★★★★

技术掌握

学习在影片剪辑元件中添加声音的方法

（扫码观看视频）

最终效果图

01 新建一个Flash空白文档。执行“修改>文档”菜单命令，打开“文档设置”对话框，将“舞台大小”设置为600像素×500像素，“背景颜色”设置为黑色，设置完成后单击 确定 按钮，如图8-34所示。

02 执行“插入>新建元件”菜单命令，打开“创建新元件”对话框，在“名称”文本框中输入“气球”，在“类型”下拉列表中选择“图形”选项，如图8-35所示。

图8-34

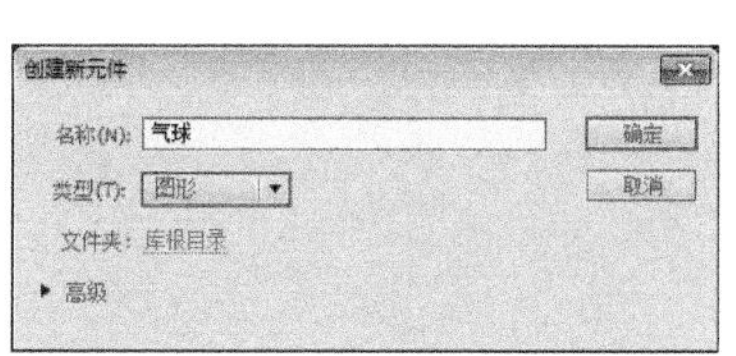

图8-35

03 执行“文件>导入>导入到舞台”菜单命令导入一幅气球图片到工作区中，如图8-36所示。

04 执行“插入>新建元件”菜单命令，打开“创建新元件”对话框。在“名称”文本框中输入“爆炸”，在“类型”下拉列表中选中“影片剪辑”选项，如图8-37所示。

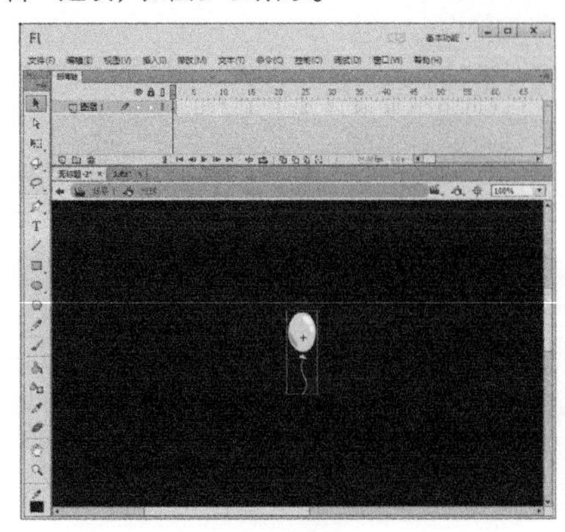

图8-36

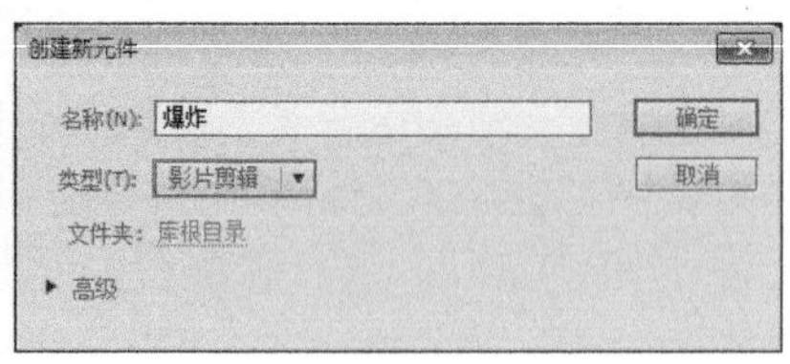

图8-37

05 打开“库”面板，将图形元件“气球”拖曳到影片剪辑元件“爆炸”的工作区中，如图8-38所示。选中“图层1”，单击鼠标右键，在弹出的快捷菜单中选择“添加传统运动引导层”命令，这样就会在图层1的上方新建一个引导层，选中引导层的第1帧，使用“铅笔工具”在舞台上绘制一条曲线，然后将曲线的底端对准气球的中心点，如图8-39所示。

06 在图层1的第80帧处插入关键帧，在引导层的第80帧处插入帧，然后选中图层1第80帧处的气球，将其沿着曲线拖曳到曲线的顶端处，并且中心点要与曲线的顶端对准，如图8-40所示。最后在图层1的第1帧~第80帧创建补间动画。

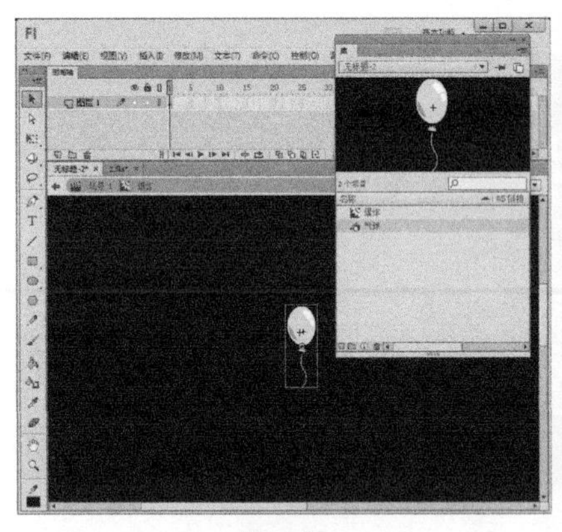

图8-38

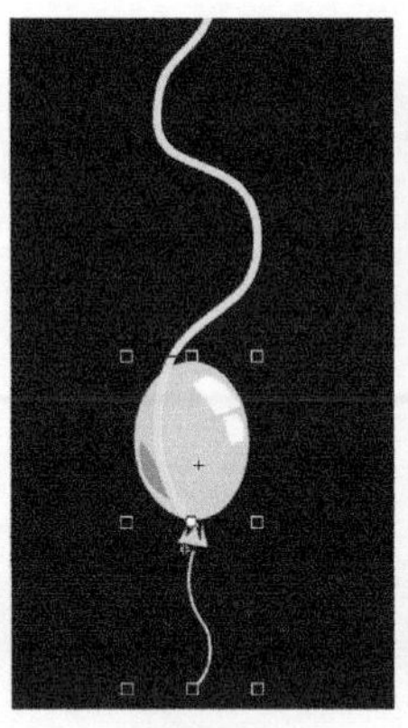

图8-39

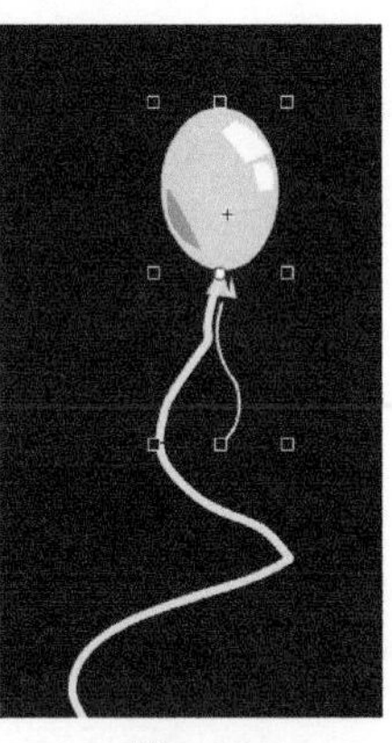

图8-40

07 分别在图层1的第81帧～第86帧处按下F7键，插入空白关键帧，如图8-41所示。

08 分别在图层1的第81帧～第86帧处导入图片，然后在图层1的第87帧处插入空白关键帧，如图8-42所示。

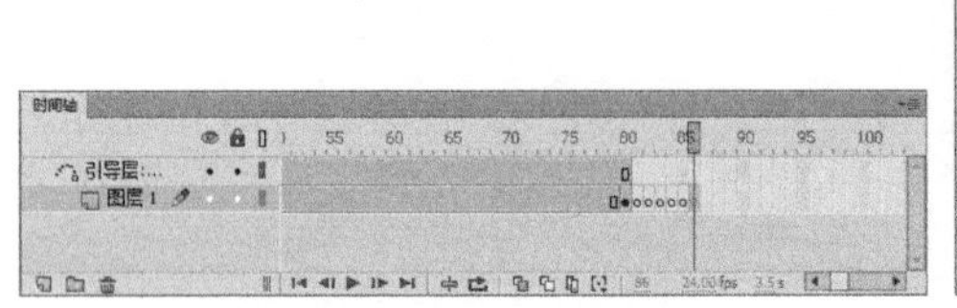

图8-41

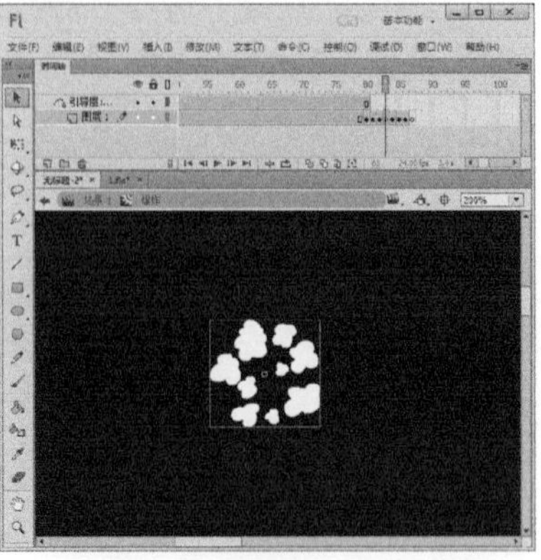

图8-42

09 新建一个图层并命名为“音效”，然后在“音效”层的第81帧处插入关键帧，如图8-43所示。

10 执行“文件>导入>导入到舞台”菜单命令，打开“导入”对话框，在对话框中选择一个声音文件，如图8-44所示。

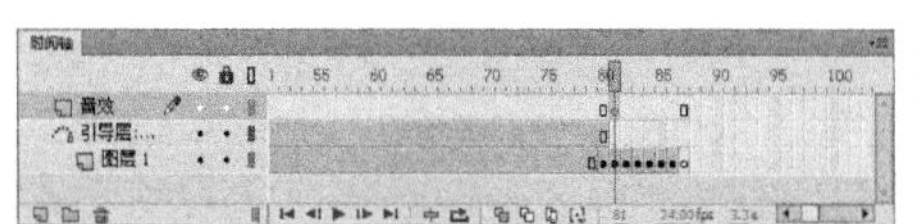

图8-43

图8-44

11 选择图层“音效”上的第81帧，然后在“属性”面板中的“名称”下拉列表中选择刚导入的音乐文件，如图8-45所示。

12 单击 场景 1 按钮，返回主场景，执行“文件>导入>导入到舞台”菜单命令，将一幅背景图像到入到舞台中，然后在图层1的第300帧处插入帧，如图8-46所示。

13 新建一个图层2，从“库”面板中将影片剪辑“爆炸”拖曳3次到舞台上的不同位置，如图8-47所示。

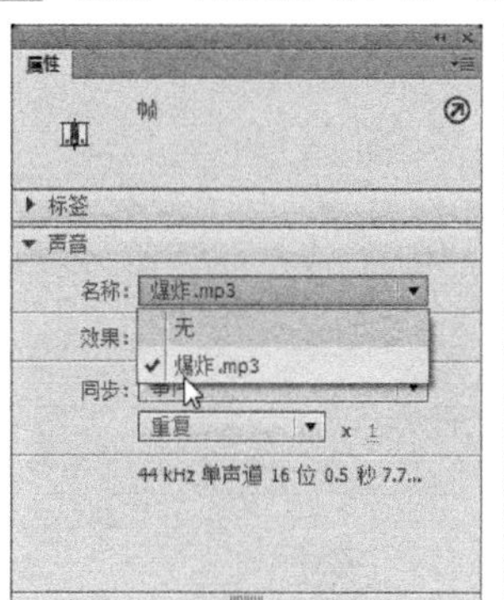

图8-45

图8-46

图8-47

14 新建图层3，在图层3的第10帧处插入关键帧，从“库”面板中将影片剪辑“爆炸”拖曳2个到舞台上的不同位置，如图8-48所示，最终效果如图8-49所示。

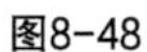
图8-48

图8-49

8.3.2 将声音添加到按钮

在Flash中，可以使声音和按钮元件的各种状态相关联，当按钮元件关联了声音后，该按钮元件的所有实例中都有声音。

即学即用

（扫码观看视频）

● 功夫少年

实例位置

CH08> 功夫少年 > 功夫少年 .fla

素材位置

CH08> 功夫少年 >1.png、2.png、3.png、bj.jpg、sheng.mp3

实用指数

★★★★

技术掌握

学习将声音添加到按钮的方法

最终效果图

01 新建一个Flash空白文档。执行“修改>文档”菜单命令，打开“文档设置”对话框，将“舞台大小”设置为650像素×400像素，设置完成后单击 确定 按钮，如图8-50所示。

02 执行“插入>新建元件”菜单命令，打开“创建新元件”对话框，在对话框的“名称”文本框中输入元件的名称“功夫少年”，在“类型”下拉列表中选择“按钮”选项，如图8-51所示。然后单击 确定 按钮，进入按钮元件编辑区。

03 执行“文件>导入>导入到舞台”命令，导入一幅图像到编辑区中，如图8-52所示。

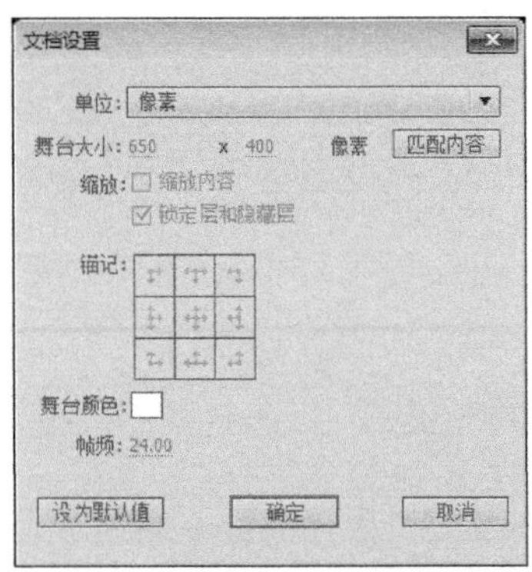

图8-50

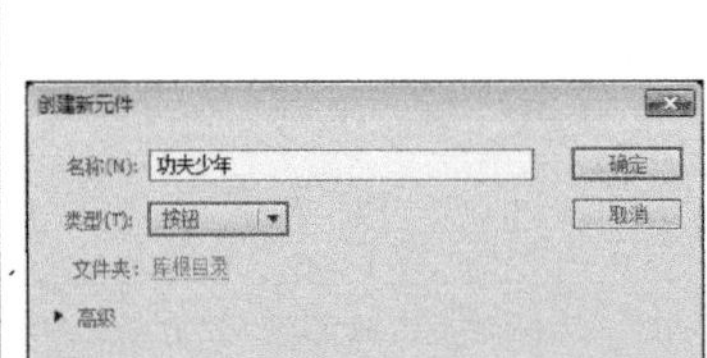

图8-51

图8-52

04 分别在“指针经过”帧处与“按下”帧处插入空白关键帧，然后在这两帧中导入图像，如图8-53所示。

05 执行“文件>导入>导入到舞台”菜单命令，弹出“导入”对话框，在对话框中选择一个声音文件，如图8-54所示。完成后单击 打开(O) 按钮。

图8-53

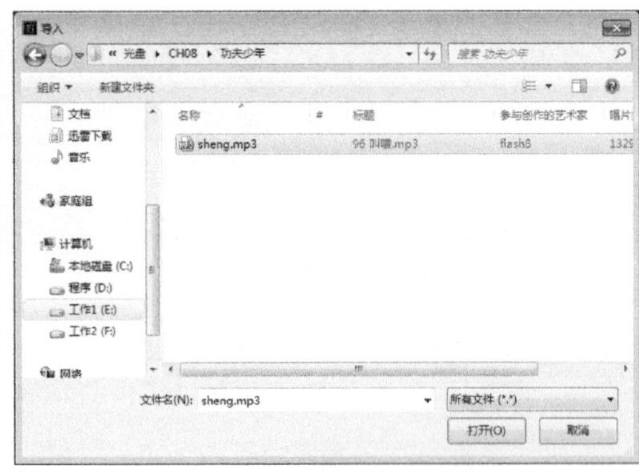

图8-54

06 新建图层2，分别在“指针经过”帧处与“按下”帧处插入空白关键帧，如图8-55所示。

07 选择图层2上的“指针经过”帧，然后在“属性”面板中的“名称”下拉列表中选中刚刚导入到影片中的声音文件，为“指针经过”帧添加声音，如图8-56所示。

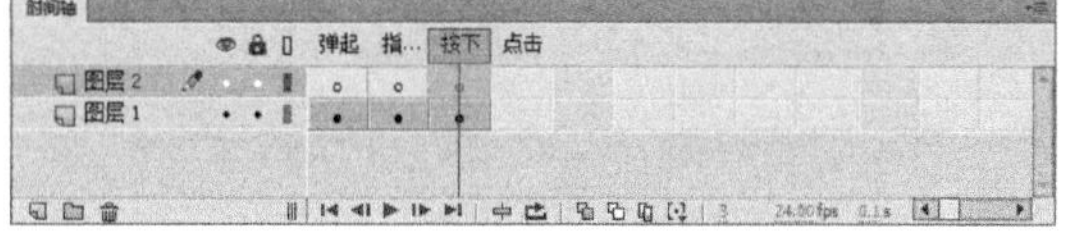

图8-55

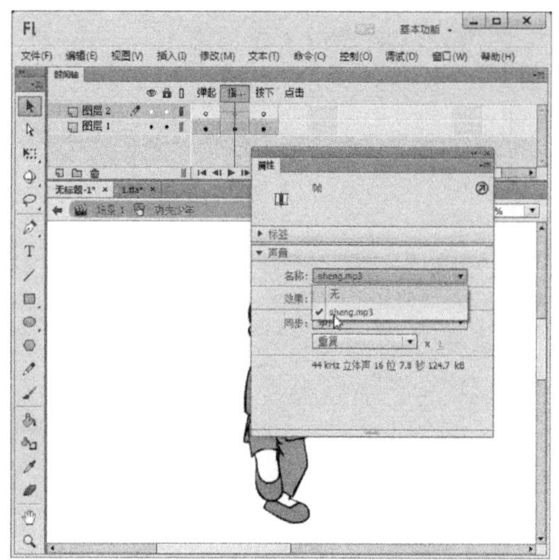

图8-56

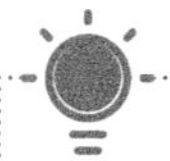
Tips

为“指针经过”帧添加声音，表示在浏览动画时，将鼠标移动到按钮上就会发出声音。

08 为图层2上的“按下”帧也添加刚刚导入的声音文件，然后回到场景1，导入一幅背景图像到舞台上，如图8-57所示。

09 新建图层2，打开“库”面板，从“库”面板里将按钮元件“功夫少年”拖曳到舞台上，如图8-58所示。

图8-57

图8-58

10 保存文件并按下Ctrl+Enter组合键，预览动画效果，如图8-59所示。

图8-59

8.4 编辑声音

在动画中添加声音后，还可以对其效果、播放次数、同步、导出品质等参数进行编辑，达到动画制作需要的效果。

↘8.4.1 设置声音播放的效果

在添加了声音到时间轴后，选中含有声音的帧，在“属性”面板中可以查看声音的属性，如图8-60所示。

在声音“属性”面板的“效果”下拉列表框中可以选择要应用的声音效果，如图8-61所示。

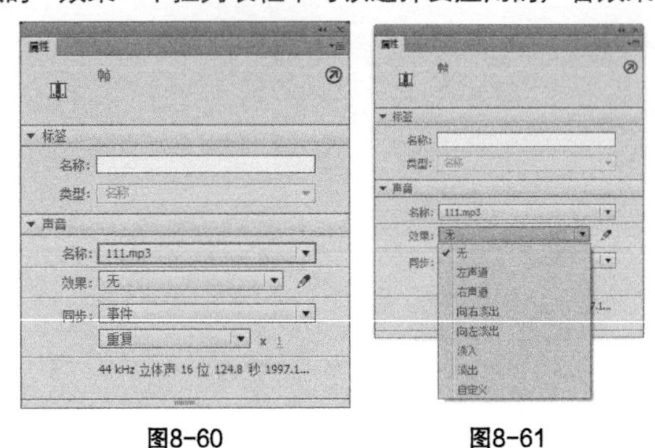

图8-60　　图8-61

主要参数介绍

* 无：不对声音文件应用效果，选中此选项将删除以前应用的效果。
* 左声道：只在左声道中播放声音。
* 右声道：只在右声道中播放声音。
* 向右淡出：将声音从左声道切换到右声道。
* 向左淡出：将声音从右声道切换到左声道。
* 淡入：随着声音的播放逐渐增加音量。
* 淡出：随着声音的播放逐渐减小音量。
* 自定义：允许使用“编辑封套”创建自定义的声音淡入和淡出点。选择该项后，会自动打开“编辑封套”对话框，在这里可以对声音进行编辑，如图8-62所示。

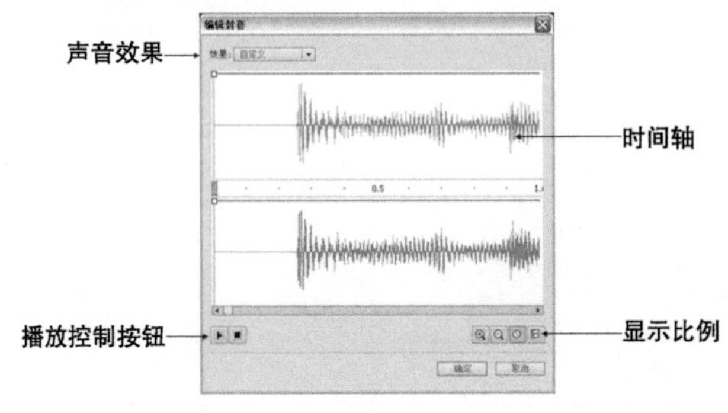

图8-62

* 声音效果：用户可以为声音选择许多不同的效果，与声音“属性”面板的“效果”下拉列表框中的效果一样。

* 时间轴：时间轴两头的滑动头分别是“起始滑动头”和“结束滑动头”，通过移动它们的位置可以完成对声音播放长度的截取。

* 播放控制按钮：播放声音和停止声音。

* 显示比例：改变窗口中显示声音的多少与在秒和帧之间切换时间单位。

↘8.4.2 设置同步

通过“属性”面板的“同步”区域，可以为目前所选关键帧中的声音进行播放同步的类型设置，对声音在输出影片中的播放进行控制，如图8-63 所示。

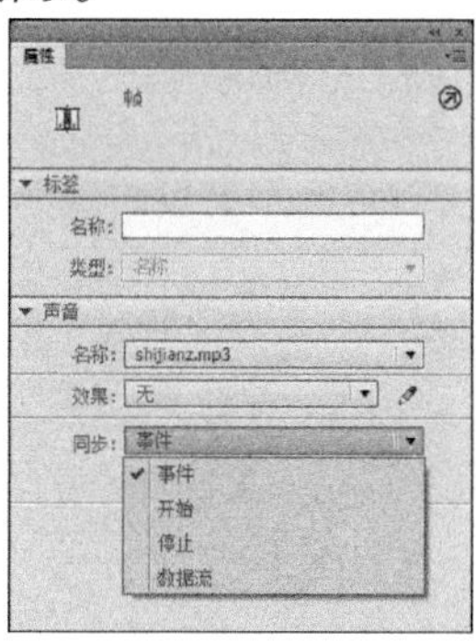

图8-63

1.同步类型

在“属性”面板的“同步”下拉列表中有4种同步类型。

* 事件：在声音所在的关键帧开始显示时播放，并独立于时间轴中帧的播放状态，即使影片停止也将继续播放，直至整个声音播放完毕。

* 开始：与“事件”相似，只是如果目前的声音还没有播放完，即使时间轴中已经经过了有声音的其他关键帧，也不会播放新的声音内容。

* 停止：时间轴播放到该帧后，停止该关键帧中指定的声音，通常在设置有播放跳转的互动影片中才使用。

* 数据流：选择这种播放同步方式后，Flash将强制动画与音频流的播放同步。如果Flash Player不能足够快地绘制影片中的帧内容，便跳过阻塞的帧，而声音的播放则继续进行并随着影片的停止而停止。

2.声音循环

如果要使声音在影片中重复播放，可以在“属性”面板“同步”区域对关键帧上的声音进行设置。

* 重复：设置该关键帧上的声音重复播放的次数，如图8-64所示。

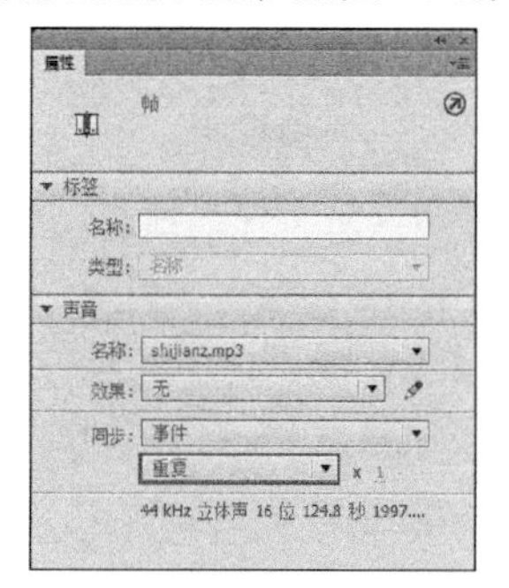

图8-64

* 循环：使该关键帧上的声音一直不停地循环播放，如图8-65所示。

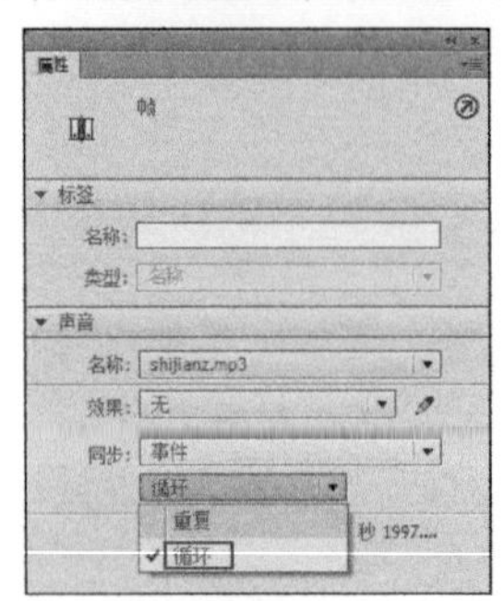

图8-65

如果使用“数据流”的方式对关键帧中的声音进行同步设置，则不宜为声音设置重复或循环播放。因为音频流在被重复播放时，会在时间轴中添加同步播放的帧，文件大小就会随声音重复播放的次数陡增。

8.4.3 设置声音的属性

向Flash动画中引入声音文件后，该声音文件首先被放置在“库”面板中，执行下列操作之一都可以打开“声音属性”对话框。

选中“库”面板中声音文件，单击鼠标右键，在弹出的快捷菜单中选择“属性”命令。

选中“库”面板中声音文件，在“库”面板中的按钮上单击鼠标左键，在弹出的快捷菜单中选择“属性”命令。

选中“库”面板中声音文件，单击“库”面板下方的“属性”按钮。

在如图8-66所示的“声音属性”对话框中，可以对当前声音的压缩方式进行调整，也可以更换导入文件的名称，还可以查看属性信息等。

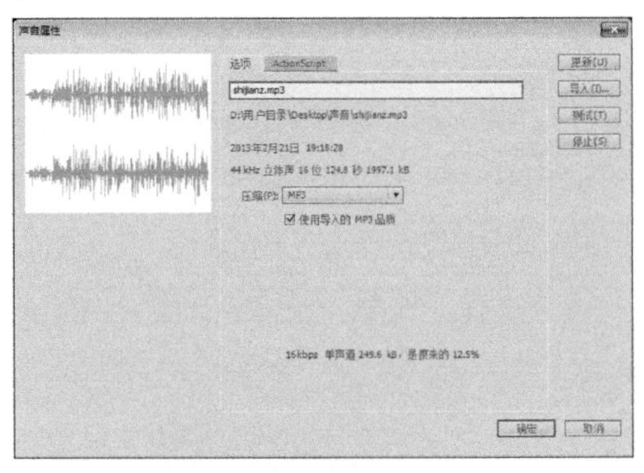

图8-66

“声音属性”对话框顶部文本框中将显示声音文件的名称，其下方是声音文件的基本信息，左侧是输入的声音的波形图。右方是一些按钮。

* 更新(U)：对声音的原始文件进行连接更新。
* 导入(I)...：导入新的声音内容。新的声音将在元件库中使用原来的名称并对其进行覆盖。
* 测试(T)：对目前的声音元件进行播放预览。
* 停止(S)：停止对声音的预览播放。

在“声音属性”对话框的“压缩”的下拉列表中共有5个选项，分别为“默认值”、“ADPCM（自适应音频脉冲编码）”、“MP3”、“Raw”和“语音”。现将各选项的含义做简要说明。

* 默认值：使用全局压缩设置。
* ADPCM：自适应音频脉冲编码方式用来设置16位声音数据的压缩，导出较短小的事件声音时使用该选项。其中包括3项设置，如图8-67所示。

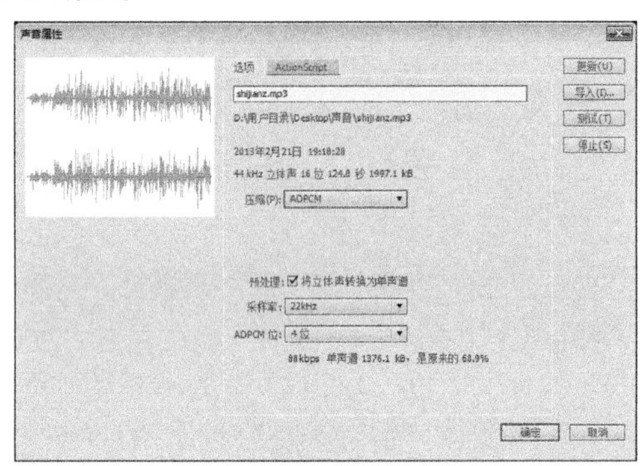

图8-67

预处理：将立体声合成为单声道，对于本来就是单声道的声音不受该选项影响。

采样率：用于选择声音的采样频率。采样频率为5kHz是语音最低的可接受标准，低于这个比率，人的耳朵将听不见；11kHz是电话音质；22kHz是调频广播音质，也是Web回放的常用标准； 44kHz的是标准CD音质。如果作品中要求的质量很高，要达到CD音乐的标准，必须使用44kHz的立体声方式，其每1分钟长度的声音约占10MB左右的磁盘空间，容量是相当大的。因此，既要保持较高的声音质量，又要减小文件的容量，常规的做法是选择22kHz的音频质量。

Tips

由于Flash不能增强音质，所以如果某段声音是以11kHz的单声道录制的，则该声音在导出时将仍保持11kHz单声道，即使将其采样频率更改为44kHz立体声也无效。

ADPCM位：决定在ADPCM编辑中使用的位数，压缩比越高，声音文件大小越小，音质越差。在此系统提供了4个选项，分别为“2位”、“3位”、“4位”和“5位”，5位为音质最好。

* MP3：如果选择了该选项，声音文件会以较小的比特率、较大的压缩比率达到近乎完美的CD音质。在需要导出较长的流式声音（例如音乐音轨）时，即可使用该选项。
* Raw：选择了该选项，在导出声音过程中将不进行任何加工。但是可以设置“预处理”中的“转换立体声成单声”选项和“采样频率”选项，如图8-68所示。

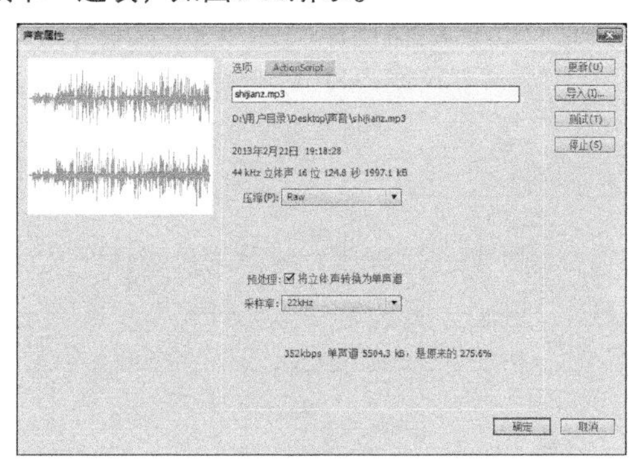

图8-68

预处理：在“位比率”为16kbit/s或更低时，“预处理”的“转换立体声成单声”选项显示为灰色，表示不可用。只有在“位比率”高于16kbit/s时，该选项才有效。

采样率：决定由MP3编码器生成的声音的最大比特率。MP3比特率参数只在选择了MP3编码作为压缩选项时才会显示。在导出音乐时，将比特率设置为16kbit/s或更高将获得最佳效果。该选项最低值为8kbit/s，最高为160kbit/s。

* 语音：如果选择了该选项，该选项中的“预处理”将始终为灰色，为不可选状态，“采样频率”的设置同ADPCM中采样频率的设置。

8.4.4 更新声音

当用户从外部导入声音到元件库后，如果声音的源文件重新编辑过，就可以使用声音的更新功能直接更新声音文件，而不必重新导入一个新的声音元件。

更新声音的操作步骤如下。

01 打开含有声音元件的“库”面板，在面板中使用鼠标右键单击声音文件，在弹出的菜单中选择“更新”命令，如图8-69所示。

02 打开“更新库项目”对话框，如图8-70所示。在对话框里会显示需要更新的项目，选中要更新的条目，单击 更新(U) 按钮开始更新。

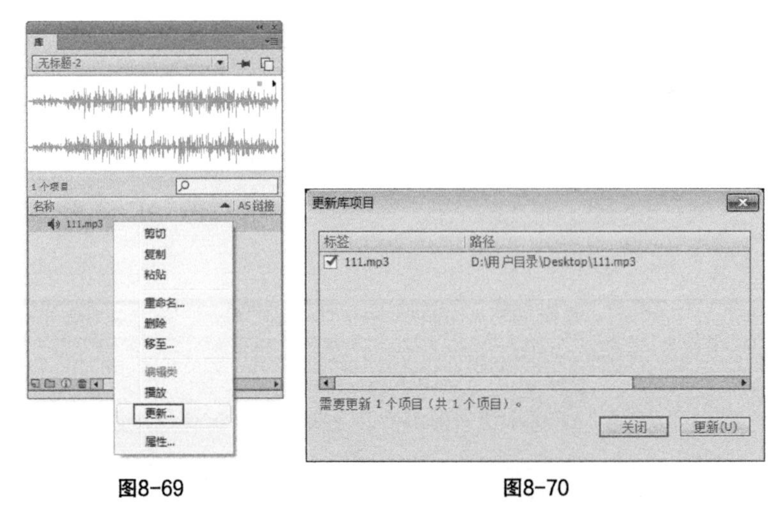

图8-69　　图8-70

03 更新完成后，单击 关闭 按钮，退出“更新库项目”对话框，完成声音的更新。

8.5 导入视频

Flash CC可以从其他应用程序中将视频剪辑导入为嵌入或链接的文件。

8.5.1 导入视频的格式

在Flash CC中并不是所有的视频都能导入到库中，如果用户的操作系统安装了QuickTime 4（或更高版本）或安装了DirectX 7（或更高版本）插件，则可以导入各种文件格式的视频剪辑。主要格式包括AVI（音频视频交叉文件）、MOV（QuickTime影片）和MPG/MPEG（运动图像专家组文件），还可以将带有嵌入视频的Flash文档发布为SWF文件。

如果系统中安装了QuickTime 4，则在导入嵌入视频时支持以下的视频文件格式，如表8-1所示。

表8-1 安装了QuickTime 4可导入的视频格式

文件类型	扩展名
音频视频交叉	.avi
数字视频	.dv
运动图像专家组	.mpg、.mpeg
QuickTime 影片	.mov

如果系统安装了DirectX 7或更高版本，则在导入嵌入视频时支持以下的视频文件格式，如表8-2所示。

表8-2 安装了DirectX 7或更高版本可导入的视频格式

文件类型	扩展名
音频视频交叉	.avi
运动图像专家组	.mpg、.mpeg
Windows 媒体文件	.wmv、.asf

在有些情况下，Flash可能只能导入文件中的视频，而无法导入音频。例如，系统不支持用QuickTime 4导入的MPG/MPEG文件中的音频。在这种情况下，Flash会显示警告消息，指明无法导入该文件的音频部分，但是仍然可以导入没有声音的视频。

8.5.2 认识视频编解码器

在默认情况下，Flash使用Sorenson Spark编解码器导入和导出视频。编解码器是一种压缩/解压缩组件，用于控制导入和导出期间多媒体文件的压缩和解压缩方式。

Sorenson Spark是包含在Flash中的运动视频编解码器，使用者可以向Flash中添加嵌入的视频内容。Spark是高品质的视频编码器和解码器，显著地降低了将视频发送到Flash所需的带宽，同时提高了视频的品质。由于包含了Spark，Flash在视频性能方面获得了重大飞跃。在Flash 5或更早的版本中，只能使用顺序位图图像模拟视频。

现在可供使用的Sorenson Spark有两个版本，Sorenson Spark标准版包含在Flash和Flash Player中。Spark标准版编解码器对于慢速运动的内容（例如人在谈话）可以产生高品质的视频。Spark视频编解码器由一个编码器和一个解码器组成。编码器（或压缩程序）是Spark中用于压缩内容的组件。解码器（或解压缩程序）是对压缩的内容进行解压以便能够对其进行查看的组件，解码器包含在Flash Player中。

对于数字媒体，可以应用两种不同类型的压缩：时间和空间。时间压缩可以识别各帧之间的差异，并且只存储这些差异，以便根据帧与前面帧的差异来描述帧。没有更改的区域只是简单地重复前面帧中的内容。时间压缩的帧通常称为帧间。空间压缩适用于单个数据帧，与周围的任何帧无关。空间压缩可以是无损的（不丢弃图像中的任何数据）或有损的（有选择地丢弃数据）。空间压缩的帧通常称为内帧。

Sorenson Spark是帧间编解码器。与其他压缩技术相比，Sorenson Spark的高效帧间压缩在众多功能中尤为独特。它只需要比大多数其他编解码器都要低得多的数据速率，就能产生高品质的视频。许多其他编解码器使用内帧压缩，例如，JPEG是内帧编解码器。

帧间编解码器也使用内帧，内帧用作帧间的参考帧（关键帧）。Sorenson Spark总是从关键帧开始处理，每个关键帧都成为后面的帧间的主要参考帧。只要下一帧与上一帧显著不同，该编解码器就会压缩一个新的关键帧。

即学即用

（扫码观看视频）

● 创建内嵌视频

实例位置

CH08> 创建内嵌视频 > 创建内嵌视频 .fla

素材位置

CH08> 创建内嵌视频 >1.flv

实用指数

★★★★

技术掌握

学习导入视频的方法

最终效果图

01 新建一个Flash空白文档，执行“文件>导入>导入视频”菜单命令，打开“导入视频”对话框，如图8-71所示。

02 单击对话框中的 浏览... 按钮，在弹出的“打开”对话框中选择一个视频文件，如图8-72所示。

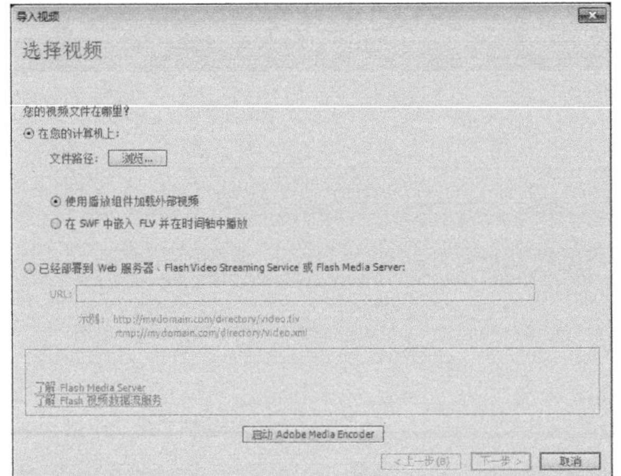

图8-71

图8-72

03 单击 下一步 > 按钮，进入“设定外观”步骤，在“外观”下拉列表中选择一种播放器的外观，如图8-73所示。

04 单击 下一步 > 按钮，完成视频导入，然后单击 完成 按钮，如图8-74所示。

图8-73

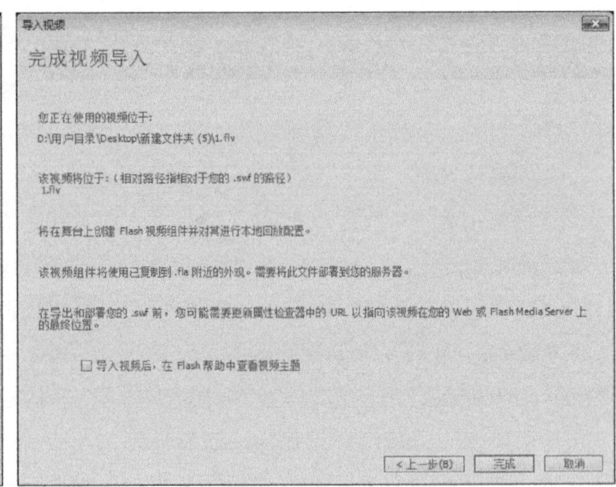

图8-74

05 视频文件已经成功导入到舞台中了，如图8-75所示。

06 保存动画文件，然后按Ctrl+Enter组合键，欣赏本例的完成效果，如图8-76所示。

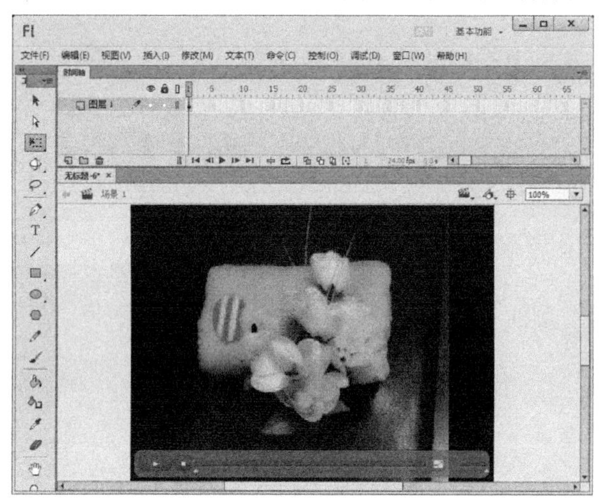

图8-75

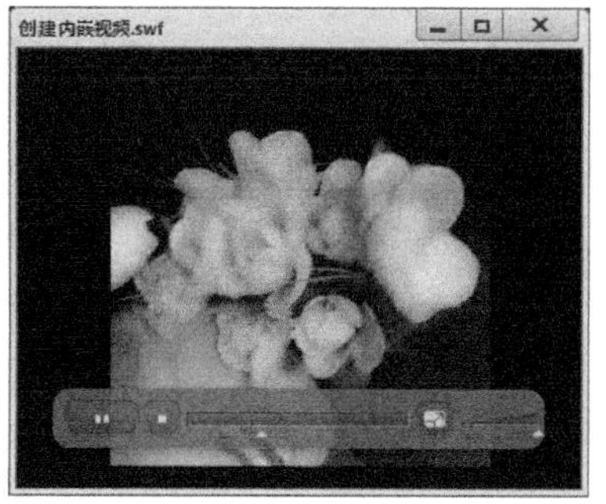

图8-76

8.6 章节小结

声音是多媒体作品中不可或缺的一种媒介手段。在动画设计中，为了追求丰富的、具有感染力的动画效果，恰当地使用声音是十分必要的。优美的背景音乐、动感的按钮音效以及适当的旁白可以更贴切地表达作品的深层内涵，使影片意境的表现更加充分。

8.7 课后习题

本节提供了两个课后练习供大家课余时间操作练习，希望大家通过这两个练习，能掌握动画中的声音和视频的使用方法。

● 小青蛙呱呱叫

实例位置

CH08>小青蛙呱呱叫>小青蛙呱呱叫.fla

素材位置

CH08>小青蛙呱呱叫

实用指数

★★★★

制作一只小青蛙跳来跳去呱呱叫的动画。

最终效果图

主要步骤

01 新建一个影片剪辑元件“青蛙”，在元件的编辑区导入青蛙图像，在时间轴的第5帧、第10帧、第15帧、第20帧、第25帧处插入关键帧，然后调整这些关键帧中的青蛙。

02 将一个声音文件导入到“库”面板中，新建图层2，选择该层的第1帧，然后在“属性”面板中的“名称”下拉列表中选择刚导入的音乐文件。

03 返回主场景，将一幅背景图像导入到舞台中，新建图层2，从“库”面板中将影片剪辑“青蛙”拖曳到舞台上。

课后习题

（扫码观看视频）

● 播放视频

实例位置

CH08>播放视频>播放视频.fla

素材位置

CH08>播放视频

实用指数

★★★★

导入视频到Flash中。

最终效果图

主要步骤

01 执行“文件>导入>导入视频”菜单命令，打开“导入视频”对话框。

02 在对话框中选择需要播放的视频文件。

03 在“外观”下拉列表中选择一种视频播放器的外观。

CHAPTER

09 组件的应用

组件，就是集成了一些特定功能，并且可以通过设置参数来决定工作方式的影片剪辑元件。设计这些组件的目的是让Flash用户轻松使用和共享代码、编辑复杂功能、简化工序，使用户无需重复新建元件、编写ActionScript动作脚本，就能够快速实现需要的效果。

* 组件的用途
* 组件的分类
* User Interface组件
* Video组件

9.1 认识Flash中的组件

组件是带参数的影片剪辑，可以修改其外观和行为。组件既可以是简单的用户界面控件（如单选按钮或复选框），也可以包含内容（如滚动窗格）等。

9.1.1 组件的用途

组件使用户可以将应用程序的设计过程和编码过程分开。通过组件，还可以重复利用代码，可以重复利用自己创建的组件中的代码，也可以通过下载并安装其他开发人员创建的组件来重复利用别人的代码。

通过使用组件，代码编写者可以创建设计人员在应用程序中能用到的功能。开发人员可以将常用功能封装在组件中，设计人员也可以自定义组件的外观和行为，图9-1所示为使用组件制作的一个注册页面。

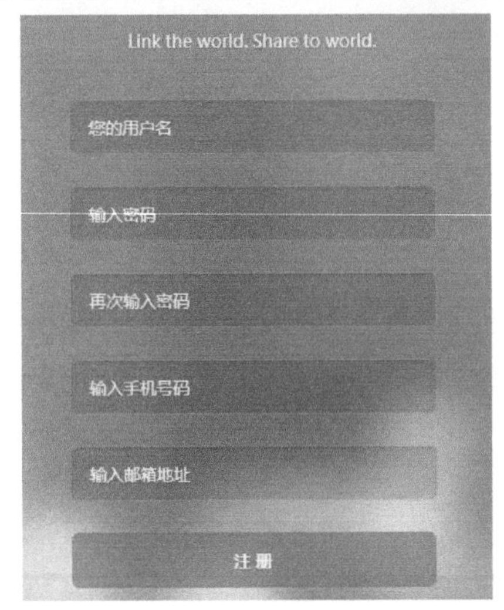

图9-1

9.1.2 组件的分类

用户可以通过执行“窗口>组件”菜单命令来打开“组件”面板，Flash默认状态下的组件可以分为User Interface组件和Video组件两类，在“组件”面板中可以看到这两类组件，如图9-2所示。

图9-2

主要功能介绍

* User Interface组件：主要用于创建具有互动功能的用户界面程序。在User Interface组件中包括Button、ComboBox、DataGrid和List等17个种类的组件。

* Video组件：可以创建各种样式的视频播放器。Video组件中包括多个单独的组件内容，包括FLVPlayback、BackButton、BufferingBar、ForwardButton、PauseButton和PlayPauseButton等组件。

9.2 User Interface组件

在前面介绍了组件的分类和基本功能后，下面介绍组件的具体应用与设置的方法。组件的种类繁多，每种组件的使用方法都不一样，因此在使用的时候要注意区分。

User Interface组件主要用于创建具有互动功能的用户界面程序。下面进行详细介绍。

9.2.1 Button组件

Button组件可以创建一个用户界面按钮。该组件可以调整大小，且用户可以通过“参数”选项卡修改其中的文字内容。

从“组件”面板中将Button组件拖曳到舞台中，如图9-3所示，然后打开“属性”面板，参数如图9-3所示。

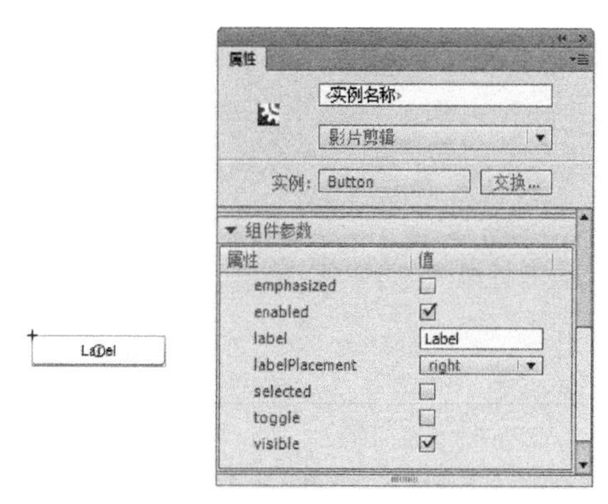

图9-3

主要参数介绍

* emphasized：强调按钮的显示，如勾选右侧的复选框表示值为true，按钮将加深显示，默认值false。

* enabled：指示组件是否可以接收焦点和输入，默认值为 true。

* label：设置按钮上显示的文本内容，默认值为“Label”。

* labelPlacement：确定按钮上的标签文本相对于图标的方向。该参数包括left、right、top和 bottom 4个选项，默认值为right。

* selected：如果 toggle 参数的值是true，则该参数指定按钮是处于按下状态（true），若为false，则为释放状态，默认值为false。

* toggle：将按钮转变为切换开关。如果值为 true，则按钮在单击后保持按下状态，并在再次单击时返回到弹起状态；如果值为 false，则按钮行为与一般按钮相同，默认值为false。

* visible：是一个布尔值，它指示对象是（true）否（false）可见，默认值为true。

即学即用

壁纸精选

实例位置

CH09> 壁纸精选 > 壁纸精选 .fla

素材位置

CH09> 壁纸精选 >1.jpg、2.jpg、3.jpg、4.jpg、5.jpg、6.jpg

实用指数

★★★★

技术掌握

学习 Button 组件的使用

（扫码观看视频）

最终效果图

01 新建一个Flash空白文档，执行“修改>文档”菜单命令，打开“文档设置”对话框，在对话框中将“舞台大小”设置为600像素×450像素，“舞台颜色”设置为黑色，如图9-4所示。

02 执行“文件>导入>导入到库”菜单命令，将6幅图片导入到库中，如图9-5所示。

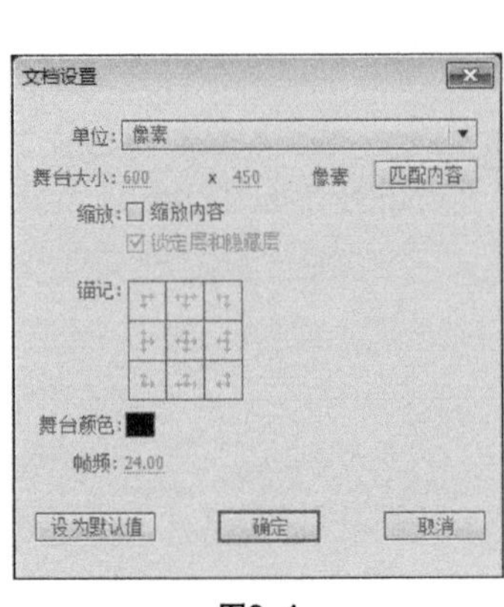

图9-4

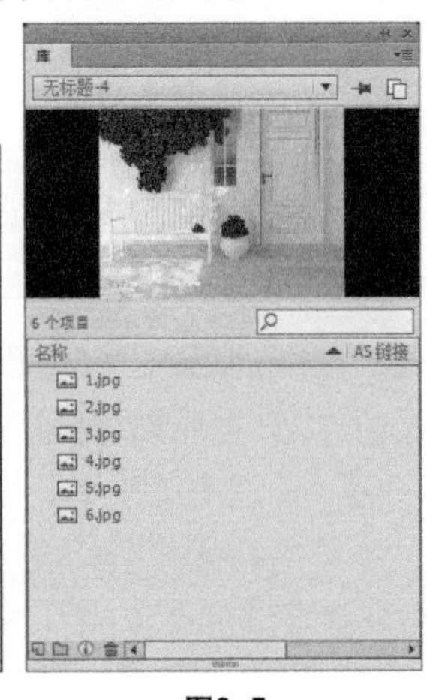

图9-5

03 从“库”面板中将一幅图片拖曳到舞台中，如图9-6所示。

04 选中第1帧，单击鼠标右键，在弹出的快捷菜单中选择“动作”命令，在打开的“动作”面板中输入代码stop();，如图9-7所示。

图9-6

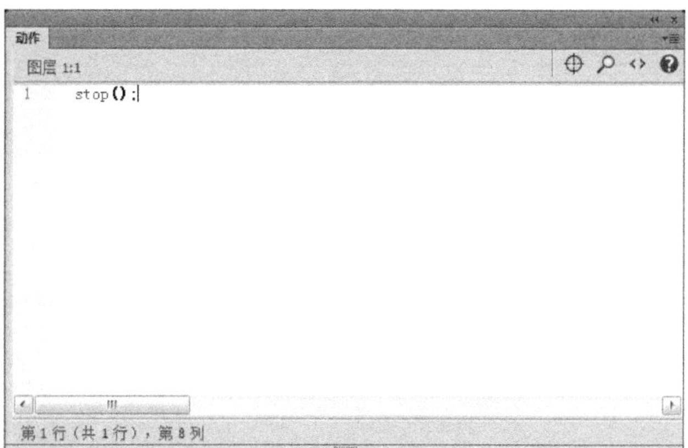

图9-7

05 在“图层1”的第2帧~第6帧处分别插入空白关键帧，然后将其余的5幅图片依次放置到各帧中，如图9-8所示。

06 依次在“图层1”的第2帧~第6帧上添加代码stop();，如图9-9所示。

图9-8

图9-9

07 新建“图层2”，使用“文本工具” T 输入“壁纸精选”，如图9-10所示。

08 执行“窗口>组件”菜单命令打开“组件”面板，将Button组件拖曳到文字右侧，如图9-11所示。

图9-10

图9-11

09 选中Button组件，在“属性”面板中将其实例名称设置为an，在label右侧的文本框中输入“下一幅”，如图9-12所示。

10 新建“图层3”，选择该层的第1帧，在“动作”面板中输入如下代码，如图9-13所示。

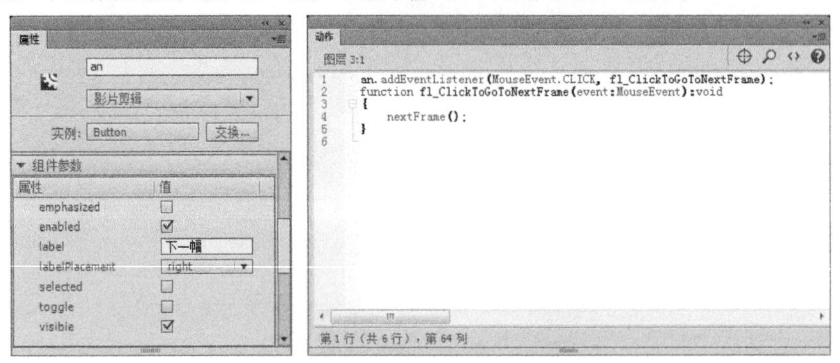

图9-12　　图9-13

11 保存文件，然后按Ctrl+Enter组合键测试动画即可，如图9-14所示。

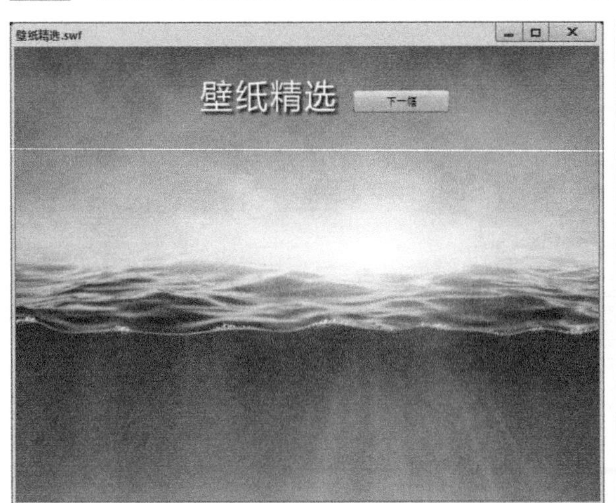

图9-14

9.2.2 CheckBox组件

“CheckBox”组件用于在Flash影片中添加复选框，只需为其设置简单的组件参数，就可以在影片中应用。

从“组件”面板中将“CheckBox”组件拖曳到舞台中，打开“属性”面板，在面板中可以看到该组件的参数，如图9-15所示。

图9-15

主要参数介绍

* label：单击“值”对应的文字栏，为CheckBox输入将要显示的文字内容。

* labelPlacement：为CheckBox设置复选框的位置，包括left、right、top和bottom。left表示在文本左边显示，right表示在文本右边显示，top表示在文本上方显示，bottom表示在文本下方显示，如图9-16所示。

图9-16

* selected：该CheckBox的初始状态。false表示未选取复选框，true表示已经选取复选框。

9.2.3 ColorPicker组件

ColorPicker组件将显示包含一个或多个颜色样本的列表用户可以从中选择颜色。默认情况下该组件在方形按钮中显示单一颜色样本。当用户单击此按钮时将打开一个面板其中显示样本的完整列表。从“组件”面板中将ColorPicker组件拖曳到舞台中，打开“属性”面板，在面板中可以看到该组件的参数，如图9-17所示。

图9-17

主要参数介绍

* selectedColor：单击右侧的颜色框设置当前显示的颜色，如图9-18所示。

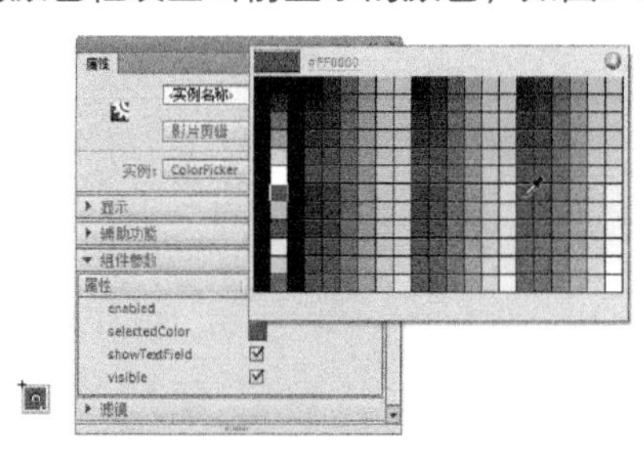

图9-18

* showTextField：设置颜色的值是否显示，如勾选右侧的复选框，显示如图9-19所示；若未勾选，显示如图9-20所示。

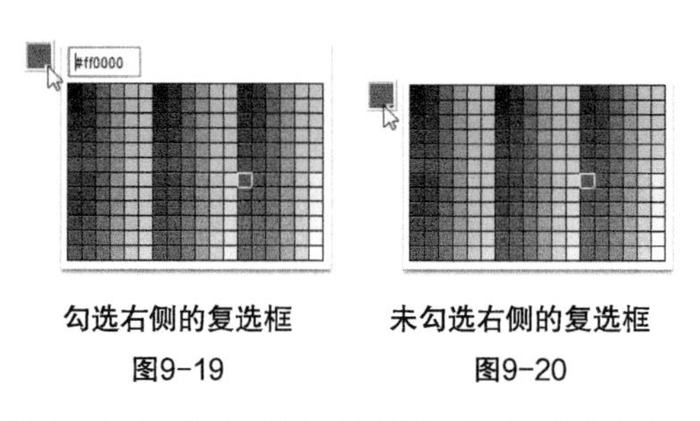

勾选右侧的复选框　　未勾选右侧的复选框

图9-19　　图9-20

9.2.4 ComboBox组件

ComboBox组件是一个下拉菜单，通过“参数”选项卡可以设置它的菜单项目数及各项的内容，在影片中进行选择时既可以使用鼠标也可以使用键盘。

从“组件”面板中将ComboBox组件拖曳到舞台中，打开“属性”面板，在面板中可以看到该组件的设置内容，如图9-21所示。

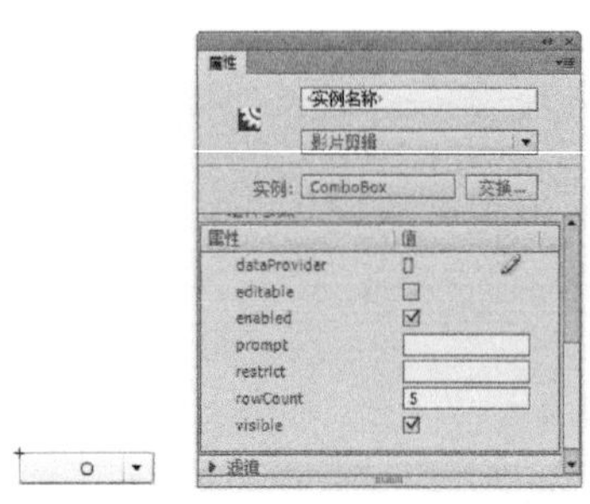

图9-21

主要参数介绍

* dataProvider：将一个数据值与ComboBox组件中的每个项目相关联。

* editable：决定用户是否可以在下拉列表框中输入文本。如果可以输入则勾选，如果只能选择不能输入则不勾选，默认值为未勾选。

* prompt：为下拉菜单显示提示内容。

* restrict：指示用户可在组合框的文本字段中输入的字符集。

* rowCount：确定在不使用滚动条时最多可以显示的项目数，默认值为5。

9.2.5 DataGrid组件

DataGrid组件可以使用户创建强大的数据驱动的显示和应用程序。使用DataGrid组件，可以实例化使用Adobe Flash Remoting的记录集（从 Adobe ColdFusion、Java 或 .Net 中的数据库查询中检索），然后将其显示在实例中，用户也可以使用它显示数据集或数组中的数据。该组件有水平滚动、更新的事件支持、增强的排序等功能，如图9-22所示。

图9-22

主要参数介绍

* allowMultipleSelection：设置是否允许多选。

* editable：是一个布尔值，它指定组件内的数据是否可编辑。该参数包括true和false两个参数值，分别表示可编辑和不可编辑，默认值为false。
* headerHeight：设置DataGrid标题的高度，以像素为单位，默认值为25。
* horizontalLineScrollSize：设置一个值，该值描述当单击滚动箭头时要在水平方向上滚动的内容量。
* horizontaPageScrollSize：获取或设置按滚动条轨道时水平滚动条上滚动滑块要移动的像素数。
* horizontalScrollPolicy：设置水平滚动条是否始终打开。
* resizableColumns：设置能否更改列的尺寸。
* rowHeight：指示每行的高度（以像素为单位）。更改字体大小不会更改行高度，默认值为 20。
* showHeaders：设置DataGrid组件是否显示列标题。
* sortableColumns：设置能否通过单击列标题单元格对数据提供者中的项目进行排序。
* verticalLineScrollSize：设置一个值，该值描述当单击垂直滚动条时要在垂直方向上滚动的内容量。
* verticalPageScrollSize：用于设置按滚动条时垂直滚动条上滚动滑块要移动的像素数。
* verticalScrollPolicy：设置垂直滚动条是否始终打开。

↘9.2.6 Label组件

Label组件就是一行文本，它的作用与文本的作用相似。从“组件”面板中将Label组件拖到舞台中，然后在“属性”面板中选中text项，使其成为可编辑状态，并在其中输入新的文本内容，即可完成对该组件内容的编辑，如图9-23所示。

图9-23

↘9.2.7 List组件

List组件是一个可滚动的单选或多选列表框，该列表还可显示图形内容及其他组件。用户可以通过“属性”面板，完成对该组件中各项内容的设置，如图9-24所示。

图9-24

主要参数介绍

* allowMultipleSelection：设置是否允许多选。
* dataProvider：由填充列表数据的值组成的数组。默认值为[ ]（空数组）。没有相应的运行属性。
* enabled：指示组件是否可以接收焦点和输入，默认值为 true。
* horizontalLineScrollSize：设置一个值，该值描述当单击滚动箭头时要在水平方向上滚动的内容量。
* horizontaPageScrollSize：获取或设置按滚动条轨道时水平滚动条上滚动滑块要移动的像素数。
* horizontalScrollPolicy：设置水平滚动条是否始终打开。
* verticalLineScrollSize：设置一个值，该值描述当单击垂直滚动条时要在垂直方向上滚动的内容量。
* verticalPageScrollSize：用于设置按滚动条时垂直滚动条上滚动滑块要移动的像素数。
* verticalScrollPolicy：设置垂直滚动条是否始终打开。
* visible：是一个布尔值，它指示对象是（true）否（false）可见，默认值为true。

↘ 9.2.8 NumericStepper组件

NumericStepper组件允许用户逐个通过一组排序数字。分别单击向上、向下箭头按钮，文本框中的数字产生递增或递减的效果，该组件只能处理数值数据，参数如图9-25所示。

图9-25

主要参数介绍

* maximum：设置可在步进器中显示的最大值，默认值为10。
* minimum：设置可在步进器中显示的最小值，默认值为0。
* stepSize：设置每次单击时步进器增大或减小的单位，默认值为1。
* value：设置在文本区域中显示的值，默认值为1。

↘ 9.2.9 Progress Bar组件

Progress Bar组件是一个显示加载情况的进度条。通过“属性”面板，可以设置该组件中文字的内容及相对位置，如图9-26所示。

图9-26

主要参数介绍

* direction：指示进度栏填充的方向。该值可以是 right 或 left，默认值为 right。
* mode：是进度栏运行的模式。此值可以是下列之一：event、polled 或 tools，默认值为 event。
* source：是一个要转换为对象的字符串，它表示源的实例名称。

↘ 9.2.10 Radio Button组件

Radio Button组件是单选按钮，用户只能选择同一组选项中的一项，如图9-27所示。每组中必须有两个或两个以上的“Radio Button”组件，当一个被选中，该组中的其他按钮将取消选择。

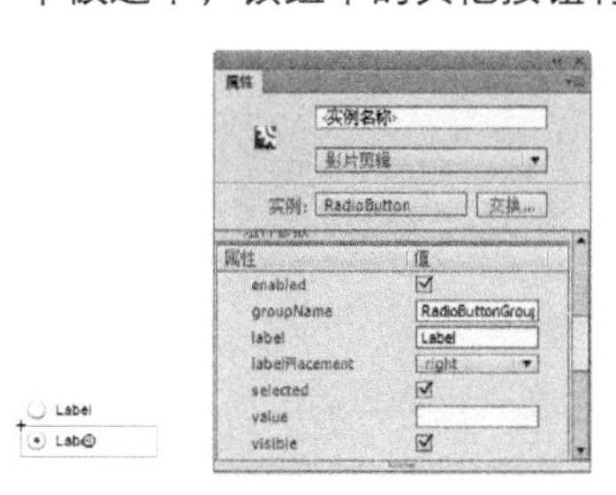

图9-27

主要参数介绍

* groupName：单选按钮的组名称，默认值为RadioButtonGroup，可以通过修改组名称来划分单选按钮的组。
* label：设置单选按钮上显示的文本。
* labelPlacement：确定按钮上标签文本的方向。该参数包括“left”、“right”、“top”和“bottom” 4个值，默认值为“right”。
* selected：将单选按钮的初始值设置为被选中或取消选中，被选中的单选按钮中会显示一个圆点。
* value：与单选按钮关联的用户定义值。

↘ 9.2.11 ScrollPane组件

ScrollPane组件可以在一个可滚动区域中显示影片剪辑、JPEG文件和SWF文件。通过使用滚动窗格，可以限制这些媒体类型所占用的屏幕区域的大小，滚动窗格可以显示从本地磁盘或Internet加载的内容。ScrollPane组件的参数如图9-28所示。

图9-28

主要参数介绍

* horizontalLineScrollSize：指示每次单击箭头按钮时水平滚动条移动多少个单位，默认值为4。
* horizontaPageScrollSize：获取或设置按滚动条轨道时水平滚动条上滚动滑块要移动的像素数。
* horizontalScrollPolicy：设置水平滚动条是否始终打开。该值可以是 on、off 或auto，默认值为 auto。
* scrollDrag：是一个布尔值，确定用户在滚动窗格中拖动内容时是否发生滚动，默认值为不滚动。
* source：是一个要转换为对象的字符串，它表示源的实例名称。
* verticalLineScrollSize：设置一个值，该值描述当单击垂直滚动条时要在垂直方向上滚动的内容量。
* verticalPageScrollSize：用于设置按滚动条时垂直滚动条上滚动滑块要移动的像素数。
* verticalScrollPolicy：设置垂直滚动条是否始终打开。

9.2.12 Slider组件

Slider组件常用来控制Flash中的声音播放。从“组件”面板中将“Slider”组件拖曳到舞台中，打开“属性”面板，在面板中可以看到该组件的参数，如图9-29所示。

图9-29

主要参数介绍

* direction：设置Slider组件的方向。
* liveDragging：设置或获取当滑块移动时，是否持续广播SliderEvent.CHANGE事件，默认值为false。
* maximum：设置或获取Slider 组件实例允许的最大值，默认值为10。
* minimum：设置或获取Slider 组件实例允许的最小值，默认值为0。
* snapInterval：设置或获取滑块移动时的步进值，默认值为0。
* tickInterval：设定滑条的标尺刻度的步进值，默认值为0。
* vallue：设置或获取Slider 组件的当前值，默认值为0。

9.2.13 TextArea组件

TextArea组件可以创建一个进行文本输入的文本框。用户可以在这个文本框中输入文本内容，并可以在其中进行换行操作。通过组件的“属性”面板，可以设置组件的初始内容、是否可编辑、是否自动换行等参数，如图9-30所示。

图9-30

主要参数介绍

* editable：指TextArea 组件是否可编辑，默认值为 true，表示可编辑。
* horizontalScrollPolicy：设置水平滚动条是否始终打开。该值可以是 on、off 或auto，默认值为 auto。
* htmlText：在TextArea 组件中显示的初始内容。在文本框中输入文本内容，即会在组件中显示出来，默认值为空。文本字段采用 HTML 格式。
* maxChars：设置文本字段最多可以容纳的字符数。
* restrict：设置用户可在文本字段中输入的字符集。
* text： 组件的文本内容。
* verticalScrollPolicy：设置是否显示垂直滚动条。
* wordWrap：指文本是否自动换行。该参数包括“false”和“true”两个参数值，默认值为 true。

9.2.14 TextInput组件

TextInput组件可以输入单行文本内容或密码。通过该组件的“属性”面板，可以设置该组件是否可以编辑、组件输入的内容形式及组件的初始内容等，如图9-31所示。

图9-31

主要参数介绍

* displayAdPassword：指示字段是（true）否 （false）为密码字段，默认值为false。
* editable： 指TextArea 组件是否可编辑，默认值为 true，表示可编辑。
* maxChars：设置文本字段最多可以容纳的字符数。

* restrict：设置用户可在文本字段中输入的字符集。
* text：组件的文本内容。
* visible：是一个布尔值，它指示对象是（true）否（false）可见，默认值为 true。

即学即用

（扫码观看视频）

● 登录页面

实例位置

CH09> 登录页面 > 登录页面 .fla

素材位置

CH09> 登录页面 >1.jpg

实用指数

★★★

技术掌握

学习 TextInput 组件的使用

最终效果图

01 新建一个Flash空白文档，执行“修改>文档”菜单命令，打开“文档设置”对话框，在对话框中将“舞台大小”设置为620像素×410像素，如图9-32所示。

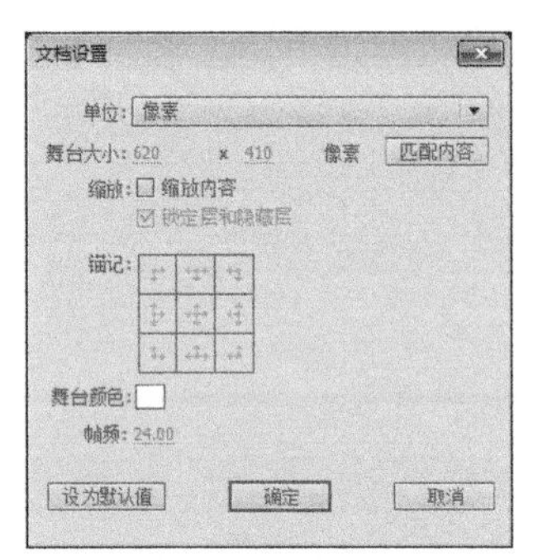

图9-32

02 执行“文件>导入>导入到舞台”菜单命令，将一幅图像导入到舞台上，如图9-33所示。

03 新建“图层2”，将Label组件从“组件”面板中拖到舞台上，并在“属性”面板中将其实例名设置为pwdLabel，在text文本框中输入“用户名：”，如图9-34所示。

图9-33

图9-34

04 再一次将Label组件从“组件”面板中拖到舞台上，并在“属性”面板中将其实例名设置为confirmLabel，在text文本框中输入“密码：”，如图9-35所示。

05 将TextInput组件从“组件”面板中拖曳到“用户名:”的右侧，并在“属性”面板中将其实例名设置为pwdTi，如图9-36所示。

图9-35

图9-36

06 将TextInput组件从“组件”面板中拖曳到“密码：”的右侧，并在“属性”面板中将其实例名设置为confirmTi，然后勾选displayAdPassword复选框，如图9-37所示。

07 在“组件”面板中将Button组件拖曳到舞台上，在“属性”面板上的label文本框中输入“登录”，如图9-38所示。

图9-37

图9-38

08 再一次在“组件”面板中将Button组件拖曳到舞台上，在“属性”面板上的label文本框中输入“取消”，如图9-39所示。

09 新建“图层3”，选中该层的第1帧，在“动作”面板中输入如下代码，如图9-40所示。

图9-39

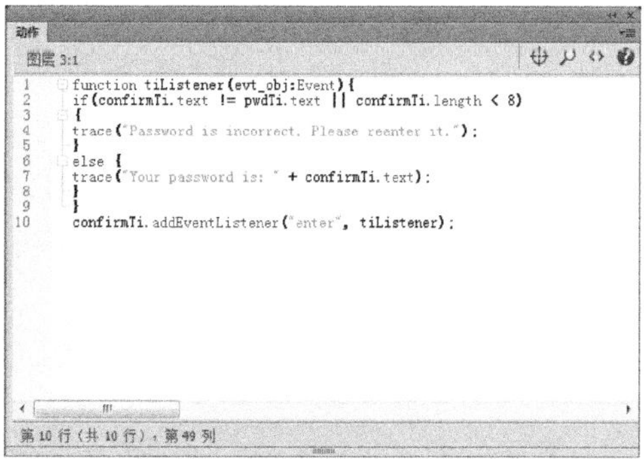

图9-40

10 保存文件，然后按下Ctrl+Enter组合键测试动画即可，如图9-41所示。

图9-41

9.2.15 TileList组件

TileList组件由一个列表组成，该列表由通过数据提供者提供数据的若干行和列组成。TileList组件的参数如图9-42所示。

图9-42

主要参数介绍

* allowMultipleSelection：设置是否允许多选。
* columnCount：设置在列表中可见的列的列数。
* columnWidth：设置应用于列表中列的宽度，以像素为单位。
* dataProvider：设置要查看的项目列表的数据模型。
* direction：设置TileList 组件是水平滚动还是垂直滚动。
* horizontalLineScrollSize：指示每次单击箭头按钮时水平滚动条移动多少个单位，默认值为4。
* horizontaPageScrollSize：获取或设置按滚动条轨道时水平滚动条上滚动滑块要移动的像素数。
* rowCount：设置在列表中可见行的行数。
* rowHeight：置应用于列表中每一行的高度，以像素为单位。
* scrollPolicy：设置滚动条是否显示。
* verticalLineScrollSize：设置一个值，该值描述当单击垂直滚动条时要在垂直方向上滚动的内容量。

* verticalPageScrollSize：用于设置按滚动条时垂直滚动条上滚动滑块要移动的像素数。
* visible：是一个布尔值，它指示对象是（true）否（false）可见，默认值为true。

9.2.16 UILoader组件

UILoader组件好比一个显示器，可以显示SWF或JPEG文件。用户可以缩放组件中内容的大小，或者调整该组件的大小来匹配内容的大小。在默认情况下，将调整内容的大小以适应组件，UILoader组件参数如图9-43所示。

图9-43

主要参数介绍

* autoLoad：指示内容是应该自动加载（true），还是应该等到调用 Loader.load() 方法时再进行加载（false），默认值为true。
* maintainAspectRatio：设置是否保持加载内容的高宽比。
* source：设置要加载的内容名称。
* scaleContent：指示是内容进行缩放以适合加载器（true），还是加载器进行缩放以适合内容（false），默认值为true。

9.2.17 UIScrollBar组件

UIScrollBar组件允许将滚动条添加至文本字段。该组件的功能与其他所有滚动条类似，它两端各有一个箭头按钮，按钮之间有一个滚动轨道和滚动滑块。它可以附加至文本字段的任何一边，既可以垂直使用也可以水平使用。UIScrollBar组件参数如图9-44所示。

图9-44

主要参数介绍

* direction：设置UIScrollBar组件是水平滚动还是垂直滚动。

* scrollTargetName：设置文本字段实例的名称。
* visible：设置滚动条是否可见。

9.3 Video组件

Video组件可以创建各种样式的视频播放器。Video组件中包括多个单独的组件内容，包括有FLVPlayback、BackButton、BufferingBar、ForwardButton、PauseButton和PlayPauseButton等组件，如图9-45所示。

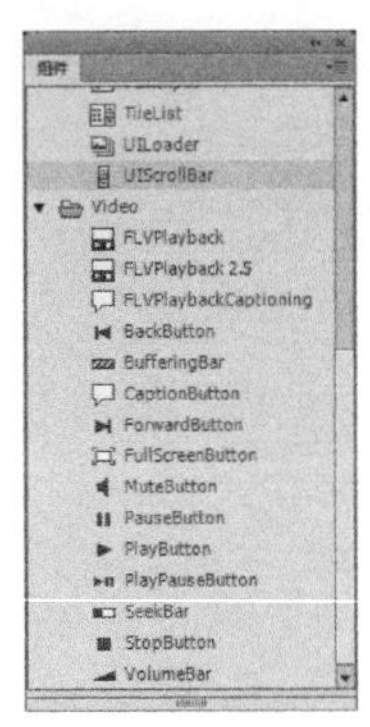

图9-45

主要参数介绍

* FLVPlayback：可以将视频播放器包括在Adobe Flash CC Professional应用程序中，以便播放通过HTTP渐进式下载的Adobe Flash视频（FLV）文件，或者播放来自Adobe的Adobe Flash Media Server或Flash Video Streaming Service（FVSS）的FLV流文件。
* FLVPlayback2.5：FLVPlayback 2.5组件是一项对于FLVPlayback组件的更新，它是Flash Media Server software tools页面上的一个下载项目，供Flash Professional CC使用。
* FLVPlaybackCaptioning：可以使用FLVPlaybackCaptioning 组件来显示字幕。
* BackButton：可以在舞台上添加一个“后退”控制按钮。从“组件”面板中将BackButton组件拖曳到舞台中，即可应用该组件。如果要对其外观进行编辑，可以在舞台中双击该组件，然后进行编辑即可。
* BufferingBar：可以在舞台上创建一个缓冲栏对象。该组件在默认情况下，是一个从左向右移动的有斑纹的条，在该条上有一个矩形遮罩，使其呈现斑纹滚动效果。
* CaptionButton：使用该组件设置标题按钮。
* ForwardButton：可以在舞台中添加一个“前进”控制按钮。如果要对其外观进行编辑，可以在舞台中双击该组件，然后进行编辑即可。
* FullScreenButton：设置全屏显示的按钮。
* MuteButton：可以在舞台中创建一个声音控制按钮。MuteButton按钮是带两个图层且没有脚本的一个帧。在该帧上，有和两个按钮，彼此叠放。
* PauseButton：可以在舞台中创建一个暂停控制按钮。其功能和Flash中一般的按钮相似，按钮组件需要被设置特定的控制事件后，才可以在影片中正常工作。
* PlayButton：可以在舞台中创建一个播放控制按钮。

* PlayPauseButton：可以在舞台中创建一个播放/暂停控制按钮。PlayPauseButton按钮在设置上与其他按钮不同，它们是带两个图层且没有脚本的一个帧。在该帧上，有Play和Pause两个按钮，彼此叠放。
* SeekBar：可以在舞台中创建一个播放进度条，用户可以通过播放进度条来控制影片的播放位置。
* StopButton：可以在舞台中创建一个停止播放控制按钮。
* VolumeBar：可以在舞台中创建一个音量控制器。

9.4 章节小结

本章介绍了组件的使用，组件是带有参数的影片剪辑元件，这些参数可以用来修改组件的外观和行为。每个组件都有预定义的参数，并且它们可以被设置。每个组件还有一组属于自己的方法、属性和事件，它们被称为应用程序接口（Application Programming Interface，API）。使用组件，可以使程序设计与软件界面设计分离，提高代码的可复用性，提高动画的制作效率。

9.5 课后习题

本节提供了两个课后习题供大家练习，希望大家通过这两个练习，掌握组件的功能和使用方法。

课后习题

● 动画加载进度条

实例位置
CH09>动画加载进度条>动画加载进度条.fla

实用指数
★★★★

素材位置
CH04>动画加载进度条

使用ProgressBar组件创建一个动画加载进度条。

最终效果图

（扫码观看视频）

主要步骤

01 新建一个Flash文档，导入一幅图像，然后新建图层2，将ProgressBar组件从“组件”面板中拖到舞台上，并在“属性”面板中将其实例名设置为aPb。

02 将Label组件从“组件”面板中拖到舞台上，并在“属性”面板中将其实例名设置为progLabel。

03 新建“图层3”，选中该层的第1帧，在“动作”面板中输入代码即可。

课后习题

● 加载外部图像

实例位置

CH09> 加载外部图像 > 加载外部图像.fla

素材位置

CH09> 加载外部图像

实用指数

★★★★

（扫码观看视频）

使用UILoader组件在Flash中加载外部图像。

最终效果图

主要步骤

01 新建一个动画文档，将UILoader组件从“组件”面板中拖到舞台上，并在“属性”面板中将“宽”和“高”分别设置为800像素与600像素。

02 保存文件，将其与要加载的图像保存在同一文件夹中。

03 选择舞台中的UILoader组件，在“属性”面板上的source文本框中输入要加载图像的名称即可。

CHAPTER

10 ActionScript脚本

ActionScript是Flash CC的脚本语言，创作者可以使用它制作具有交互性的动画，它极大地丰富了Flash动画的形式，同时也提供给创作者无限的创意空间。本章重点介绍了ActionScript脚本语言的层次结构、函数、变量、运算符及常见命令。

* Flash CC的动作面板
* 语句、关键字和指令
* ActionScript 3.0语法
* ActionScript 3.0程序设计
* 运算符
* 函数

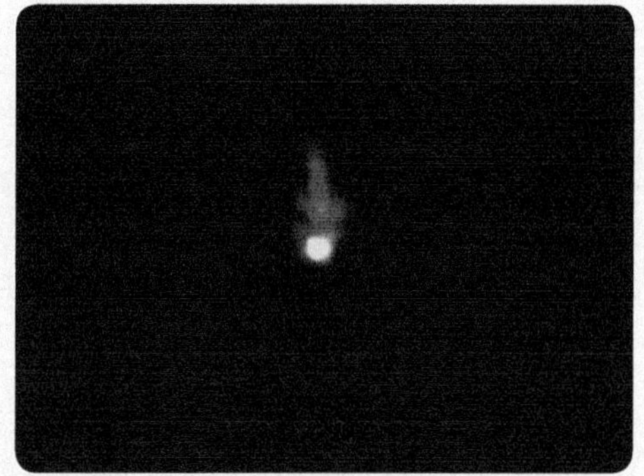

10.1 Flash中的ActionScript

在Flash CC中的ActionScript更加强化了Flash的编程功能，进一步完善了各项操作细节，让动画制作者更加得心应手。Flash CC中取消了ActionScript 2.0脚本，升级为ActionScript 3.0脚本。ActionScript 3.0能帮助我们轻松实现对动画的控制，以及对象属性的修改等操作。还可以取得使用者的动作或资料，进行必要的数值计算以及对动画中的音效进行控制等。灵活运用这些功能并配合Flash动画内容进行设计，想做出任何互动式的网站，或是网页上的游戏，都不再是一件困难的事了。

10.1.1 ActionScript概述

ActionScript 3.0是一门功能强大、符合业界标准的面向对象的编程语言。它在Flash编程语言中有着里程碑的作用，是用来开发富应用程序（RIA）的重要语言。

ActionScript 3.0在用于脚本撰写的国际标准化编程语言ECMAScript的基础之上，对该语言做了进一步的改进，可为开发人员提供用于丰富Internet应用程序（RIA）的可靠的编程模型。开发人员可以获得卓越的性能并简化开发过程，便于利用非常复杂的应用程序、大的数据集和面向对象的、可重复使用的基本代码。ActionScript 3.0在Flash Player 9中新的ActionScript虚拟机（AVM2）内执行，可为下一代RIA带来性能突破。

最初在Flash中引入ActionScript，目的是为了实现对Flash影片的播放控制。而ActionScript发展到今天，其已经广泛地应用到了多个领域，能够实现丰富的应用功能。

ActionScript 3.0最基本的应用与创作工具Flash CC结合，创建各种不同的应用特效，实现丰富多彩的动画效果，使Flash创建的动画更加人性化，更具有弹性效果。

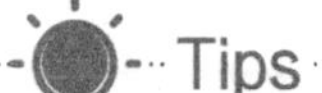

在Flash CC中，使用动作脚本3.0 书写代码的方式只有两种，一是利用“动作”面板在时间轴上书写代码；二是在外部类文件中书写代码，在Flash CC动作脚本3.0中，代码不能再添加在影片剪辑和按钮上，这样便于代码的组织和管理。所有的程序代码都写在时间轴或单独的脚本文件里面。ActionScript 3.0的设计思想就是实现代码和设计分开。

10.1.2 ActionScript 3.0的新功能

ActionScript 3.0 包含ActionScript编程人员所熟悉的许多类和功能，但ActionScript 3.0在架构和概念上是区别于早期的 ActionScript 版本的。ActionScript 3.0 中的改进部分包括新增的核心语言功能以及能够更好地控制低级对象的改进 Flash Player API。在ActionScript 3.0中新增了以下功能。

新增了ActionScript虚拟机，称为AVM2，它使用全新的字节码指令集，使性能显著提高。

采用了更为先进的编译器代码库，它更为严格地遵循 ECMAScript（ECMA 262）标准，相对于早期的编译器版本，可执行更深入的优化。

一个扩展并改进的应用程序编程接口（API），拥有对对象的低级控制和真正意义上的面向对象的模型。

一个基于 ECMAScript for XML（E4X）规范的 XML API。E4X是ECMAScript的一种语言扩展，它将XML 添加为语言的本机数据类型。

一个基于文档对象模型（DOM）第3级事件规范的事件模型。

10.2 Flash CC的动作面板

如果要在Flash CC中加入ActionScript 3.0代码，可以直接使用“动作”面板来输入。

10.2.1 认识动作面板

执行“窗口>动作”菜单命令或按下F9键打开“动作”面板，如图10-1所示。

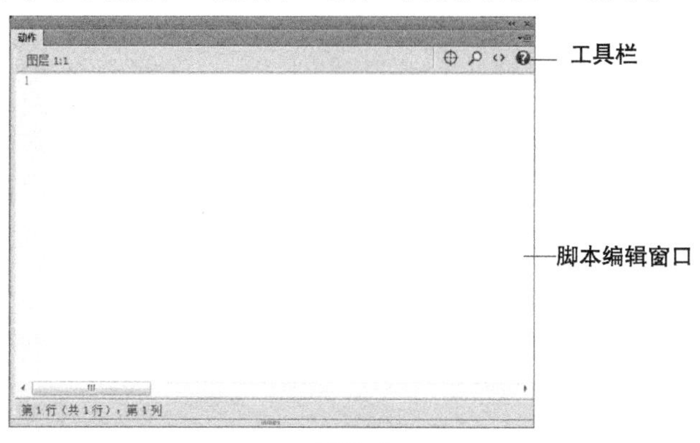

图10-1

1.工具栏

工具栏中包括了创建代码时常用的一些工具。

* “插入实例路径和名称”按钮⊕：单击此按钮可以打开“插入目标路径”对话框，如图10-2所示。在该对话框中可以选择需添加动作脚本的对象。

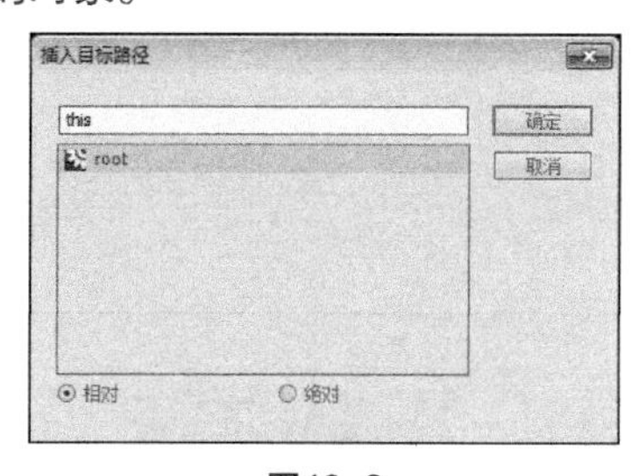

图10-2

* “查找”按钮：单击此按钮可以对脚本编辑窗格中的动作脚本内容进行查找并替换，如图10-3所示。

* “代码片断”按钮：单击该按钮可以打开“代码片断”面板，如图10-4所示。在该面板中可以直接将 ActionScript 3.0 代码添加到 FLA文件中，实现常见的交互功能。

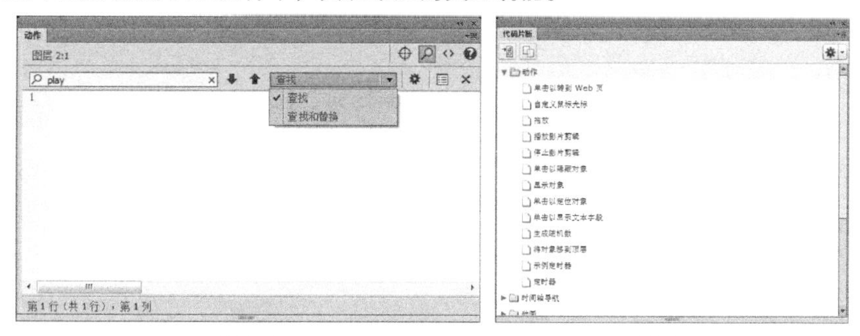

图10-3　　图10-4

* “帮助”按钮：单击此按钮可以打开“帮助”面板来查看对动作脚本的用法、参数、相关说明等。

2.脚本编辑窗口

在脚本编辑窗口中，用户可以直接输入脚本代码，如图10-5所示。

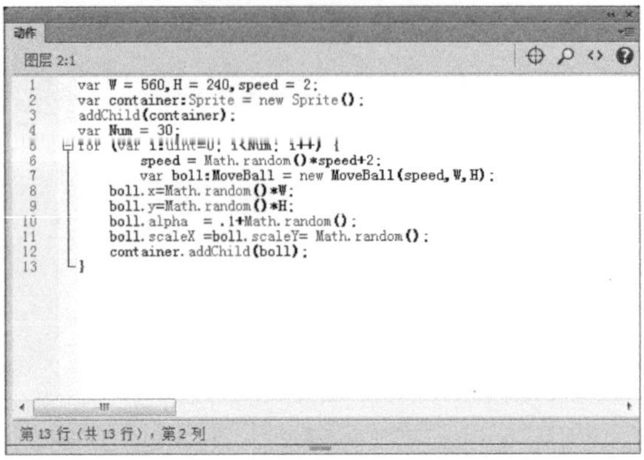

动作

图层 2:1

```
var W = 560,H = 240,speed = 2;
var container:Sprite = new Sprite();
addChild(container);
var Num = 30;
for (var i:uint=0; i<Num; i++) {
        speed = Math.random()*speed+2;
        var boll:MoveBall = new MoveBall(speed,W,H);
    boll.x=Math.random()*W;
    boll.y=Math.random()*H;
    boll.alpha  = .1+Math.random();
    boll.scaleX =boll.scaleY= Math.random();
    container.addChild(boll);
}
```

第 13 行（共 13 行），第 2 列

图10-5

10.2.2 面向对象编程概述

ActionScript 3.0是为“面向对象编程”而准备的一种脚本语言。下面简单介绍一下“面向对象编程”的基本概念。

面向对象编程（Object Oriented Programming，OOP）意思为面向对象程序设计，它是一种计算机编程架构。

“程序”是为实现特定目标或者解决特定问题而用计算机语言编写的命令序列的集合。它可以是一些高级程序语言开发出来的可以运行的可执行文件，也可以是一些应用软件制作出的可执行文件，比如Flash编译之后的SWF文件。

“编程”是指为了实现某种目的或需求，使用各种不同的程序语言进行设计、编写能够实现这些需求的可执行文件。

10.3 ActionScript 3.0语法

语法可以理解为规则，即正确构成编程语句的方式。必须使用正确的语法来构成语句，才能使代码正确地编译和运行。这里，语法是指编程所用的语言的语法和拼写。编译器无法识别错误的语法。

10.3.1 分号和冒号

分号常用来作为语句的结束和循环中参数的隔离。ActionScript 3.0的语句以分号（;）字符结束，如下面两行代码所示。

```
var myNum:Number = 50;
myLabel.height = myNum;
```

注意：使用分号终止语句能够在单个行中放置不止一条语句，但是这样做往往会使代码难以阅读。

分号还可以用在for循环中，作用是分割for循环的参数，如以下代码所示。

```
var i:Number;
for (i = 0; i < 10; i++) {
   trace(i); // 0,1,...,9
}
```

↘ 10.3.2 括号

括号通常用来对代码进行划分。ActionScript 3.0中的括号包含两种：大括号“{}”和小括号“（ ）”。无论大括号还是小括号都需要成对出现。

1.大括号

使用大括号可以对ActionScript 3.0中的事件、类定义和函数组合成块。在包、类、方法中，均以大括号作为开始和结束的标记。控制语句（例如if..else或for）中，利用大括号区分不同条件的代码块。下面的例子是使用大括号为if语句区别代码块，避免发生歧义。

```
var num:Number;
if (num == 0) {
 trace（"输出为0"）;
}
```

2.小括号

小括号的用途很多，例如保存参数、改变运算的顺序等。下面的例子显示了小括号的几种用法。

保存参数

```
myFunction（"Carl", 78, true）;
```

改变运算顺序

```
var x:int = （3+4）*7;
```

↘ 10.3.3 文本

文本是直接出现在代码中的值。例如true、false、0、1、52，甚至字符串“abcdefg”。下面列出的都是文本。

```
17
"hello"
-3
9.4
null
undefined
true
false
```

文本还可以组合起来构成复合文本。下面的例子中显示了使用文本对数组进行初始化。

```
var myStrings:Array = new Array ( "alpha", "beta", "gamma" ) ;
var myNums:Array = new Array ( 1, 2, 3, 5, 8 ) ;
```

10.3.4 注释

注释是一种对代码进行注解的方法，编译器不会把注释识别成代码。注释可以使ActionScript程序更容易理解。

注释的标记为/*和//，/*用于创建多行注释，//用于创建单行注释。

1.单行注释

单行注释用于为代码中的单个行添加注释。

例如

```
var myAge:Number = 26; // 表示年龄的变量
```

2.多行注释

对于长度为几行的注释，可以使用多行注释（又称“块注释”）。

例如

```
/* 这是一个可以跨多行代码的多行注释。/*
```

10.3.5 关键字与保留字

在ActionScript 3.0中，不能使用关键字和保留字作为标识符，即不能使用这些关键字和保留字作为变量名、方法名、类名等。

“保留字”只能由ActionScript 3.0使用，不能在代码中将它们用作标识符。保留字包括“关键字”。如果将关键字用作标识符，则编译器会报告一个错误。表10-1列出了ActionScript 3.0的关键字。

表10-1 ActionScript 3.0的关键字

as	break	case	catch
class	const	continue	default
delete	do	else	extends
false	finally	for	function
if	implements	import	in
instanceof	interface	internal	is
native	new	null	package
private	protected	public	return
super	switch	this	throw
to	true	try	typeof
use	var	void	while
with			

↘ 10.3.6 常量

常量是指具有无法改变的固定值的属性。ActionScript 3.0新加入const关键字用来创建常量。在创建常量的同时，需为常量进行赋值。常量创建的格式如下。

```
public const i:Number=3.1415986;   //定义常量
public function myWay()
{
trace(i);                  //输出常量
}
}
```

↘ 10.3.7 变量

变量是程序编辑中重要的组成部分，用来对所需的数据资料进行暂时存储。只要设定变量名称与内容，就可以产生出一个变量。变量可以用于记录和保存用户的操作信息、输入的资料，记录动画播放剩余时间，或用于判断条件是否成立等。

在脚本中定义了一个变量后，需要为它赋予一个已知的值，即变量的初始值，这个过程称为初始化变量。通常是在影片的开始位置完成。变量可以存储包括数值、字符串、逻辑值、对象等任意类型的数据，如URL、用户名、数学运算结果、事件的发生次数等。在为变量进行赋值时，变量存储数据的类型会影响该变量值的变化。

1.变量命名规则

变量的命名必须遵守以下规则。

变量名必须以英文字母a至z开头，没有大小写的区别。

变量名不能有空格，但可以使用下划线（_）。

变量名不能与Actions中使用的命令名称相同。

在它的作用范围内必须是唯一的。

2.变量的数据类型

当用户给变量赋值时，Flash会自动根据所赋予的值来确定变量的数据类型。如表达式x = 1中，Flash计算运算符右边的元素，确定它是属于数值型。后面的赋值操作可以确定x的类型。例如，x = help会把x的类型改为字符串型，未被赋值的变量，其数据类型为undefined（未定义）。

在接收到表达式的请求时，ActionScript可以自动对数据类型进行转换。在包含运算符的表达式中，ActionScript根据运算规则，对表达式进行数据类型转换。例如，当表达式中一个操作数是字符串时，运算符要求另一个操作数也是字符串。

这个表达式中使用的+（加号）是数学运算符，ActionScript将把数值007转换为字符串“007”，并把它添加到第1个字符串的末尾，生成下面的字符串。

```
"where are you: + 007"
```

使用函数Number，可以把字符串转换为数值；使用函数String，可以把数值转换为字符串。

```
"where are you 007"
```

3.变量的作用范围

变量的作用范围，是指脚本中能够识别和引用指定变量的区域。ActionScript中的变量可以分为全局变量和局部变量。全局变量可以在整个影片的所有位置产生作用，其变量名在影片中是唯一的。局部变量只在它被创建的括号范围内有效，所以在不同元件对象的脚本中可以设置同样名称的变量而不产生冲突，作为一段独立的代码，独立使用。

4.变量的声明

变量必须要先声明后使用，否则编译器就会报错。道理很简单，比如现在要去喝水，那么首先要有一个杯子，否则就不能去装水呢。要声明变量的原因与此相同。

在ActionScript 3.0中，使用var关键字来声明变量，格式如下。

```
var 变量名:数据类型;
var 变量名:数据类型=值;
```

变量名加冒号加数据类型就是声明的变量的基本格式。要声明一个初始值，需要加上一个等号并在其后输入响应的值。但值的类型必须要和前面的数据类型一致。

10.4 运算符

在ActionScript 3.0 的运算符中包括赋值运算符、算术运算符、算术赋值运算符、按位运算符、比较运算符、逻辑运算符和字符串运算符等。

10.4.1 赋值运算符

赋值运算符“=”可将符号右边的值指定给符号左边的变量。赋值运算符只有“=”。

在“=”右边的值可以是基元数据类型，也可以是一个表达式、函数返回值或对象的引用，在“=”左边的对象必须为一个变量。

使用赋值运算符的正确表达方式如下。

```
var a:int=80; //声明变量，并赋值var b:string;
b="boss"; //对已声明的变量赋值
A= 2+9-6; //将表达式赋值给A
var a:object=d; //将d持有对象的引用赋值给a，a、d将会指向同一个对象。
```

10.4.2 算术运算符

算术运算符是指可以对数值、变量进行计算的各种运算符号。在ActionScript 3.0中，算术运算符包括“+（加法）”、“--（递减）”、“/（除法）”、“++（递增）”、“%（模）”、“*（乘法）”和“-（减法）”。

10.4.3 算术赋值运算符

算术赋值运算符有两个操作数，它根据一个操作数的值对另一个操作数进行赋值。在算术赋值运算符中包括“+=”、“-=”、“*=”、“/=”和“%=”。

↘ 10.4.4 按位运算符

在按位运算符中包括了“&（按位AND）”、“<<（按位向左移位）”、“~（按位NOT）”、“|（按位OR）”、“>>（按位向右移位）”、“>>>>（按位无符号向右移位）”和“^（按位XOR）”运算符。

↘ 10.4.5 比较运算符

比较运算符用于进行变量与数值间、变量与变量间大小比较的运算符。在比较运算符中包括了“= =”、“>”、“>=”、“!=”、“<”、“<=”、“= = =”和“!= =”运算符。

↘ 10.4.6 逻辑运算符

使用逻辑运算符，可以对数字、变量等进行比较，然后得出它们的交集或并集作为输出结果。逻辑运算符包括“&&”、“||”和“!”3种。

↘ 10.4.7 字符串运算符

使用字符串运算符,可以连接字符串以及对字符串赋值等。字符串运算符包括“+”、“+=”和“ “”。

10.5 语句、关键字和指令

语句是在运行时执行或指定动作的语言元素，例如，return 语句会为执行该语句的函数返回一个结果。if 语句对条件进行计算，以确定应采取的下一个动作；switch 语句创建 ActionScript 语句的分支结构。

属性关键字更改定义的含义，可以应用于类、变量、函数和命名空间定义。定义关键字用于定义实体，例如变量、函数、类和接口。

↘ 10.5.1 语句

语句是在运行时执行或指定动作的语言元素，常用的语句包括break、case、continue、default、do…while、else、for、for each…in、for…in、if、lable、return、super、switch、throw、try…catch…finally等，其具体介绍说明如下。

* break：出现在循环（for、for…in、for each…in、do…while 或 while）内，或出现在与 switch 语句中的特定情况相关联的语句块内。
* case：定义 switch 语句的跳转日标。
* continue：跳过最内层循环中所有其余的语句并开始循环的下一次遍历，就像控制正常传递到了循环结尾一样。
* default：定义 switch 语句的默认情况。
* do..while：与 while 循环类似，不同之处是在对条件进行初始计算前执行一次语句。
* else：指定当 if 语句中的条件返回 false 时运行的语句。
* for：计算一次 init（初始化）表达式，然后开始一个循环序列。
* for each..in：遍历集合的项目，并对每个项目执行 statement。

* for..in：遍历对象的动态属性或数组中的元素，并对每个属性或元素执行 statement。
* if：计算条件以确定下一条要执行的语句。
* label：将语句与可由 break 或 continue 引用的标识符相关联。
* return：导致立即返回执行调用函数。
* super：调用方法或构造函数的超类或父版本。
* switch：根据表达式的值，使控制转移到多条语句的其中一条。
* throw：生成或引发 一个可由 catch 代码块处理或捕获的错误。
* try..catch..finally：包含一个代码块，在其中可能会发生错误，然后对该错误进行响应。
* while：计算一个条件，如果该条件的计算结果为 true，则会执行一条或多条语句，之后循环会返回并再次计算条件。
* with：建立要用于执行一条或多条语句的默认对象，从而潜在地减少需要编写的代码量。

↘ 10.5.2 定义关键字

定义关键字用于定义变量、函数、类和接口等实体对象，包括… (rest) parameter、class、const、extends、function、get、 implements、interface、namespace、package、set、var等。

↘ 10.5.3 属性关键字

属性关键字用于更改类、变量、函数和命名空间定义的含义，包括dynamic、final、internal、native、override、private、protected、public和static。

↘ 10.5.4 指令

指令是指在编译或运行时起作用的语句和定义，包括default xml namespace、import、include和use namespace。

10.6 ActionScript 3.0程序设计

任何一门编程语言都要设计程序，ActionScript 3.0也不例外。在本节中，将介绍ActionScript3.0系统的基本语句以及程序设计的一般过程。首先介绍一下程序控制的逻辑运算，然后着重介绍条件语句和循环语句。

↘ 10.6.1 逻辑运算

在程序设计的过程中，要实现程序设计的目的，必须进行逻辑运算。只有进行逻辑运算，才能控制程序不断向最终要达到的目的前进，知道最后实现目标。

逻辑运算又称为布尔运算，通常用来测试真假值。逻辑运算主要使用条件表达式进行判断，如果符合条件，则返回结果true，不符合条件，返回结果false。

条件表达式中最常见的形式就是利用关系运算符进行操作数比较，进而得到判断条件。

当然，有的情况下需要控制的条件比较多，那么就需要使用逻辑表达式进行逻辑运算，得到一个组合条件，并控制最后的输出结果。

常见的条件表达式

* （a>0）：表示判断条件为a>0。若是，返回true；否则返回false。
* （a==b）&&（a>0）：表示判断条件为a大于0，并且a与b相等。若是，返回true，否则返回false。
* （a==b）||（a>0）：表示判断条件为a大于0，或者a与b相等。若是，返回true，否则返回false。

10.6.2 程序的三种结构

在程序设计的过程中，如何控制程序，如何安排每句代码执行的先后次序，这个先后执行的次序，称为“结构”。常见的程序结构有三种：顺序结构、选择结构和循环结构。下面将逐个介绍一下这三种程序结构的概念和流程。

1.顺序结构

顺序结构最简单，就是按照代码的顺序，一句一句执行操作，即程序是完全从第一句运行到最后一句，中间没有中断，没有分支，没有反复。

ActionScript代码中的简单语句都是按照顺序进行处理，这就是顺序结构。请看下面的示例代码。

```
//执行的第一句代码，初始化一个变量
var a:int;
//执行第二句代码，给变量a赋值数值1
a=1;
//执行第三句代码，变量a执行递加操作
a++;
```

2.选择结构

当程序有多种可能的选择时，就要使用选择结构。选择哪一个，要根据条件表达式的计算结果而定。选择结构如图10-6所示。

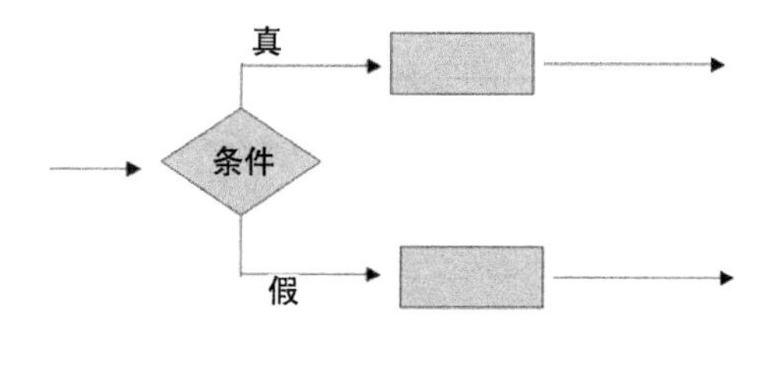

图10-6

3.循环结构

循环结构就是多次执行同一组代码，重复的次数由一个数值或条件来决定。循环结构如图10-7所示。

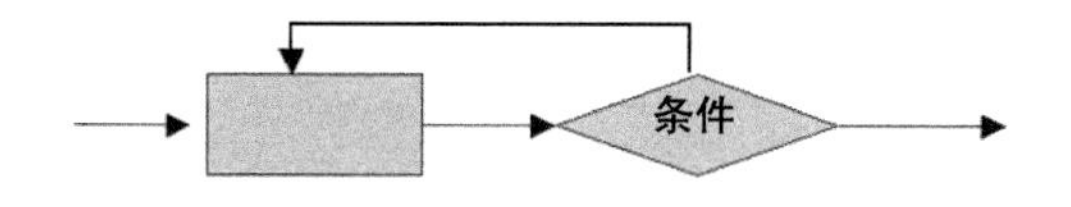

图10-7

↘10.6.3 选择程序的结构

选择程序结构就是利用不同的条件去执行不同的语句或者代码。ActionScript 3.0有三个可用来控制程序流的基本条件语句。其分别为if…else条件语句、if…else if…else 条件语句、switch条件语句。下面就介绍这三种不同的选择程序结构。

1.if…else 条件语句

if…else条件语句判断一个控制条件，如果该条件能够成立，则执行一个代码块，否则执行另一个代码块。if…else条件语句基本格式如下。

```
if(表达式){
    语句1;
}
else
{
    语句2;
}
```

2.if…else if…else条件语句

if…else条件语句执行的操作最多只有两种选择，要是有更多的选择，那就可以使用if…else if…else条件语句。if…else if…else条件语句基本格式如下。

```
if（表达式1）{
    语句1;
}
else if（表达式2）{
    语句2;
}
else if（表达式3）{
    语句3;
}


else if（表达式n）{
    语句n;
}
else{
    语句m;
}
```

3.switch条件语句

switch语句相等于一系列的if…else if…else语句，但是要比if语句要清晰得多。switch语句不是对条件进行测试以获得布尔值，而是对表达式进行求值并使用计算结果来确定要执行的代码块。

switch语句格式如下。

```
switch (表达式) {
    case:
      程序语句1;
     break;
    case:
      程序语句2;
     break;
    case:
      程序语句3;
     break;
   default:
      默认执行程序语句;
  }
```

↘ 10.6.4 循环程序的结构

在现实生活中有很多规律性的操作，作为程序来说就是要重复执行某些代码。其中重复执行的代码称为循环体，能否重复操作，取决于循环的控制条件。循环语句可以认为是由循环体和控制条件两部分组成。

循环程序结构的结构一般认为有两种。

第1种：先进行条件判断，若条件成立，执行循环体代码，执行完之后再进行条件判断，条件成立继续，否则退出循环。若第一次条件就不满足，则一次也不执行，直接退出。

第2种：先执行依次操作，不管条件，执行完成之后进行条件判断，若条件成立，循环继续，否则退出循环。

1.for循环语句

for循环语句是ActionScript编程语言中最灵活、应用最为广泛的语句。for循环语句语法格式如下。

```
for(初始化;循环条件;步进语句) {
    循环执行的语句;
}
```

格式说明

- 初始化：把程序循环体中需要使用的变量进行初始化。注意要使用var关键字来定义变量，否则编译时会报错。
- 循环条件：逻辑运算表达式，运算的结果决定循环的进程。若为flase，退出循环，否则继续执行循环代码。
- 步进语句：算术表达式，用于改变循环变量的值。通常为使用++（递增）或--（递减）运算符的赋值表达式。
- 循环执行的语句：循环体，通过不断改变变量的值，以达到需要实现的目标。

例句

```
var box:Array=new Array("a","b","c","d");
var targetBookNume="c";
var i:uint=0;
while(i<box.length){
if(box[i]==targetBookNume){
trace("yes")
}else{trace("no")
}i++
};
```

输出结果为no、yes、no、no，如图10-8所示。

图10-8

2.while循环语句

while循环语句是典型的“当型循环”语句，意思是当满足条件时，执行循环体的内容。while循环语句语法格式如下。

```
while(循环条件) {
    循环执行的语句
}
```

格式说明

* 循环条件：逻辑运算表达式，运算的结果决定循环的进程。
* 循环执行的语句：循环体，其中包括变量改变赋值表达式，执行语句并实现变量赋值。

例句

```
var box:Array=new Array("a","b","c","d");
var targetBookNume="c";
var i:uint=0;
while(i<box.length){
if(box[i]==targetBookNume){
trace("yes")
}else{trace("no")
}i++
};
```

输出结果为no、no、yes、no，如图10-9所示。

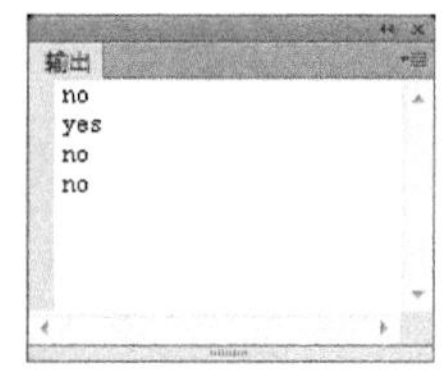

图10-9

3.do···while循环语句

do…while循环是另外一种while循环，它保证至少执行一次循环代码，这是因为其是在执行代码块后才会检查循环条件。do…while循环语句语法格式如下。

```
do {
    循环执行的语句
} while (循环条件)
```

格式说明

* 循环执行的语句：循环体，其中包括变量改变赋值表达式，执行语句并实现变量赋值。
* 循环条件：逻辑运算表达式，运算的结果决定循环的进程。若为true，继续执行循环代码，否则退出循环。

例句

```
var box:Array=["a","b","c","d"];
var targetBookNume:String="c";
var i:uint=0;
do{
if(box[i]==targetBookNume){
trace("yes");
}else{
trace("no")
};i++
}
while(i<box.length);
```

输出结果为no、no、yes、no，如图10-10所示。

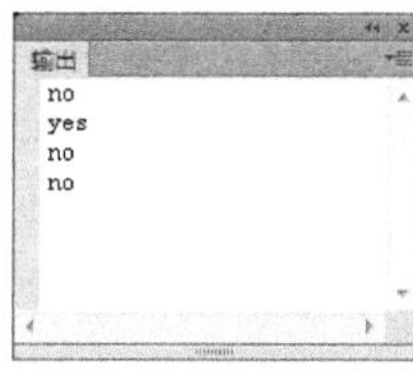

图10-10

4.循环的嵌套

嵌套循环语句，就是在一个循环的循环体中存在另一个循环体，如此重复下去直到循环结束为止，即为循环中的循环。以for循环为例，格式如下所示。

```
for (初始化; 循环条件; 步进语句) {
    for (初始化; 循环条件; 步进语句) {
            循环执行的语句;
    }
}
```

例句

```
for(var i:int;i<10;i++){
    for(var j:int=0;j<10;j++){
        trace(i,j);
    }
}
```

输出结果如图10-11所示。

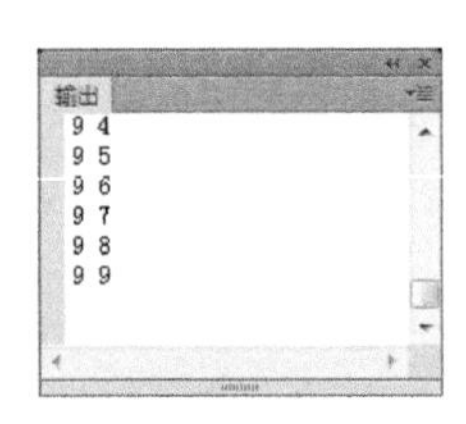

图10-11

10.7 函数

函数在程序设计的过程中，是一个革命性的创新。利用函数编程，可以避免冗长、杂乱的代码；利用函数编程，可以重复利用代码，提高程序效率；利用函数编程，可以便利地修改程序，提高编程效率。

函数（Function）的准确定义为：执行特定任务，并可以在程序中重用的代码块。

10.7.1 定义函数

在ActionScript 3.0中有两种定义函数的方法：一种是常用的函数语句定义法；另一种是ActionScript中独有的函数表达式定义法。具体使用哪一种方法来定义，要根据编程习惯来选择。一般的编程人员使用函数语句定义法，对于有特殊需求的编程人员，则使用函数表达式定义法。

1.函数语句定义法

函数语句定义法是程序语言中基本类似的定义方法，使用function关键字来定义，其格式如下。

```
function 函数名（参数1:参数类型,参数2:参数类型…）:返回类型{
//函数体
}
```

格式说明

* function：定义函数使用的关键字。注意function关键字要以小写字母开头。
* 函数名：定义函数的名称。函数名要符合变量命名的规则，最好给函数取一个与其功能一致的名字。

* 小括号：定义函数必需的格式，小括号内的参数和参数类型都可选。

* 返回类型：定义函数的返回类型，也是可选的，要设置返回类型，冒号和返回类型必须成对出现，而且返回类型必须是存在的类型。

* 大括号：定义函数的必需格式，需要成对出现。括起来的是函数定义的程序内容，是调用函数时执行的代码。

2.函数表达式定义法

函数表达式定义法有时也称为函数字面值或匿名函数。这是一种较为繁杂的方法，在早期的ActionScript版本中广为使用。其格式如下。

```
var 函数名:Function=function(参数1:参数类型,参数2:参数类型…):返回类型{
//函数体
}
```

格式说明

* var：定义函数名的关键字，var关键字要以小写字母开头。
* 函数名：定义的函数名称。
* Function：指示定义数据类型是Function类。注意Function为数据类型，需大写字母开头。
* =：赋值运算符，把匿名函数赋值给定义的函数名。
* function：定义函数的关键字，指明定义的是函数。
* 小括号：定义函数的必需的格式，小括号内的参数和参数类型都可选。
* 返回类型：定义函数的返回类型，可选参数。
* 大括号：其中为函数要执行的代码。

Tips

推荐使用函数语句定义法。因为这种方法更加简洁，更有助于保持严格模式和标准模式的一致性的。函数表达式定义函数主要用于：一是适合关注运行时行为或动态行为的编程；二是用于那些使用一次后便丢弃的函数或者向原型属性附加的函数。函数表达式更多地用在动态编程或标准模式编程中。

10.7.2 调用函数

函数只是一个编好的程序块，在没有被调用之前，什么也不会发生。只有通过调用函数，函数的功能才能够实现，才能体现出函数的高效率。

对丁没有参数的函数，可以直接使用该函数的名字，并跟一个圆括号（它被称为“函数调用运算符”）来调用。

下面定义一个不带参数的函数HelloAS（），并在定义之后直接调用，其代码如下。

```
function HelloAS ( ) {
trace ( "AS3.0世界欢迎你！" ) ;
}
HelloAS ( ) ;
```

代码运行后的输出结果如图10-12所示。

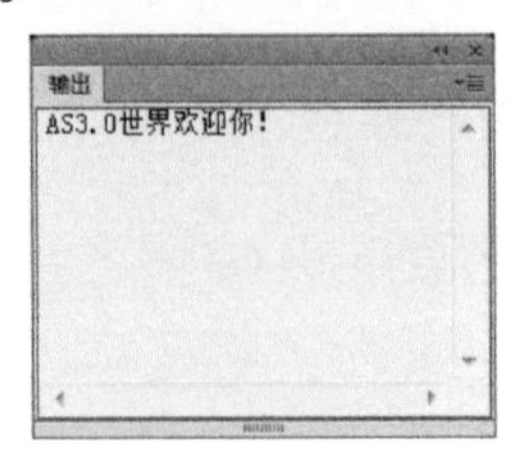

图10-12

10.7.3 函数的返回值

主调函数通过函数的调用得到一个确定的值，此值被称为函数的返回值。利用函数的返回值，可以通过函数进行数据的处理、分析和转换，并能最终获取想要获得的结果。下面主要学习函数返回值的获取方法和获取过程中的注意事项。

1.return语句

ActionScript 3.0从函数中获取返回值，使用return语句来实现。

下面的函数除了输出信息以外，还返回了输出的信息。这时函数的返回类型从void类型变成了“*”类型。

```
var s:String = trace("hello");
  function traceMsg(msg:*)
  {
      trace(msg);
      return msg;
  }
```

使用return语句还可以中断函数的执行，这个方式经常会用在判断语句中。如果某条件为false，则不执行后面的代码，直接返回。

下面的代码判断函数的参数是不是数字，如果不是数字，就使用return语句直接返回，而不执行后面的代码。

```
function area(r:*):void
  {
      var b:Boolean = r is Number;
      if(!b)
      return;
      trace("后面的代码");
  }
```

这里定义的函数把r作为参数，在函数中，首先判断参数是否数字，如果不是数字利用return语句，直接退出该函数，后面的代码就不执行了。

在有些函数中需要编写多个返回语句，例如，在条件语句中每一个条件分支都可以对应一条返回语句。

下面的方法根据参数来返回不同的实例。

```
function factory(obj:String):Load {
    if (obj=="xml") {
        trace("return LoadXml instance");
        return new LoadXml ;
    } else if (obj=="sound") {
        trace("return LoadSound instance");
        return new LoadSound ;
    } else if (obj=="movie") {
        trace("return LoadMovie instance");
        return new LoadMovie ;
    } else {
        trace("error");
    }
}
```

下面定义一个求圆形面积的函数，并返回圆面积的值，其代码如下。

```
function 圆面积(r:Number):Number{
var s:Number=Math.PI*r*r
return s
}
trace(圆面积(5))
```

代码运行后的输出结果如图10-13所示。

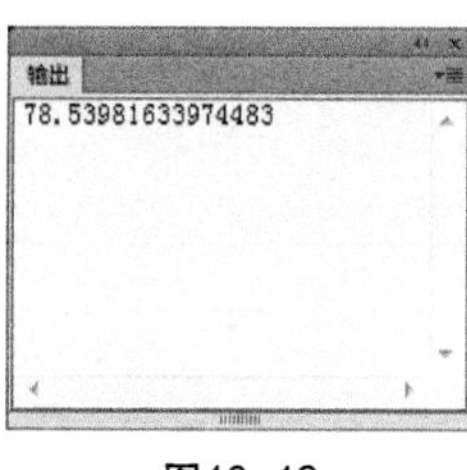

图10-13

2.返回值类型

函数的返回类型在函数的定义中属于可选参数，如果没有选择，那么返回值的类型由return语句中返回值的数据类型来决定。

下面的代码，return语句返回一个字符型数据，来验证一下返回值的类型。

```
function 类型测试() {
var a:String="这是一个字符串";
return a;
}
trace(typeof(类型测试()));
```

代码运行后的输出结果如图10-14所示。

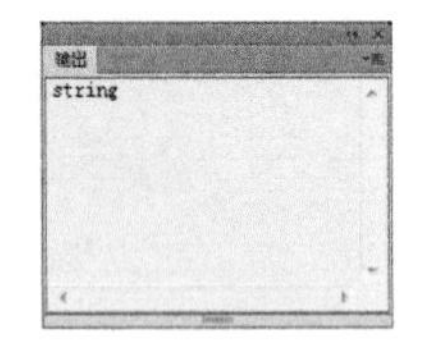

图10-14

↘10.7.4 函数的参数

在ActionScript 3.0 中，所有的参数均按引用传递，因为所有的值都存储为对象。但是，属于基元数据类型（包括 Boolean、Number、int、uint 和 String）的对象具有一些特殊运算符，这使它们可以像按值传递一样工作。

1.默认参数值

在函数定义时，可以指定函数中的默认值。被指定的默认值的参数应放到函数参数列表的末尾。在调用函数时，被指定默认值的函数参数可以不写。

例如

```
function defaultValues(x:int, y:int = 3, z:int = 5):void
{
trace(x, y, z);
}
defaultValues(1); // 1 3 5
```

代码运行后的输出结果如图10-15所示。

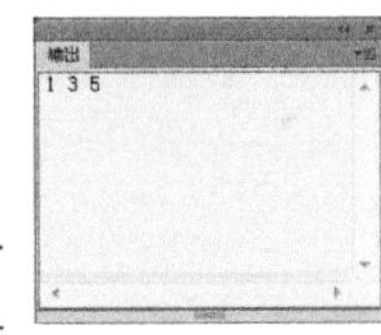

图10-15

2.rest 参数

在定义函数时可以使用…（rest）为函数定义任意多个参数，…（rest）将为函数创建一个参数数组，在…（rest）前的参数被传入后，其余的参数将依次被放入…（rest）创建的参数数组中。

例如

```
function s(owner:String,…pets)
{
trace("owner="+owner);
for(var i:Object in pets)
{
trace("pet_"+i+"="+pets[i]);
}
}
s("Lee","Dog","Cat","Duck");
```

代码运行后的输出结果如图10-16所示。

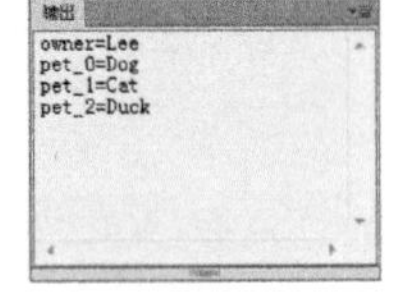

图10-16

3.arguments对象

在将参数传递给某个函数时，可以使用arguments 对象来访问有关传递给该函数的参数的信息。

arguments参数介绍

* arguments对象：是一个数组，其中包括传递给函数的所有参数。
* arguments.length属性：报告传递给函数的参数数量。
* arguments.callee属性：提供对函数本身的引用，该引用可用于递归调用函数表达式。

Tips

如果将任何参数命名为arguments，或者使用 …（rest）参数，则 arguments 对象不可用。

在ActionScript 3.0中，函数调用中所包括的参数的数量可以大于在函数定义中所指定的参数数量，但是，如果参数的数量小于必需参数的数量，在严格模式下将生成编译器错误。

可以使用 arguments 对象的数组样式来访问传递给函数的任何参数，而无需考虑是否在函数定义中定义了该参数。下面的示例使用 arguments 数组及 arguments.length 属性来输出。

传递给traceArgArray() 函数的所有参数。

```
function traceArgArray(x:int):void
{
for (var i:uint = 0; i < arguments.length; i++)
{
trace(arguments[i]);
}
}
traceArgArray(1, 2, 3);
```

arguments.callee 属性通常用在匿名函数中以创建递归。可以使用它来提高代码的灵活性。如 果 递 归 函数的名称在开发周期内的不同阶段会发生改变，而且使用的是arguments.callee（而非函数名），则不必花费精力在函数体内更改递归调用。在下面的函数表达式中，使用 arguments.callee 属性来启用递归。

```
var factorial:Function = function (x:uint)
{
if(x == 0)
{
return 1;
}
else
{
return (x * arguments.callee(x - 1));
}
}
trace(factorial(5));
```

如果在函数声明中使用…（rest）参数，则不能使用arguments 对象，而必须使用为参数声明的参数名来访问参数。

10.8 类

对象是抽象的概念，要想把抽象的对象变为具体可用的实例，则必须使用类。使用类来存储对象可保存的数据类型，及对象可表现的行为信息。要在应用程序开发中使用对象，就必须要准备好一个类，这个过程就好像制作好一个元件并把它放在库中一样，随时可以拿出来使用。本节从类的基本概念着手，逐步介绍类的定义方法和类的使用方法。

10.8.1 类的概述

类（Class）就是一群对象所共有的特性和行为。

早在ActionScript 1.0中，程序员使用原型（Prototype）扩展的方法，来创建继承或者将自定义的属性和方法添加到对象中来，这是类在Flash中的初步应用。在ActionScript 2.0中，通过使用class和extends 等关键字，正式添加了对类的支持。ActionScript3.0不但继续支持ActionScript 2.0中引入的关键字，而且还添加了一些新功能，如通过protected和internal属性增强了访问控制，通过final和override关键字增强了对继承的控制。

10.8.2 创建自定义的类

创建一个自定义类的操作步骤如下。

01 建立一个准备保存类文件的目录，即为一个包（package）。比如在计算机的F盘中建立一个Test文件夹。

02 启动Flash CC，按Ctrl+N组合键打开“新建文档”对话框，选择“ActionScript文件”选项，单击 确定 按钮，如图10-17所示。

03 单击 确定 按钮，按Ctrl+S组合键将ActionScript文件保存到刚刚在F盘中建立的Test文件夹中，文件名为要创建的类的名字。比如要创建的类的名称为Sample，那么保存的文件名称也要为Sample。

04 在文件的开头写入package关键字和package包的路径。如package Test{}，其中Test就是保存类文件的目录名称，如图10-18所示。

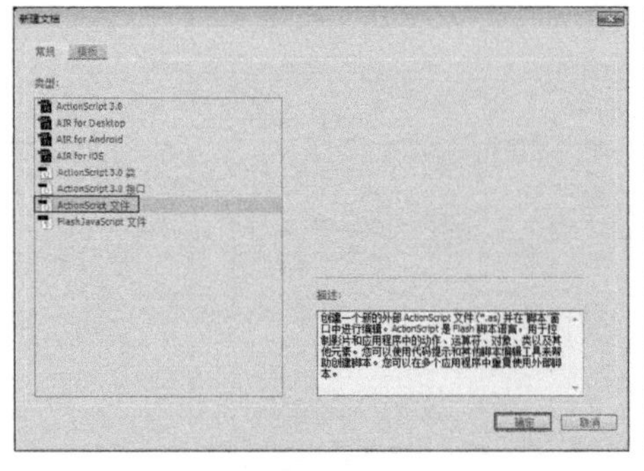

图10-17

图10-18

05 若需要引入其他的类，则需要在package后面的大括中后插入新行，使用import语句加入其他类的包路径和名称，如图10-19所示。若不需要，则此步骤可以省略。

06 在新的一行写入class关键字和类的名字，如class Sample{}，如图10-20所示。

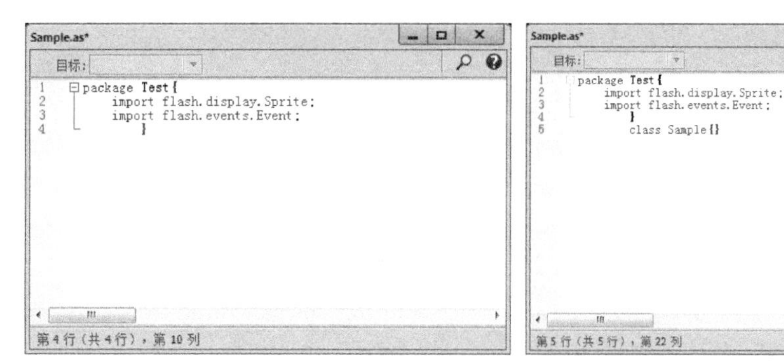

图10-19 图10-20

07 在class后面的大括号内写入对类定义的内容，包括构造函数、属性和方法即可。

↘ 10.8.3 创建类的实例

类是为了使用而创建的，要使用创建好的类，必须通过类的实例来访问。要创建类的实例，需要进行下面两步操作。

第1步：使用import关键字导入所需的类文件，其用法格式如下。

```
import 类路径.类名称;
```

第2步：使用new关键字加上类的构造函数，其用法格式如下。

```
var 类引用名称:类名称 = new 类名称构造函数();
```

↘ 10.8.4 包块和类

在ActionScript 3.0中，包路径是一个独立的模块，单独用一个包块来包含类，不再作为类定义的一部分。定义包块使用package关键字，其用法格式如下。

```
package 包块路径{
//类体
}
```

用法示例代码

```
package com.lzxt.display{
//类体
}
```

↘ 10.8.5 包的导入

在ActionScript 3.0中，要使用某一个类文件，就需要先导入这个类文件所在的包，也就是要先指明要使用的类所在的位置。

通常情况下，包的导入有这样的三种情形。

第1种：明确知道要导入哪个包，直接导入单个的包。

例如要创建一个绘制对象，那么只需导入Display包中的Shape包即可。代码如下。

```
import flash.display.Shape;
```

第2种：不知道具体要导入的类，使用通配符导入整个包。

例如需要一个文本的控制类，但是并不知道该类的具体名称，那么就可以使用“*”通配符进行匹配，一次导入包内的所有类。具体使用代码如下。

```
import flash.text.*
```

第3种：要使用同一包内的类文件，则无需导入。

如果现在有多个类位于计算机中的同一个目录下，则这些类在互相使用的时候，不需要导入，直接使用即可。

↘ 10.8.6 构造函数

构造函数是一个特殊的函数，其创建的目的是为了在创建对象的同时初始化对象，即为对象中的变量赋初始值。

在ActionScript 3.0编程中，创建的类可以定义构造函数，也可以不定义构造函数。如果没有在类中定义构造函数，那么编译时编译器会自动生成一个默认的构造函数，这个默认的构造函数为空。构造函数可以有参数，通过参数传递实现初始化对象操作。

下面列出两种常用的构造函数代码。

空构造函数

```
public function Sample(){
}
```

有参数的构造函数

```
public function Sample（x:String）{
//初始化对象属性
}
```

↘ 10.8.7 声明和访问类的属性

在编程语言中，使用属性来指明对象的特征和对象所包含的数据信息以及信息的数据类型。在定义类的过程中，需要通过属性来实现对象特征的描述和对象信息数据类型的说明。比如在创建一个关于人的类的过程中，就需要说明人这一对象的“性别”特征，需要说明人的“年龄”这一数据的数据类型是一个数字等。

在ActionScript 3.0的类体中，一般在class语句之后声明属性。类的属性分两种情况：实例属性和静态属性。实例属性必须通过创建该类的实例才能访问，而静态属性则不需要创建类实例就能够访问。

声明实例属性的语法格式

```
var 属性名称:属性类型;
var 属性名称:属性类型=值;
public var 属性名称:属性类型=值;
```

↘ 10.8.8 声明和访问类的方法

在编程语言中，使用方法来构建对象的行为，即用来表示对象可以完成的操作。在编程过程中，通过对象的方法，告诉对象可以做什么事情，怎么做。比如在创建一个关于人的类的过程中，就需要知道人能够干什么事情，这就是人这一对象的方法。比如人张口说话，举手等行为，都需要通过方法来表示。

在ActionScript 3.0中，声明类实例方法的格式和上面函数的格式类似，格式如下所示。

```
function 方法名称（参数…）:返回类型{
//方法内容
}
```

即学即用

● 控制人物动作

实例位置

CH10> 控制人物动作 > 控制人物动作 .fla

素材位置

CH10> 控制人物动作 >1.png、2.png、3.png、bj.jpg

实用指数

★★★★

技术掌握

学习 ActionScript 的使用方法

（扫码观看视频）

最终效果图

01 新建一个Flash空白文档，执行“修改>文档”菜单命令，打开“文档设置”对话框，在对话框中将“尺寸”设置为500像素×480像素，如图10-21所示。

02 分别选中时间轴上的第2帧与第3帧，按F7键插入空白关键帧，如图10-22所示。

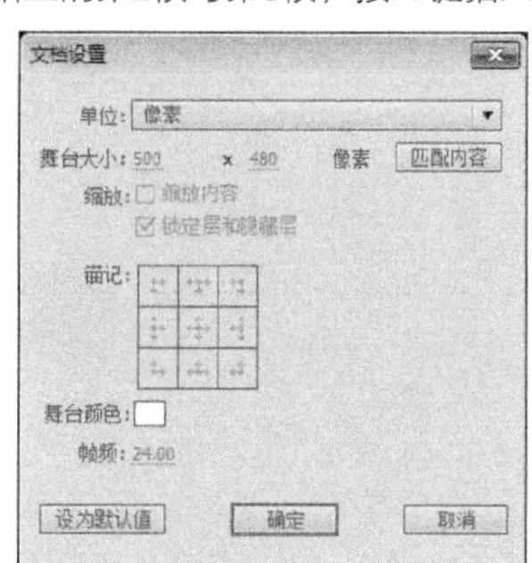

图10-21

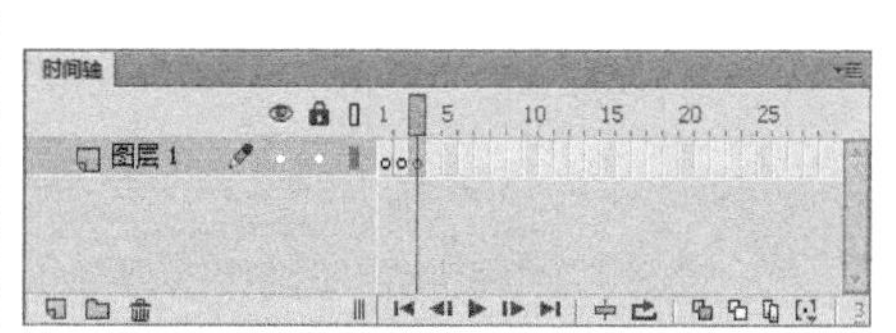

图10-22

03 选中第1帧，执行“文件>导入>导入到舞台”菜单命令，将一幅人物图像导入到舞台中，如图10-23所示。

04 选中第2帧，执行“文件>导入>导入到舞台”菜单命令，将一幅人物图像导入到舞台中，如图10-24所示。

图10-23

图10-24

05 选中第3帧，执行“文件>导入>导入到舞台”菜单命令，将一幅人物图像导入到舞台中，如图10-25所示。

06 执行“插入>新建元件”菜单命令，打开“创建新元件”对话框。在“名称”文本框中输入“播放”，在“类型”下拉列表中选中“按钮”选项，如图10-26所示。

图10-25

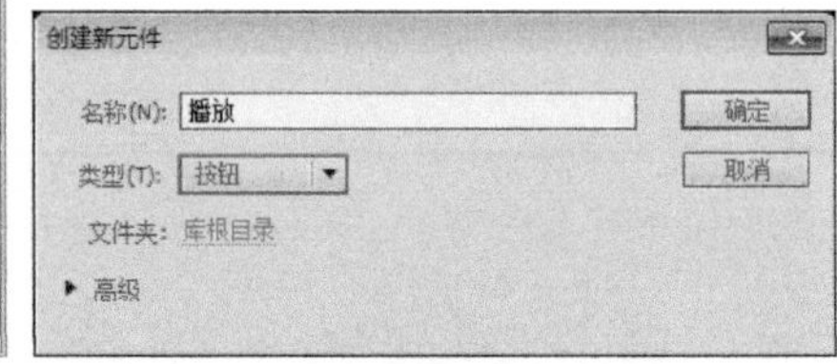

图10-26

07 在按钮元件的编辑状态下，选择“矩形工具”，在“属性”面板中的“边角半径”文本框中将边角半径设置为9，如图10-27所示。

08 在工作区中绘制一个无边框、填充为红色的圆角矩形，如图10-28所示。

09 选择“文本工具”在圆角矩形上输入Play，字体选择Verdana，字号为28，字体颜色为白色，如图10-29所示。

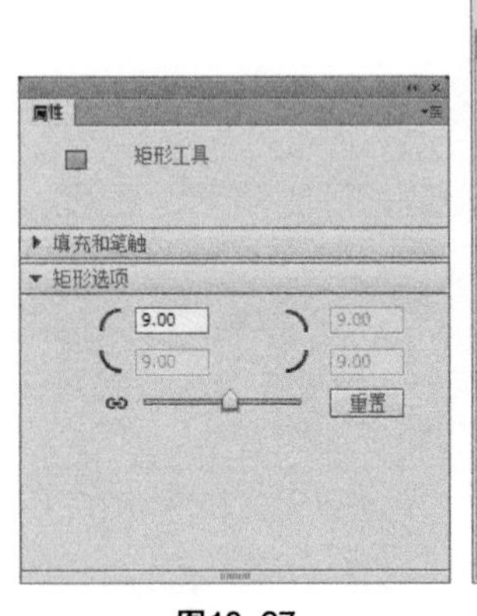

图10-27

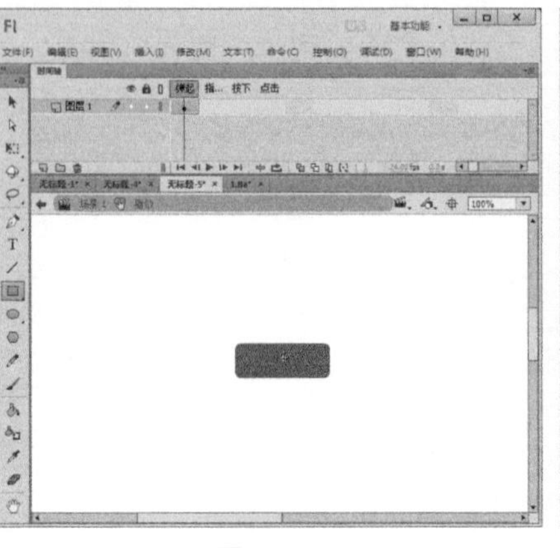

图10-28

图10-29

10 执行“插入>新建元件”菜单命令，打开“创建新元件”对话框，在“名称”文本框中输入元件的名称“停止”，在“类型”下拉列表中选择“按钮”选项，如图10-30所示。

11 在按钮元件的编辑状态下，选择“矩形工具”绘制一个边角半径为9、无边框、填充为绿色的圆角矩形，然后选择“文本工具” T 在圆角矩形上输入Stop，字体选择Verdana，字号为28，字体颜色为白色，如图10-31所示。

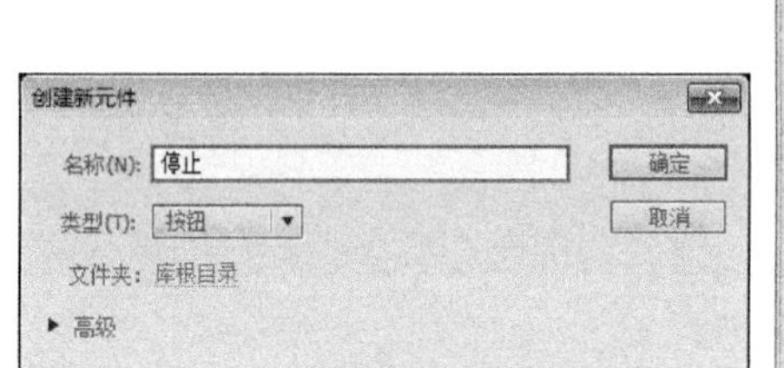

图10-30

图10-31

12 回到主场景中，新建“图层2”，将其拖曳到“图层1”的下方，然后导入一幅背景图像到舞台中，如图10-32所示。

13 新建“图层3”，将“播放”按钮与“停止”按钮从“库”面板中拖曳到舞台上，如图10-33所示。

图10-32

图10-33

14 选中舞台上的“播放”按钮，在“属性”面板上将它的实例名设置为play_btn，如图10-34所示。

15 选中舞台上的“停止”按钮，在“属性”面板上将它的实例名设置为pause_btn，如图10-35所示。

16 新建“图层4”，选择该层的第1帧，按F9键打开“动作”面板，然后在“动作”面板中添加如下代码，如图10-36所示。

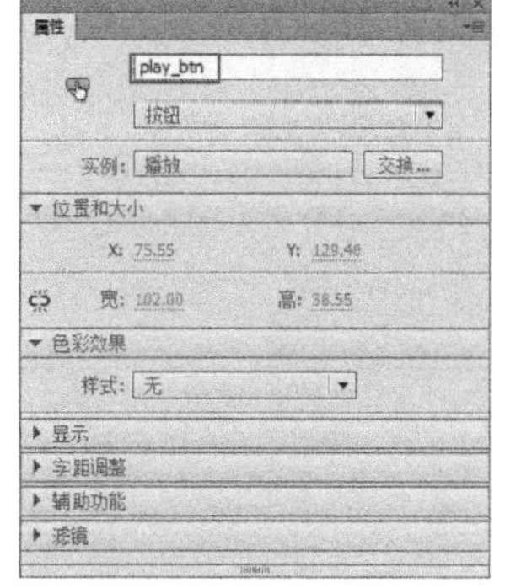

图10-34

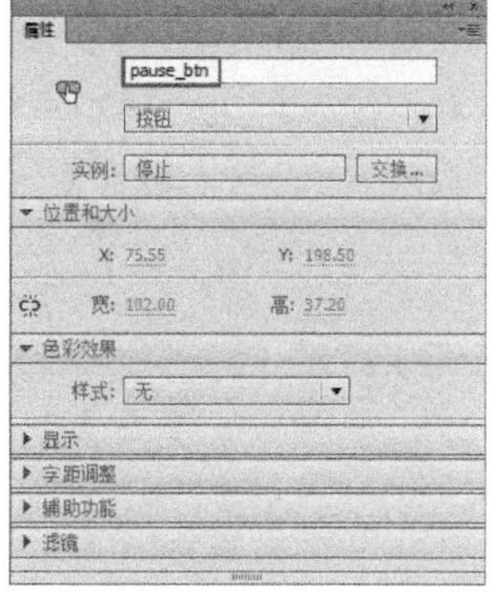

图10-35

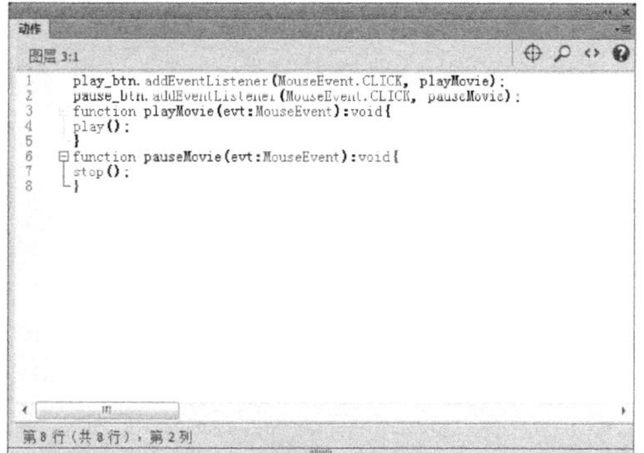

图10-36

17 保存文件，按Ctrl+Enter组合键，欣赏本例完成效果，如图10-37所示。

图10-37

即学即用

● 泡泡

实例位置

CH10> 泡泡 > 泡泡 .fla

素材位置

CH10> 泡泡 >bj.jpg

实用指数

★★★

技术掌握

学习 ActionScript 的使用方法

（扫码观看视频）

最终效果图

01 新建一个Flash空白文档，执行“修改>文档”菜单命令，打开“文档设置”对话框，在对话框中将“尺寸”设置为“560像素”（宽度）×“310像素”（高度），并将“背景颜色”设为黑色，“帧频”设置为30，如图10-38所示。

02 执行“文件>导入>导入到舞台”菜单命令，将一幅背景图片导入到舞台上，如图10-39所示。

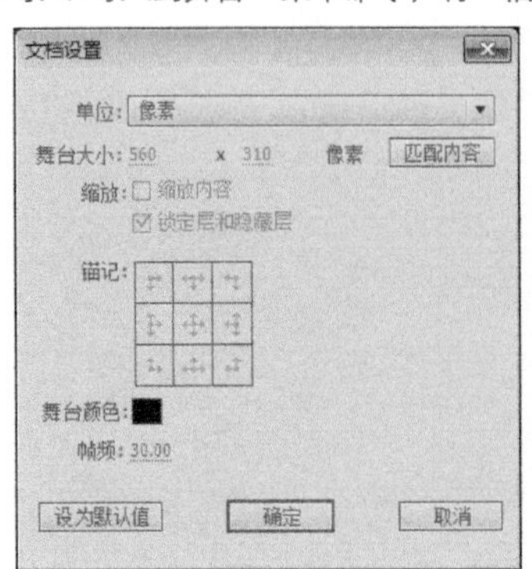

图10-38

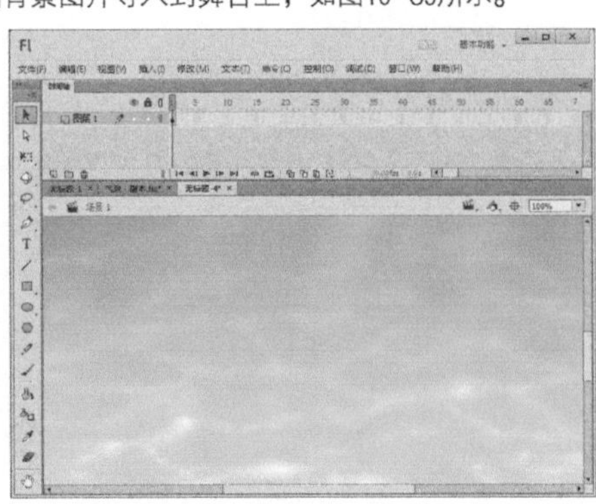

图10-39

03 执行“插入>新建元件”菜单命令，打开“创建新元件”对话框，然后在“名称”文本框中输入MoveBall，在“类型”下拉列表中选择“影片剪辑”选项，如图10-40所示。

04 使用“椭圆工具” 在工作区中绘制一个无边框，填充色为任意色的圆，如图10-41所示。

05 打开“颜色”面板，将“填充类型”设置为“径向渐变”，并把调色条左端的调色块颜色设置为白色，把右端的调色块颜色设置为蓝色（#3FF3F3），并将其Alpha值设置为80%，然后使用颜料桶工具填充小圆，如图10-42所示。

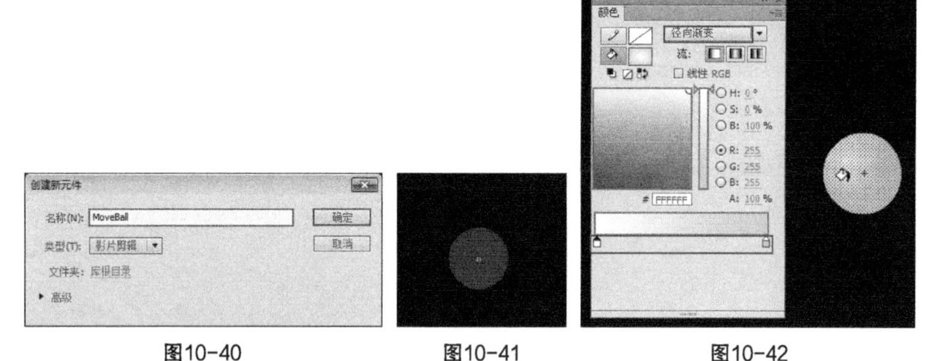

图10-40　　图10-41　　图10-42

06 新建一个图层，使用“铅笔工具”在气泡上绘制两个如图10-43所示的无规则几何图形，并使用白色作为其填充色，然后将边框线去掉。

07 打开“库”面板，在影片剪辑元件MoveBall上单击鼠标右键，然后在弹出的快捷菜单中选择“属性”命令，如图10-44所示。

08 打开“元件属性”对话框，单击高级按钮，勾选“为ActionScript导出”选项，完成后单击确定按钮，如图10-45所示。

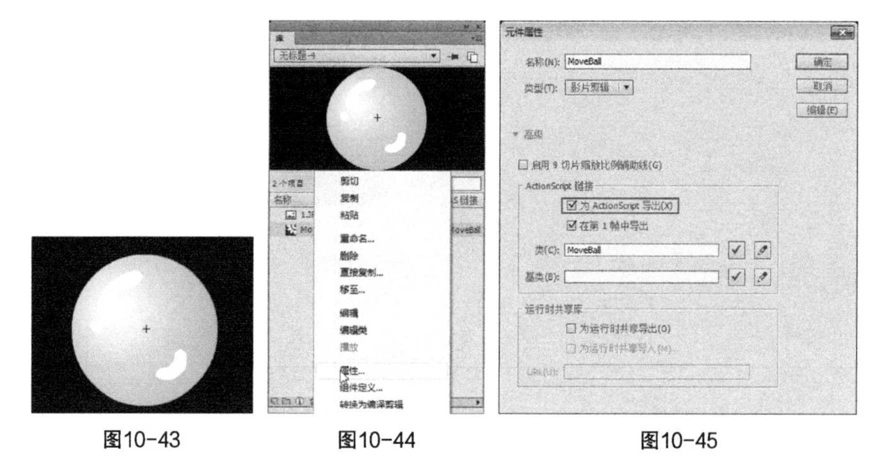

图10-43　　图10-44　　图10-45

09 按Ctrl+N组合键打开“新建文档”对话框，并选择“ActionScript文件”选项，单击确定按钮，如图10-46所示。

10 这样就新建了一个ActionScript文件，并按Ctrl+S组合键将其保存为MoveBall.as，然后在MoveBall.as中输入如图10-47所示的代码，这就是MoveBall元件类的扩展类。

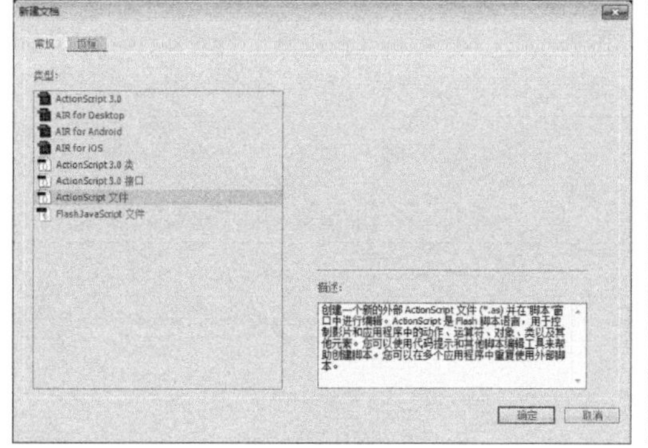

图10-46

图10-47

11 单击 场景 1 按钮返回到主场景中，新建“图层2”，选择该层的第1帧，按下F9键打开“动作”面板，输入如下代码，如图10-48所示。

12 保存文件并按下Ctrl+Enter组合键，欣赏本例最终效果，如图10-49所示。

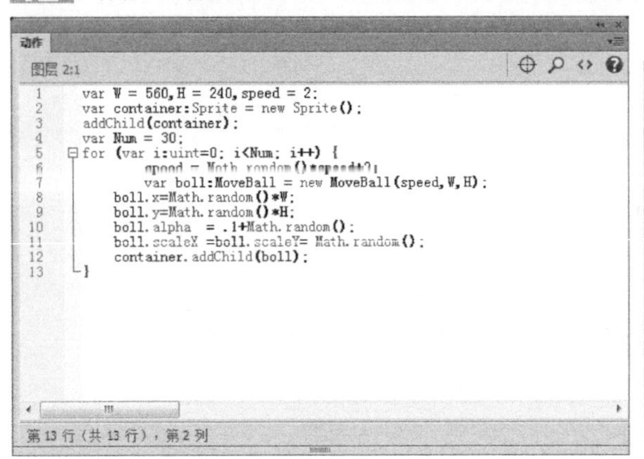

```
var W = 560,H = 240,speed = 2;
var container:Sprite = new Sprite();
addChild(container);
var Num = 30;
for (var i:uint=0; i<Num; i++) {
        speed = Math.random()*speed+2;
        var boll:MoveBall = new MoveBall(speed,W,H);
    boll.x=Math.random()*W;
    boll.y=Math.random()*H;
    boll.alpha  = .1+Math.random();
    boll.scaleX =boll.scaleY= Math.random();
    container.addChild(boll);
}
```

图10-48

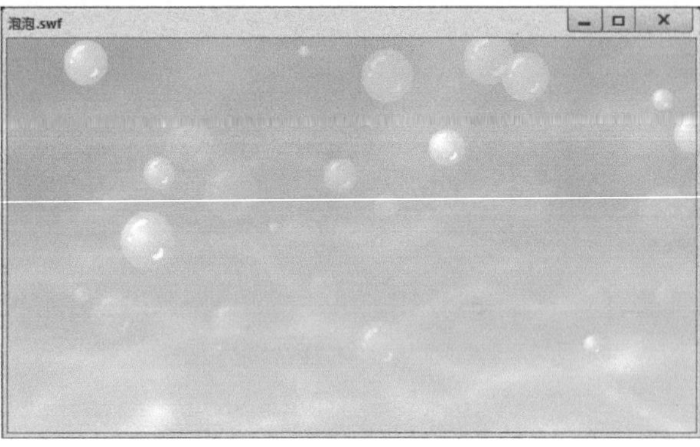

图10-49

● 火焰效果

实例位置

CH10> 火焰效果 > 火焰效果 .fla

素材位置

无

实用指数

★★★★

技术掌握

学习 ActionScript 的使用方法

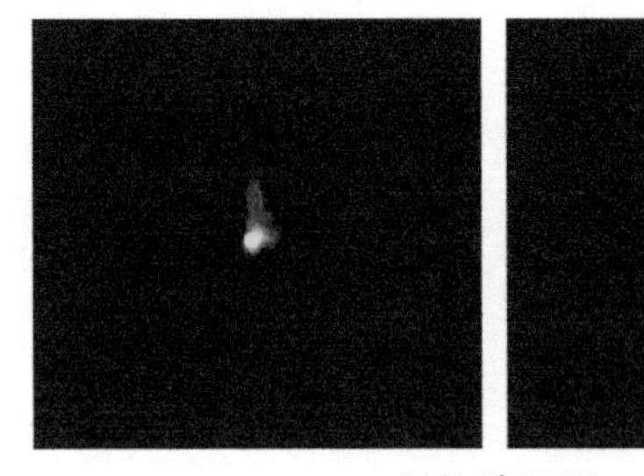

最终效果图

01 新建一个Flash空白文档，执行“修改>文档”菜单命令，打开“文档设置”对话框，在对话框中将“尺寸”设置为“300像素”（宽度）×“280像素”（高度），并将“背景颜色”设为黑色，“帧频”设置为80，如图10-50所示。

02 按下Ctrl+N组合键打开“新建文档”对话框，选择“ActionScript文件”选项，单击 确定 按钮，如图10-51所示。

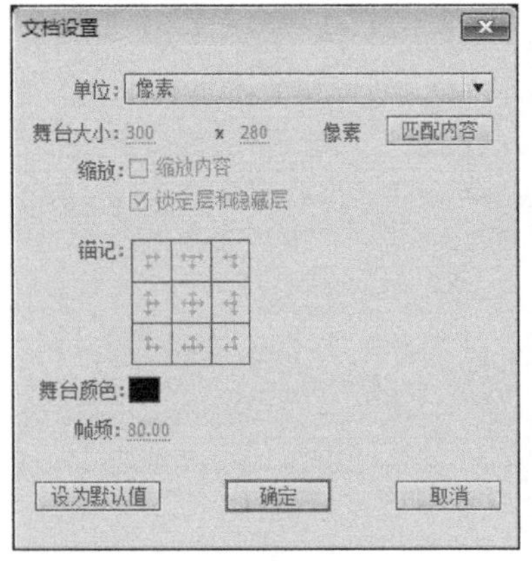

图10-50

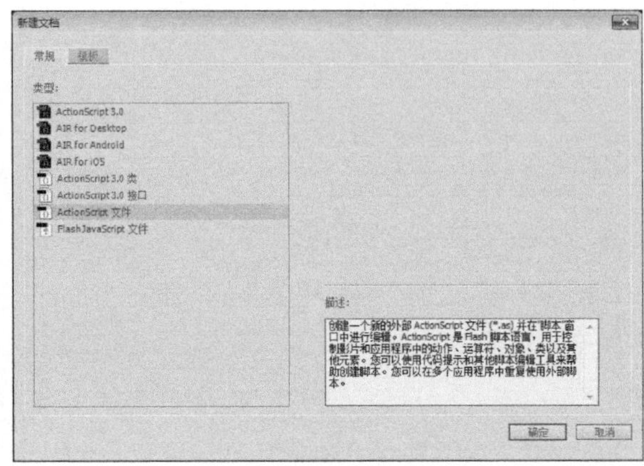

图10-51

03 将新建的ActionScript文件保存为fire.as，然后在fire.as中输入以下代码，如图10-52所示。

图10-52

04 新建一个名称为mack_fire.as的ActionScript文件，然后在mack_fire.as中输入以下代码，如图10-53所示。

05 打开“属性”面板，在“类”文本框中输入fire，如图10-54所示。

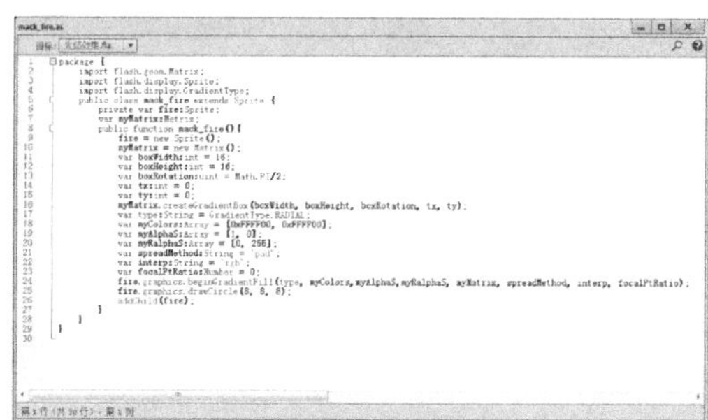

图10-53

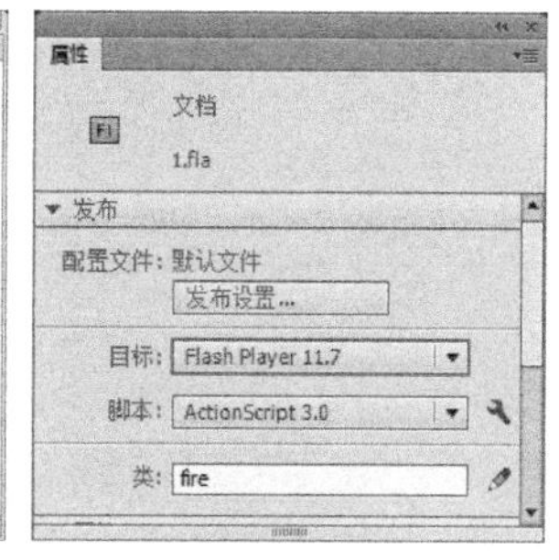

图10-54

06 保存文件并按Ctrl+Enter组合键，欣赏本例最终效果，如图10-55所示。

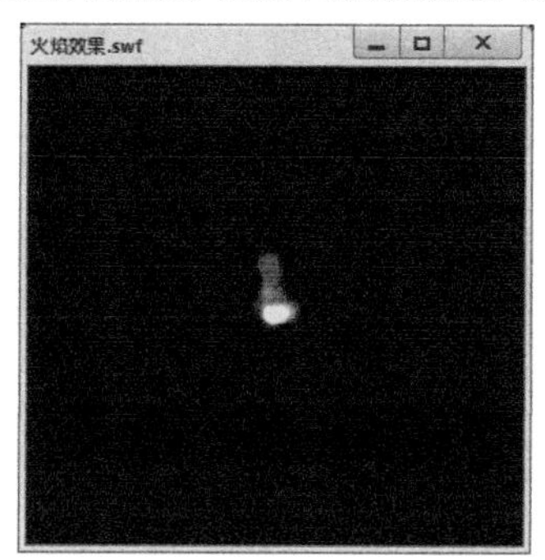

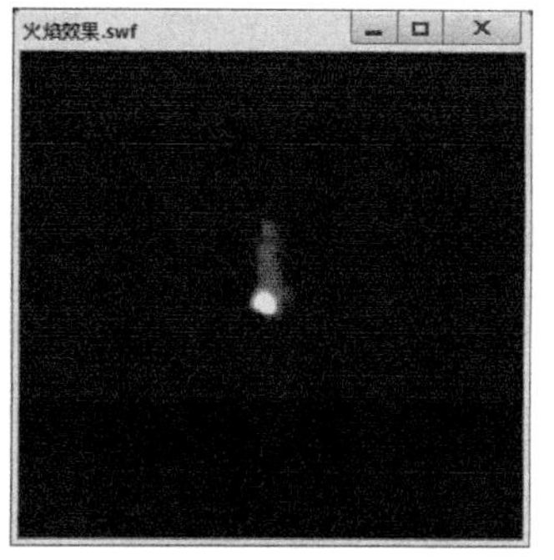

图10-55

即学即用

（扫码观看视频）

● 极速飘移文字

实例位置

CH10>极速飘移文字>极速飘移文字.fla

素材位置

CH10>极速飘移文字>bj.jpg

实用指数

★★★★

技术掌握

学习ActionScript的使用方法

最终效果图

01 新建一个Flash空白文档，执行“修改>文档”菜单命令，打开“文档设置”对话框，在对话框中将“尺寸”设置为“560像素”（宽度）×“300像素”（高度），并将“背景颜色”设为黑色，“帧频”设置为30，如图10-56所示。

02 执行“文件>导入>导入到舞台”菜单命令，将一幅背景图片导入到舞台上，如图10-57所示。

03 执行“插入>新建元件”菜单命令，打开“创建新元件”对话框，然后在“名称”文本框中输入MoveBall，在“类型”下拉列表中选择“影片剪辑”选项，如图10-58所示。

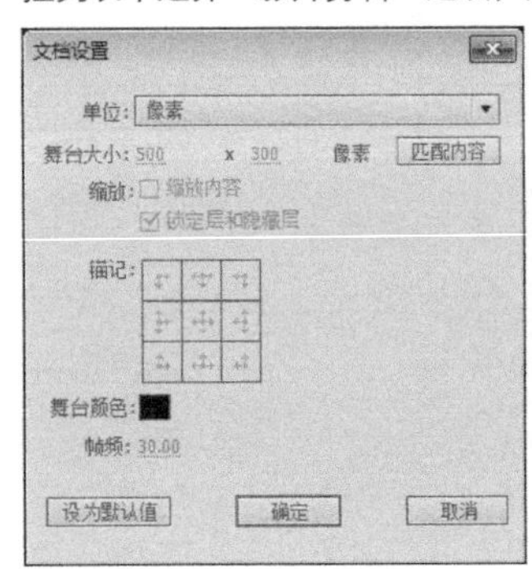

图10-56

图10-57

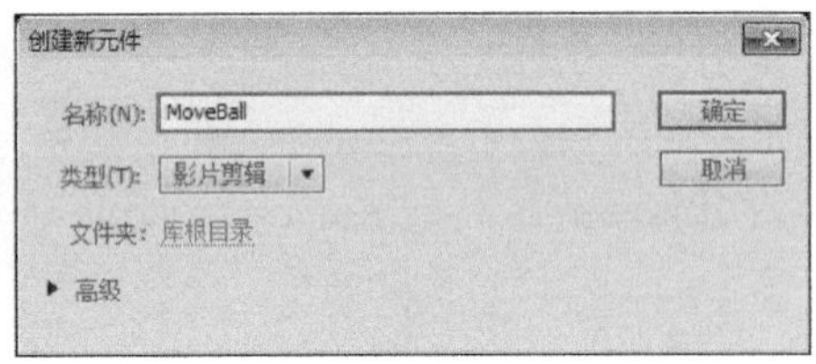

图10-58

04 选择“文本工具” T，在“属性”面板中设置文字的字体为“微软雅黑”，将字号设置为28，将字体颜色设置为白色，在影片剪辑编辑区中输入文字“晚霞”，如图10-59所示。

05 打开“库”面板，在影片剪辑元件MoveBall上单击鼠标右键，在弹出的快捷菜单中选择“属性”命令，如图10-60所示。

06 打开“元件属性”对话框，单击 高级 按钮，单击“为ActionScript导出”选项，完成后单击 确定 按钮，如图10-61所示。

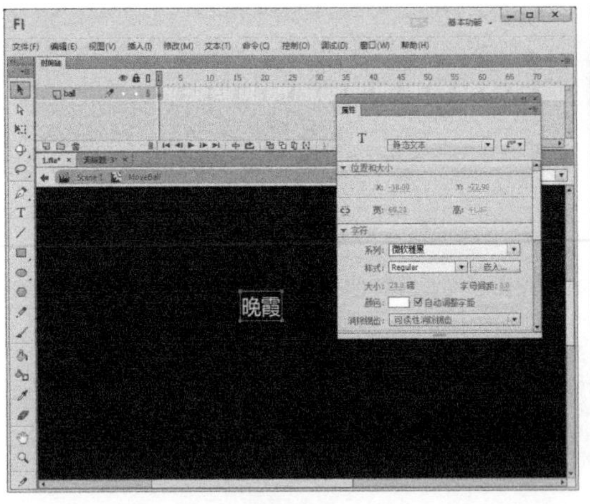

图10-59

图10-60

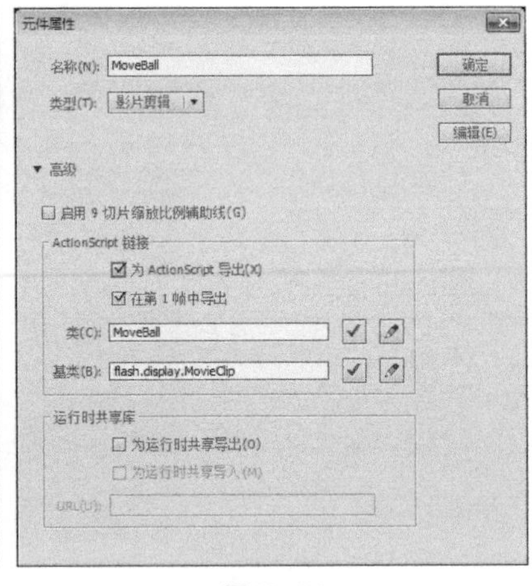

图10-61

07 按Ctrl+N组合键打开“新建文档”对话框，并选择“ActionScript文件”选项，单击 确定 按钮，如图10-62所示。

08 按Ctrl+S组合键将其保存为MoveBall.as，然后在MoveBall.as中输入如图10-63所示的代码。

图10-62

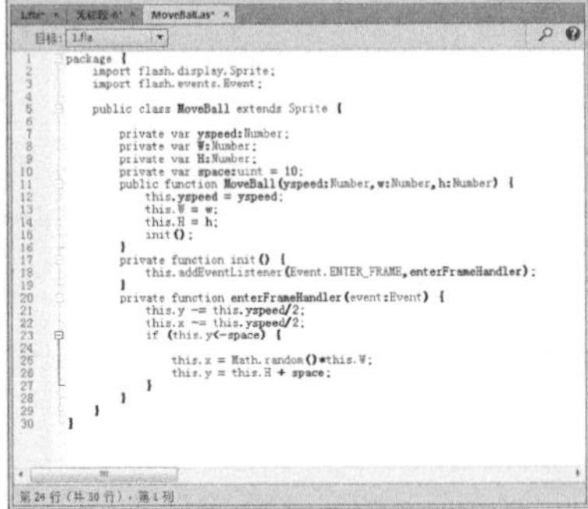

图10-63

09 单击 场景1 按钮返回到主场景中，新建“图层2”，选择该层的第1帧，按下F9键打开“动作”面板，输入如下代码，如图10-64所示。

10 保存文件并按Ctrl+Enter组合键，欣赏本例最终效果，如图10-65所示。

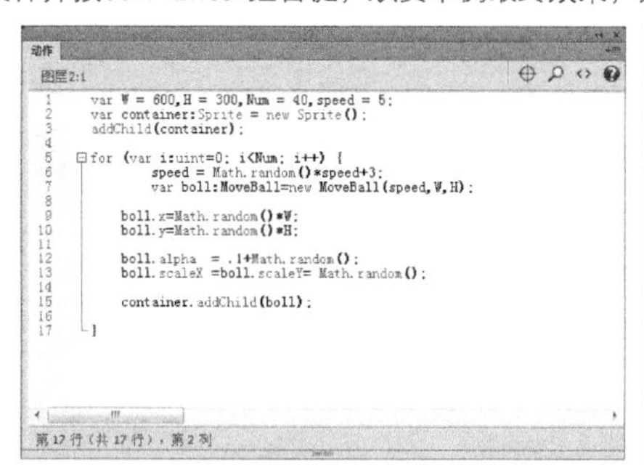

图10-64

图10-65

● 导航网站

实例位置

CH10> 导航网站 > 导航网站 .fla

实用指数

★★★★

素材位置

CH10> 导航网站 >1.jpg

技术掌握

学习 ActionScript 的使用方法

最终效果图

01 新建一个Flash空白文档，执行“修改>文档”菜单命令，打开“文档设置”对话框，在对话框中将“舞台大小”设置为600像素×400像素，如图10-66所示。

02 执行“文件>导入>导入到舞台”菜单命令，将一幅背景图像导入到舞台上，如图10-67所示。

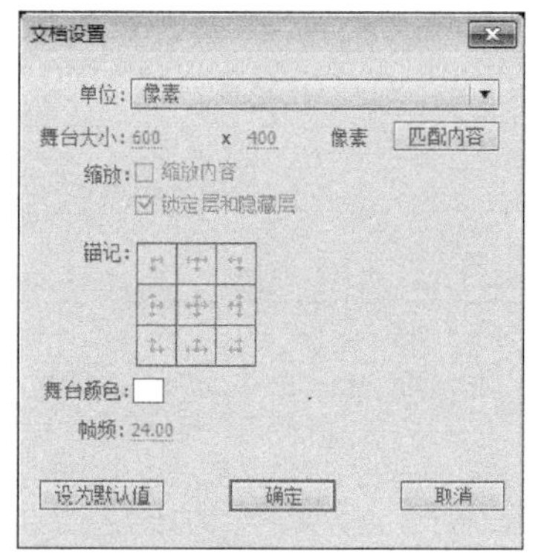

图10-66

图10-67

03 新建“图层2”，使用“文本工具”T在舞台上添加如图10-68所示的文本内容。

04 选中文档左侧的“网易”文本，按F8键，将其转换为名称为默认的影片剪辑元件，如图10-69所示。

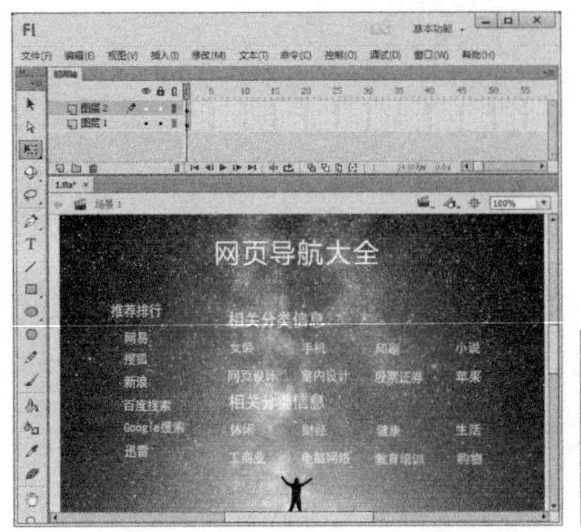

图10-68

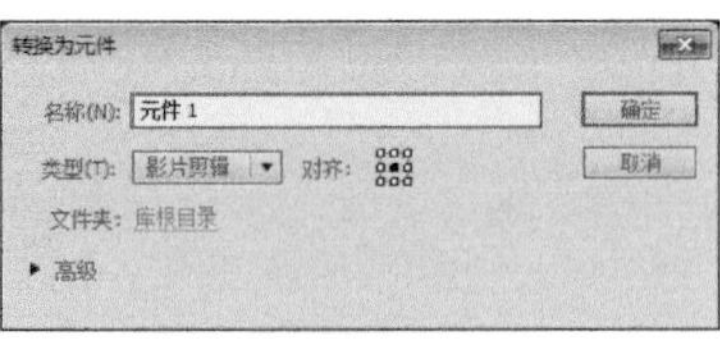

图10-69

05 保持“网易”文本的选中状态，在“属性”面板中将其实例名设置为a1，如图10-70所示。

06 新建“动作”图层，选中该层的第1帧，打开“动作”面板输入以下代码，如图10-71所示。

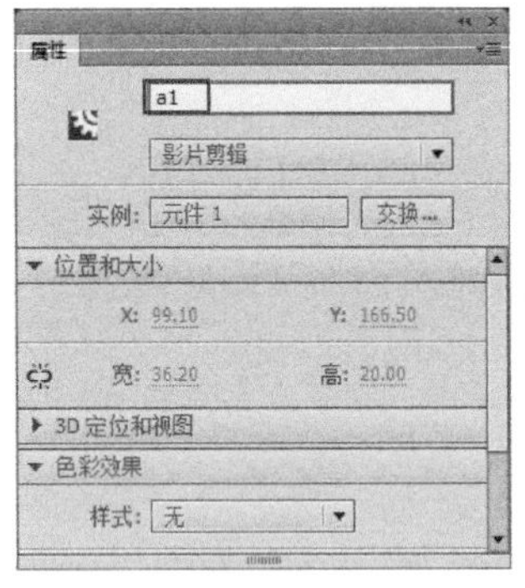

图10-70

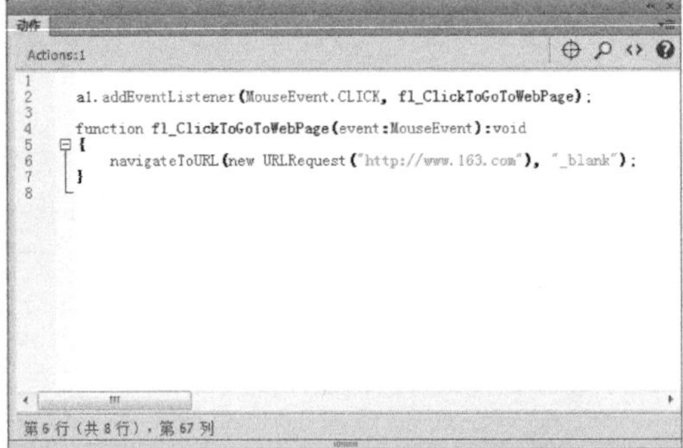

图10-71

Tips

添加的代码表示单击“网易”文本会在新浏览器窗口中加载 URL，用户也可以用所需 URL 地址替换http://www.163.com。

07 选中文档左侧的“搜狐”文本，按F8键，将其转换为名称为默认的影片剪辑元件，如图10-72所示。

08 保持“搜狐”文本的选中状态，在“属性”面板中将其实例名设置为a2，如图10-73所示。

09 选中“动作”图层的第1帧，打开“动作”面板输入以下代码，如图10-74所示。

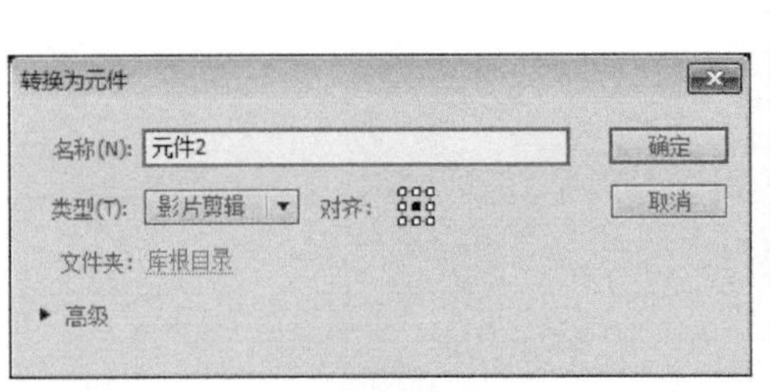

图10-72

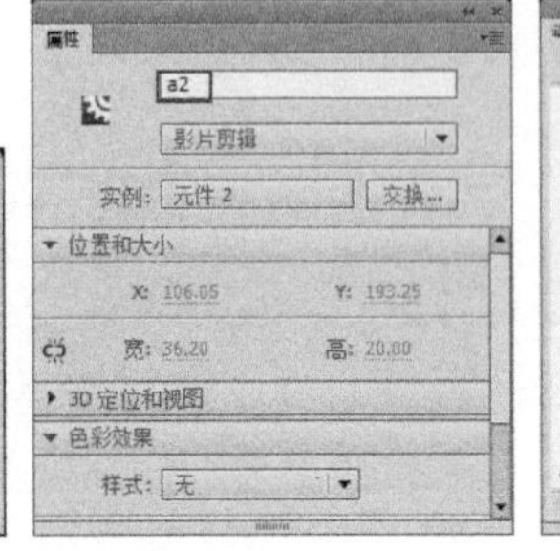

图10-73

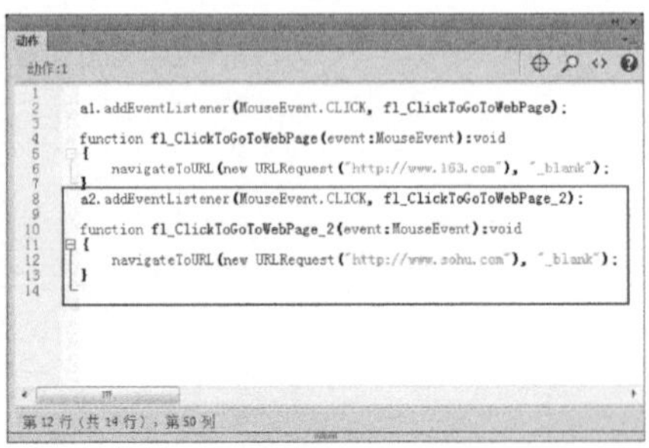

图10-74

10 选中文档左侧的“新浪”文本，按F8键，将其转换为名称为默认的影片剪辑元件，如图10-75所示。

11 保持“新浪”文本的选中状态，在“属性”面板中将其实例名设置为a3，如图10-76所示。

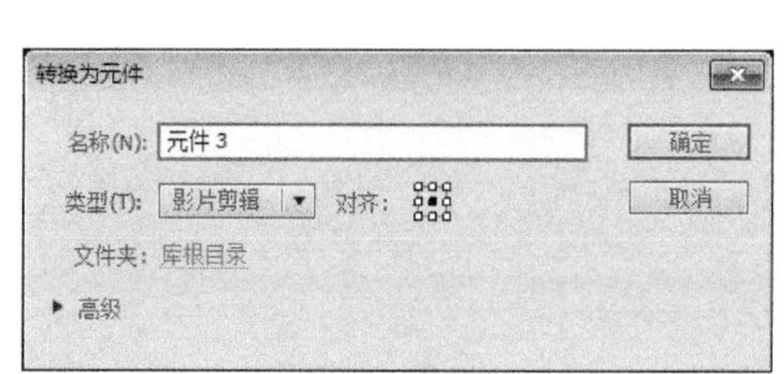

图10-75

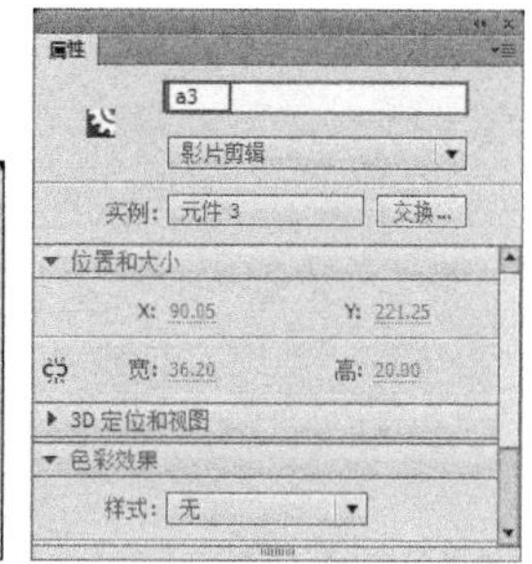

图10-76

12 选中“动作”图层的第1帧，打开“动作”面板输入以下代码，如图10-77所示。

13 按照相同的方法将舞台上的其他文本内容转换为影片剪辑元件并设置实例名，然后添加代码。保存文件并按Ctrl+Enter组合键，欣赏最终效果，如图10-78所示。

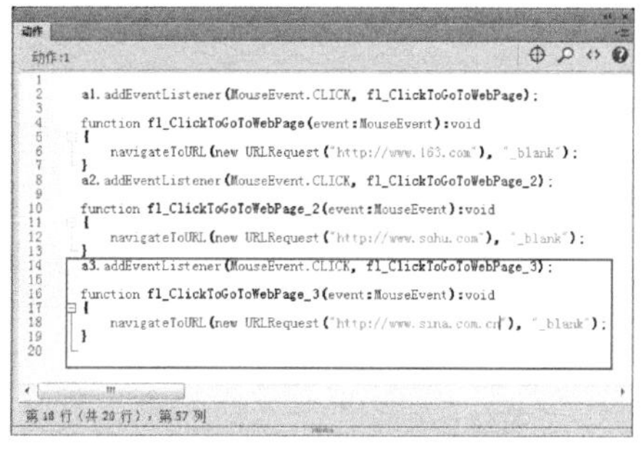

图10-77

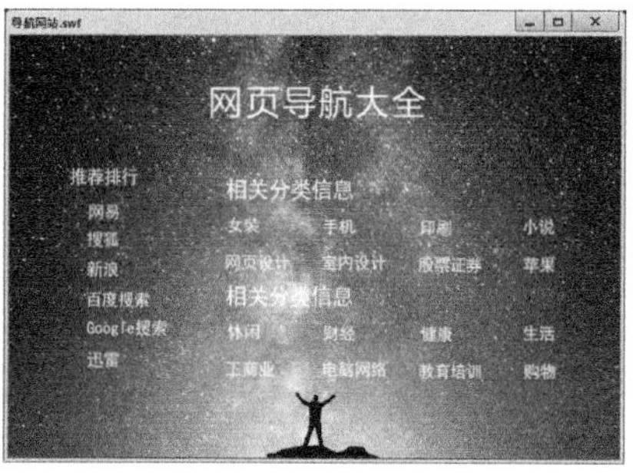

图10-78

10.9 章节小结

本章主要介绍了ActionScript的基础、常用语句等知识。通过本章的学习，读者会对ActionScript有一个初步的了解和认识，为以后的动画制作做好充分的准备，当然，ActionScript的知识不是一个章节就可以全部概括了的，所以在以后的动画创作中，读者还需通过各种方法来更深入地理解和使用ActionScript。

10.10 课后习题

本节提供了两个课后习题供大家练习，通过这两个练习，希望大家能够掌握ActionScript脚本的使用方法。

● 烟花

实例位置

CH10> 烟花 > 烟花 .fla

素材位置

无

实用指数

★★★★

使用ActionScript技术制作当鼠标单击画面时，烟花绽放的效果。

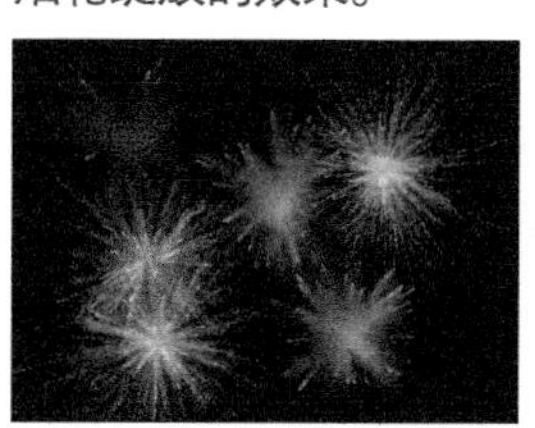
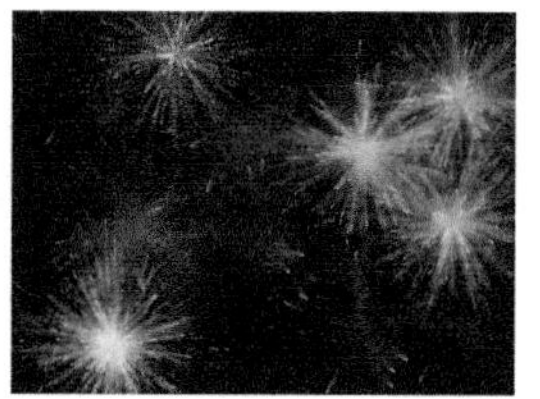

最终效果图

主要步骤

01 新建一个Flash文档，打开“文档设置”对话框，在对话框中将“背景颜色”设置为黑色，“帧频”设置为30。

02 选中图层1的第1帧，按下F9键打开“动作”面板，在“动作”面板中添加代码。

课后习题

● 开花效果

实例位置
CH10> 开花效果 > 开花效果 .fla

素材位置
CH10> 开花效果

实用指数
★★★★

使用ActionScript技术来制作鼠标控制开花的效果。

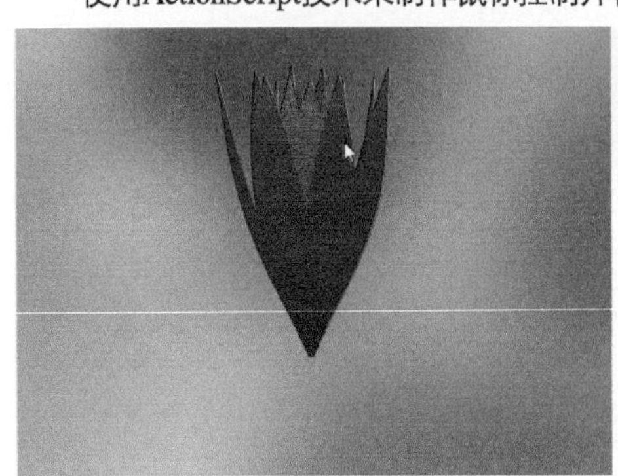

最终效果图

（扫码观看视频）

主要步骤

01 新建一个Flash文档，打开“文档设置”对话框，在对话框中将“帧频”设置为30。

02 将一幅图像导入到舞台中，新建“图层2”，选中该层的第1帧，按下F9键打开“动作”面板，在“动作”面板中添加代码。

CHAPTER

11 优化动画

在完成了一个Flash影片的制作以后，可以优化与测试Flash作品，并且可以使用播放器预览影片效果。如果测试没有问题，则可以按要求发布影片，或者将影片导出为可供其他应用程序处理的数据。

- ＊ 了解动画优化的方法
- ＊ 掌握Flash作品的发布方法
- ＊ 掌握Flash作品的导出方法

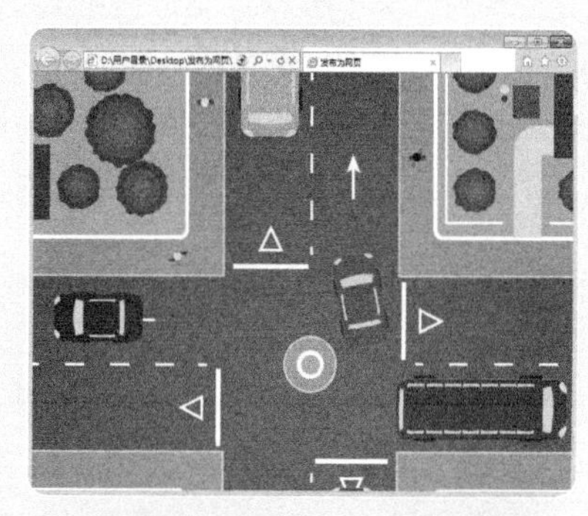

11.1 优化动画

使用Flash制作的影片多用于网页，这就牵涉到浏览速度的问题，要让速度快起来必须对作品进行优化，也就是在不影响观赏效果的前提下，减少影片的大小。作为发布过程的一部分，Flash会自动对影片执行一些优化。例如，它可以在影片输出时检查重复使用的形状，并在文件中把它们放置到一起，与此同时把嵌套组合转换成单个组合。

11.1.1 减小动画的大小

通过大量的经验累积总结出多种在制作影片的时候优化影片的方法，下面对这些方法逐一进行介绍。

* 尽量多使用补间动画，少用逐帧动画，因为补间动画与逐帧动画相比，占用的空间较少。
* 在影片中多次使用的元素，转换为元件。
* 对于动画序列，要使用影片剪辑而不是图形元件。
* 尽量少地使用位图制作动画，位图多用于制作背景和静态元素。
* 在尽可能小的区域中编辑动画。
* 尽可能地使用数据量小的声音格式，如MP3、WAV等。

11.1.2 动画文本的优化

对于文本的优化，可以使用以下操作。

* 在同一个影片中，使用的字体尽量少，字号尽量小。
* 嵌入字体最好少用，因为它们会增加影片的大小。
* 对于“嵌入字体”选项，只选中需要的字符，不要包括所有字体。

11.1.3 颜色的优化

对于颜色的优化，可以使用以下两种操作方式。

第1种：使用“属性”面板，将由一个元件创建出的多个实例的颜色进行不同的设置。

第2种：选择色彩时，尽量使用颜色样本中给出的颜色，因为这些颜色属于网络安全色。

在填充颜色或者编辑颜色样式的时候需要注意的是以下两点。

第1点：尽量减少Alpha的使用，因为它会增加影片的大小。

第2点：尽量少使用渐变效果，在单位区域里使用渐变色比使用纯色多需要50个字节。

11.1.4 动画中的元素和线条的优化

对于动画中的元素和线条优化，应注意以下几点。

* 限制特殊线条类型的数量，实线所需的内存较少，“铅笔工具”生成的线条比“刷子工具”生成的线条所需的内存少。

* 使用“优化”命令优化影片中的元素和线条。执行“修改>形状>优化”菜单命令，打开“优化曲线”对话框，在“优化强度”文本框中输入数值，如图11-1所示。数值越大，表示优化程度越大，单击 确定 按钮，打开如图11-2所示的对话框。在对话框中列出了曲线的优化情况，单击 确定 按钮完成优化。

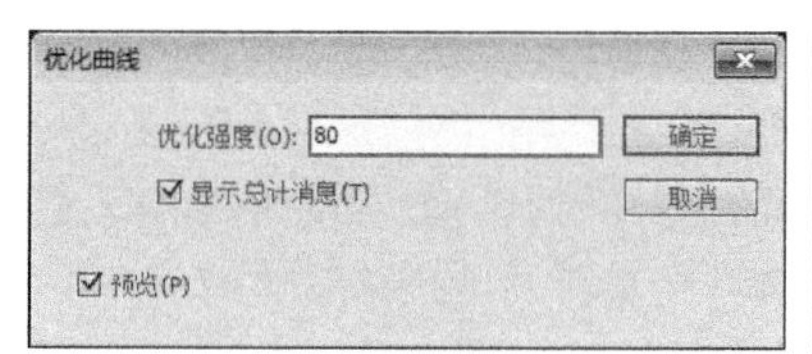

图11-1

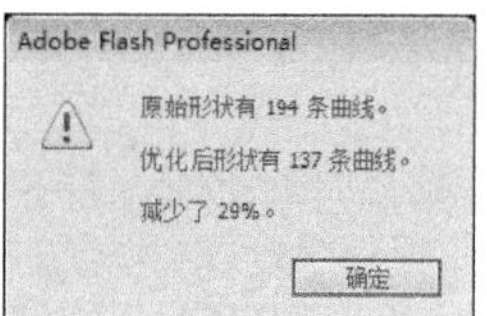

图11-2

11.2 导出Flash动画作品

对动画进行测试后，即可导出动画。在Flash中既可以导出整个影片的内容，也可以导出图像。下面将分别对其进行讲解。

11.2.1 导出图像

导出图像的具体操作如下。

01 单击“文件>打开”菜单命令，打开一个动画文件，如图11-3所示。

02 选取某帧或场景中要导出的图形，例如这里选择第35帧处的图像，如图11-4所示。

03 单击“文件>导出>导出图像”菜单命令，弹出“导出图像”对话框，设置保存路径和保存类型以及文件名，如图11-5所示。

图11-3

图11-4

图11-5

04 单击保存(S)按钮，弹出“导出JPEG”对话框，读者可以自行设置导出位图的尺寸、分辨率等参数，如图11-6所示。

05 在“包含”下拉列表框中选择“完整文档大小”选项，如图11-7所示。

06 设置完成后单击确定按钮，即可完成动画图像的导出。此时，可打开导出的图像，如图11-8所示。

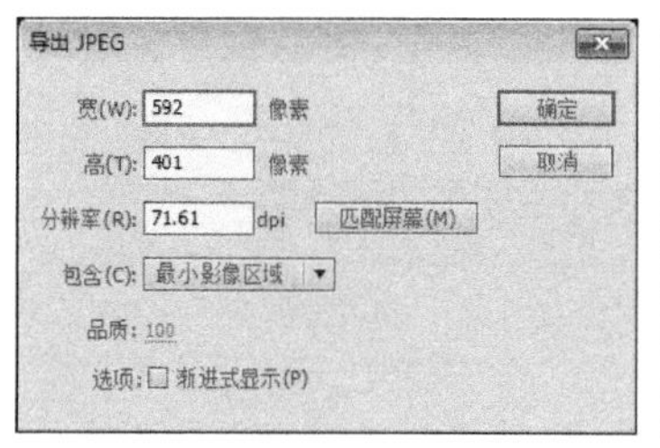

图11-6

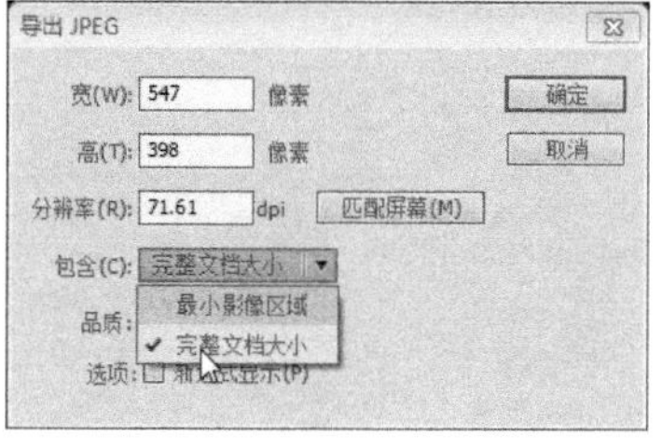

图11-7

图11-8

↘ 11.2.2 导出影片

执行“文件>导出>导出影片”菜单命令，打开“导出影片”对话框，如图11-9所示。在对话框中的“保存类型”下拉列表中选择文件的类型，并在“文件名”文本框中输入文件名后，单击保存(S)按钮，即可导出动画。

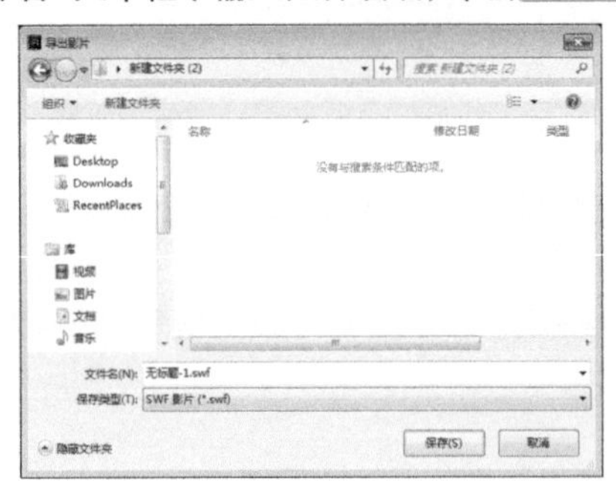

图11-9

在“保存类型”下拉列表中的“SWF影片（*.swf）”类型的文件必须在安装了Flash播放器后才能播放。

● 导出为视频

实例位置

CH011>导出为视频>导出为视频.mov

实用指数

★★★★

素材位置

CH011>导出为视频>1.fla

技术掌握

学习将动画导出为视频的操作方法

最终效果图

01 使用Flash CC打开一个准备导出为视频的动画源文件，如图11-10所示。

02 执行“文件>导出>导出视频”菜单命令，打开打开“导出视频”对话框，如图11-11所示。

图11-10

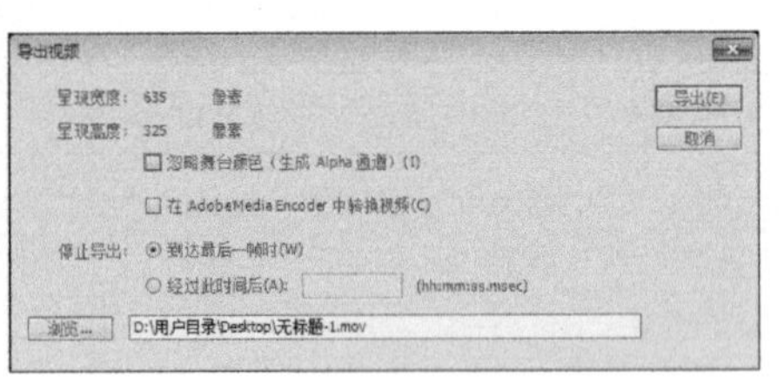

图11-11

03 设置好视频的发布位置后单击 导出(E) 按钮，弹出“导出SWF影片”提示框，如图11-12所示，根据动画的大小，导出的时间有所不同。

04 导出完成以后，找到导出视频的文件夹，可以看到动画已经变成视频的格式了，如图11-13所示。

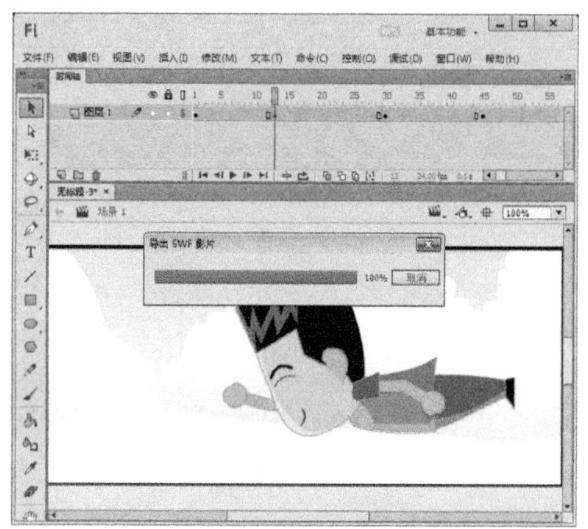

图11-12

图11-13

05 双击即可用视频播放器打开文件观看视频，如图11-14所示。

图11-14

Tips

如果导出的视频出现声音与画面不同步的情况，则在Flash中执行“文件>发布设置”菜单命令，打开“发布设置”对话框，单击“音频流 MP3，16kbps，单声道”选项，如图11-15所示。

打开“声音设置”对话框，在“比特率”下拉列表中选择“48kbps”选项，在“品质”下拉列表中选择“最佳”选项，完成后单击 确定 按钮即可，如图11-16所示。

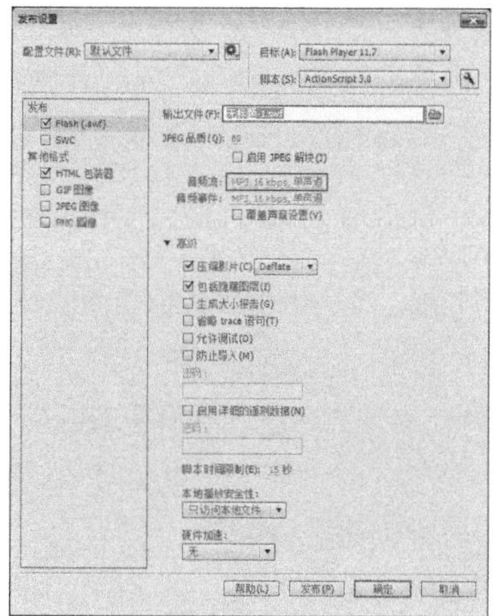

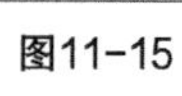

图11-15

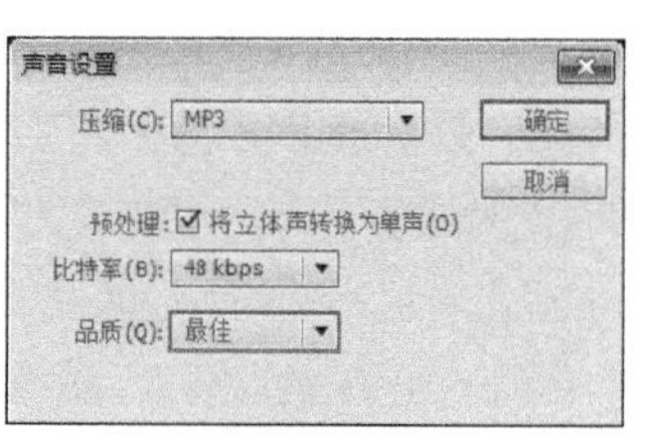

图11-16

11.3 Flash动画的发布

为了Flash作品的推广和传播，还需要将制作的Flash动画文件进行发布。发布是Flash影片的一个独特功能。

11.3.1 设置发布格式

Flash的“发布设置”对话框可以对动画发布格式等进行设置，还能将动画发布为其他的图形文件和视频文件格式。其具体的设置方法如下。

01 执行“文件>发布设置”菜单命令，弹出“发布设置”对话框，如图11-17所示。

02 单击左侧的Flash选项，进入该选项卡，可以对Flash格式文件进行设置，如图11-18所示。

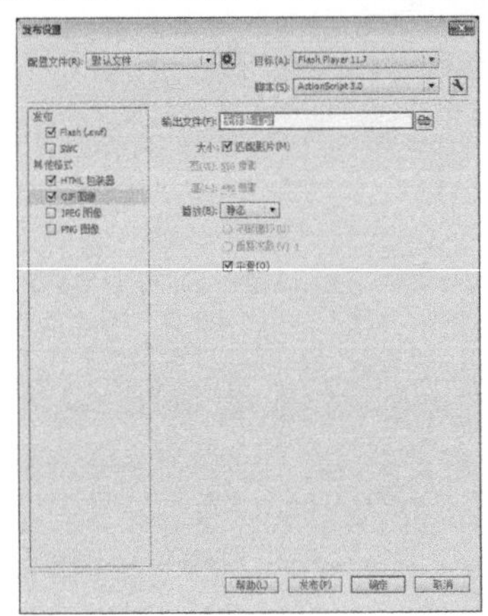

图11-17

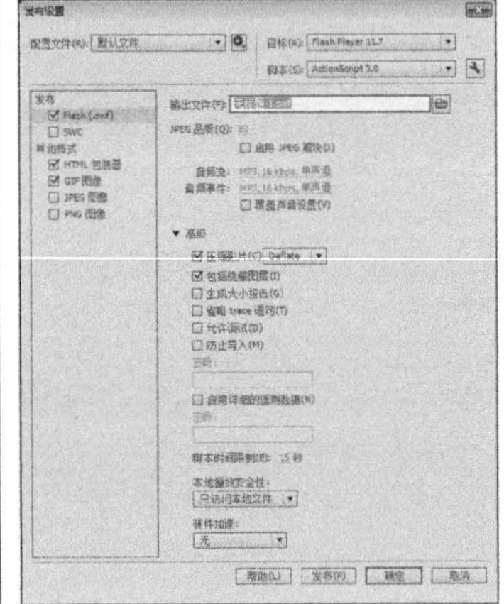

图11-18

主要参数介绍

* JPEG品质：用于将动画中位图保存为一定压缩率的JPEG文件，输入或拖动滑块可改变图像的压缩率，如果所导出的动画中不含位图，则该项设置无效。若要使高度压缩的 JPEG 图像显得更加平滑，请选择“启用 JPEG 解块”选项。此选项可减少由于 JPEG 压缩导致的典型失真，如图像中通常出现的 8像素×8 像素的马赛克。选中此选项后，一些 JPEG 图像可能会丢失少量细节。

* 音频流：在其中可设定导出的流式音频的压缩格式、比特率和品质等。

* 音频事件：用于设定导出的事件音频的压缩格式、比特率和品质等。若要覆盖在“属性”面板的“声音”部分中为个别声音指定的设置，请选择“覆盖声音设置”选项。若要创建一个较小的低保真版本的 SWF 文件，请选择“导出声音设备”选项。

* 压缩影片：压缩 SWF 文件以减小文件大小和缩短下载时间。

* 包括隐藏图层：导出 Flash 文档中所有隐藏的图层。取消选择“导出隐藏的图层”选项将阻止把生成的 SWF 文件中标记为隐藏的所有图层（包括嵌套在影片剪辑内的图层）导出。

* 包括 XMP 元数据：默认情况下，将在“文件信息”对话框中导出输入的所有元数据。单击“修改 XMP 元数据”按钮打开此对话框。也可以通过选择“文件→文件信息”命令打开“文件信息”对话框。

* 生成大小报告：创建一个文本文件，记录下最终导出动画文件的大小。

* 省略trace语句：用于设定忽略当前动画中的跟踪命令。

* 允许调试：允许对动画进行调试。

* 防止导入：用于防止发布的动画文件被他人下载到Flash程序中进行编辑。

* 密码：当选中“防止导入”或“允许调试”复选项后，可在密码框中输入密码。

* 脚本时间限制：若要设置脚本在 SWF 文件中执行时可占用的最大时间量，请在“脚本时间限制”中输入一个数值。Flash Player 将取消执行超出此限制的任何脚本。

* 本地播放安全性：包含两个选项：“只访问本地文件”，允许已发布的 SWF 文件与本地系统上的文件和资源交互，但不能与网络上的文件和资源交互；“只访问网络文件”，允许已发布的 SWF 文件与网络上的文件和资源交互，但不能与本地系统上的文件和资源交互。

* 硬件加速：使 SWF 文件能够使用硬件加速。

03 对Flash格式进行设置后，在“发布设置”对话框中单击“HTML包装器”选项，进入该选项卡，可以对HTML进行相应设置，如图11-19所示。

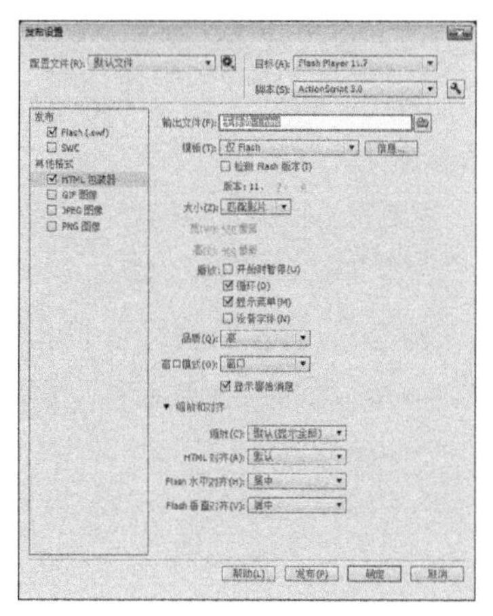

图11-19

主要参数介绍

* 模板：用于选择所使用的模板，单击右边的 信息... 按钮，弹出“HTML模板信息”对话框，显示出该模板的有关信息，如图11-20所示。

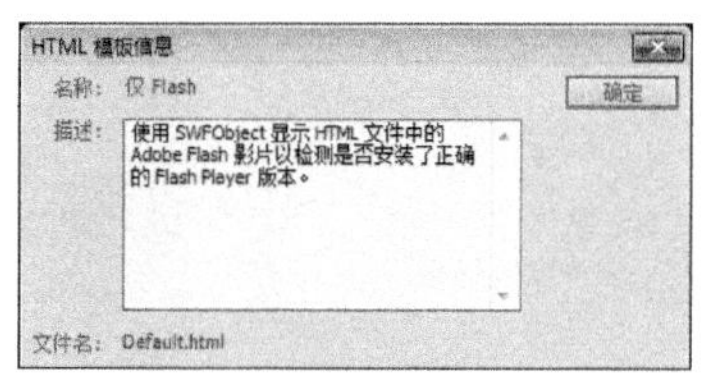

图11-20

* 大小：用于设置动画的宽度和高度值。主要包括“匹配影片”、“像素”和“百分比”3种选项。“匹配影片”表示将发布的尺寸设置为动画的实际尺寸大小；“像素”表示用于设置影片的实际宽度和高度，选择该项后可在宽度和高度文本框中输入具体的像素值；“百分比”表示设置动画相对于浏览器窗口的尺寸大小。

* 开始时暂停：用于使动画一开始处于暂停状态，只有当用户单击动画中的“播放”按钮或从快捷菜单中选择Play菜单命令后，动画才开始播放。

* 循环：用于使动画反复进行播放。

* 显示菜单：用于使用户单击鼠标右键时弹出的快捷菜单中的命令有效。

* 设备字体：用反锯齿系统字体取代用户系统中未安装的字体。

* 品质：用于设置动画的品质，其中包括“低”、“自动降低”、“自动升高”、“中”、“高”和“最佳”6个选项。
* 窗口模式：用于设置安装有Flash ActiveX的IE浏览器，可利用IE的透明显示、绝对定位及分层功能，包括“窗口”、“不透明无窗口”、“透明无窗口”和“直接”4个选项。

  窗口：在网页窗口中播放Flash动画。

  不透明无窗口：可使Flash动画后面的元素移动，但不会在穿过动画时显示出来。

  透明无窗口：使嵌有Flash动画的HTML页面背景从动画中所有透明的地方显示出来。

  直接：限制将其他非 SWF 图形放置在 SWF 文件的上面。
* HTML对齐：用于设置动画窗口在浏览器窗口中的位置，有“左”、“右”、“顶部”、“底部”及“默认”5个选项。
* Flash对齐：用于定义动画在窗口中的位置及将动画裁剪到窗口尺寸。可在“水平”和“垂直”列表中选择需要的对齐方式。其中“水平”列表中有“左”、“居中”和“右”3个选项供选择；“垂直”列表中有“顶”、“居中”和“底部”3个选项供选择。
* 显示警告消息：用于设置Flash是否要警示HTML标签代码中所出现的错误。

04 完成各个选项卡中的参数设置后，单击[确定]按钮，即可将当前Flash文件进行发布。

11.3.2 发布动画作品

在Flash CC中，发布动画的方法有以下几种。

* 按下Shift＋F12组合键。
* 执行“文件>发布”菜单命令。
* 执行“文件>发布设置”菜单命令，弹出“发布设置”对话框，在发布设置完毕后，单击[发布(P)]按钮即可完成动画的发布。

即学即用

（扫码观看视频）

● 发布为网页

实例位置

CH011> 发布为网页 > 发布为网页 .html

素材位置

CH011> 发布为网页 >1.fla

实用指数

★★★★

技术掌握

学习将动画发布为网页的方法

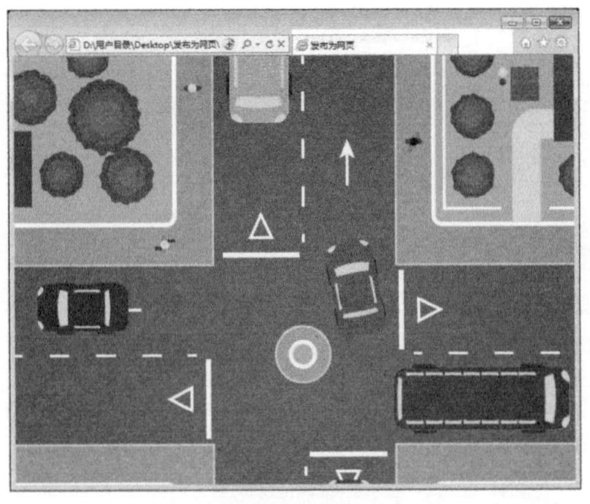

最终效果图

01 使用Flash CC打开一个准备发布为网页的动画源文件，如图11-21所示。

02 执行“文件>发布设置”菜单命令，弹出“发布设置”对话框，在“发布”选项区中只保留选中前面两个复选项，如图11-22所示。

03 单击“HTML包装器”标签，进入HTML选项卡，在“输出文件”文本框中输入“将动画发布为网页.html”，如图11-23所示。

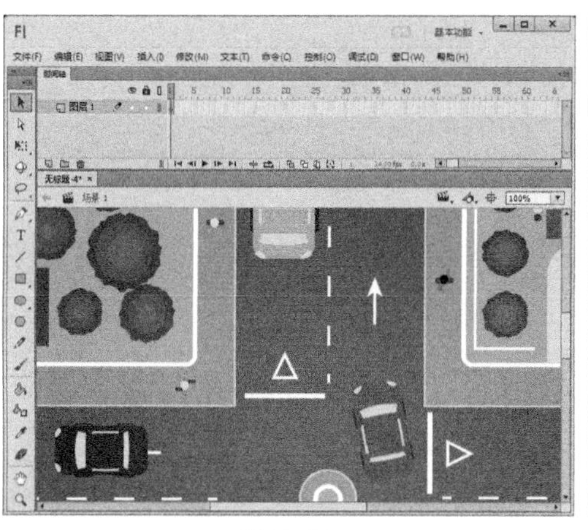
图11-21

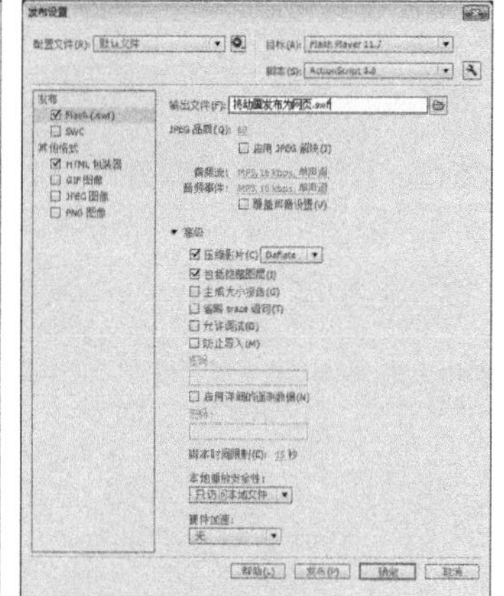
图11-22

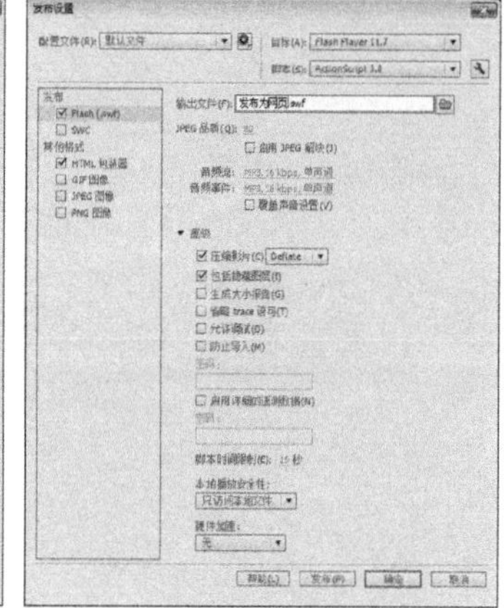
图11-23

04 完成后单击 发布(P) 按钮。在发布后的源文件文件夹中，选择HTML文件，如图11-24所示。

05 双击鼠标左键将文件打开，如图11-25所示。

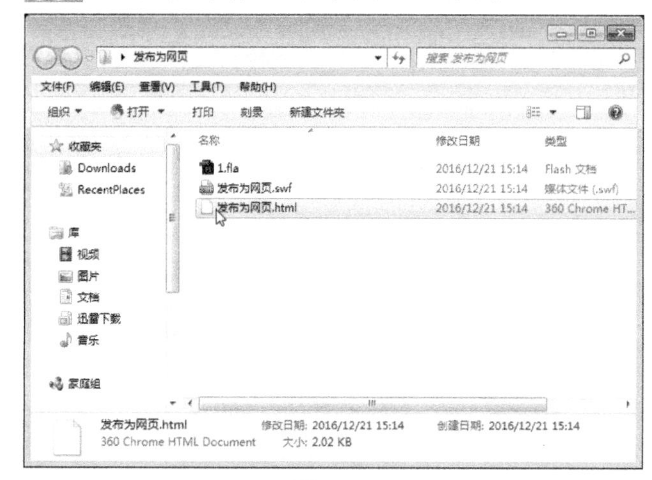

图11-24

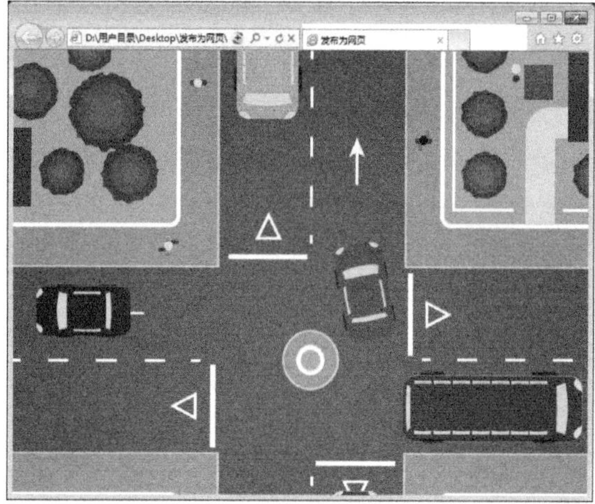
图11-25

11.4 章节小结

由于Flash优越的流媒体技术可以使影片一边下载一边播放，在网站上展示的作品就可以一边下载一边进行播放。但是当作品很大的时候，便会出现停顿或卡帧现象。为了使浏览者可以顺利地观看影片，影片的优化和测试是必不可少的。

11.5 课后习题

本节提供了两个课后练习供大家练习，通过这两个练习，希望大家能掌握优化动画的方法。

课后习题

（扫码观看视频）

● 导出图像

实例位置

CH11> 导出图像 > 导出图像 .fla

素材位置

CH11> 导出图像

实用指数

★★★★

在Flash中导出一幅图像。

最终效果图

主要步骤

01 在Flash中选取某帧或场景中要导出的图形，例如这里选择“图层1”中第10帧处的图像。

02 单击“文件>导出>导出图像”菜单命令，弹出“导出图像”对话框，设置保存路径和保存类型以及文件名。

● 将动画导出为视频

实例位置

CH11> 将动画导出为视频 > 将动画导出为视频 .fla

素材位置

CH11> 将动画导出为视频

实用指数

★★★★

将动画导出为视频。

最终效果图

主要步骤

01 使用Flash CC打开一个准备导出为视频的动画源文件。

02 执行“文件>导出>导出视频”菜单命令，打开打开“导出视频”对话框，设置视频保存的位置即可。

CHAPTER

12 综合案例

本章介绍了商业网络广告、捉小鸟游戏、生日贺卡3个综合实例的制作，通过本章的学习，使读者全面地掌握Flash CC强大的动画编辑制作功能。

* 商业网络广告
* 捉小鸟游戏
* 生日贺卡

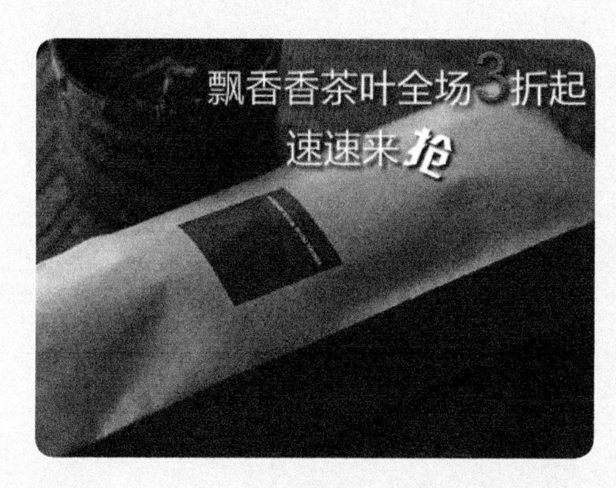

● 商业网络广告

实例位置

CH12> 网络广告 > 商业网络广告 .fla

实用指数

★★★★

素材位置

CH12> 商业网络广告 >t1. jpg、t2.jpg

技术掌握

学习遮罩动画与元件的使用方法

下面制作一个茶叶的商业网络广告。

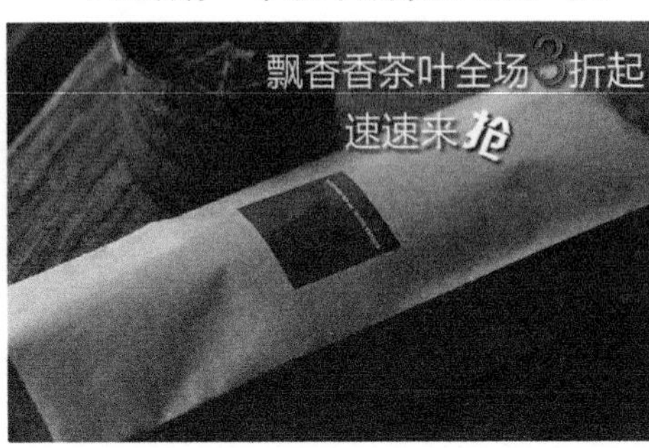

最终效果图

01 新建一个Flash空白文档。执行“修改>文档”菜单命令，打开“文档属性”对话框，将“舞台大小”设置为592像素×372像素，“舞台颜色”设置为黑色，“帧频”设置为12，如图12-1所示。

02 执行“文件>导入>导入到舞台”菜单命令，将一幅图像导入到舞台中，如图12-2所示。

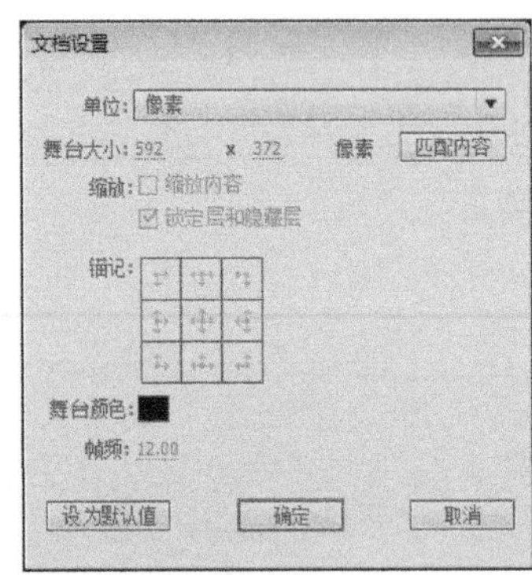

图12-1

图12-2

03 选中舞台上的图片，按F8键将其转换为名称为“图1”的图形元件，如图12-3所示。

04 在时间轴上的第15帧帧处插入关键帧，将第1帧处图片的Alpha值设置为46%，最后在第1帧~第15帧创建补间动画，如图12-4所示。

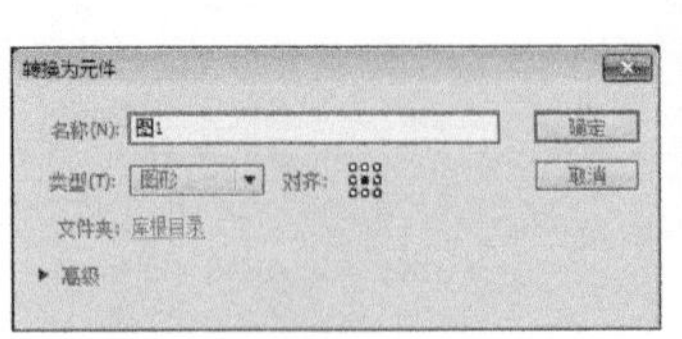

图12-3

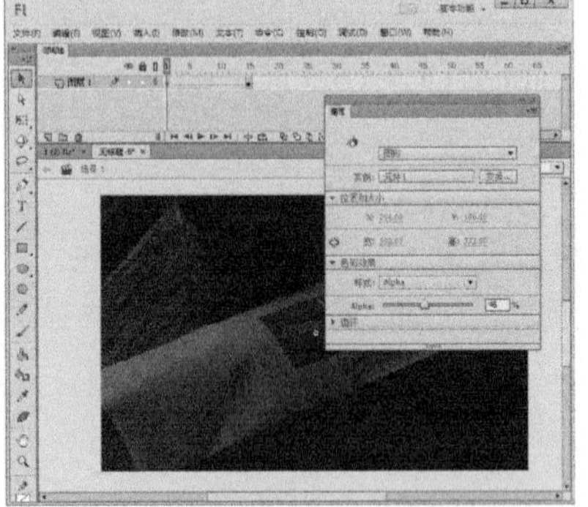

图12-4

05 新建一个图层“文字1”，然后分别在“图层1”与“文字1”层的第100帧处插入帧，如图12-5所示。

06 在“文字1”层的第10帧处插入关键帧，单击“文本工具” T 在舞台右侧输入文字“飘香香茶叶全场3折起”，字体设置为“微软雅黑”，大小为33，颜色为白色，“字母间距”为1，如图12-6所示。

图12-5

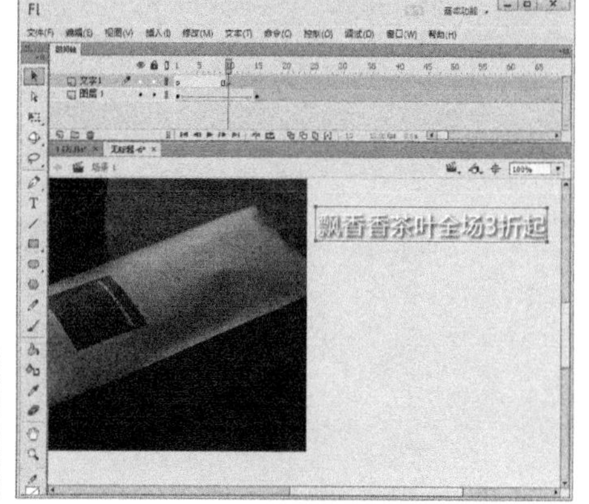

图12-6

07 双击输入的文字，选择其中的3，将其字体更改为Kartika，颜色更改为红色，大小更改为50，如图12-7所示。

08 在“文字1”层的第25帧处插入关键帧，然后将该帧处的文字移动到舞台上如图11-8所示的位置处。

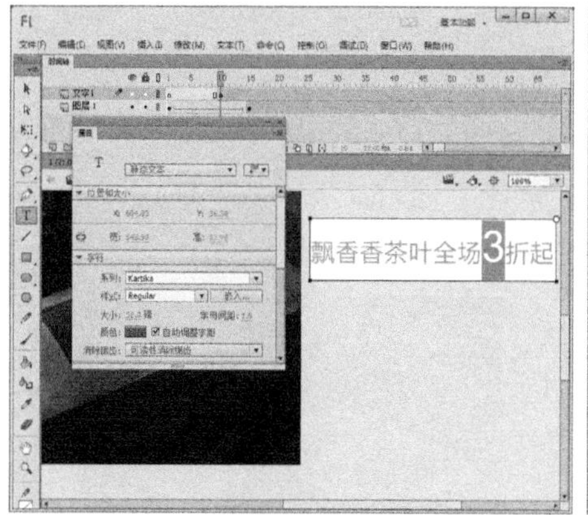

图12-7

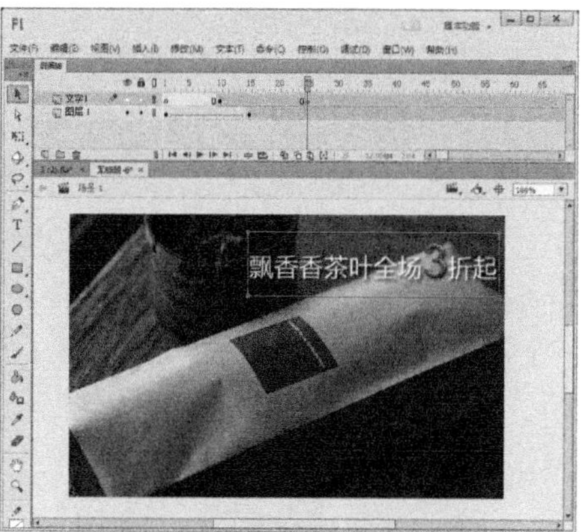

图12-8

09 在“文字1”层的第10帧~第25帧创建动画。新建一个图层“文字2”，在该层的第25帧处插入关键帧，单击“文本工具” T 输入文字“速速来”，如图12-9所示。

10 新建一个图层“遮罩”，在第25帧处插入关键帧，单击“矩形工具” ▭，在刚输入的文字的左侧绘制一个无边框，填充色为任意色的矩形，如图12-10所示。

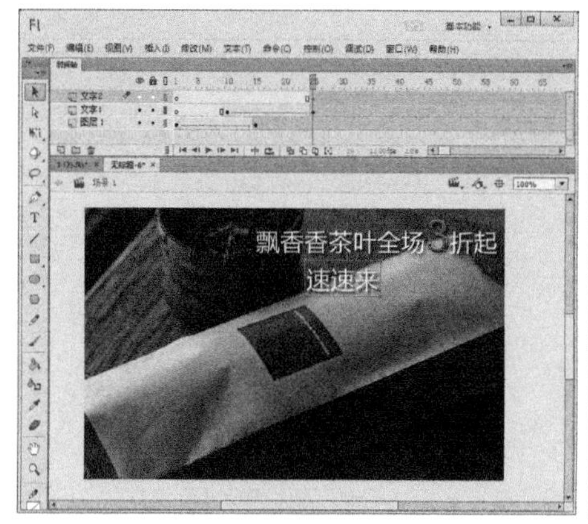

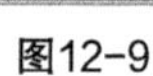
图12-9

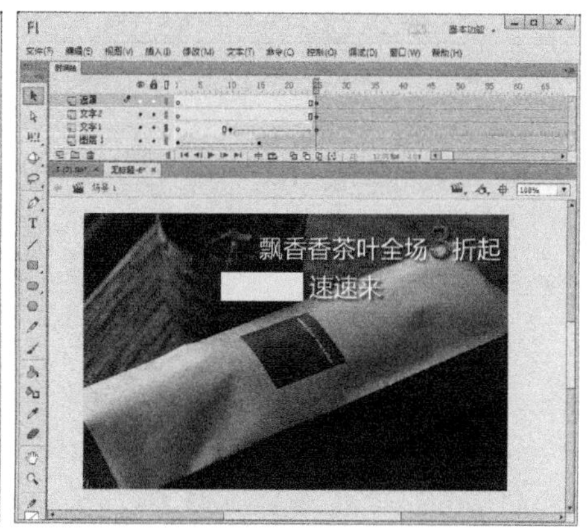

图12-10

11 在“遮罩”层的第40帧处插入关键帧，并将矩形向右移动到刚好遮住文字的位置，然后在第25帧~第40帧创建形状补间动画，如图12-11所示。

12 在“遮罩”层上单击鼠标右键，在弹出的菜单中选择“遮罩层”命令，如图12-12所示。

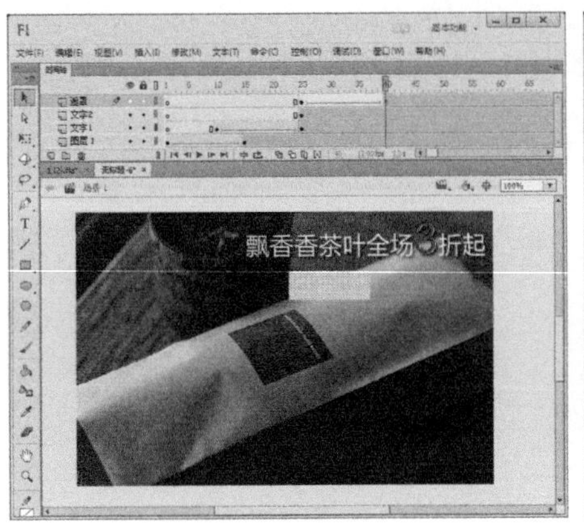

图12-11

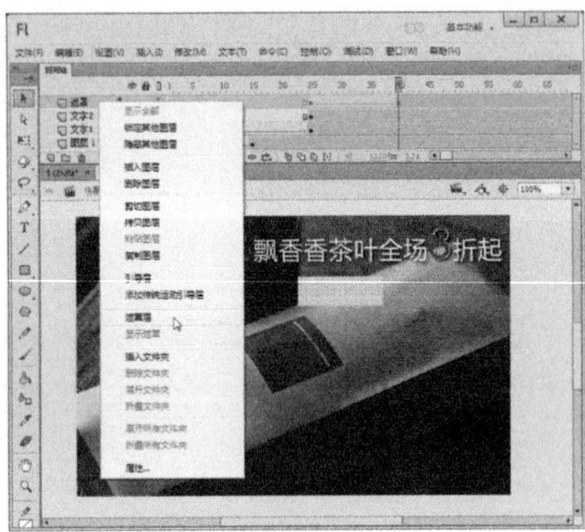

图12-12

13 新建一个图层“文字3”，在第33帧处插入关键帧，单击“文本工具”T，在舞台右侧输入文字“抢”，文字字体为“迷你简菱心”，大小为41，颜色为白色，如图12-13所示。

14 在“文字3”层的第41帧处插入关键帧，将文字“抢”移动到如图12-14所示的位置，并在第33帧~第41帧创建动画。

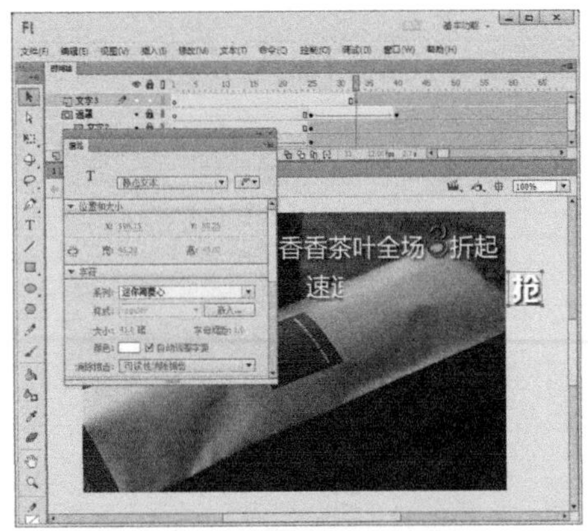

图12-13

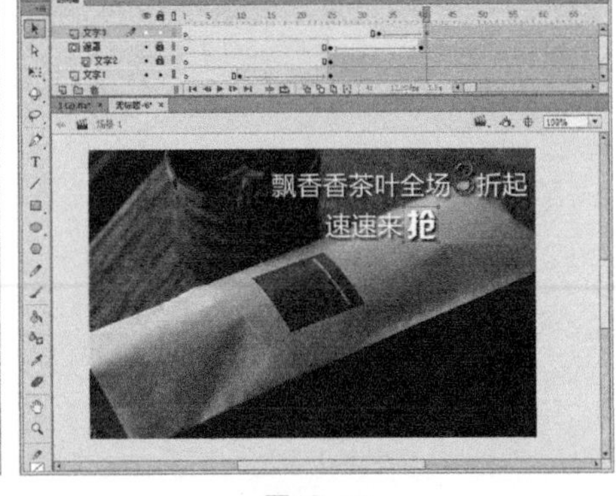

图12-14

15 分别在“文字3”层的第43帧、第45帧、第47帧、第49帧、第51帧与第53帧处插入关键帧，然后选中第43帧与第49帧中的文字，使用“任意变形工具”将文字向左旋转30度左右，如图12-15所示。

16 分别选中第45帧与第51帧中的文字，使用“任意变形工具”将文字向右旋转30度左右，如图12-16所示。

17 执行“窗口>场景”菜单命令，打开“场景”面板，在“场景”面板中单击“添加场景”按钮，新增一个场景2，如图12-17所示。

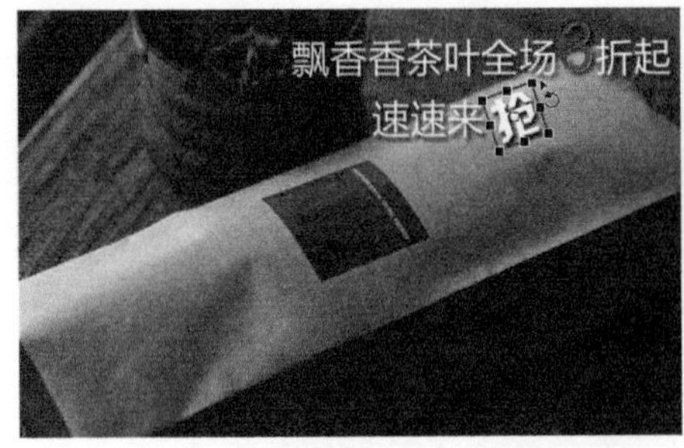

图12-15

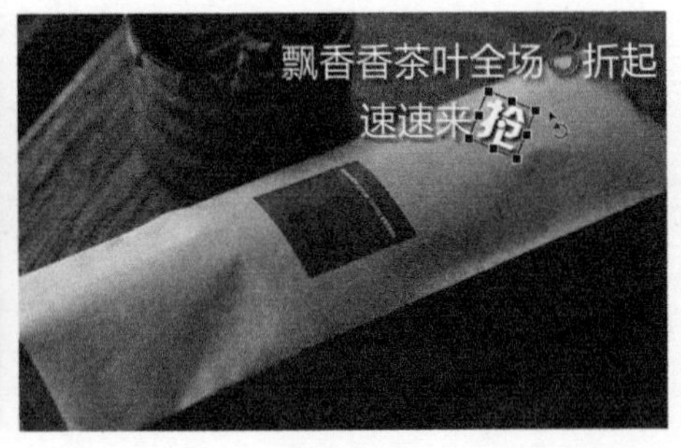

图12-16

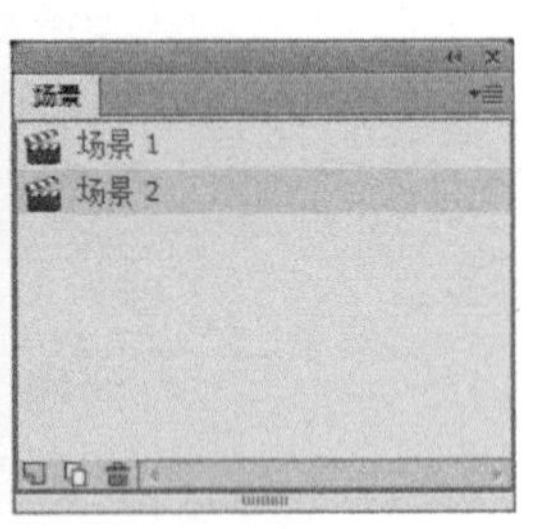

图12-17

18 执行“文件>导入>导入到舞台”菜单命令，将一幅图像导入到舞台中，如图12-18所示。

19 新建“图层2”，选择“文本工具”T，在“属性”面板中设置文字的字体为“微软雅黑”，将大小设置为30，将字体颜色设置为黄色，然后在舞台上输入文字，如图12-19所示。

图12-18

图12-19

20 在“图层1”与“图层2”的第100帧处插入帧，新建“图层3”，在第10帧处插入关键帧处，输入白色的文字“期待你的光临！”，如图12-20所示。

21 双击输入的文字，选择其中的光临两字，将其字体更改为迷你简菱心，颜色更改为橙黄色，大小更改为36，如图12-21所示。

图12-20

图12-21

22 新建一个“图层4”，在第10帧处插入关键帧，单击“矩形工具”，在刚输入的文字的左侧绘制一个无边框，填充色为任意色的矩形，如图12-22所示。

23 在“图层4”的第42帧处插入关键帧，并将矩形向右移动到刚好遮住文字的位置，然后在第10帧~第42帧创建形状补间动画，如图12-23所示。

图12-22

图12-23

24 在“图层4”上单击鼠标右键，在弹出的菜单中选择“遮罩层”命令，如图12-24所示。

25 保存文件，按Ctrl+Enter组合键测试动画，即可看到制作的动画效果，如图12-25所示。

图12-24

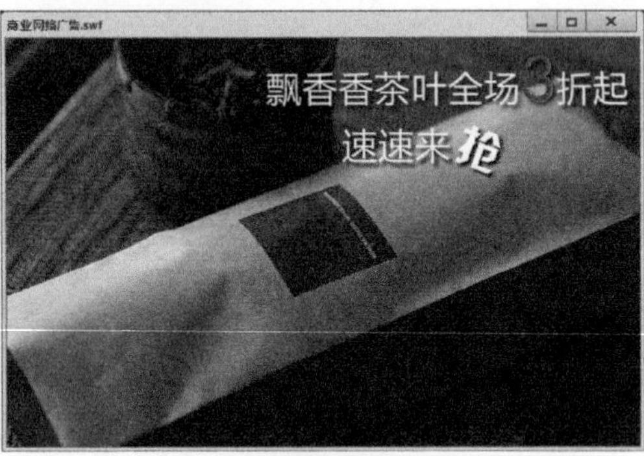

图12-25

● 捉小鸟

实例位置

CH12> 捉小鸟 > 捉小鸟 .fla

素材位置

CH12> 捉小鸟 >1.png、2.png、3.png、bj.jpg

实用指数

★★★★

技术掌握

学习 Action Script 的使用方法

下面制作一个捉小鸟的Flash游戏。

最终效果图

01 新建一个Flash空白文档，接着执行“修改>文档”菜单命令，打开“文档设置”对话框，然后在对话框中将“舞台大小”设置为660像素×480像素，“帧频”设置为30，如图12-26所示。

02 执行“文件>导入>导入到舞台”菜单命令，将一幅背景图片导入到舞台上，如图12-27所示。

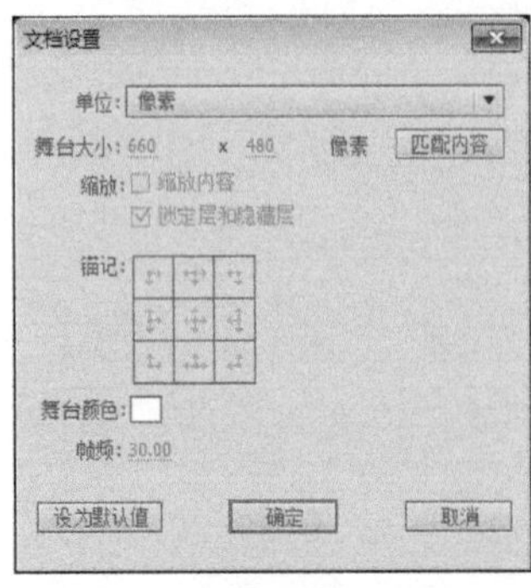

图12-26

图12-27

03 执行“插入>新建元件”菜单命令，打开“创建新元件”对话框。在对话框中的“名称”文本框中输入名称“开始”，在“类型”下拉列表中选择“按钮”选项，如图12-28所示。

04 在按钮元件的编辑状态下，选择“矩形工具”，在“属性”面板中的“边角半径”文本框中将“边角半径”设置为6，如图12-29所示。

05 在工作区中绘制一个无边框、填充为绿色（#43D490）的圆角矩形，如图12-30所示。

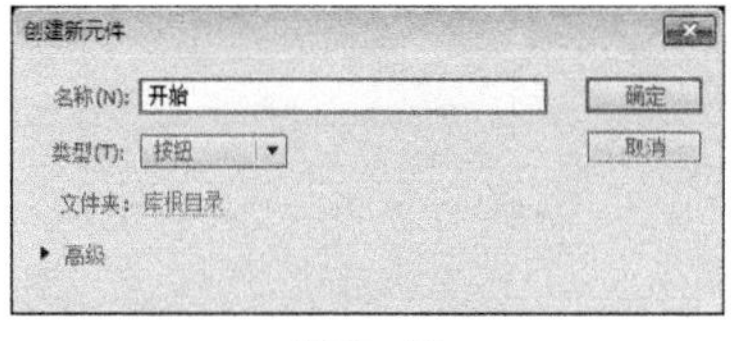

图12-28

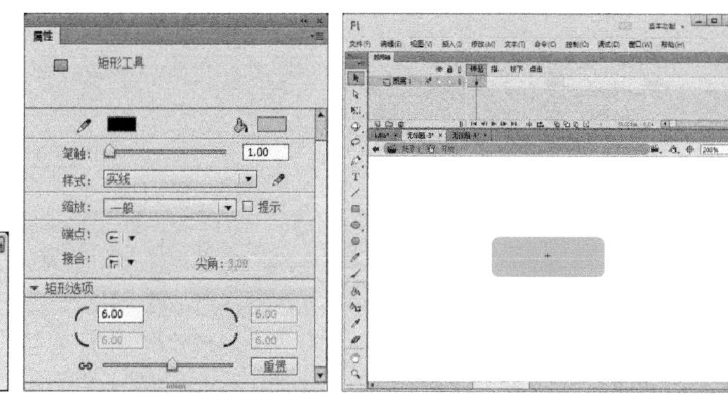

图12-29

图12-30

06 选择“文本工具”T在圆角矩形上输入“开始游戏”，字体选择“迷你简菱心”，大小为18，字体颜色为黄色，“字母间距”为2，如图12-31所示。

07 执行“插入>新建元件”菜单命令，打开“创建新元件”对话框，在“名称”文本框中输入元件的名称“帮助”，在“类型”下拉列表中选择“按钮”选项，如图12-32所示。

08 在按钮元件的编辑状态下，选择“矩形工具”▭绘制一个边角半径设置为6、无边框、填充为绿色的圆角矩形，然后选择“文本工具”T在圆角矩形上输入黄色的文字“游戏帮助”，如图12-33所示。

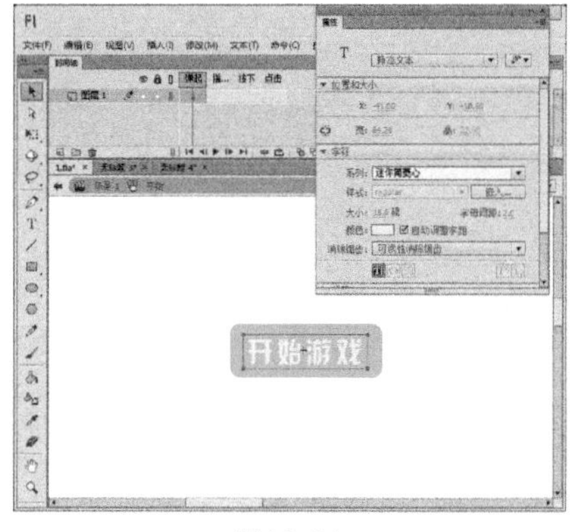

图12-31

图12-32

图12-33

09 执行“插入>新建元件”菜单命令，打开“创建新元件”对话框，在“名称”文本框中输入元件的名称“结束”，在“类型”下拉列表中选择“按钮”选项，如图12-34所示。

10 在按钮元件的编辑状态下，选择“矩形工具”▭绘制一个边角半径设置为6、无边框、填充为绿色的圆角矩形，然后选择“文本工具”T在圆角矩形上输入黄色的文字“结束游戏”，如图12-35所示。

11 回到主场景中，新建“图层2”，从“库”面板中将“开始”“帮助”“结束”按钮元件拖曳到舞台上，如图12-36所示。

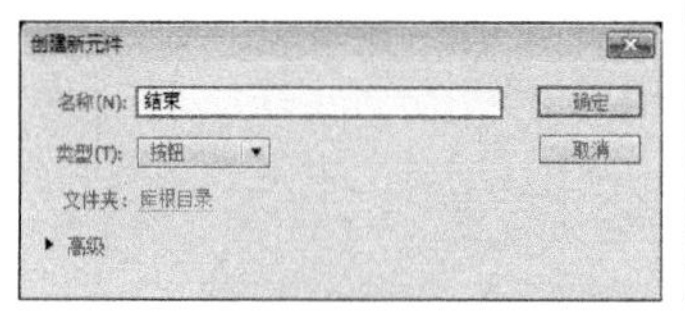

图12-34

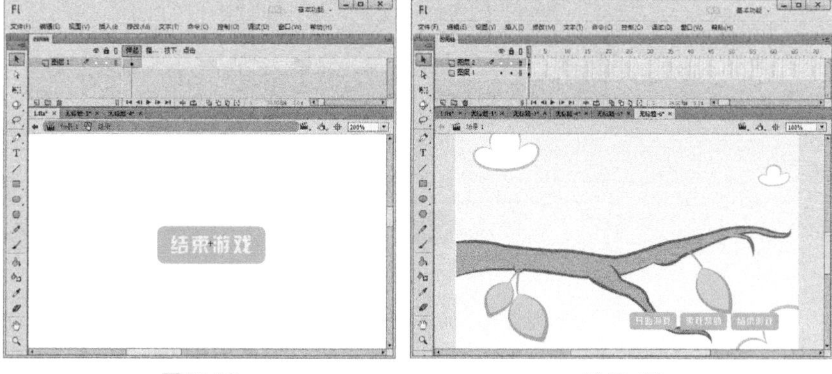

图12-35

图12-36

12 分别在“属性”面板中将“开始”“帮助”“结束”这三个按钮元件的实例名称设置为start_btn、help_btn和out_btn，如图12-37所示。

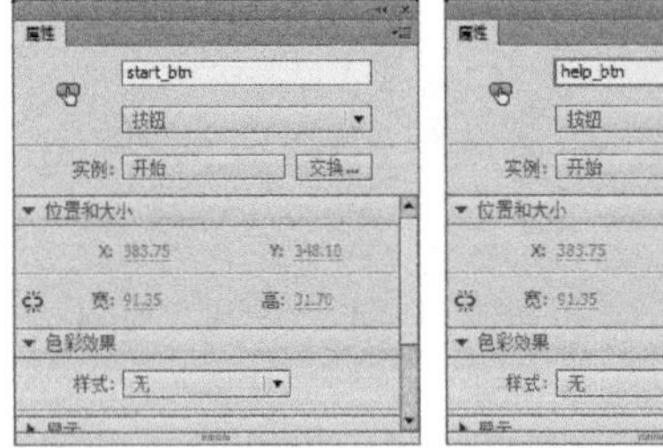

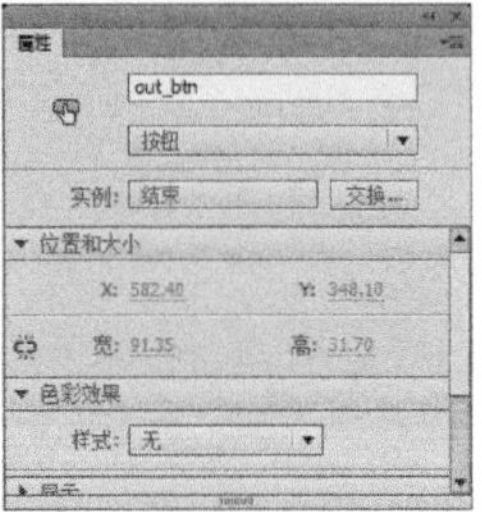

图12-37

13 新建“图层3”，然后在舞台上绘制一个矩形并输入文字，如图12-38所示。

14 新建“图层4”，然后在文字中间添加一个动态文本框，如图12-39所示。

15 选中动态文本框，在“属性”面板中将它的实例名设置为displayGrade_txt，如图12-40所示。

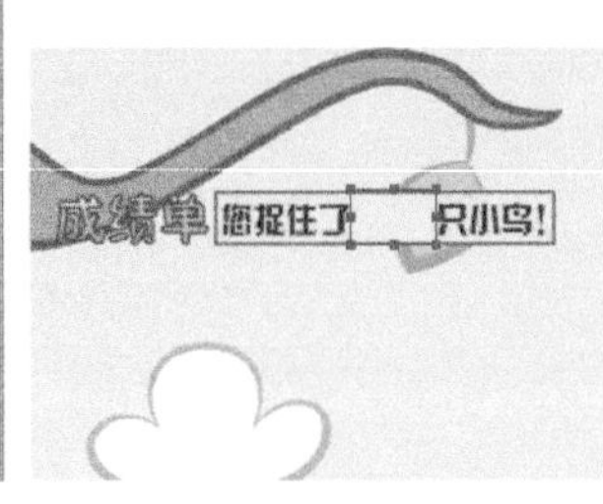

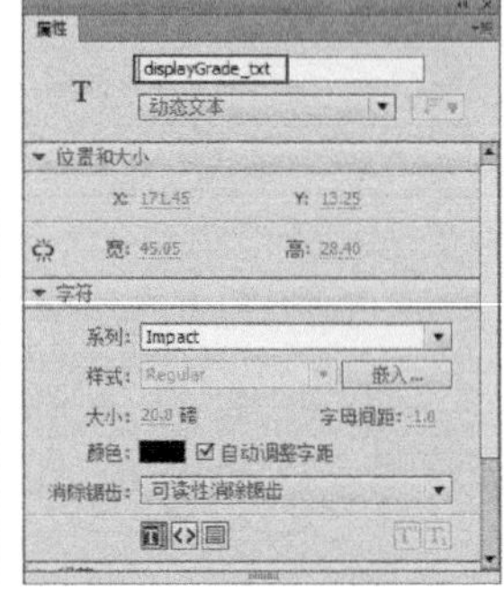

图12-38　　图12-39　　图12-40

16 执行“插入>新建元件”菜单命令，打开“创建新元件”对话框，在“名称”文本框中输入元件的名称Fly，在“类型”下拉列表中选择“影片剪辑”选项，如图12-41所示。

17 在影片剪辑Fly的编辑状态下，在时间轴的第2帧和第3帧处插入空白关键帧，在第11帧处插入帧，如图12-42所示。

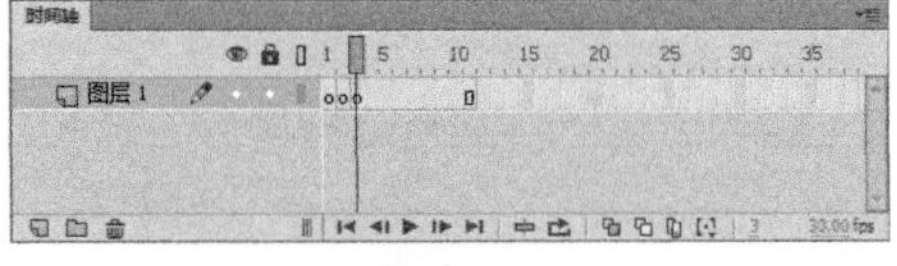

图12-41　　图12-42

18 在时间轴的第1帧、第2帧和第3帧处分别导入3幅小鸟图像，如图12-43所示。

19 执行“插入>新建元件”菜单命令，打开“创建新元件”对话框，在“名称”文本框中输入元件的名称gotgood_mc，在“类型”下拉列表中选择“影片剪辑”选项，如图12-44所示。

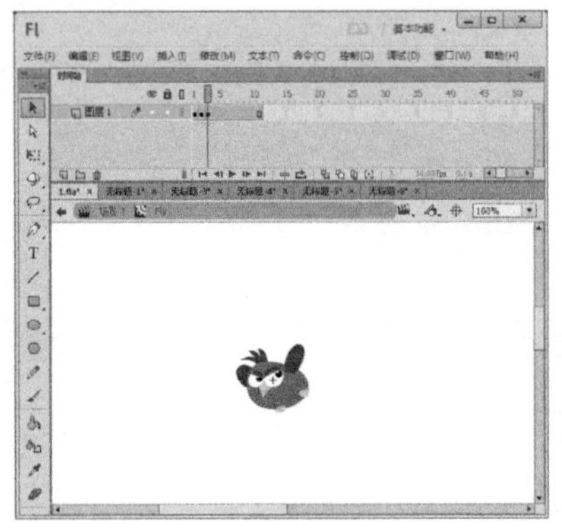

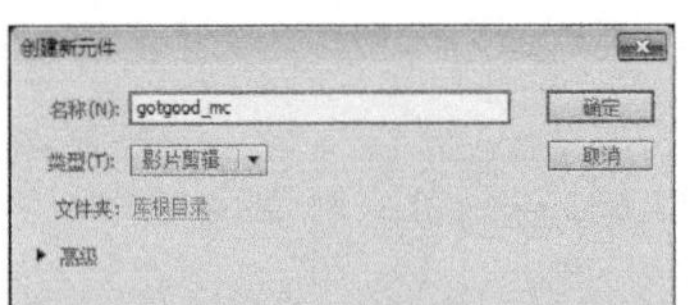

图12-43　　图12-44

20 在影片剪辑gotgood_mc的编辑状态下，执行“文件>导入>导入到舞台“菜单命令，导入一幅图像到舞台中，如图12-45所示。

21 在时间轴的第2帧处插入空白关键帧，然后执行“文件>导入>导入到舞台”菜单命令，将一幅图像导入到舞台中，如图12-46所示。

22 在时间轴的第3帧处插入空白关键帧，然后执行“文件>导入>导入到舞台”菜单命令，将一幅图像导入到舞台中，如图12-47所示。

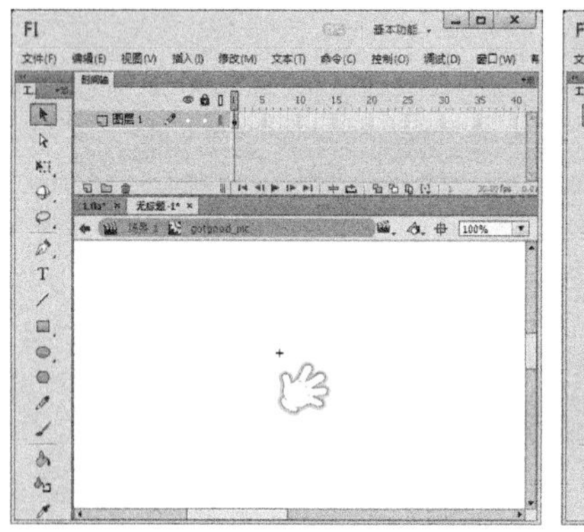
图12-45

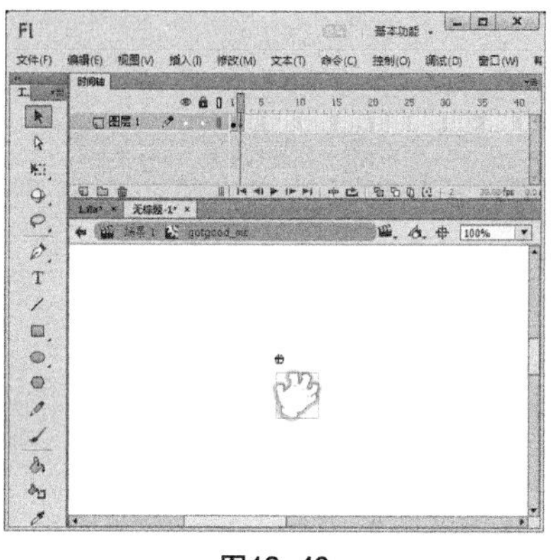
图12-46

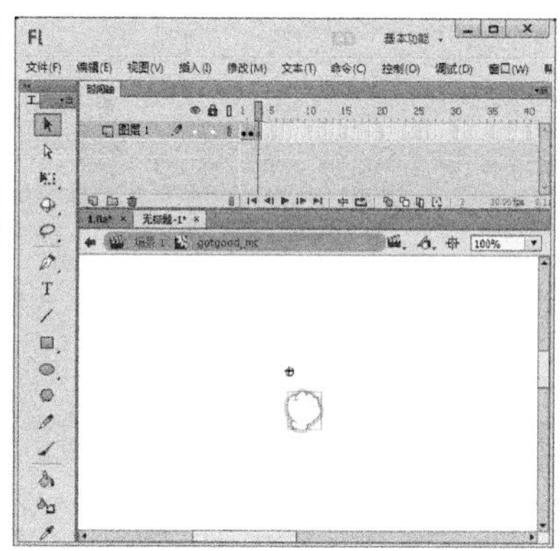
图12-47

23 新建“图层2”，选中“图层2”的第1帧，在“动作”面板中添加代码stop();，如图12-48所示。

24 分别在“图层1”与“图层2”的第12帧处插入帧，如图12-49所示。

25 执行“插入>新建元件”菜单命令，打开“创建新元件”对话框，在“名称”文本框中输入元件的名称MouseHand，在“类型”下拉列表中选择“影片剪辑”选项，如图12-50所示。

图12-48

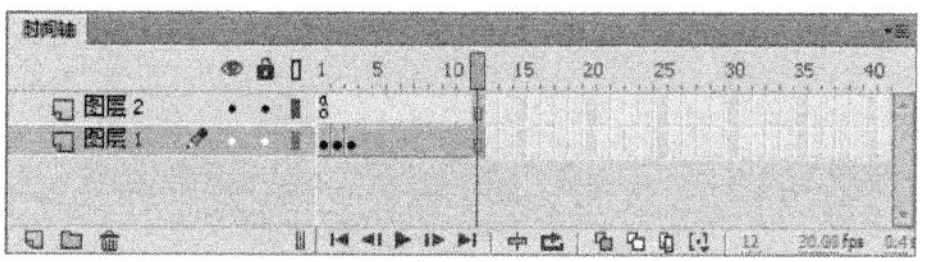
图12-49

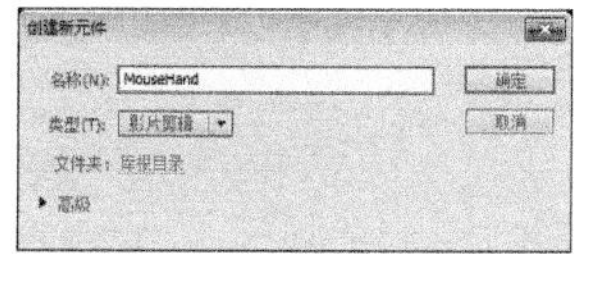
图12-50

26 在影片剪辑MouseHand的编辑状态下，从“库”面板中将影片剪辑gotgood_mc拖曳到工作区中，并在“属性”面板中设置其实例名称为gotgood_mc，如图12-51所示。

27 按下Ctrl+N组合键打开“新建文档”对话框，选择“ActionScript文件”选项，单击 确定 按钮，如图12-52所示。

28 按Ctrl+S组合键将ActionScript文件保存为Fly.as，然后在Fly.as中输入如下代码，如图12-53所示。

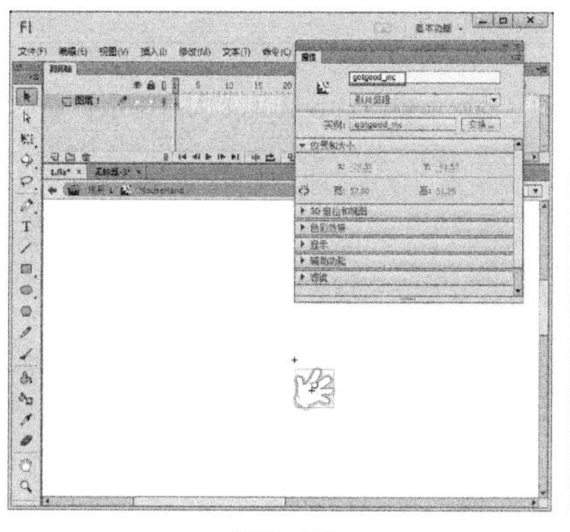
图12-51

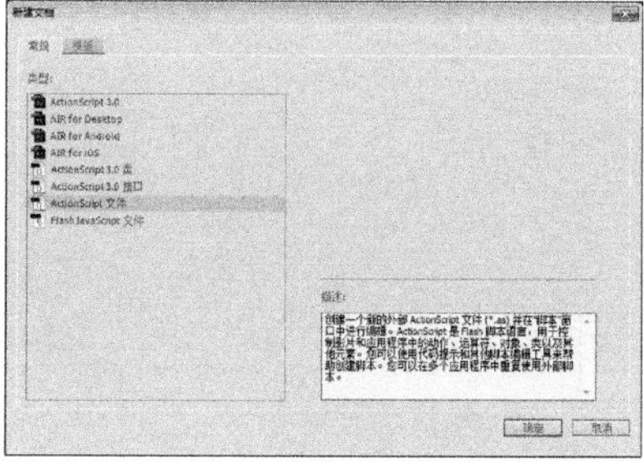
图12-52

图12-53

29 下面编写主程序类，按照同样的方法新建一个ActionScript文件（保存为Main文件），然后编写如图12-54所示的程序。

图12-54

30 打开“库”面板，在影片剪辑元件Fly上单击鼠标右键，在弹出的快捷菜单中选择“属性”命令，如图12-55所示。

31 打开“元件属性”对话框，单击 高级 按钮，单击“为ActionScript导出”选项，完成后单击 确定 按钮，如图12-56所示。

32 打开“库”面板，在影片剪辑元件MouseHand上单击鼠标右键，在弹出的快捷菜单中选择“属性”命令，如图12-57所示。

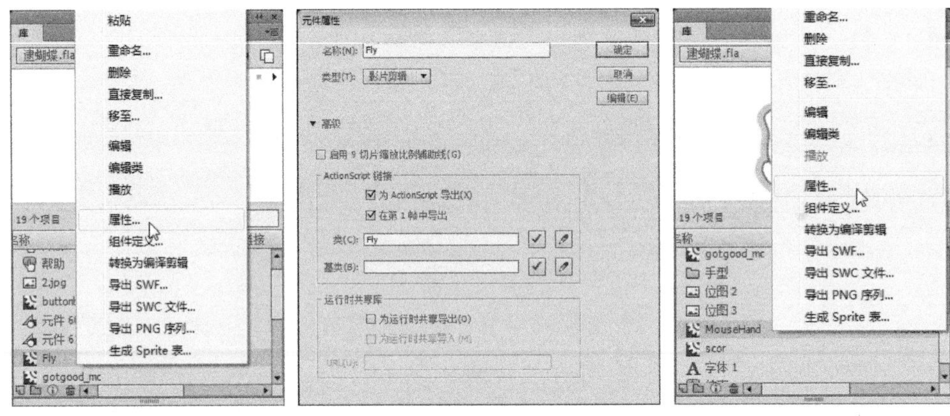

图12-55　　图12-56　　图12-57

33 打开“元件属性”对话框，单击 高级 按钮，单击“为ActionScript导出”选项，完成后单击 确定 按钮，如图12-58所示。

34 打开“属性”面板，在“类”文本框中输入Main，如图12-59所示。

35 保存动画文件，然后按Ctrl+Enter组合键，欣赏本例的完成效果，如图12-60所示。

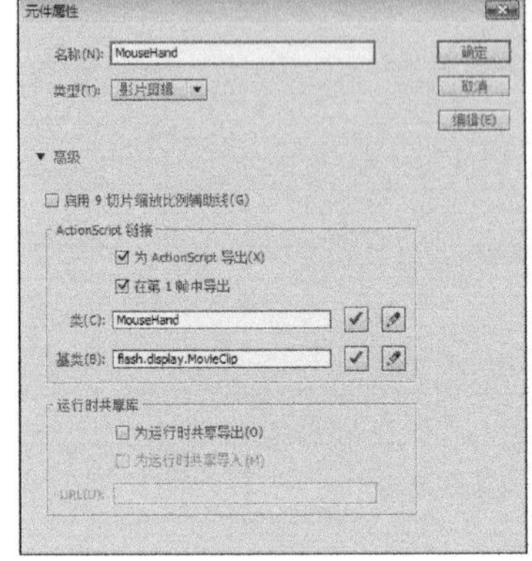

图12-58

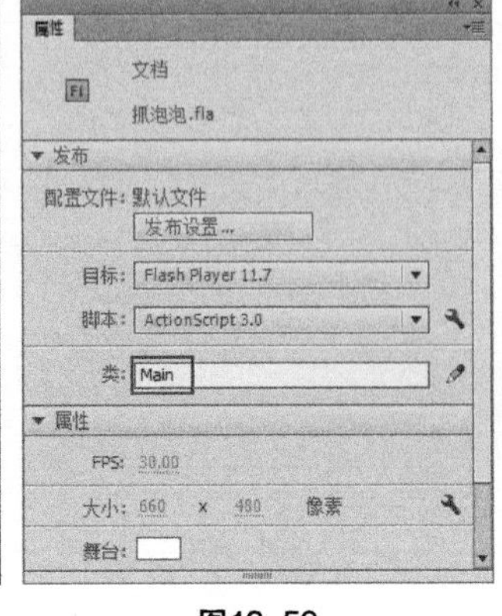

图12-59

图12-60

● 制作生日贺卡

实例位置
CH12> 制作生日贺卡 > 制作生日贺卡 .fla
实用指数
★★★★

素材位置
CH12> 制作生日贺卡 > 素材
技术掌握
学习综合使用元件、动画功能制作贺卡的方法

下面制作一个生日的动画贺卡。

最终效果图

01 启动Flash CC，新建一个Flash空白文档。执行“修改>文档”菜单命令，打开“文档设置”对话框，将“舞台大小”设置为690像素×480像素，“帧频”设置为12，如图12-61所示。设置完成后单击 确定 按钮。

02 执行“文件>导入>导入到舞台”菜单命令，将一幅背景图像导入到舞台中，如图12-62所示。

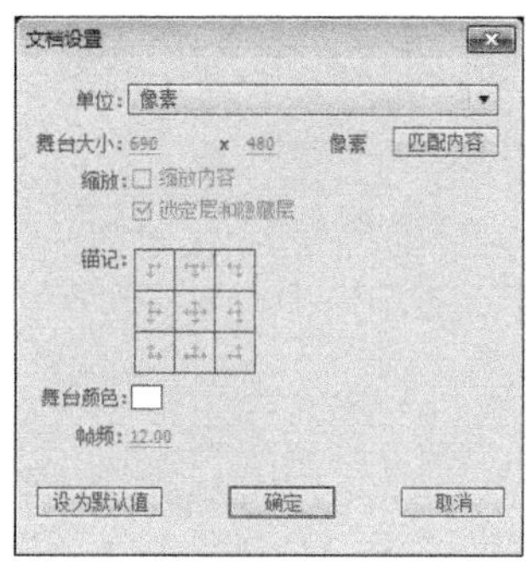

图12-61

图12-62

03 执行“插入>新建元件”菜单命令，弹出“创建新元件”对话框，在“名称”文本框中输入“小男孩”，在“类型”下拉列表中选择“影片剪辑”选项，如图12-63所示。完成后单击 确定 按钮进入元件编辑区。

04 执行“文件>导入>导入到舞台”菜单命令，将一幅小男孩图像导入到工作区中，如图12-64所示。

05 在时间轴上的第4帧处插入空白关键帧，执行“文件>导入>导入到舞台”菜单命令，将一幅小男孩图像导入到工作区中，如图12-65所示。

图12-63

图12-64

图12-65

06 在时间轴上的第8帧处插入空白关键帧，执行“文件>导入>导入到舞台”菜单命令，将一幅小男孩图像导入到工作区中，然后在第12帧处插入帧，如图12-66所示。

07 执行“插入>新建元件”菜单命令，弹出“创建新元件”对话框，在“名称”文本框中输入“可爱”，在“类型”下拉列表中选择“影片剪辑”选项，如图12-67所示。完成后单击 确定 按钮进入元件编辑区。

08 执行“文件>导入>导入到舞台”菜单命令，将一幅图像导入到元件编辑区中，如图12-68所示。

图12-66

图12-67

图12-68

09 在时间轴上的第4帧处插入空白关键帧，执行“文件>导入>导入到舞台”菜单命令，将一幅图像导入到工作区中，然后在第7帧处插入帧，如图12-69所示。

10 执行“插入>新建元件”菜单命令，弹出“创建新元件”对话框，在“名称”文本框中输入“小鸟”，在“类型”下拉列表中选择“影片剪辑”选项，如图12-70所示。完成后单击 确定 按钮进入元件编辑区。

11 执行“文件>导入>导入到舞台”菜单命令，将一幅小鸟图像导入到元件编辑区中，如图12-71所示。

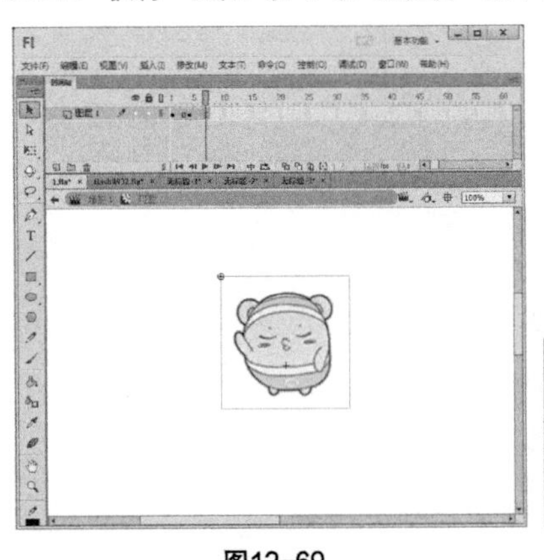

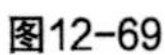

图12-69

图12-70

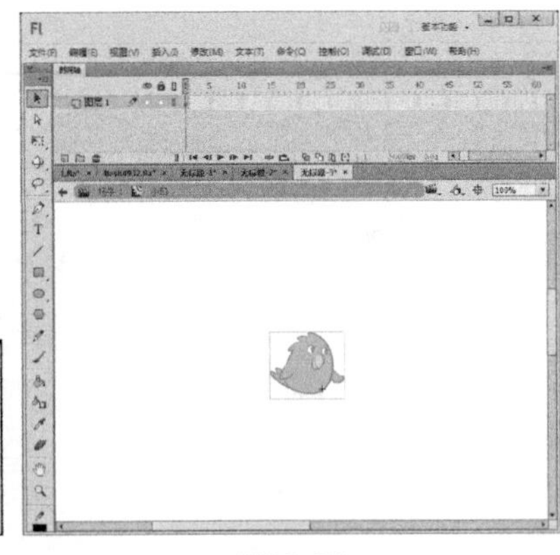

图12-71

12 在时间轴上的第4帧处插入关键帧，执行“修改>变形>水平翻转”菜单命令，如图12-72所示，将图像水平翻转，然后在第7帧处插入帧。

13 执行“插入>新建元件”菜单命令，弹出“创建新元件”对话框，在“名称”文本框中输入“礼物”，在“类型”下拉列表中选择“按钮”选项，如图12-73所示。完成后单击 确定 按钮进入按钮元件编辑区。

14 执行“文件>导入>导入到舞台”菜单命令，将一幅图像导入到编辑区中，如图12-74所示。

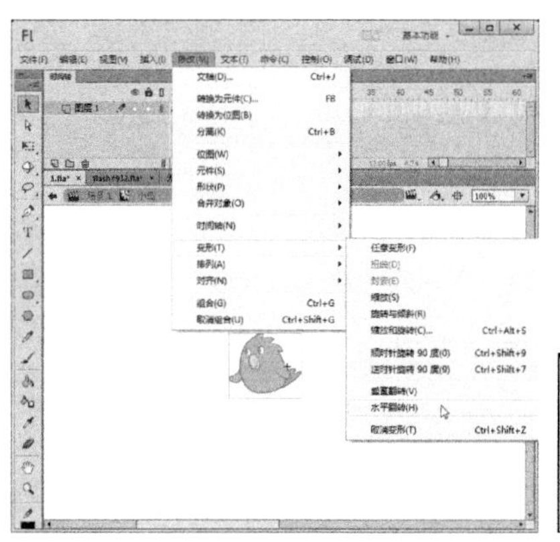

图12-72

图12-73

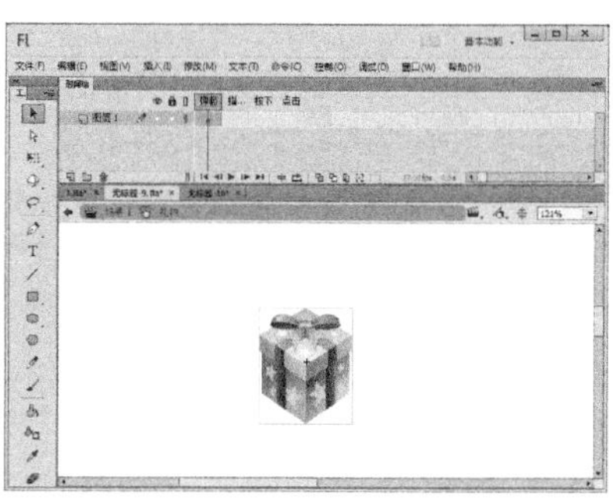

图12-74

15 在“指针经过”处插入关键帧，然后将“指针经过”处的礼物图像稍稍放大一点，如图12-75所示。

16 在“按下”处插入空白关键帧，然后导入一幅图像到编辑区中，如图12-76所示。

17 新建一个“图层2”，在“指针经过”处插入关键帧，然后将一个声音文件导入到“库”中，最后在“属性”面板中的“名称”下拉列表中选择刚导入的声音文件，如图12-77所示。

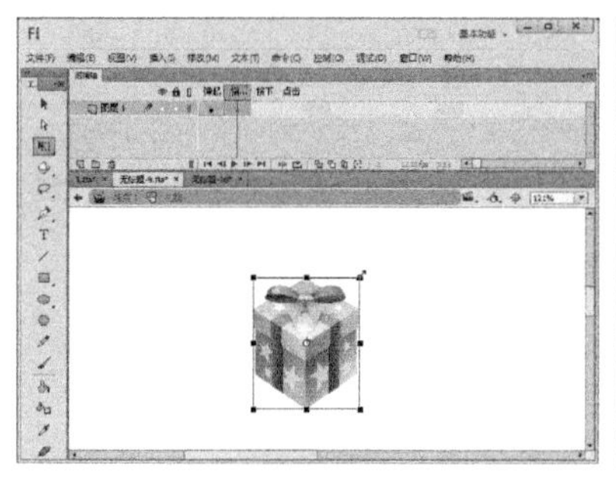

图12-75

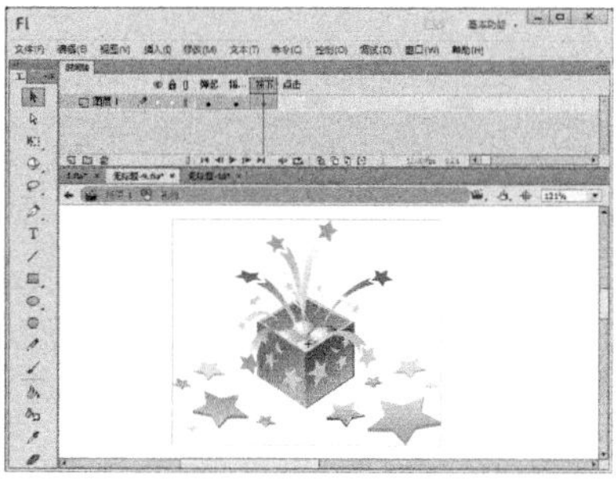

图12-76

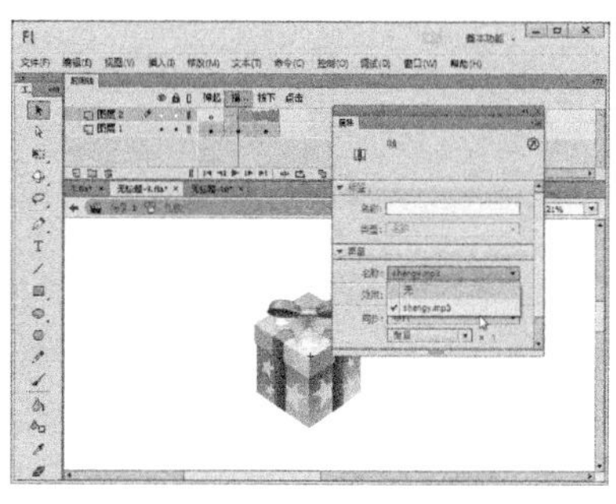

图12-77

18 在“图层2”的“按下”处插入关键帧，然后输入Happy Birthday to You ！，如图12-78所示。

19 返回主场景，新建一个“图层2”，从“库”面板中将“小男孩”影片剪辑元件拖曳到舞台上，然后分别在“图层1”与“图层2”的第200帧处插入帧，如图12-79所示。

20 新建“图层3”，在第25帧处插入关键帧，执行“文件>导入>导入到舞台”菜单命令，将一幅蛋糕图像导入到舞台上，并移动到舞台的上方，如图12-80所示。

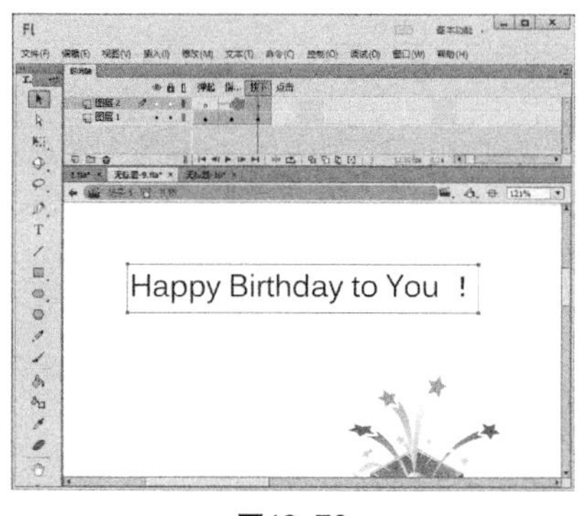

图12-78

图12-79

图12-80

21 在“图层3”第45帧处插入关键帧，然后将第45帧处的蛋糕放大并向下移动，最后在第25帧~第45帧创建补间动画，如图12-81所示。

22 新建“图层4”，在第25帧处插入关键帧，将影片剪辑元件“可爱”从“库”面板中拖曳到舞台上，如图12-82所示。

23 新建“图层5”，在第25帧处插入关键帧，将影片剪辑元件“小鸟”从“库”面板中拖曳到舞台上，如图12-83所示。

图12-81

图12-82

图12-83

24 在“图层2”的第90帧处插入空白关键帧，然后导入一幅图像到舞台上，如图12-84所示。

25 新建“图层6”，在第65帧处插入关键帧，将按钮元件“礼物”从“库”面板中拖曳到舞台的左侧，如图12-85所示。

26 在第89帧处插入关键帧，将按钮元件“礼物”向右移动并放大，如图12-86所示，然后在第65帧~第89帧创建补间动画。

图12-84

图12-85

图12-86

27 新建“图层7”，将一个背景音乐文件导入到“库”中。选择第1帧，然后在“属性”面板中的“名称”下拉列表中选择刚导入的音乐文件，如图12-87所示。

28 保存文件并按Ctrl+Enter组合键，即可看到生日贺卡动画效果，如图12-88所示。

图12-87

图12-88